Die magischen Praktiken des Managements

Christof Niederwieser

Die magischen Praktiken des Managements

Persönlichkeitsmodelle im kulturhistorischen Vergleich

2. Auflage 2018
(erweiterte Neuausgabe)

Christof Niederwieser
Die magischen Praktiken des Managements

1. Auflage
Schriftreihe ORGANISATION & PERSONAL
Herausgegeben von Oswald Neuberger

2. Auflage
(erweiterte Neuausgabe)

ISBN 978-3-9464-9501-7

Die Deutsche Nationalbibliothek verzeichnet diese Publikation
in der Deutschen Nationalbibliografie

www.zukunftsverlag.de

Inhalt

Vorwort 8

Einleitung 13

01. Theorien des Fortschritts
Versuch einer Fortschrittsdefinition 17
Die Schrittarten der Entwicklung 18
Fortschritt als Sein oder Schein 25
Die Evolutionsspirale 31
Zeitgeist-Tektonik 34

02. Magie & Wissenschaft
Über den Begriff der Magie 38
Das Verhältnis zwischen Magie und Wissenschaft 49
Die fließenden Grenzen zwischen Magie und Wissenschaft 60
Das Phänomen der Reaszendenz 73

03. Das magische Weltbild
Analogiedenken im magischen Weltbild 77
Archetypen im magischen Weltbild 84

04. Archetypen im Management
Die Prozessorientierte Persönlichkeitstypologie von Friedmann 90
Archetypen der Führung bei Neuberger 95
Artists, Craftsmen and Technocrats bei Pitcher 99
Die Lehren von den drei Typen im Vergleich 103

05. Polarität und Introversion-Extraversion
Die magischen Wurzeln des Polaritätenkonzepts 105
Introversion und Extraversion in der Moderne 108
Introversion und Extraversion in der Managementforschung 112

06. Die klassischen vier Temperamente
Die prämoderne Lehre von den vier Elementen 116
Die Lehre von den vier Temperamenten 123

07. Die vier Temperamente im Management

Die Typen der Herrschaft 137
Die BWL-Menschenbilder 138
Die Manager-Typologie von Maccoby 147
Das 3-D-Programm der Führung 152
Verhandlungsstile im Konfliktmanagement 163
Das DISG®-Modell 167
Die LIFO®-Methode 171
Insights MDI® und Insights® Discovery 178
Das Team Management Profil 187
Die HBDI®-Denkstilanalyse 195
Myers-Briggs Typenindikator und Keirsey Temperament Sorter 205
Das endlose Feld der Viertypen 214
Die Analogieketten der Viertypen 216

08. Die magischen Praktiken des Managements

Fortschritt als Sein oder Schein? 220
Die Fleischwerdung von Analogismen 224
Blendwerkzeuge der Verwissenschaftlichung 226
Das Maskenspiel der Zeitgeister 238
Die drei Arten der Reaszendenz 242
Die drei Gründe der Reaszendenz 246
Nomothetisch versus Idiographisch 249
Vom Persönlichkeitsmodell zum Geschäftsmodell 257
Kochrezept für Diagnostik-Tools 263
Vom Nutzen magischer Praktiken im Management 265
Ausblick auf weitere Untersuchungsfelder 273
Vom Internationalen zum Globalen Management 275

Anhang

Bildanhang 277
Quellen 295
Literatur 307
Themenregister 316
Personenregister 331

Vorwort

Siebzehn Jahre sind mittlerweile vergangen seit ich „Über die magischen Praktiken des Managements“[1] verfasst habe. Während meines Studiums der „Internationalen Wirtschaftswissenschaften“ an der Universität Innsbruck war ich in den 1990ern auf zahlreiche renommierte Methoden gestoßen, welche mir reichlich konstruiert, um nicht zu sagen abergläubisch vorkamen. So begann ich nach den Wurzeln dieser Modelle zu forschen, eine Reise, die mich tief in die Vergangenheit führen sollte. Im Jahr 2000 beschloss ich, aus dem Material eine Diplomarbeit zu machen. Es folgten inspirierende Monate, welche sehr bereichert wurden durch erkenntnisreiche, oft nächtelange Diskussionen mit meinem Betreuer Dr. Richard Weiskopf, nunmehr Professor für „Organization Studies“ an der Universität Innsbruck. Er war es auch, der nach den ersten 200 Seiten in weiser Voraussicht sagte: „Das erste Kapitel über die Persönlichkeitsmodelle ist bereits mehr als genug für die Diplomarbeit. Mach' aus dem Rest eine Dissertation.“
Dank seiner Vermittlung wurde die Arbeit 2002 vom großen Meister und Dekonstruktionisten der Personalpsychologie, Prof. Dr. Oswald Neuberger, in seiner Schriftreihe „Organisation & Personal“ im Rainer Hampp Verlag veröffentlicht. Aus dem „Rest“ des Materials wurde tatsächlich eine 800-seitige Dissertation über „Prognostik in Magie und Moderne“. Bis heute ist diese Fundament meiner Prognostik-Buchserie. Was als launige Studentenidee begonnen hatte, begleitet mich nun also bereits seit zwei Jahrzehnten.

„Über die magischen Praktiken des Managements“ war für mich schon lange als Jugendstreich abgehakt, als die Erstauflage 2017 schließlich ausverkauft war und mich im Lauf der Monate zahlreiche Anfragen für eine Neuauflage erreichten. Doch wie sollte man bei der Wiederveröffentlichung dieses ungestümen Jugendwerks vorgehen? Beim ersten Reinlesen schien mir vieles obskur, arabesk, verspielt, provokant. Doch nach einiger Zeit wurde mir mein damaliger Denkstil wieder lebendig. Nach und nach machten auch die verwinkelten Formulierungen wieder Sinn. Sicherlich würde ich aus heutiger Sicht vieles ganz anders aufbauen und artikulieren. Doch wäre dann ein vollkommen neues Buch entstanden. Und das wäre schade gewesen. So entschied ich mich beim Lektorat, den Text weitgehend im ungeschliffenen Original-Duktus zu belassen und weder in den Aufbau, noch in die Argumentation einzugreifen. Es wurden lediglich einige Wiederholungen entfernt, die extremsten Satzwucherungen geglättet, ein Großteil der englischen Originalzitate ins Deutsche übersetzt und das Layout modernisiert, sodass der Text deutlich an Lesbarkeit gewonnen hat. Auch wurde die Kapitelstruktur ein wenig optimiert, um die Themenblöcke besser voneinander abzugrenzen.

Zudem haben sich in meinem Archiv seit der Erstveröffentlichung zahlreiche weitere Beispiele für die magischen Praktiken des Managements im Personalbereich angesammelt. So hat sich die Graphologie in den wenigen Jahren seit der Erstauflage auch in Deutschland von einer anerkannten zu einer abergläubischen Methode entwickelt. Den dementsprechenden Diskurs im Standardwerk „Management-Diagnostik" von Werner Sarges konnte ich Ihnen nicht vorenthalten,[2] bestätigt er doch anschaulich meine mittlerweile zwanzig Jahre alten Ausführungen über „die fließenden Grenzen zwischen Magie und Wissenschaft". Und ich habe eine Vielzahl weiterer Persönlichkeitsmodelle zur Eignungsdiagnostik analysiert, welche allesamt die vier Temperamente der Antike kommerziell verwerten. Um das Buch nicht ins Uferlose entgleiten zu lassen, habe ich lediglich die populärsten davon ergänzt: DISG®, LIFO®, Insights MDI® und Insights® Discovery, das Hermann Brain Dominance Instrument HBDI®, das Team Management Profil, den Myers-Briggs Typenindikator und den Keirsey Temperament Sorter.[3]
Hatte die Erstauflage noch vor allem gezeigt, wie wissenschaftliche Theorien der Betriebswirtschaftslehre meist unbewusst magische Denksysteme wiedererwecken, so offenbart die Neuauflage darüber hinaus, wie man daraus überaus lukrative Geschäftsmodelle konstruieren kann. Und so wurde auch das finale Kapitel, welches systematisch die magischen Praktiken des Managements darlegt, erheblich erweitert. Insbesondere der Abschnitt über die „Blendwerkzeuge der Verwissenschaftlichung" enthält zahlreiche neue Etablierungstricks, wohlwissend der Gefahr, dass dies als Anleitung zum Bau weiterer derartiger Persönlichkeitsmodelle und Eignungsdiagnostik-Tools missbraucht werden könnte. Dennoch hege ich die Hoffnung, damit einen Beitrag zur kritischen Betrachtung solcher trivialer Entscheidungsmaschinen liefern zu können, damit Personalverantwortliche das Unberechenbare und Einzigartige des Menschlichen wieder

mehr als schöpferisches Potential und weniger als Unwucht im Getriebe wahrnehmen.

Schließlich fand ich es in der Retrospektive spannend, wie grundlegend „Über die magischen Praktiken des Managements" für meine weitere Arbeit sein sollte. Das ursprünglich aus Schopenhauers „Welt als Wille und Vorstellung" abgeleitete Modell der wandelnden Zeitgeistmasken prägt bis heute meine Forschungen und ist auch in den Prognostik-Bänden tief verankert. Und so war es höchste Zeit, meinen Analyserahmen zeitgemäß auszuformulieren und hier pointiert darzustellen. Das habe ich in den neuen Kapiteln über „Zeitgeist-Tektonik"[4] und „Das Phänomen der Reaszendenz"[5] getan und hoffe, dass dies noch etwas mehr Klarheit über meine Prämissen und Perspektiven bringt. Zudem habe ich in meinen Originaltexten aus dem Jahr 2000 das Kapitel über die Evolutionsspirale ausgegraben, welches es damals nicht in die Erstveröffentlichung geschafft hat, retrospektiv aber doch seinen Platz im Buch verdient hat.
Derart hat das Buch deutlich an Umfang gewonnen und ist um mehr als hundert zusätzliche Seiten angewachsen. Die neuen Passagen konzentrieren sich dabei weitgehend auf den Abschnitt ab dem DISG®-Modell (Seite 166 – 272). Im Originaltext finden sich größere Einschiebungen mit den neuen Kapiteln „Die Evolutionsspirale" und „Zeitgeist-Tektonik" (S. 31 - 35), sowie „Das Phänomen der Reaszendenz" (S. 74f) und in den Kapiteln über Graphologie (S. 63f) und die Prozessorientierte Persönlichkeitstypologie von Friedmann (S. 93).

Schließlich wurde das einstmals kurze Schlusswort „Resümee und Ausblick" zu einer umfassenden Analyse ausgebaut. Hier wird der Gesamtfundus des Materials nochmals aus der Metaperspektive betrachtet und übergreifende Muster herausarbeitet. Das ist insbesondere in Hinblick auf meine Prognostik-Buchreihe relevant. Denn dort stelle ich hunderte Ansätze der Zukunftsschau aus den verschiedensten Kulturen und Epochen der Menschheitsgeschichte einander gegenüber. Ein solches Überblickswerk kann die einzelnen Methoden nur oberflächlich präsentieren und die großen Zusammenhänge aufzeigen, welche das Modell der Zeitgeist-Tektonik offenbart. „Über die magischen Praktiken des Managements" hingegen ist eine detaillierte Mikroanalyse, welche sich auf das Primodell der Viertypen im Speziellen und die Persönlichkeitsdiagnostik im Allgemeinen fokussiert. So konnte ich das Abschlusskapitel nutzen, um an-

hand der Viertypen das Modell der Zeitgeist-Tektonik im Detail durchzuexerzieren und zu zeigen, welche Fülle an paradigmenübergreifenden Beobachtungen damit möglich ist. Und so kann die deutlich erweiterte Zweitauflage dieses Buches auch als umfassendes Fallbeispiel für das Wirken von Primodellen, Zeitgeistmasken und Reaszendenz betrachtet werden.
Auf diese Weise ist aus dem alten Text am Ende doch noch ein ganz neues Buch geworden. Deshalb habe ich mich nach langem Überlegen entschieden, das auch im Buchtitel zu spiegeln, indem „Über die magischen Praktiken des Managements" sein „Über" verliert und nunmehr „Die magischen Praktiken des Managements" heißt.

Für eine solch umfassende Arbeit hätte ich aus eigener Kraft im Berufsalltag niemals die Zeit und Muße finden können. Darum gilt meine große Danksagung dem IKGF Erlangen. Dieses Buch wurde durch einen Forschungsaufenthalt im Rahmen des aus Mitteln des Bundesministeriums für Bildung und Forschung (BMBF) geförderten Internationalen Kollegs für Geisteswissenschaftliche Forschung „Schicksal, Freiheit und Prognose. Bewältigungsstrategien in Ostasien und Europa" der Universität Erlangen-Nürnberg ermöglicht.
Ich möchte vor allem den Direktoren Prof. Dr. Michael Lackner und Prof. Dr. Klaus Herbers herzlich danken für die freundliche Einladung, Dr. Rolf Scheuermann und Petra Hahm für die tolle Organisation und Betreuung, Dr. Matthias Heiduk, Dr. Michael Lüdke, Dr. Hans-Christian Lehner und Matthias Schumann für viele spannende Diskussionen und Anregungen, Prof. Dr. Dr. Philipp Balsiger für die inspirierenden Reading Sessions und Kolloquien, meinen Forscherkolleg*innen Dr. Daniel Canaris, Prof. Dr. Hao Chen, Dr. Carola Föller, Alexandra Fialkovskaya, Dr. Esther-Maria Guggenmos, Dr. Maria Khayutina, Dr. Jeffrey Kotyk, Dr. Petra Schmidl, Prof. Kwok-kan Tam, Dr. Mercedes Valmisa, Prof. Dr. Elena Valussi und Dr. Brigid Elisabeth Vance für die kurzweiligen gemeinsamen Monate und die Fülle an Wissen aus Sinologie und Mediävistik, dem Advisory Board, insbesondere Prof. Dr. Dr. h.c. Johannes Fried, Prof. Dr. Joachim Gentz, Prof. Dr. Marta Hanson, Prof. Dr. Marc Kalinowski, Prof. Dr. Dr. h.c. Stefan M. Maul und Prof. Dr. Dr. h.c. Agostino Paravicini Bagliani für die motivierenden Gespräche, Prof. Dr. Folke Gernert und Dr. Bernd-Christian Otto für die erhellenden Vorträge über Physiognomik und Magie, Prof. Dr. Stéphanie Homola, Prof. Dr. Alexander Smith, Dr. Dimitri Drettas, Anna

Schneider, Sven Grundmann und Dr. Mo Tian vom Studiengang SDAC („Standards of Decision-Making Across Cultures") für den regen Austausch und natürlich auch dem technischen Team und den studentischen Mitarbeiter*innen Alexander Klages, Thorsten Grassmann, Masami Hirohata, Philipp Hünnebeck, Juliane Krüger, Max Kruse, Stephanie Plass, Lena Sahaikewitsch, Eric Schlager und Carola Sylle. Sie alle haben in dieser einzigartigen, inspirierenden Atmosphäre des IKGF entscheidend zum Gelingen dieses Buches beigetragen.

Mein aufrichtiger Dank gilt zudem jenen Wirtschaftsprofessoren, die in den frühen 2000er Jahren meine Arbeit besonders bereichert haben, vor allem Prof. Dr. Richard Weiskopf für die engagierte Betreuung dieses Werks im Rahmen der Diplomarbeit und die vielen gemeinsamen Stunden voller wertvoller Anregungen und Gedanken, Prof. Dr. Oswald Neuberger für sein Buch „Führen und geführt werden",[6] welches mich damals erheblich zu dieser Arbeit inspiriert hat, sowie für die Veröffentlichung der Erstversion meines Buches 2002 in seiner Schriftreihe „Organisation & Personal", Dr. Rainer Hampp für die ausgezeichnete Betreuung des Projekts, sowie Prof DDr. Ekkehard Kappler und Prof. Dr. Stephan Laske, an deren Instituten an der Universität Innsbruck mein kritischer Blick auf die magischen Praktiken des Managements erheblich geschult wurde.

Und schließlich möchte ich mich ganz herzlich bedanken bei Dr. Johannes Lugger und Dr. Renaud Tschirner für Jahrzehnte der Freundschaft, meinen Eltern und Großeltern für die großartige Unterstützung, insbesondere meinem Vater DDr. Erwin Niederwieser für die wertvolle Beratung und die unermüdlichen Stunden des Lektorats und ganz besonders Katja und meinen Kindern Vinzent und Annabell.

Christof Niederwieser, September 2018

Einleitung

Magie und Management sind zwei Bereiche, welche auf den ersten Blick kaum unterschiedlicher sein könnten. Auf der einen Seite dieser Gratwanderung vermutet man ein phantastisches Zauberland mit Hexen und Magiern, wie es in Märchen und Filmen für Unterhaltung und Kurzweil sorgt. Nur in der Kindheit, in früheren Epochen oder in rückständigen Kulturen kann es vorkommen, dass man die aufgetischten Fiktionen mit der Wirklichkeit verwechselt. Auf der anderen Seite wird die knallharte Welt der Fakten und Zahlen gewähnt, der Ernst des Lebens in all seiner Moderne und Professionalität. Der Manager als Baumeister der Zukunft ist immer am neuesten Stand der Technik und bedient sich seriöser Methoden, welche ihm die ehrwürdigen Wissenschaften ausknobeln und stetig weiterentwickeln.

Auch weite Teile der wirtschaftswissenschaftlichen Literatur sind stark geprägt von diesem Weltbild, wenngleich sich auch immer wieder kritische Stimmen an dieser Fassade der Fortschrittlichkeit modernen Managements zu kratzen erlauben.[7] So stellten Oswald Neuberger oder Alfred Kieser schon in den 1990er Jahren frappante Parallelen zwischen diversen Inhalten von Führungsseminaren, Unternehmenskulturritualen oder Managementtheorien und archaischen Beschwörungsbräuchen, Initiationsriten oder magischem Analogiedenken fest.
Sie verglichen Schlagmaximen wie „Positiv Denken", „Fröhlich Führen", „Flexibilität" oder „Integration" mit Zauberformeln, welche wie das Blendwerkzeug der Worte und Gesten bei einem Kartentrick von den verdeckten Handbewegungen des Zauberers ablenken sollen. Die wahren Intentionen und Handlungen des ausführenden Akteurs bleiben somit getarnt, und aus Personalabbau wird beispielsweise Arbeitsmarktflexibilität, oder aus Manipulation zur Totalen Partialinklusion lässt sich Motivation zur Selbstverwirklichung machen.[8]

Aus einem anderen Blickwinkel versuchen Theorien zu rationalisieren, also eine aus einem unentwirrbaren Bündel von Dimensionsmöglichkeiten willkürlich gebildete Wortkruste um etwas zu konstruieren, das am Ende doch unbegreifbar und unbeschreibbar bleibt. Und da ist dann zur Orientierung eine falsche Landkarte besser als gar keine,[9] vor allem wenn mit

ihrer Hilfe ein Image von Seriosität erzeugt werden kann. Möglicherweise besteht auch kein großer Unterschied zwischen dem Imitieren einzelner Erfolgspraktiken im Rahmen eines „Benchmarking"-Projekts und der analogistischen Verwendung von Talismanen und Amuletten bei afrikanischen Urwaldstämmen.[10]
Ist etwa Adam Smiths „Unsichtbare Hand" als höhere Kraft des Marktes weniger ein Naturgesetz als vielmehr eine machtintentionell geprägte Neuauflage des magischen Teleologieprinzips einer Zielorientierung natürlicher Phänomene? Oder sind die mathematisch ausgetüfteltsten Planungsmodelle nicht mehr als das Widerbild der bizarren Verrenkungen jener verhaltensgestörten Skinner-Box-Versuchstauben, welche sich aus zufällig erfolgenden Fütterungszeitpunkten einen Zusammenhang mit ihren jeweiligen Körperbewegungen einbildeten?[11]

Die Neigung zu magisch angehauchten Gedankengängen ist auf vielen Gebieten der Betriebswirtschaftslehre kaum zu übersehen. Um die Arbeit aber nicht gänzlich ausufern zu lassen, möchte ich mich im Hauptteil auf den Bereich der Persönlichkeitsmodelle und Verhaltenstypologien fokussieren.[12] Dieser ist besonders aktuell wegen der Dominanz des individualistischen Paradigmas in der Managementforschung.[13] So wird meist von Individuen als abgeschlossenen Einheiten, welche relativ dauerhafte und zeitstabile Eigenschaften besitzen, ausgegangen. Nicht nur bei Testverfahren zur Personalauswahl strahlt diese Prämisse einer „wahren Natur des Menschen" durch, welche mittels ausgefeilter Methoden diagnostiziert werden könne. Auch wenn es um theoretische Abhandlungen über Führungs- und Verhandlungsstile, Managertypen oder betriebswirtschaftliche Menschenbilder geht, liegen meist stabile Raster Charaktereigenschaften zugrunde, welche (sich) eine Vorhersage von Fähigkeiten und Leistungsverhalten erlauben. Da es derartige Typologien bereits sehr lange gibt, liegt es nahe, nach Parallelen zwischen modernen und historischen Denkansätzen zu suchen.

Die vorliegende Arbeit soll ergründen, inwieweit es sich bei manchen aktuellen Persönlichkeitskonzepten der modernen Managementforschung tatsächlich um eine Weiterentwicklung jener teilweise magisch oder irrational anmutenden Methoden voriger Paradigmenepochen handelt, oder ob viele dieser wohlklingenden, modernen Theorien nicht vielmehr als Neoeklektizismen zu bewerten sind, deren Urwurzeln als erstes Vorbild späterer Reproduktionen von Reproduktionen von Reproduktionen bis auf jene magischen Quellen früherer Jahrhunderte zurückreichen. Es soll die Frage beleuchtet werden, inwieweit verschiedene Methoden der zeitgenössischen Managementforschung nicht einfach nur eine neue Terminologie liefern für althergebrachte Erkenntnismuster und Realitätskonstruktionsmechanismen,[14] also nur frühere Erklärungsversuche an der Oberfläche ihrer Formulierungen aufzupolieren versuchen, sobald diese aus der Mode kommen und dem Zeitgeist langweilig werden.

Um die theoretisch-philosophische Basis dieses kulturhistorischen Vergleichs offenzulegen, werden im Kapitel „Theorien des Fortschritts" die verschiedenen philosophischen Sichtarten der Entwicklung umrissen: Fortschritt, Rückschritt, Kreisschritt, Scheinschritt, Blindschritt undForttritt. Anschließend werden die zwei Gegenpole in der Frage, ob Fortschritt nun Sein oder Schein ist, exemplarisch dargestellt. Schließlich ist dies die Ausgangsfrage unserer Arbeit. Anhand des dialektischen Idealismus von Georg W. F. Hegel und Arthur Schopenhauers Welt als Wille und Vorstellung werden diese zwei ideologischen Extrempositionen in ihren Prämissen, Inhalten und Implikationen erläutert. Der hierbei vorgestellte Ansatz Schopenhauers wird zum Modell der Zeitgeist-Tektonik ausgebaut, um verschiedene Urmodelle („Primodelle") und deren wandelnde Zeitgeistmasken im Verlauf der Geschichte kenntlich zu machen, von ihren magischen Anfängen bis hin zu ihren aktuellen Ausprägungen in der modernen Managementliteratur.

Im Kapitel „Magie & Wissenschaft" wird dieser Analyserahmen auf das generelle Verhältnis zwischen Magie und Wissenschaft angewendet, um genauer herauszuarbeiten, was überhaupt mit diesen Begriffen gemeint ist. Zwar mag es auf den ersten Blick ganz eindeutig scheinen, was man unter „magischen Praktiken" zu verstehen hätte, doch zeigten Recherchen in der Literatur verschiedener Denkstile, dass es dazu eine Reihe sehr unterschiedlicher Ansichten gibt. Oft wird „Magie" schlicht mit dem Begriff des „Aberglaubens" gleichgesetzt. Es gibt aber noch andere Magiedefinitionen, welche die Komponenten der Praxisbetonung, der kollektiven Wahrnehmung und ihrer toten Winkel, sowie der Machtspiele um die Burgmauern der offiziellen Vorstellungswelt mit einbeziehen. Die Grenzen zwischen Magie und Wissenschaft verlaufen somit fließend. Es sind vor allem Zeit und Raum in Form von Moden und Denkkollektiven,[15]

welche darüber entscheiden, ob ein Modell als magisch oder als wissenschaftlich anerkannt wird und nicht das Modell an sich in seiner scheinbaren „Richtigkeit" oder „Falschheit".
Dieses Kapitel soll die Zeitgeistverfangenheit im wissenschaftlichen Denkstil unserer Epoche überwinden und den Blick öffnen für die Relativität von Wissen und Erkenntnis. Dabei werden typische Wissenstransformationsmuster, wie sie später im speziellen Bereich der Persönlichkeitsmodelle auftauchen werden, am Beispiel der Wissenschaft allgemein veranschaulicht. Die Arbeit ist also derart strukturiert, dass sie die Thematik zuerst allgemein auf der Ebene theoretischer Prinzipien betrachtet und sich dann systematisch immer weiter dem speziellen Feld der Managementlehre annähert. Wir werden die Beute zuerst großflächig umkreisen und von vielfältigen Blickwinkeln aus beobachten, bis wir im Hauptteil schließlich die wichtigsten Faktoren überblickt haben und präzise zuschlagen können.

Im Hauptteil wird der theoretische Rahmen schließlich auf das spezielle Untersuchungsfeld angewendet. Die prämodernen Konzepte des Analogiedenkens und der Archetypen, das Polaritätenkonzept und die Lehre von den vier Elementen werden dabei als Vertreter des magischen Weltbildes vorgestellt und mit Beispielen aus verschiedenen Kulturen und Epochen veranschaulicht. Diese Modelle werden aktuellen Theorien aus der Managementliteratur gegenübergestellt und die Gemeinsamkeiten mit deren oft unbewussten magischen Wurzeln herausgearbeitet. Dabei wird sich offenbaren, dass die magischen Urgedanken der alten Theorien unter gewandelten Modemasken in zahlreichen Persönlichkeitsmodellen und Verhaltenstypologien der aktuellen Managementforschung fortbestehen. Vielgelehrte Theorien wie etwa die Managertypen von Maccoby, die Menschenbilder und Managementstrategien von Schein, die Führungsstile von Reddin, Verhandlungsstile im Konfliktmanagement oder populäre Tools aus der Management-Diagnostik wie DISG®, LIFO®, Insights®, HBDI® oder das Team Management Profil werden dem Vergleich mit ihren magischen Ahnen unterzogen und weisen dabei erstaunliche Parallelen auf...

01. Theorien des Fortschritts

Versuch einer Fortschrittsdefinition

Bevor wir auf die Frage eingehen können, inwieweit es sich bei den aktuellen Management-Ansätzen um tatsächliche oder vermeintliche Innovationen im Vergleich zu früheren Denkmodellen handelt, muss erst einmal abgeklärt werden, was so vielgebrauchte Wörter wie „Fortschritt" oder „Entwicklung" bedeuten.
Sie werden tagtäglich in den unterschiedlichsten Zusammenhängen verwendet, oft ohne genauer darzulegen, worin genau denn dieser Fortschritt besteht oder wem er etwas bringt und wem nicht. Gerne fällt dieses Wort in ideologischem Zusammenhang und wird dann entweder als unhinterfragt gut, vonseiten wirtschaftlicher oder politischer Interessensgruppen zum Beispiel, oder als pauschal schlecht dargestellt, wie dies von antitopischen Fortschrittskritikern gerne getan wird. Im ersten Fall wird Fortschritt als Synonym für heilsame Verbesserung angesehen, im zweiten Fall für Verschlechterung und Zerstörung.
Den wörtlichen Inhalt von Fortschritt könnte man umreißen mit „Vorwärtsgehen" oder „Weggehen", wobei dieses Gehen in Form eines Schrittes erfolgt. Es ist also kein gewöhnliches Gehen im Sinne eines Fortgangs, kein unstetes Schlendern oder Bummeln, auch kein zielloses Umherwandern oder tobsüchtiges Rasen, sondern ein rhythmisch geregeltes, maßvolles Sichvorwärtsbewegen.

> „Schritt:
> 1. Altes Längenmaß, 75 – 80 cm
> 2. langsame Gangart des Pferdes im Viertakt, Körper immer von zwei oder drei Beinen gleichzeitig gestützt
> 3. Elektrotechnik: Signal definierter Dauer mit eindeutigem Wertebereich"[16]

Wohin geschritten wird, ob man damit irgendwann an ein Ziel kommt oder schließlich nach einigen Irrwegen wieder an denselben Ausgangspunkt angelangt, vielleicht sogar in die falsche Richtung fortgeschritten ist, darüber gibt dieses Wort allein keine Auskunft. Ähnlich verhält es sich mit „Ent-wicklung". Semantische (Re)konstruktionen dieses Begriffes hat es bislang auch schon in der personalwissenschaftlichen Literatur gegeben, unter anderem von Stefan Gorbach und Richard Weiskopf.[17] In der

Biologie versteht man darunter den Prozess der „Entfaltung der Lebewesen von der Eizelle bis zum Tod".[18] Damit wird ein zeitlicher Verlauf angedeutet.

Es liegt das Gleichnis der Parzen nahe, jener altrömischen Geburtsgöttinnen, welche am Rand der Zeit sitzen und den Schicksalsfaden der Menschen spinnen. Vor der Geburt schlummert das Potential des in die Zeit zu Kommenden ungeteilt („Zeit" im Althochdeutschen bedeutet „Teil") in einem Knäuel konzentriert, um sich dann im Verlauf der Zeit zu entwickeln, beziehungsweise sich in die Zeit hineinzuentwickeln. Ob dieser entrollte Faden immer dicker oder dünner wird, Knoten oder Schleifen hat, ob er ein oder kein Ende hat oder irgendwann in sich selbst wiederkehrt bleibt offen.

Die Schrittarten der Entwicklung

Seit Beginn der Neuzeit verselbständigte sich die Eroberung der Welt mit Hilfe einer beschleunigten Abfolge technischer Erfindungen und Entdeckungen. Damit vollzogen sich Veränderungen nicht mehr schleichend im Rahmen von Jahrhunderten, sondern waren bereits innerhalb der Lebensspanne einer Generation deutlich spürbar. So mag es kaum verwundern, dass sich alsbald auch die Philosophie intensiver dieser Thematik annahm und ihre Ansichten zum Fortschritt in verschiedene Richtungen laufen ließ.

Der Fortschritt

Seit der Aufklärung des 18. Jahrhunderts beherrschte ein allgemeiner Fortschrittsoptimismus die Interpretation der Menschheitsgeschichte. Die negativen Randerscheinungen der zunehmenden Technisierung wurden als Geburtsschwierigkeiten interpretiert, welche zwar vielleicht nicht in nächster Zeit, aber doch zumindest in ferner Zukunft zur Gänze gelöst werden könnten. Der Mensch würde kraft seiner Vernunft oder gar einer geschichtlichen Gesetzmäßigkeit seinen Weg zu immer höheren geistigen, technischen und kulturellen Stufen finden.

Äußerst einflussreich und prägend setzte der dialektische Idealismus von Georg Wilhelm Friedrich Hegel (1770 – 1831) diesen Grundgedanken eines zum paradiesischen Endpunkt der „absoluten Wahrheit" hinstrebenden Fortschritts in die Welt. Sein Modell wird im nächsten Kapitel eingehender erläutert. Das Dreistadiengesetz von Auguste Comte (1798 – 1857) gliederte den Fortschritt der menschlichen Erkenntnis in „den theologischen oder fiktiven Zustand, den metaphysischen oder abstrakten Zustand und schließlich den wissenschaftlichen oder positiven Zustand."[19] Der dialektische Materialismus von Karl Marx (1818 - 1883) sah die klassenlose Gesellschaft als Endpunkt der sozialen Evolution, welche von der Urgemeinschaft zur antiken Sklaverei, von dort zum Feudalismus und weiter zur kapitalistischen Gesellschaft bis hin zum Omegazustand des Kommunismus führen sollte. Des Weiteren seien die Vertreter der Evolutionstheorie im 19. Jahrhundert erwähnt, wie etwa Charles Darwin (1809 - 1882) oder Herbert Spencer (1820 - 1903).

Jede dieser Philosophien sieht sich selbst als den höchsten Endzustand, der die Irrtümer der niedrigeren Stufen voriger Jahrhunderte endgültig ausgeräumt und den Stein der Weisen gefunden zu haben glaubt (um wenig später doch wiederum ihrerseits von weiteren goldenen Endpunkten der Philosophie überwunden zu werden).
Viele der aktuellen Management-Ansätze locken mit ähnlichen Versprechungen, nun endlich die wahren Hebel für Mitarbeitermotivation, Produktivität, Erforschung der Kundenwünsche und ähnliche Probleme gefunden zu haben, während die Schwachstellen der vorigen Ansätze kritisiert und überwunden geglaubt werden. Ebenso mögen diese Modelle zwar zum Zeitpunkt ihrer Erstellung neuartig scheinen, doch entpuppen sich die meisten nach Ablauf der Zeitverfangenheitsspanne rückblickend lediglich als mehr oder weniger originelle Variationen voriger Bausteine. Dies soll zu späterem Zeitpunkt eingehend durchleuchtet werden.

Der Rückschritt

Diese optimistische Fortschrittssicht wurde bereits früh von einer pessimistischen Rückschrittsicht ergänzt. Schon 1750 interpretierte Jean Jacques Rousseau (1712 - 1778) in seiner kulturkritischen „Abhandlung über die Wissenschaften und Künste" diese nicht als Denkmäler des Fortschritts, sondern des Verfalls, da sie nur einigen wenigen etwas brächten und die Masse der Menschen dafür in Elend und sklavischer Abhängigkeit schmachten müsste:

„Allmächtiger Gott, befreie uns von der Erleuchtung unserer Väter: führe uns zurück zur Einfalt, Unschuld und Armut, den einzigen Gütern, welche unser Glück befördern."[20]

Was verbal als heilsamer Fortschritt hinpoliert wird, stellt hier nicht mehr als ein machtintentionelles Blendwerk dar, welches den Menschen nicht näher zu sich und seinem Glück hinbringt, sondern im Gegenteil von sich selbst entfremdet. Insofern ist jede neue Erfindung nichts weiter als ein Tritt aus der Gebärmutter und stellt somit immer einen Rückschritt im Vergleich zum paradiesischen Urzustand dar.

Der Kreisschritt

Anders sehen es die zyklischen Geschichtstheorien.[21] Diese gehen nicht von einem finalen Endzustand aus, auf welchen alles hinstrebt. Vielmehr postulieren sie in Analogie zum organischen Wachstum auch in der Entwicklung von Kulturen Kreisläufe. Der Geburt folgen Aufschwung, Höhepunkt, Niedergang und schließlich Tod, um der Geburt einer neuen Kultur Platz zu machen. Die Menschheitsgeschichte bewegt sich im Kreis und kommt immer wieder an dieselben Punkte zurück. In meinem Buch „Prognostik 03: Trends & Zyklen der Zeit" gebe ich einen ausführlichen Überblick über diese Theorien von ihren magischen Wurzeln über die ersten philosophischen Ansätze bei Platon, Aristoteles und Cicero in der Antike bis hin zu den Geschichtsphilosophen der Neuzeit.[22] Besonders erwähnenswert sind hierbei die Zeitalter des neapolitanischen Philosophen Giovanni Battista Vico (1668 – 1744), die Kulturkreislehre und Kulturmorphologie des deutschen Ethnologen Leo Frobenius (1873 – 1938) und die Kulturzyklentheorie von Oswald Spengler (1880 - 1936), dessen zweibändiges Monumentalwerk „Der Untergang des Abendlandes" (1918/22) zu den meistdiskutierten Veröffentlichungen der ersten Hälfte des 20. Jahrhunderts gehört.[23]

Friedrich Nietzsche (1844 - 1900) formulierte die Kreisschrittsicht auf einer allgemeineren Ebene als die „ewige Wiederkunft des Gleichen". In „Also sprach Zarathustra" schreibt er:

„Alles Gerade lügt. Alle Wahrheit ist krumm, die Zeit selber ist ein Kreis."[24] „Müssen wir nicht Alle schon dagewesen sein? – und wiederkommen und in jener anderen Gasse laufen (...) – müssen wir nicht ewig wiederkommen?"[25] In seinem Nachlass erklärte er „die Welt als Kreislauf, der sich unendlich oft bereits wiederholt hat und der sein Spiel in infinitum spielt."[26]

Im modernen Management findet sich die Kreisschrittsicht beispielsweise bei der in vielen aktuellen Lehrbüchern gepredigten Ikone des Produktlebenszyklus, auf welcher viele Methoden zur Prognose von Marktentwicklungen basieren. Auch in Makroökonomie und Börsenprognostik werden zyklische Modelle wie die Kondratieffwellen oder die Elliott Waves verwendet.

Der Scheinschritt

Eine Sonderform des Kreisschrittes stellt der Scheinschritt dar, welcher im Kapitel „Fortschritt als Sein oder Schein" ausführlich behandelt wird. Für Arthur Schopenhauer (1788 - 1860) ist das Dasein ein absurder Kreisel ohne Start und ohne Ziel. Jedoch vollzieht sich sein Weltbild nicht in zyklischen Wellenbewegungen mit Bergen und Tälern, sondern in einem gleichtönigen Meer, aus welchem stets dieselben Urmuster hervortauchen, jeweils mit neuen Masken und Kostümen getarnt. So tut schließlich auch die Wissenschaft nichts anderes, als mit einem laufend erneuerten Arsenal an Wörtern und Begriffen diese alten und ewigen Muster zu bekleiden, ohne jemals an ein Ende gelangen zu können:

> „Wie immer man auch forschen mag, so gewinnt man nichts, als Bilder und Namen. Man gleicht Einem, der um ein Schloß herumgeht, vergeblich einen Eingang suchend und einstweilen die Fassaden skitzirend."[27]

Die undefinierbaren Urmuster aus dem Großen Meer nennt er Wille und die sie umschleiernden Masken sind die Vorstellung. Es wird überhaupt nicht geschritten, denn die scheinbare Bewegung entsteht lediglich durch das Wechseln der Hüllen, Namen und Bilder.

> „Wie in ihr (Anm.: der Zeit) jeder Augenblick nur ist, sofern er den vorhergehenden, seinen Vater, vertilgt hat, um selbst eben so schnell vertilgt zu werden; wie Vergangenheit und Zukunft so nichtig als irgend ein Traum sind, Gegenwart aber nur die ausdehnungs- und bestandlose Gränze zwischen beiden ist."[28]

Der Blindschritt

Schließlich wurde überhaupt Kritik an jeglicher zwangsläufig spekulativen Fort-, Rück- und Kreisschrittsicht laut. Relativierende Geschichtsbetrachtungen begannen die Einmaligkeit und Unvergleichbarkeit jeder einzelnen Kultur hervorzuheben. Kulturanthropologische Studien beschränkten sich folglich auf das Herausarbeiten von Gemeinsamkeiten und Unterschieden verschiedener Kulturen, ohne dabei irgendwelche Schritte, Reihenfolgen oder gesetzmäßige Muster hineinzuinterpretieren. Stattdessen liefern sie einen theoretischen Rahmenbau und begriffliches Werkzeug zur Beschreibung nichtlinearer Prozesse, um damit die chronische Unbestimmbarkeit offener Systeme zu untermauern.
Ein wichtiger Vertreter dieses Ansatzes ist die Systemtheorie.[29] Wegen systemtypischen Faktoren wie Autopoiesis, Selbstreferenz und Selbstorganisation aufgrund von (doppelter) Kontingenz, Rückkopplungsschleifen oder Interdependenz kann man die internen Informationsverarbeitungsprozesse eines Systems niemals zur Gänze erfassen. Und auch wenn man dies vorübergehend könnte, so bestünde doch jederzeit die Möglichkeit, dass sich diese ändern und in neue Qualitäten und Verhaltensweisen springen (Emergenz). Alles was sich hier auf Dauer feststellen lässt sind Veränderungen, niemals aber stetige Fort-, Rück- oder Kreisschritte.

Die Chaostheorie[30] kommt zu ähnlichen Schlüssen. Chaos, Entropie, Instabilität und Ungleichgewicht werden hier enttarnt als jedem System inhärente Faktoren. Das Entstehen von Verkehrsstaus, Phänomene der Selbstähnlichkeit zwischen mikro- und makroökonomischen Wirtschaftszyklen, die spontane Bildung von Wirbeln und Solitonenwellen im Wasser und ähnliche nichtlineare Prozesse sind ihr Spezialgebiet. All diese Phänomene stellen keinesfalls kuriose Seltenheiten der Natur dar, sondern ziehen sich tagtäglich durch alle Erscheinungen. Regelmäßig sorgen sie für überraschende Brüche in der Weltgeschichte. So identifizierte man beispielsweise als Ursache der europaweiten Maul- und Klauenseuche im Frühjahr 2001 illegale Fleischimporte eines kleinen englischen Chinarestaurants, welches die Speisereste an Kühe verfüttert hatte. Durch die Seuche wurde die gesamte Fleischindustrie Europas in die Krise gestürzt.[31] Es sind also oft kleine Zufälle, aus welchen sich die großen Umwälzungen entwickeln. Man spricht vom „Schmetterlingseffekt": über nichtlineare, dynamische Prozesse kann der Flügelschlag eines Schmetterlings in Brasilien einen Tornado in Texas auslösen. In der Chaostheorie gibt es Kreislaufprozesse ebenso wie Fortschritte und Rückschritte, sowie Mischungen aus allen dreien. Jedoch kann man nie wissen, womit in der nächsten Sekunde zu rechnen ist. Es gibt nur Veränderung. Und diese gleicht einem fluktuativen Blindschritt.

Ähnlich sieht es der Konstruktivismus, welcher Gedanken von Philosophen wie Platon (das Höhlengleichnis), Kant (Transzendentalphilosophie) oder Schopenhauer („Die Welt der Vorstellung (...) hebt allerdings erst an mit dem Aufschlagen des ersten Auges, ohne welches Medium der Erkenntniß sie nicht seyn kann, also auch vorher nicht war."[32]) mit Erkenntnissen der Experimentalpsychologie kombiniert. Die Selektionsmechanismen unseres Wahrnehmungsapparates konstruieren zwangsläufig ein unvollständiges Bild von der Welt und sehen im Grunde willkürliche Muster in diese hinein. Die Realität als solche ist nicht erkennbar. Wahrnehmung und Interpretation der Wirklichkeit erster Ordnung[33] (entspricht dem Kant'schen Ding an sich oder Schopenhauers Welt des Willens) sind untrennbar miteinander verflochten, wodurch jede Weltbeschreibung automatisch zu einer verzerrenden Zuschreibung wird. Erkenntnisse werden somit nicht gefunden, sondern erfunden. Beobachtungen werden im wahrsten Sinne des Wortes „gemacht", also konstruiert. Wenn jemand in das Weltwalten Fortschrittsprozesse hineinsehen will, so kann er dies tun. Wenn ein anderer darin Kreisläufe sieht, so ist dies ebenfalls legitim. Und wenn ein dritter all dies als Rückschritt oder Einbildung interpretiert, dann ist das genauso gerechtfertigt, ohne dass einer von ihnen mehr oder weniger Recht hat als ein anderer. Die Wahrheit haben alle und keiner. All dies liegt im Auge des Betrachters. Was außerhalb der Wahrnehmung liegt lässt sich nicht feststellen, und nicht einmal dies. Es kann somit zu keiner objektiven Erkenntnis kommen. Ein Blindschritt ist wie der andere.

Der Forttritt

Ein Spezialfall des Blindschrittes ist der Forttritt. Die Geschichte des Fortschritts ist laut diesen Theorien vor allem ein Spiel um Macht und Einfluss, ein Kampf um den Paradigmenthron. Unter anderem Thomas S. Kuhn (1922 – 1996) strich dies in seiner Abhandlung über „Die Struktur wissenschaftlicher Revolutionen" (1962) hervor. Unter Paradigma versteht er ein Bündel von in der wissenschaftlichen Gemeinschaft allseits akzeptierten und daher nicht weiter hinterfragten Werten, Prämissen, Meinungen und Methoden, aufgrund dessen fachliche Urteile relativ einheitlich ausfallen. Da diese Paradigmen in regelmäßigen Abständen an ihre Grenzen stoßen, kommt es zu Disputen darüber, wie neue Denksysteme auszusehen hätten. Hierbei setzt sich allerdings nicht immer zwangsläufig die bessere Theorie durch, denn

> „da die Vokabulare, in denen sie solche Diskussionen führen, vorwiegend aber aus denselben Ausdrücken bestehen, müssen sie einige dieser Ausdrücke verschieden auf die Natur anwenden, so dass sie notwendigerweise keine vollständige Verständigung erzielen. Folglich ist die Überlegenheit einer Theorie über eine andere in der Diskussion nicht nachzuweisen. Stattdessen, so habe ich betont, muss jede Partei die andere zu überreden versuchen. (...) Diese Diskussion geht um Prämissen; in ihr bedient man sich der Überredung als Vorspiel zur Möglichkeit des Beweises."[34]

Die Schlacht um den Paradigmenthron wird also selten an der endgültigen Theorie und ihrer Beweise entschieden, sondern bereits an deren Grundannahmen und ist somit stark machtpolitisch gefärbt, denn „es gibt keinen neutralen Algorithmus für die Theorieauswahl, kein systematisches Entscheidungsverfahren, das bei richtiger Anwendung jeden einzelnen in der Gruppe zu derselben Entscheidung führen müsste."[35] Bereits der Physiker und Nobelpreisträger Wolfgang Pauli (1900 – 1958) stellte einige Jahre vor Kuhn fest:

> „In der Naturwissenschaft gibt es keine allgemeine Regel, wie man vom empirischen Material zu neuen mathematisch formulierbaren Begriffen und Theorien kommen kann."[36]

Laut Kuhn zieht sich dieses Muster der Machtränke durch alle Sphären wissenschaftlicher Erkenntnis. Wie in der Politik oder in der Wirtschaft geht es auch in der Wissenschaft vor allem um Macht und Einfluss. Dadurch tritt ein neuer Aspekt der Entwicklung hervor: Der Fortschritt wird zum Forttritt in die Gedärme des Machtunterlegenen.

Fortschritt als Sein oder Schein

Wir haben nun verschiedene Ansätze der Fortschrittsdiskussion kennengelernt. Jede dieser Positionen würde unsere Ausgangsfragestellung nach dem Wert moderner Managementmethoden im Vergleich zu ihren magischen Vorfahren sehr unterschiedlich beantworten. Zwei Extrempole in der Frage, ob Fortschritt nun Sein oder Schein ist, sollen im folgenden Abschnitt genauer betrachtet werden.

Der Kulturoptimismus bei Hegel

Den einen vertritt Georg Wilhelm Friedrich Hegel (1770-1831). Seine Welt wird von Vernunft und Logik beherrscht und strebt auf einen Endpunkt höchster Entwicklung und Erkenntnis zu, welcher laut seinem eigenen Ermessen mit Etablierung seiner Philosophie nunmehr erreicht wurde:

> „Die Weltgeschichte stellt nun den Stufengang der Entwicklung des Prinzips, dessen Gehalt das Bewusstsein der Freiheit ist, dar. Die nähere Bestimmung dieser Stufen ist in ihrer allgemeinen Natur logisch."[37] „Die logische und noch mehr die dialektische Natur des Begriffes überhaupt, dass er sich selbst bestimmt, Bestimmungen in sich setzt und dieselben wieder aufhebt und durch dieses Aufheben selbst eine affirmative, und zwar reichere, konkretere Bestimmung gewinnt – diese (...) notwendige Reihe der reinen abstrakten Begriffsbestimmungen wird in der Logik erkannt."[38]

Sprache und Begriffe können eindeutig definiert und somit allgemein gleich verstanden werden. Wissenschaft und Philosophie haben die Aufgabe, Schritt für Schritt Mehrdeutigkeiten und Unschärfen in Terminologien zu bereinigen und arbeiten sich somit allmählich empor zur allseits erkennbaren Wahrheit. Dabei ist alles so gekommen, wie es sein soll und nicht anders. Hegel schreibt: „Der einzige Gedanke, den die Philosophie mitbringt ist aber (...) dass es also auch in der Weltgeschichte vernünftig zugegangen sei."[39]

Der Fortschritt erfolgt durch den Prozess der Dialektik. Eine These (Behauptung) und eine Antithese (Widerspruch) treffen aufeinander und bekriegen sich gegenseitig so lange, bis sich schließlich beide in einem Dritten, der Synthese (höhere Einheit), aufheben. Dies geschieht im dreifachen Sinne des Wortes, nämlich Aufheben als „Aufbewahren", als „Besei-

tigen" und als „Hinaufheben". In der Synthese sind somit die „wahren Kerne" der alten Inhalte konserviert, ihre Ungereimtheiten ausgelöscht und gleichzeitig auf ein höheres Niveau hinaufgehoben.
Eine These war beispielsweise, dass Licht eine Welle sei. Irgendwann tauchte die Antithese auf, dass Licht aus Teilchen bestünde, und schließlich wurden beide Theorien zur Synthese gebracht im Modell des Wellen-Teilchen-Dualismus, welches beide Gedankenväter vereinigt. Das an diesem Exempel veranschaulichte dialektische Grundprinzip unterstellt Hegel der gesamten Weltgeschichte als naturgesetzlichen Prozess hinauf zur absoluten Vereinigung aller Gegensätze: „Die Weltgeschichte ist der Fortschritt im Bewusstsein der Freiheit."[40] Das Bewusstsein des Geistes von seiner Freiheit ist „der Endzweck der Welt."[41] Nur dem Geist des Menschen wohne im Gegensatz zur sich stets nur wiederholenden Natur „eine wirkliche Veränderungsfähigkeit, und zwar zum Bessern – ein Trieb der Perfektibilität"[42] inne. Natürlich ist es der germanische Mensch, welcher Dank seiner Selbstdisziplin als erster den Endpunkt dieser geistigen Entwicklung erreicht:

> „Die Weltgeschichte ist die Zucht von der Unbändigkeit des natürlichen Willens zum Allgemeinen und zur subjektiven Freiheit. Der Orient wusste und weiß nur, dass einer frei ist, die griechische und römische Welt, dass einige frei seien, die germanische Welt weiß, dass alle frei sind. Die erste Form, die wir in der Weltgeschichte sehen, ist der Despotismus, die zweite ist die Demokratie und Aristokratie, und die dritte die Monarchie."[43]

Hegel betont die Notwendigkeit der Triebkontrolle als Triebfeder der Überlegenheit eines „zivilisierteren", elitären Volkes über andere.[44] Es ist bemerkenswert, dass ich trotz intensiver Recherchen keinen Vertreter einer Fortschrittsideologie auffinden konnte, der in seinen Ausführungen nicht zumindest indirekt von höheren und niedrigeren Kulturen, Völkern oder Menschen spricht und meist auch ein objektivierbares Recht daraus ableitet, dass es legitim wäre, niedrigere Völker zum Glück des Fortschrittes zu zwingen. So auch Hegel, dessen folgendes Zitat nur eines von vielen ist:

> „Die Neger werden von den Europäern in die Sklaverei geführt und nach Amerika hin verkauft. Trotzdem ist ihr Los im eigenen Lande fast noch schlimmer, wo ebenso absolute Sklaverei vorhanden ist; denn es ist die Grundlage der Sklaverei überhaupt, dass der Mensch das Bewusstsein der Freiheit noch nicht hat und somit zu einer Sache, zu einem Wertlosen herab-

sinkt. Bei den Negern sind aber die sittlichen Empfindungen vollkommen schwach, oder besser gesagt, gar nicht vorhanden."[45]

Wenn man sich die Selbstverständlichkeit vor Augen führt, mit der Ansichten wie diese lange Zeit als Tatsachen ausgesprochen und hingenommen worden sind, dann erscheinen auch aktuelle Entwicklungen in einem neuen Licht. Sogenannten „Entwicklungsländern" werden Wirtschaftshilfe und Weltbankdarlehen nur gewährt, wenn sie sich dem „fortschrittlichen" Dogma des freien Marktes unterwerfen und ihre „rückständigen" Identitäten aufgeben. Mitarbeiter werden auf Kurven mit Reifegraden aufgetragen und je nach Entwicklungsstufe gesondert behandelt. Psychologische Verfahren messen Entwicklungsdefizite bei Kindern und haben auch gleich schon die Normungstherapie parat. Diese Beispiele fußen allesamt auf der „Fortschrittssicht", von welcher Hegel ein Paradeabziehbild darstellt.

Der Kulturpessimismus bei Schopenhauer

In die optimistische Atmosphäre der Hegelschen Fortschrittsgläubigkeit polterte 1819 unter allgemeiner Empörung und Ablehnung Arthur Schopenhauer (1788-1860) mit seinem Hauptwerk „Die Welt als Wille und Vorstellung" hinein. Darin stellte er so ziemlich alles in Frage, was zum damaligen Zeitpunkt als akademische Allgemeinmeinung galt, inklusive der Sinnhaftigkeit der Wissenschaft überhaupt. So postuliert er

> „daß nämlich alle Wissenschaft (...) nie ein letztes Ziel erreichen, noch eine völlig genügende Erklärung geben kann; weil sie das innerste Wesen der Welt nie trifft, nie über die Vorstellung hinaus kann, vielmehr im Grunde nichts weiter, als das Verhältniß einer Vorstellung zur anderen kennen lehrt."[46]

Des Weiteren deckt er die ideologische Komponente der damaligen Wissenschaft auf und nimmt nebenbei – in Anlehnung an Platon und Heraklit - die Grundgedanken der modernen Methodologie und des Konstruktivismus vorweg:

> „Als Philosophie genommen, wäre sie (Anm.: die Wissenschaft) überdies Materialismus: dieser aber trägt, wie wir gesehn, schon bei seiner Geburt den Tod im Herzen; weil er das Subjekt und die Formen des Erkennens überspringt (...) Kein Objekt ohne Subjekt ist der Satz, welcher auf immer allen Materialismus unmöglich macht. Sonnen und Planeten, ohne ein Auge, das sie sieht, und ei-

nen Verstand, der sie erkennt, lassen sich zwar mit Worten sagen: aber diese Worte sind für die Vorstellung ein Sideroxylon."[47] Schließlich ist „... alle Kausalität, also alle Materie, mithin die ganze Wirklichkeit, nur für den Verstand, durch den Verstand, im Verstande."[48]

Die Wissenschaft macht nichts anderes, als dem Unbeschreibbaren und Unnambaren neue Begriffe und Wörter zuzuordnen, wobei diese Begriffe „ganz passend Vorstellungen von Vorstellungen zu nennen"[49] sind. Sie zieht ihre Wortketten kreiselnd durch das abgehobene Gebälk des Geistes ohne jemals zu einem Ende kommen zu können. Deshalb ist es auch Nebelwerferei, von objektivierbaren Fakten oder absoluten Bedeutungen zu sprechen. Schopenhauers vernichtender Schluss lautet: Wissenschaft ist „wie wenn Jemand sich die Beine abschnitte, um mit Krücken zu gehen."[50]

Im Gegensatz zu Hegels Ansicht kann also niemals eine endgültige Wahrheit, eine Theorie, die bar jeglichen Fehlers ist, gefunden werden, denn, wie er im ersten Buch über „das Objekt der Erfahrung und Wissenschaft" schreibt:

„Durch und durch beweisbar kann keine Wissenschaft seyn; so wenig als ein Gebäude in der Luft stehn kann: alle ihre Beweise müssen auf ein Anschauliches und daher nicht mehr beweisbares zurückführen."[51] „Andererseits zeigen uns diese Erkenntnisse weiter nichts, als bloße Verhältnisse, Relationen einer Vorstellung zur anderen, Form, ohne allen Inhalt. Jeder Inhalt (...) enthält schon etwas nicht mehr vollständig (...) durch ein Anderes ganz und gar zu Erklärendes (...) wodurch sogleich die Erkenntniß (...) die vollkommene Durchsichtigkeit einbüßt."[52]

Schopenhauer unterteilt die Welt in Wille und Vorstellung, ebenso wie der Konstruktivismus in Wirklichkeit erster und zweiter Ordnung unterteilt. Der Wille entspricht dem Kant'schen Ding an sich, den Platonischen Ideen oder auch dem, was die Physik allgemein Energie, Wellen oder Teilchen nennt. Ich werde es in der Folge auch öfters mit dem Begriff der Einzeit umreißen. Aus den Urmustern dieser Einzeit entwürfelt sich der Mensch die Welt der Vorstellung, der Konstrukte, der Schatten der Ideen, kurz gesagt, die kleine Echowelt der eigenen Gehirngespinste.

„Die einzelnen Dinge aller Zeiten und Räume sind nichts, als die durch den Satz vom Grund (die Form der Erkenntniß der Individuen als solcher) vervielfältigten und dadurch in ihrer reinen Objektität getrübten Ideen."[53]

Insofern gibt es in der Philosophie Schopenhauers auch keine Zeit im eigentlichen Sinne. Ihr Verlauf ist nur eine Ein-Bild-ung des menschlichen Verstandes. Denn das Reich aller Zeiten und Räume auf einmal befindet sich in der Einzeit, insofern in der Unzeit, jedenfalls dort, wo alles Geteilte und Ungeteilte in seiner Gesamtheit zusammenfällt. Das verzweifelte Spiel des Willens gleicht somit in der Welt des Phänomens, in der Vorstellung, einem Kreisschritt, am Ende bleibt es aber ein Scheinschritt, ein Traumschritt.

> „Die Zeit ist bloß die vertheilte und zerstückelte Ansicht, welche ein individuelles Wesen von den Ideen hat, die außer der Zeit, mithin ewig sind: daher sagt Plato, die Zeit sei das bewegte Bild der Ewigkeit"[54] „Daher ist jede Erscheinung in der Zeit eben auch wieder nicht: denn was ihren Anfang von ihrem Ende trennt, ist eben nur Zeit, ein wesentlich Hinschwindendes, Bestandloses und Relatives, hier Dauer genannt."[55]

Die phänomenistischen Masken des Willens mögen sich zwar ändern und somit eine Scheinbewegung vorgaukeln, im Endeffekt jedoch tritt der Schritt auf der Stelle.

> „Wie eine Zauberlaterne viele und mannigfaltige Bilder zeigt, es aber nur eine und dieselbe Flamme ist, welche ihnen allen die Sichtbarkeit ertheilt; so ist in allen mannigfaltigen Erscheinungen, welche neben einander die Welt füllen, oder nach einander als Begebenheiten sich verdrängen, doch nur der eine Wille das Erscheinende, dessen Sichtbarkeit, Objektität das Alles ist, und der unbewegt bleibt mitten in jenem Wechsel. Er allein ist das Ding an sich: alles Objekt aber ist Erscheinung, Phänomen."[56]

Dennoch ist dieses ewige und sinnlose Unterfangen des Scheinschritts, des Traumschritts, notwendig, um den Menschen bei Laune und somit am Leben zu halten. Wie ein Auge, das unter bizarren Verrenkungen vergeblich versucht, sich ohne Spiegel selbst zu betrachten oder wie ein Hund, der sich einen vergnüglichen Nachmittag macht, indem er vergeblich probiert, seinen eigenen Schwanz zu schnappen, so ist dieses Streben zu deuten.

> „Ewiges Werden, endloser Fluß, gehört zur Offenbarung des Wesens des Willens. Das Selbe zeigt sich endlich auch in den menschlichen Bestrebungen und Wünschen, welche ihre Erfüllung immer als letztes Ziel des Wollens uns vorgaukeln; sobald sie aber erreicht sind, sich nicht mehr ähnlich sehn und

daher bald vergessen, antiquirt und eigentlich immer, wenn gleich nicht eingeständlich, als verschwundene Täuschung bei Seite gelegt werden."[57]

Dies ist in Bezug auf unsere Ausgangsthematik der eigentliche Kernsatz Schopenhauers. Es soll ja die Frage beleuchtet werden, inwieweit die Methoden des angehenden dritten Jahrtausends nicht einfach nur eine neue Terminologie liefern für althergebrachte Erkenntnismuster, nur frühere Erklärungsversuche verbal aufzupolieren versuchen, sobald diese aus der Mode kommen und dem Zeitgeist langweilig werden. Schopenhauer schreibt: „Jedes erreichte Ziel ist wieder Anfang einer neuen Laufbahn, und so ins Unendliche."[58]
Dennoch wollen wir es uns nicht so einfach machen und uns mit dieser Antwort begnügen. Denn schließlich bleibt uns nur die Welt der Vorstellung, und auch dieser Text wird soeben geschrieben in der Welt der Vorstellung. Gehen wir also daran, zu einem verwertbaren Abschluss dieser Abhandlung über Schopenhauer zu kommen:

„Aber ob ein Böser seine Bosheit zeigt in kleinen Ungerechtigkeiten, feigen Ränken, niedrigen Schurkereien, die er im engen Kreise seiner Umgebung ausübt, oder ob er als ein Eroberer Völker unterdrückt (...) dies ist die äußere Form seiner Erscheinung, das Unwesentliche derselben und hängt ab von den Umständen (...); aber nie ist seine Entscheidung auf diese Motive aus ihnen erklärlich."[59]

Ob ein Mensch sein Statusbedürfnis mit Hirschgeweih und Pfauenfedern, einer Krone mit Edelsteinen oder einem Porsche mit Mahagoniarmaturenbrett schmückt, ist auf die äußeren Umstände, den Zeitgeist zurückzuführen. Das Wesentliche ist aber in all diesen Fällen der Statustrieb, egal, welche Maske dieser sich gerade wählen mag. „So z.B. ist es unwesentlich, ob man um Nüsse oder Kronen spielt: ob man aber beim Spiel betrügt, oder ehrlich zu Werke geht, das ist das Wesentliche."[60]

Hierin befindet sich die Kernspaltung mit Hegel. Dieser würde nämlich entgegenhalten, dass es sehr wohl wesentlich ist, ob jemand ein Affenzahnarmband oder eine Rolex-Uhr trägt, denn die Rolex-Uhr befindet sich dialektisch auf einer viel höheren Stufe, in welcher das Affenzahnarmband in jener dreifachen Weise aufgehoben, weiterentwickelt und verfeinert wurde. Selbiges würde etwa gelten für Mayos Human-Relations-Bewegung der 1930er Jahre, welche erst nach dialektischen

Reibereien mit technokratischen Modellen zu McGregors „Human Side of Enterprise" in den 1960er Jahren wurde, womit letzteres eine höhere Stufe darstellt. Für Schopenhauer wären beide nur zwei Masken desselben. An dieser Stelle wird klar, wie sehr die Frage nach dem Fortschritt in erster und letzter Linie eine Frage der von Rationalisierungstürmen getarnten subjektiven Einstellung ist.

Die Evolutionsspirale

Folgende Abbildung zeigt noch einmal schematisch den dialektischen Fortschrittsprozess bei Hegel. Eine These und eine Antithese bekriegen einander solange, bis schließlich auf einem höheren Niveau eine Synthese aus beiden entsteht. Diese stellt ihrerseits wiederum eine neue These (These 2) dar und wird insofern alsbald wieder von einer neuen Antithese (Antithese 2) als Gegenpol herausgefordert, was irgendwann zu einer weiteren Synthese (Synthese 2) führt. Diese befindet sich auf einer höheren Stufe als die vorhergehenden Thesen, Antithesen und Synthesen. Der dialektische Prozess schreitet solange voran, bis man am Ende an der letzten allwissenden Synthese angelangt, in welcher alle Gegensätze vereint sind.

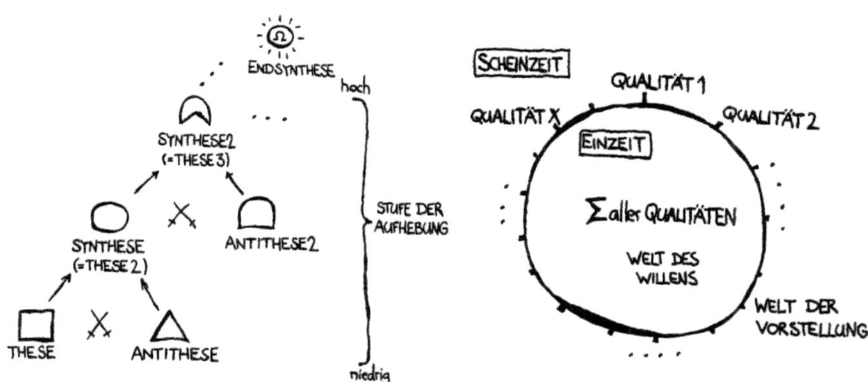

Links: Fortschritt als Sein - Hegels Dialektik
Rechts: Fortschritt als Schein – Schopenhauers Welt als Wille und Vorstellung

Schopenhauers Sicht der Entwicklung ist daneben dargestellt. Im Kern des Kreises befindet sich die Welt des Willens, in welcher alle Qualitäten aller Zeiten und Orte ungeteilt und gleichzeitig vorhanden sind. Dies ist die unnambare Wurzel aller Erscheinungen, welche sich außerhalb der Sinne und außerhalb jeglicher Vorstellung befindet und somit für den menschlichen Geist niemals ungetrübt begreifbar oder in Worte zu fassen ist. Über die Welt dieser Einzeit lassen sich ebenso wenig Aussagen treffen, wie über den letzten Grund, warum sich etwa eine Hand bewegt. Die Welt des Phänomens kennt zwar Nervensysteme, Gehirnimpulse, Muskeln und andere Namen zur oberflächlichen Beschreibung dieses Vorgangs. Warum sich am Ende aber die Hand bewegt, wenn man sie bewegen will, das wird niemals ergründbar sein. Diese Beschreibungen, Masken und Namen gehören zur Welt der Vorstellung außerhalb des Kreises, dort, wo die Einzeit zur Scheinzeit wird. In der Welt der Vorstellung scheint es somit, als ob Entwicklung ein Kreisschritt wäre, in welchem die immer gleichen Urmuster (Qualitäten 1 bis X) unter jeweils anderen Tarnkappen ausgeworfen werden. An diesen Musterwiederholungen der Scheinzeit wird auch unsere Analyse der magischen Praktiken des Managements ansetzen.

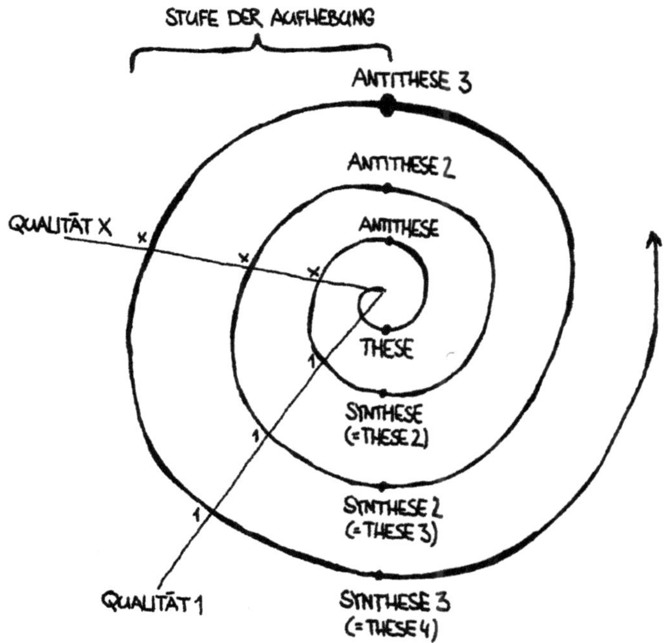

Die Evolutionsspirale
als Synthese der Fortschrittsichten von Hegel und Schopenhauer

Betrachtet man Schopenhauers Scheinschritt nun in seinem zeitlichen Verlauf, so erhält man das Bild der Spirale. Der ewige Kreislauf desselben wird in die Zeit hineingefächert. Die Spirale dreht sich immer weiter nach außen je weiter wir im Zeitverlauf voranschreiten. Dabei kommen wir immer wieder an dieselben Punkte, an denen stets dieselben Urmodelle unter sich wandelnden Zeitgeistmasken in die Scheinzeit drängen. Das Konzept der Evolutionsspirale versöhnt Schopenhauers Scheinschritt mit Hegels Fortschritt. Denn je weiter wir an ihr nach außen gelangen, desto höher ist die Stufe der dialektischen Aufhebung, desto moderner ist das Spiel von These, Antithese und Synthese in neue Zeitgeistmasken gewandet. Allerdings sagt diese Stufe lediglich etwas über die zeitliche Chronologie aus. Die späten Stufen sind nicht besser, umfassender oder vollständiger als die frühen Stufen. Sie bringen lediglich einen neuen Blickwinkel auf die Urmodelle und kleiden diese in neue Begrifflichkeiten. Das Emporstreben der Hegelschen Dialektik löst sich auf in eine reine Pendelbewegung, welche bei jedem Ausschlagen versucht, der Pendelei zu entkommen. Diese Zwiebelschalen der Evolutionsspirale bilden die tektonischen Zeitgeistschichten, welche ich gleich erläutern werde.

Wir haben in diesem Kapitel die verschiedenen Sichtarten der Entwicklung kennengelernt: Fortschritt, Rückschritt, Kreisschritt, Scheinschritt, Blindschritt und Forttritt bezeichnen verschiedene Grundrichtungen in der mannigfaltigen Fortschrittsdiskussion. Vielleicht wird sich Ihnen die Frage aufdrängen, warum eine derartige Abhandlung über philosophische Ansätze verschiedener Epochen für eine wirtschaftswissenschaftliche Arbeit von heute überhaupt notwendig ist. Schließlich schickt sich das gewählte Thema an, den personalwissenschaftlichen Bereich der Persönlichkeitsmodelle zu durchleuchten und nicht, in verstaubten Bücherregalen fachfremder Sparten Monologe zu halten. Dieser Überblick verschiedener Sichtarten der Entwicklung ist insbesondere aus folgenden Gründen essentiell für die weitere Argumentationslinie der Arbeit:
Erstens ist die Philosophie der vergangenen Jahrhunderte mehr als nur selbstvergnügte Luftschlossfahrt einiger weniger Müßiggänger. Die in ihr dargelegten Gedanken sind ein intertemporärer Spiegel der Variantenbreite von persönlichen Einstellungen und „eigenen Meinungen“[61] überhaupt. Ob sich ein Postbeamter über die willkürliche Leistungsmessung seiner Arbeit durch Experten beschwert oder ein HR-Coach den Prozess der Gruppenbildung in „Forming – Storming – Norming – Performing“

unterteilt, ob Politiker von neutralen Objektivierungsverfahren sprechen oder Managementkurse die lange erwartete Alllösung verkünden, es sind stets dieselben Argumentationsmuster, welche sich wiederholen und meist behaupten, es sei einfach so und jeder kluge Mensch müsse das erkennen. Somit werden wir uns in der Folge auch leichter dabei tun, die unausgesprochenen Ideologismen von Modellen zu enttarnen.
Zweitens sollte der Prozess der wandelnden Zeitgeistmasken, welcher sich folgend durch die genealogische Studie von Persönlichkeitsmodellen ziehen wird, bereits einleitend am Exempel der maskierten Wiederholungen in der Philosophie plastisch gemacht werden. Drittens sind Aufbau und Argumentation eines Vergleichs „magischer" und „wissenschaftlicher" Modelle stark abhängig von der persönlichen Philosophie des Vergleichenden. Fort-, rück- , kreis- und blindschrittsichtige Forscher würden dieses Thema jeweils total unterschiedlich behandeln und sicherlich zu sehr verschiedenen Ergebnissen kommen, wie wir im nächsten Kapitel sehen werden. Insofern sollten viertens auch gleich zu Beginn die Prämissen und Anschauungen dieser Arbeit offengelegt und somit relativiert werden.

Zeitgeist-Tektonik

Seit der Erstauflage dieses Buches sind nunmehr siebzehn Jahre vergangen. In dieser Zeit hat sich gerade durch die intensiven Arbeiten an meinen Prognostik-Bänden der hier vorgestellte Analyserahmen weiter konkretisiert. So möchte ich die Neuauflage nutzen, um mein Modell der Zeitgeist-Tektonik kurz zu skizzieren und so die Grundlagen dieses Buches noch etwas klarer darzustellen.

Ausgangspunkt sind die Primodelle, archetypische Clusterungen von Anschauungen, welche teilweise bereits seit Jahrtausenden das menschliche Denken prägen. Sie helfen uns, bestimmte Vorgänge in der Welt zu erklären. Von den Jungschen Archetypen[62] (griech. Urbilder) unterscheiden sich die Primodelle dadurch, dass sie komplexere Denkinhalte beherbergen. Sie sind nicht einfache Typen, Symbole oder Bilder, sondern Modelle. Sie sind nicht Gedanken, sondern Gedankennetzwerke mit einer inneren argumentativen Struktur. Mit den Archetypen gemein ist ihnen die Tatsache, dass sie in einer langen Historie wurzeln und kulturübergrei-

fend immer wieder im Kollektivdenken auftauchen.[63] Bei manchen scheint es, als wären sie überhaupt universelle Kategorien des menschlichen Denkens. Nur selten lässt sich ihre Emergenz zeitlich lokalisieren. Ihre Urwurzel liegt meist in den Tiefen der Geschichte verborgen.
Jeder Zeitgeist bildet nun eine neue tektonische Schicht, welche diese Primodelle überlagert und mit einem neuen Arsenal von Worten, Begriffen und Argumentationsketten einkleidet. Das Primodell wird dem aktuellen Zeitgeist verständlich gemacht, indem es entsprechend der neuesten Trends, Moden und Modernesken ausartikuliert wird. Es wird der neuen Zeit neu erklärt. Es erhält eine zeitgemäße Kostümierung. Diese Kostümierung ist die Zeitgeistmaske.[64] Manchmal ist diese bloßes Marketing („Alter Wein in neuen Schläuchen"). Oft ist sie aber mehr als schnöde Kosmetik. Sie versucht, die Grundideen der Primodelle noch etwas verständlicher zu machen, den Zeitgenossen noch etwas besser zu erklären, sodass diese sie verstehen und attraktiv finden. Die Zeitgeistmaske betont immerzu andere Facetten des Primodells, betrachtet es aus neuen Blickwinkeln, fügt den Auskleidungen früherer Zeitgeister[65] neue Interpretationen hinzu. Die Zeitgeistmasken transportieren das Primodell durch die Jahrhunderte, helfen ihm dabei, nicht im Nirvana des Vergessens zu verschwinden.

Reist man durch die verschiedenen Kulturen und Epochen und betrachtet die verschiedenen Zeitgeistmasken eines Primodells, so bekommt man einen reichhaltigeren, vielfältigeren, umfassenderen Eindruck von seiner Morphologie. Zeitgeist-Tektonik ist somit ein Werkzeug, um in das Wesen einzelner Denkmodelle tiefer einzudringen, diese besser zu verstehen. Gleichzeitig lernen wir dadurch aber auch die einzelnen Epochen besser kennen. Indem wir ein Primodell aus verschiedenen Zeitgeistbrillen heraus betrachten, erfahren wir nicht nur etwas über das Modell, sondern auch über die verschiedenen Zeitgeister, ihre Perspektiven und Prioritäten, ihre Stilistik, ihren Habitus, ihre Art sich auszudrücken. Zeitgeist-Tektonik hilft uns Zeittunnel durch die verschiedenen historischen Schichten der menschlichen Geistesgeschichte zu graben und dadurch das Denken selbst besser zu verstehen.

Aber warum entstehen diese tektonischen Zeitgeistschichten überhaupt? Warum drängt der Mensch unentwegt danach, Zeitgeistmaske über Zeitgeistmaske über Zeitgeistmaske zu bauen? Eine wichtige Triebfeder dieses Prozesses ist das Streben der Primodelle nach Reaszendenz,[66] nach Wiederauftauchen im Zeitgeist. Dabei ist die Zeitgeistmaske notwendige Waffe im Kampf um den Paradigmenthron, dem Kräftemessen der inoffiziellen Welt der Magie mit der offiziellen Welt der Wissenschaften. Einige Mechanismen dieses Vorgangs werden wir nun näher betrachten.

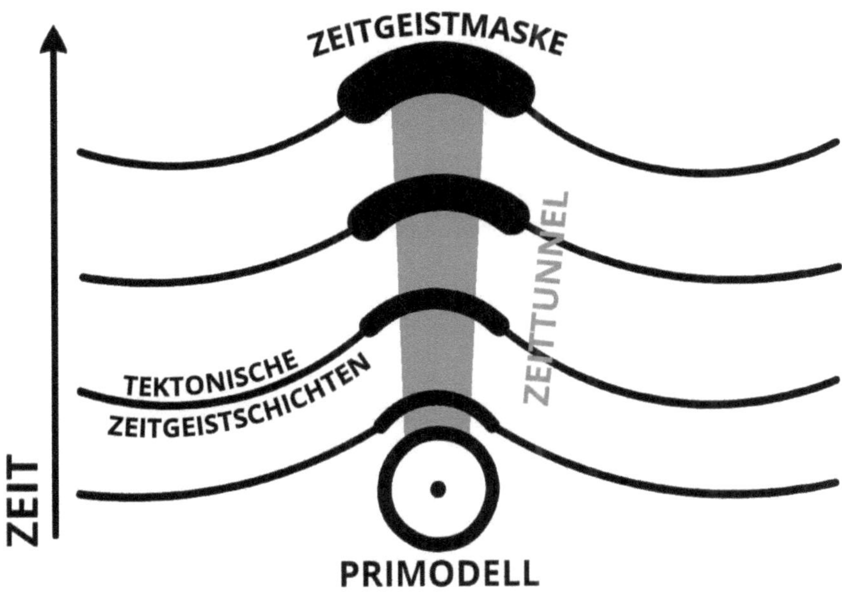

Zeitgeist-Tektonik:
Jede Zeitgeistschicht entwickelt moderne Masken für alte Modelle.
Die Urwurzel der Modelle liegt in den Tiefen der Geschichte verborgen (Primodelle)

02. Magie & Wissenschaft

Wie im vorigen Kapitel ausgeführt gibt es allein über die Frage, was Fortschritt ist, sehr unterschiedlicher Ansichten. Dasselbe gilt für die Frage, was Magie und Wissenschaft sind und wie sich diese voneinander unterscheiden und abgrenzen.

Aus der Fortschrittsicht ist Magie schlichter Aberglaube, ein Relikt aus Zeiten, in denen die Erkenntnis des Menschen noch weniger weit entwickelt war als heute. Die Wissenschaft hat in ihrer Überlegenheit die Schwächen dieser unausgereiften Konzepte ausgemerzt und überwunden. Sie stellt die Vervollkommnung der magischen Wurzeln dar. Dies ist in der Regel auch die herkömmliche Meinung des offiziellen Weltbildes. Aus der Rückschrittsicht ist Wissenschaft ein Moloch der Selbstentfremdung und Naturzerstörung, dessen buntlackierte Produkte uns nur oberflächliche Ablenkung bringen und dafür mit Allergien, Krankheiten und Abhängigkeit infiltrieren. Dabei ist viel wertvolles Wissen der alten Vorfahren verlorengegangen. „Damals war alles besser!" Und so vertraut man lieber den alten Hausmitteln aus dem Hexenkessel als der modernen Medizin und Wissenschaft.

Die Kreisschrittsicht würde darauf verweisen, dass alles schon einmal da war und in regelmäßigen oder unregelmäßigen Abständen wiederkommt. Dabei bedienen sich Kulturen in den meisten Theorien am Anfang ihres Zyklus noch magischer Methoden, bis eine zunehmende Verwissenschaftlichung die Aufschwungphase einleitet. Von der Blindschrittsicht aus gesehen liegt die Unterscheidung von Magie und Wissenschaft allein in der Wahrnehmung des Betrachters. Kein Modell kann eindeutig einer der beiden Welten zugeordnet werden, da dieser Kategorisierungsprozess immer subjektiven Verzerrungen und irrationalen Einflüssen unterliegt. Forttrittsichtige hingegen würden betonen, dass es vor allem eine Frage von Machtspielchen ist, welche Modelle jeweils in einem Zeitgeist als wissenschaftlich durchgesetzt und welche als magisch stigmatisiert werden. Diese verschiedenen Sichtweisen von Magie und Wissenschaft gehen einher mit jeweils sehr unterschiedlichen Definitionen des zugrundeliegenden Magiebegriffes, wie sich im Folgenden zeigen wird.

Über den Begriff der Magie

Dass Begriffe eben nur B-Griffe sind und keine A-Griffe, um die Hebel der Welt in Sprache zu fassen und ihren Inhalt in einer Form aufzuheben, wird immer dann deutlich, wenn man nach einer klaren Definition eines Wortes sucht, aber in zehn Büchern zehn sehr unterschiedliche Definitionen vorfindet. Der Begriff der Magie ist hierfür ein Paradebeispiel. Und so können wir folgend die mannigfaltigen Bedeutungen dieses Wortes nur umreißen:[67]

Magie als „vermögendes Machen"

Verfolgt man die etymologische Bedeutung des Magie-Begriffs, so lassen sich seine Wurzeln in vielen Sprachen auf „machen, tun"[68] zurückführen. Magie bezieht sich also immer auf ein Handeln, welches im Gegensatz zu religiösen oder traditionellen Praktiken mit dem Ziel einer Zeugung von gewünschter Wirklichkeit, einer Wirkung, vollzogen wird. Dies kommt im zweiten etymologischen Bedeutungszweig zum Ausdruck:

> „Das Wort ´Magie´ leitet sich vom lateinischen ´magia´ (griechisch ´mageía´, iranisch-altpersisch ´magu[s]´) her, ist verwandt mit dem griechischen ´méchos´, ´mechané´, dem gotischen ´mahts´ (Anm.: „Macht, Kraft"[69]), dem deutschen ´Macht´, und bedeutet im indogermanischen Verbalstamm *"magh" ´können, vermögen, helfen´."[70]

Es geht ihr somit weniger um theoretische Erklärungen und Metaerzählungen des Lebens, obgleich sie diese nicht ausschließt, sondern primär um das Entwickeln und Anwenden von Techniken, welche aktiv und gezielt den Verlauf von Geschehen beeinflussen sollen.

Magie als Aberglaube

Die weiten Interpretationsspielräume, welche dieses vermögende Machen zulässt, sind nun entsprechend der jeweiligen Rahmenideologie gefärbt. Eine herkömmliche Wörterbuchdefinition wäre etwa:

> "Die Beschwörung übernatürlicher Kräfte, die durch rituelle Handlungen verfügbar gemacht werden sollen. Innerhalb der christlichen Lehre unterscheidet man zwischen Religion und Magie (Aberglauben). In der Völkerkunde wird

dieser Ansatz verworfen. Bei den sog. Naturvölkern sind magische Praktiken integraler Bestandteil des relig. Weltbildes. Je nach Zweck und Herkunft unterscheidet man Weiße Magie (Zauber) und Schwarze Magie (Hexen)."[71]

Die Alltagsmeinungen zu Magie sind in unserer christlich-westlichen Kultur nach wie vor stark geprägt von dieser Spaltung. Auf der einen Seite steht der anerkannte religiöse Glaube an einen Gott, welcher uns in den Schulen gelehrt wird und dessen Feiertage und Bräuche wir selbstverständlich in unser Leben integriert haben. Selbst einen Physiker wird man nicht als Spinner abtun, wenn er am Sonntag in die Kirche geht.[72] Genauso wenig wird man den Klassenraum eines Gymnasiums als primitive Kultstätte bezeichnen, nur weil darin ein Jesuskreuz hängt. Auf der anderen Seite steht das unartige Stiefkind im Eck, der sogenannte Aberglaube, die Scharlatanerie, die Zauberei und andere Unseriositäten, welche die rationalen Mühlen des Wissenschaftsstaates trotz umfassender Bildungsmaßnahmen noch nicht auszumerzen vermochten. So wird bereits in Alfred Lehmanns „Aberglaube und Zauberei" aus dem Jahr 1908, einer der ersten wissenschaftlichen Publikationen, welche als „wirkliche Theorien der Magie"[73] bezeichnet werden, der Aberglaube definiert als

> „jede allgemeine Annahme, die entweder keine Berechtigung in einer bestimmten Religion hat oder im Widerstreit steht mit der wissenschaftlichen Auffassung einer bestimmten Zeit von der Natur."[74] Die Geschichte der Magie wird hierbei angesehen als: „die Geschichte der allgemeinen menschlichen Irrtümer. (...) Aberglaube und Zauberei sind Verirrungen des menschlichen Geistes auf religiösem und wissenschaftlichem Gebiet."[75]

Der Dummglaube an Wahrsager und Hexen, an Sterndeuter und Kartenschläger scheint einem gebildeten Menschen veraltet und naiv. Es gibt keine Lehrstühle für Hellsichtigkeit, keine Studiengänge für Astrologie oder Proseminare in Tarot. Niemand wird ernsthaft nach einer Fakultät für Formdiagnostik und Physiognomik rufen oder nach einem Institut für Erscheinungsdeutung (Vogelschau und verwandte Gebiete). Die Schulbücher haben uns anderes gelehrt. Die Wissenschaftler sind zu anderen Ergebnissen gekommen. Der Zeitgeist fährt eine andere Schiene. Wir glauben zu wissen, dass sich Kepler, Brahe und andere legendäre Astronomen nur zum Broterwerb mit der Sternendeuterei beschäftigt haben, aber persönlich gar nichts davon hielten. Wir kennen die menschenverachtenden Schädelvermessungen und physiognomischen Werturteile rassistischer

Vorgenerationen,[76] gipfelnd in den eugenischen Hekatomben des Dritten Reichs mit seinem stumpfen Blutrausch und Vernichtungswahn.

Diese dunklen Zeiten haben wir scheinbar überwunden. Wie will man aus der Körperform, den Linien einer Hand oder der Geburtsstunde die Bedeutung von Charakter oder gar Schicksal herauslesen können? Was wir naturwissenschaftlich erfassen können ist die Wahrheit. Alles andere ist Aber- und Irrglaube, Gaukelei oder Blendwerk von Sinnestäuschungen. Bereits in den Anfangszeiten dieser modernen Lehrmeinung über Magie vor über 100 Jahren führte Alfred Lehmann die Wirkung von magischen Praktiken primär auf Voreingenommenheiten und Wahrnehmungsirrtümer, sowie auf mangelnde Kenntnis der Phänomene des menschlichen Seelenlebens zurück. Aufgrund von Erfahrungen der experimentellen Psychologie erklärt er die spiritistischen und okkultistischen Unsitten seiner Zeit, die „Taschenspielerkunststücke und Ammenmärchen, welche in den großen Kulturzentren wie eine Epidemie um sich greifen",[77] psychologisch aus Beobachtungsfehlern, Suggestion oder Erwartungsphänomenen (aktuellerer Begriff: selbsterfüllende Prophezeiung).[78]

Ähnlich wird die Funktionsweise der Magie auch heute noch beurteilt, wobei diese wissenschaftliche Ansicht, im Gegensatz zu den Studien Lehmanns, mittlerweile keiner Überprüfung mehr zu bedürfen scheint. Ein Beispiel hierfür ist folgendes Zitat aus dem „Einspruch gegen die Astrologie" in der Zeitschrift „The Humanist", 1975 unterzeichnet von 186 weltführenden Wissenschaftlern und Nobelpreisträgern:

> „Man könnte meinen, dass es in Zeiten der weitverbreiteten Aufklärung und Bildung unnötig wäre, Vorstellungen zu entlarven, die auf Magie und Aberglauben basieren. Dennoch durchdringt die Akzeptanz der Astrologie die moderne Gesellschaft. Uns beunruhigt vor allem die anhaltende unkritische Verbreitung von astrologischen Zeichnungen, Vorhersagen und Horoskopen durch die Medien und ansonsten seriöse Zeitungen, Zeitschriften und Verlage. Das trägt nur zum Anwachsen von Irrationalismus und Obskurantismus bei. Wir glauben, dass die Zeit gekommen ist, die anmaßenden Behauptungen astrologischer Scharlatane direkt und energisch anzuzweifeln. Es sollte offensichtlich sein, dass jene Individuen, die weiterhin an Astrologie glauben, dies tun trotz der Tatsache, dass es keine verifizierte wissenschaftliche Basis für ihren Glauben gibt, sondern vielmehr starke Belege für das Gegenteil."[79]

Gebiete wie diese haben wir in die Schatten der kollektiven Verdrängung verbannt. Sie wurden alle widerlegt, oder vielleicht doch nicht? Im Falle des „Einspruchs gegen die Astrologie" hat ein Vertreter des Fernsehsenders BBC bei vielen dieser 186 weltführenden Wissenschaftler persönlich nachgefragt, inwieweit sie zur Untermauerung ihrer Unterschrift Experimente oder Untersuchungen durchgeführt oder sich zumindest etwas mit der Materie beschäftigt hätten. Dabei musste er feststellen, dass es kein einziger für notwendig erachtet hatte, etwas, was ohnehin klar sei, auch noch zu untersuchen.[80]

Das Virus mit dem hermetischen Programm der Wissenschaftsdiktatur hatte sich offenbar als Zeck in den offiziellen Gehirnen festgesaugt. Ein ideologisches Urteil wurde a priori zur Wahrheit erklärt. Der Wissenschaftstheoretiker Paul Feyerabend (1924 – 1994) vergleicht dieses Manifest mit dem 1484 publizierten Malleus Maleficarum, dem hervorragenden Textbuch über die Hexenkunde, welches später als „Hexenhammer" die brennenden Fackeln der Inquisition anführte. Dabei entdeckt er neben erstaunlichen inhaltlichen Parallelen auch teilweise wörtliche Übereinstimmung beider Erklärungen, jedoch auch einen gravierenden Unterschied zwischen dem offiziellen Ideologiediktat des 15. und dem des 20. Jahrhunderts:

> „Der Leser, der den Malleus mit zeitgenössischen wissenschaftlichen Darstellungen vergleicht, wird bemerken, dass der Papst und die gelehrten Verfasser des Buches ihren Gegenstand genau kannten. Das kann von unseren Wissenschaftlern nicht gesagt werden. Sie kennen weder den Gegenstand, den sie angreifen, noch jene Ergebnisse ihrer eigenen Wissenschaften, die den Angriff entkräften."[81]

Der „Einspruch gegen die Astrologie" ist für Feyerabend nur eines von unzähligen Beispielen dafür, dass die Dogmen der Wissenschaft auf ebenso abergläubischen Annahmen basieren wie herkömmliche Laienansichten. Der Gang der Wissenschaften scheint sich historisch betrachtet nämlich genauso wenig an feste Regeln oder Maßstäbe zu halten. „Der Verlauf antizipierender Bewertungen und der durch sie geleiteten Forschungsergebnisse kann nicht vorausgesehen werden. Gründen wir unsere Beurteilung auf die akzeptierten Maßstäbe, so können wir nur sagen: anything goes."[82]

Dies führt ihn zum Schluss, dass auch Laien die (Vor)urteile von Wissenschaftlern kritisch hinterfragen und nicht als unumstößliche Wahrheit hinnehmen sollten, denn:

> „Man kann sich auf die Wissenschaftler einfach nicht verlassen. Sie haben ihre eigenen Interessen, die ihre Deutung der Evidenz färben. Untersuchungen haben gezeigt, wie verschieden Wissenschaftler, die von verschiedenen Interessensgruppen bezahlt werden, dieselbe Evidenz beurteilen, und wie verschieden die Evidenz ist, die sie zur Lösung desselben Problems zusammentragen. (...) Es ist natürlich wahr, dass wir den Wissenschaften großartige Entdeckungen verdanken. Aber daraus folgt nicht, dass es so etwas wie ein „wissenschaftliches Denken" gibt, das diese Entdeckungen zustande brachte, und noch viel weniger, dass die angeblichen Treuhänder dieses mythischen „wissenschaftlichen Denkens" die Welt, die Gesellschaft, die Menschen besser verstehen als andere Bürger."[83]

Darin begründet Feyerabend seine Forderung nach einer „anarchistischen Erkenntnistheorie", nach welcher die totalitären Auswüchse des modernen Wissenschaftsdiktates einer offenen Gesellschaft weichen sollten, in der eine unbegrenzte Pluralität der Erkenntnismethoden akzeptiert wird.[84] Jedem sollte es freistehen, seine persönliche Auswahl aus dieser Vielfalt zu treffen ohne mahnende Zeigefinger einer Denkpolizei, denn „das Vorherrschen der Wissenschaften bedroht die Demokratie."[85]

Wie wir später an zahlreichen Beispielen sehen werden ist oft im Nachhinein betrachtet vieles an der offiziellen Wissenschaft Aberglaube und vieles an der ins Inoffizielle verdrängten Magie irgendwann wieder wissenschaftlich. So galt Diesel lange Zeit als ausgesprochen umweltfreundlich bis er Mitte der 2010er Jahre von neuen Studien zum Umweltkiller erklärt wurde. Ähnlich ging es vielen anderen ehemaligen Segen der Menschheit wie Radioaktivität, Asbest oder den lange Zeit als „gesund" gepriesenen Zigaretten. Selbst jahrtausendealte Grundnahrungsmittel wie Milch oder Getreide werden heute von vielen modernen Ernährungswissenschaftlern verteufelt. Hingegen erleben Meditation und Yoga, einstmals Ikonen des esoterischen Humbugs, seit den frühen 2000er Jahren einen enormen Boom und sind dank neuester Erkenntnisse der Gehirnforschung in der Mitte der Gesellschaft angekommen. Diese beliebigen Auszüge aus dem wissenschaftlichen Alltag ließen sich endlos fortsetzen. Auch in zwanzig Jahren werden uns viele derzeitige „Wahrheiten" verschroben, merkwürdig oder gänzlich falsch erscheinen.

Magie als die verborgene Welt hinter den toten Winkeln der kollektiven Wahrnehmung

An diesem endlosen Spiel um die Brillenfarben der offiziellen Welt lässt sich das Wesen der Magie bereits sehr gut erkennen. Magie ist alles, was sich in den toten Winkeln der offiziellen Welt abspielt. Magie umfasst alle Phänomene, deren Ursachen in den blinden Flecken der kollektiven Wahrnehmung wurzeln. Magie ist, wenn die Welt der kollektiven Vorstellung unserer Scheinzeit Erscheinungen auswirft, deren Zusammenhänge unsichtbar in der Einzeit der Welt des Willens verborgen bleiben.[86] Dann ist ein Phänomen unerklärlich und wird als Spinnerei, Halluzination oder Einbildung abgetan.

Die Wissenschaft bemüht sich hierbei, die Risse in der Wahrnehmung, die Blindblasen unserer toten Winkel zu kitten anhand von Theorien. Dass es keinen neutralen Algorithmus zur „objektiven" Bestimmung und Auswahl dieser geben kann, wurde bereits in den Abschnitten über Thomas S. Kuhn und Paul Feyerabend[87] erwähnt. Jene, die den Streit um den Paradigmenthron gewonnen haben, setzen folglich alles daran, die Vormachtposition ihrer Vorstellungswelt zu erhalten und müssen deshalb widersprechende Theorien und Denksysteme außerhalb ihrer Erklärungssphäre bekämpfen. Um in allgemeiner Anerkennung bestehen zu können, müssen andersartige Erklärungsmodelle in kollektiver Verdrängung gehalten werden. Die Ideologie des Paradigmenthrons ist hierbei umso erfolgreicher, je vollständiger sie das Ausgeschlossene aus der Wahrnehmung ihrer Untertanen zu löschen vermag. Ist eine Königsideologie einmal so erfolgreich wie der Wissenschaftsstaat, so kann dies dazu führen, dass magische Denkkonzepte derart umfassend verdrängt werden wie im Fall der Erklärung jener 186 weltführenden Wissenschaftler und Nobelpreisträger. Das Ausgeschlossene muss wie selbstverständlich nicht einmal überprüft werden, um als widerlegt zu gelten, weil ohnehin klar ist, was ist.

Nun hat es sich in der Vergangenheit aber schon oftmals herausgestellt, dass Träumereien eines Tages Wirklichkeit werden, dass die Wurzeln ihrer Erscheinung aus dem toten Winkel der Welt des Willens hervortreten hinein in unser Bewusstsein, in die Welt unserer Vorstellung. Wir können dann erklären, was vormals Magie war, und entzaubern das Unnambare damit unweigerlich. Es erscheint uns nicht mehr als Wunder, dass wir mit

Maschinen durch die Lüfte fliegen können, Blei in Gold verwandeln, das gesammelte Wissen ganzer Bibliotheken auf erdnussgroßen Chips abzuspeichern vermögen oder es per Knopfdruck Licht werden lassen können. Eine neue Schicht der Weltbetrachtung integriert sich in unser Bewusstsein, erklärt manche Winkel somit „besser" oder zumindest anders und lenkt unsere Aufmerksamkeit damit weg von anderen Aspekten und Winkeln des Weltwaltens. Vieles mag zwar aufgeschrieben und unwiderlegt sein, doch niemand fand mehr Zeit, es zu überprüfen und zu propagieren, sodass es schließlich aus dem kollektiven Bewusstsein verschwindet, verdrängt wird, man es als Unfug abtut aufgrund einer eingebürgerten Fremdvorstellung, aufgrund des herrschenden Paradigmas, welchem wir unsere Ansichten im Dienste der sozialen Akzeptanz unterordnen müssen.

Der Begriff der Magie umfasst somit auch alles, was offiziell noch nicht erfunden, entdeckt oder bereits wieder vergessen wurde, alles, wofür es keine etablierten Erklärungsmuster gibt. Dies muss allerdings nicht heißen, dass diese Erklärungsmodelle nicht bereits jemandem bekannt wären oder es nicht vielleicht gar schon Publikationen darüber gäbe. Die magischen Methoden haben es nur noch nicht geschafft, von den Burgwächtern der offiziellen Spielchen hereingelassen zu werden (oder wollen dies auch gar nicht), und fristen ihr Dasein somit außerhalb des Rahmens allgemeiner Akzeptanz.
So beschreibt etwa der Universalgelehrte Agrippa von Nettesheim (1486 – 1535), welcher an der Zeitenwende zur Renaissance mit „De Occulta Philosophia" (1510) die seinerzeit umfassendste Sammlung des magischen Wissens von der Antike über das Römische Reich bis zum Mittelalter anlegte, bereits über anderthalb Jahrhunderte vor der Erfindung durch Newton die Verwendung eines Spiegelteleskopes:

> „Ich selbst weiß zwei gegeneinander gerichtete Spiegel zu verfertigen, in denen man beim Sonnenschein alles, was von den Strahlen der Sonne erleuchtet ist, auf eine Entfernung von mehreren Meilen sehr deutlich sehen kann."[88]
> Was zu seiner Zeit noch als Teufelswerk bezeichnet wurde erscheint uns heute ebenso wenig magisch wie „dass durch ähnliche Kunst ehemals Felsen gespalten, Täler ausgefüllt, Steinlager durchhöhlt, Vorgebirge dem Meer erschlossen, die Eingeweide der Erde ausgewühlt, Flüsse abgeleitet, Meere miteinander verbunden, Fluten zurückgedrängt, die Meerestiefen durchforscht, Seen

> ausgeschöpft, Sümpfe trockengelegt, neue Inseln geschaffen, und wieder andere dem festen Lande zurückgegeben worden seien."[89]

Das Naturwissen, um diese Dinge zu vermögen, wurde damals jedoch geheim gehalten, anstatt es als Mathematik, Physik oder Optik öffentlich zu lehren. Der Weltreisende Agrippa nannte als Zeugen dieses Wissens etwa die Pyramiden, die Steindämme von Britannien oder andere, damals absolut unerklärliche Weltwunder und Bauwerke untergegangener Kulturen, wodurch er in den Ruf geriet, ein Gaukler und Teufelsbeschwörer zu sein.

Magie beginnt somit überall dort, wo die Grenzen des allgemein Sichtbaren langsam ins Unsichtbare übergleiten. Diese toten Winkel der dem Wissenschaftsstaat und der Öffentlichkeit verborgenen Welten sind es auch, welche etwa der Zauberer zur Konstruktion seiner Kunststücke verwendet, womit wir zum vierten Aspekt des Magiebegriffs kommen.

Magie als aktives Realitätskonstruktionsinstrument

Die pragmatische Komponente der Magie habe ich bereits zu Beginn erwähnt. Der Magier schafft eine neue Realität, indem er die toten Winkel in der Wahrnehmung des Betrachters nutzt und ihm somit bislang ungeahnte Phänomene vorführt. Sein Schaffen lebt davon, dass er sich seine Wirklichkeit andersartig konstruiert als dies der Rest der Gruppe tut. Um diesen Status auf Dauer aufrechterhalten zu können, muss er sein Wissen über die Andersartigkeit seiner Wahrnehmung geheim halten. Dies unterscheidet ihn vom Wissenschaftler. Der französische Soziologe Marcel Mauss (1872 – 1950) schreibt in seiner „Theorie der Magie":

> „Selbst dann, wenn der Magier vor dem Publikum handeln muss, versucht er ihm zu entgehen, seine Gebärden sind flüchtig und seine Worte undeutlich; der Medizinmann und der Heilpraktiker, die vor versammelter Familie arbeiten, murmeln ihre Formeln, verwischen ihre Kunstgriffe und hüllen sich in vorgetäuschte und wirkliche Ekstasen. So isoliert sich der Magier inmitten der Gesellschaft, am entschiedensten, wenn er sich in die Tiefe der Wälder zurückzieht. Selbst den Blicken seiner Kollegen gegenüber wahrt er fast immer sein Eigenes und hält sich zurück."[90]

Éliphas Lévi (1810 – 1875), einer der berühmtesten Okkultisten des 19. Jahrhunderts, formulierte das folgendermaßen:

> „Man muss WISSEN, um zu WAGEN. Man muss WAGEN, um zu WOLLEN. Man muss WOLLEN, um das Reich zu besitzen. Und um es zu regieren muss man – SCHWEIGEN!"[91]

Diese Vorgehensweise hat eine lange Tradition und sollte ursprünglich vermeiden, dass Machtinstrumente „in die falschen Hände" geraten und missbraucht werden könnten mit dem angenehmen Nebeneffekt der Machtsicherung für Gelehrten- und Priesterkasten. Strenge Auswahl- und Aufnahmeverfahren in Verbund mit Schweigegelöbnissen sollten, wie Agrippa von Nettesheim schreibt, sicherstellen,

> „dass man die Zeremonien der Götter nicht vor allem Volke bekanntmachen dürfe. Deshalb war es stets Bestreben der Alten, die Geheimnisse Gottes und der Natur zu verbergen und hinter verschiedenen Rätseln zu verstecken, eine Sitte, die von den indischen Brahminen, den Äthiopiern, Persern und Ägyptern streng beobachtet wurde. Diesem Gebote gehorchten Hermes, Orpheus und alle alten Seher und Philosophen, Pythagoras, Sokrates, Plato, Aristoxenus, Ammonius usf. mit unverbrüchlicher Treue. Daher schwuren auch Plotinus und Origenes nebst den übrigen Schülern des Ammonius, wie Porphyrius in seinem Buche von der Erziehung und von der Disziplin des Plotinus erzählt, dass sie von den Lehren des Meisters nichts aussagen wollten."[92]

Die Kunst des Chiffrierens und Dechiffrierens geheimer Nachrichten war ein ständiger Begleiter des Magiers. So verwundert es nicht, dass die ersten umfassenden Arbeiten auf dem Gebiet der modernen Kryptographie, die „Steganographia" und die „Polygraphia", Anfang des 16. Jahrhunderts vom „Magierabt" Johann Trithemius (1462 – 1516) verfasst wurden.[93] Die darin angeführten Verschlüsselungsmethoden beruhten teilweise auf der Tradition der jüdischen Kabbala und reihen sich in eine jahrhundertelange Geschichte von magischen Gelehrten wie Raimundus Lullus (1235 – 1315) oder Nostradamus (1503 – 1566) bis hin zu den Weiterentwicklungen durch die Geheimdienste des 20. Jahrhunderts.
Deshalb kann es in der Magie auch keine streng reglementierten und allseits anerkannten Paradigmen geben wie im diskursoffenen Wissenschaftsapparat, sondern lediglich ein paar sehr allgemeine Kernaxiome, auf welche wir im nächsten Kapitel näher eingehen werden.

Ein guter Zauberer verrät seine Tricks also nicht. Vielmehr vermag er Kraft seines geheimen Wissens um die Wahrnehmungsmechanismen der anderen seine eigene Vorstellung[94] von Realität den Zuschauern regelrecht aufs Auge zu drücken. Der Zauberer verfügt somit über die Macht zu bestimmen, welches Konstrukt die Gruppe als Wirklichkeit „wahr-nimmt". Magie als Realitätskonstruktionsinstrument ist der vierte Aspekt auf dem Weg, diesen vielschichtigen B-Griff zu einem A-Griff zu machen.
Somit ist Magie die Macht des Wissenden.[95] Diese bislang wenig beachtete Facette verleiht dem Magie-Begriff eine ungewohnt alltägliche Bedeutung. Sobald jemand etwas entdeckt, aber heimlich für sich behält und zu seinem eigenen Vorteil ausnutzt betreibt er bereits Magie. Wer mehr weiß als die anderen, wer es versteht, seine Vorstellungen am geschicktesten auf die Gruppe zu übertragen, der hat die Macht des Wissenden oder Gerissenen. Wer heimliche Ränke schmiedet, Mikropolitik betreibt, kleine Betrügereien verbergen kann, oder auch nur die Gruppe zu seinen Plänen motiviert, praktiziert Magie. Magie sind die versteckten Spielchen unserer Welt. Magie ist alles, was wir untereinander in gegenseitigen toten Winkeln treiben, was wir hinter anderen Rücken tun und hinter unseren eigenen Rücken vorgeht. Magie sind die verborgenen Machtränke in den Schatten der öffentlichen Wahrnehmung. Die Begriffe Magie, Macht und Maske sind untrennbar miteinander verbunden. Sie bezeichnen das Spiel der Informationsasymmetrien.

Das Feld der Magie bewegt sich hierbei in der Anwendungsbandbreite irgendwo zwischen Motivation und Manipulation.[96] Somit sind auch personalwirtschaftliche Felder wie Ausbildung und Weiterbildung, Personalauswahl, Führung, Organisationstheorie und sogar Planung und Prognostik von Magie betroffen. Börsenkurse, politische Wahlen oder Firmenalltag, alles ist mit Magie durchtränkt, denn es können nicht alle alles wissen.
Sobald man ein Management-Seminar besucht, möchte man seinen Zauberstab etwas mit Energie aufladen. Man verspricht sich davon Fähigkeiten, Einsichten oder Informationen, mittels derer man die eigene Lage verbessern kann. Man möchte dadurch das eigene Machtpotential ausbauen, kleine Tricks und Zauberformeln für den Berufsalltag erfahren. Man will mit dem gelernten Wissen sein Unternehmen besser führen oder mit Kollegen, Vor- oder Nachgesetzten reibungsloser umgehen können. Was auch immer man sich vom Besuch eines Management-Seminars

oder vom Kauf eines Management-Buches erwartet, es zielt letztlich doch immer darauf ab, Einblick in die verborgene Welt zu erhalten, Unmachbares machbar zu machen, seine Spielkarten zu verbessern oder andere Versprechungen erfüllt zu bekommen, welche nur dem Reich der Magie entrissen werden können.
Nach dem schlauen Buch oder Seminar gibt es dann mehrere Möglichkeiten. Man kann vom schlechten Zauberspiel enttäuscht sein. Man kann den Tricks auf den Leim gehen und sich vom zauberspruchmurmelnden Kursleiter verblenden lassen. Oder man kann dort tatsächlich praktikables und nachvollziehbares Wissen übermittelt bekommen und wendet dieses nun an. Dadurch kann man im Vergleich zu seinen früheren Möglichkeiten etwas zaubern. Die Magie ist dann natürlich verflogen, das Unnambare begriffen und entmystifiziert. Nur die Vergangenheit und Uneingeweihte können noch darüber staunen.

Der Magie-Begriff ist so gesehen sehr vielschichtig. Die Bandbreite seines Inhalts erstreckt sich, wie im Kasten nochmals zusammengefasst, vom naiven Aberglauben eines Kleinkindes, dass der schwarze Hund verschwindet, wenn es sich die Augen zuhält, bis hin zur verborgenen Welt der toten Winkel unserer Wahrnehmung, in die wir hineinforschen und aus der wir herauserfinden, um ihre Hebel nutzbringend für uns anzuwenden.

DER BEGRIFF DER MAGIE

- Magie als neutrales „**Machen, Tun**", „So wie die Religion zum Abstrakten, tendiert die Magie zum Konkreten, und sie arbeitet in der Richtung unserer Techniken, unserer Gewerbe, der Medizin, Chemie, Mechanik, etc."[97] (Marcel Mauss)
- Magie als naiver **Aberglaube**, als „religion für den ganzen niederen hausbedarf"[98] (Jacob Grimm) im Gegensatz zum offiziellen Glauben der anerkannten Religionen und des Wissenschaftsstaates
- Magie als die **verborgene Welt** der toten Winkel unserer Wahrnehmung, in die wir hineinforschen, aus der wir herauserfinden und in die wir schließlich wieder hineinvergessen
- Magie als aktives **Realitätskonstruktionsinstrument**, als Zauberstab und Machtmittel zur Vorstellungsübertragung durch die Nutzung von Informationsasymmetrien.

Das Verhältnis zwischen Magie und Wissenschaft

Die Definitionsversuche des Magiebegriffes haben uns bereits die enge Verflochtenheit seines Inhaltes mit dem des Wissenschaftsbegriffes aufgezeigt. Je nach ideologischer Färbung rücken unterschiedliche Aspekte des Zusammenspiels dieser zwei Gebiete in den Vordergrund der Betrachtung. Wir werden zunächst diese näheren Zusammenhänge untersuchen sowie die historischen Hintergründe von Magie und Wissenschaft beleuchten, bevor schließlich die fließenden Grenzen zwischen beiden Lagern anhand einiger Beispiele erläutert werden.

Davor ist allerdings noch eine kurze Definition dessen angebracht, was wir folglich „Wissenschaft" nennen werden. Wissenschaft ist alles, was innerhalb der Burgmauern der offiziellen Welt als Wissenschaft bezeichnet werden darf. Sie folgt den Richtlinien allgemein anerkannter Paradigmenkataloge und widerspricht keinen herrschenden Gesetzen. Sie befindet sich in Einklang mit den akzeptierten Lehrbüchern der wissenschaftlichen Gemeinschaft und bildet, wie es der Pionier der Erkenntnistheorie Ludwik Fleck (1896 – 1961) formuliert, als verhältnismäßig stabiles Denkkollektiv den gemeinschaftlichen Träger des offiziellen Denkstils.[99] Wissenschaft ist alles, was offiziell als erkenntnisberechtigt legitimiert ist. Insofern gleicht unser Wissenschaftsbegriff jenem von Thomas Kuhns „normaler Wissenschaft". Damit bezeichnet er „eine Forschung, die fest auf einer oder mehreren wissenschaftlichen Leistungen der Vergangenheit beruht, Leistungen, die von einer bestimmten wissenschaftlichen Gemeinschaft eine Zeitlang als Grundlagen für ihre weitere Arbeit anerkannt werden."[100] Die Leistungen an sich sind hierbei nur ephemere Trägerleuchten des jeweils aktuellen Wissenschaftsparadigmas. Somit kann ein und dieselbe Leistung in einer Paradigmenepoche als wissenschaftlich, in einer anderen als magisch deklariert werden, wie sich folglich zeigen wird.

Magie als Praxis - Wissenschaft als Theorie

Geht man von der etymologischen Bedeutung des Magie-Begriffes aus, so kommt man, wie gesagt, zunächst auf den sehr weitläufigen Inhalt „machen, tun".[101] Magie legt ihren Schwerpunkt auf die Praxis und verwendet einen ideellen Überbau, eine Theorie lediglich mit dem Ziel, die

Funktionalität ihrer Praktiken zu erhöhen. Im Vordergrund stehen aber die pragmatischen Handlungsanweisungen, welche auf eine gezielte Beeinflussung von Geschehen abzielen.
In der Wissenschaft verhalten sich die Gewichte genau umgekehrt. Die theoretische Erklärung steht im Vordergrund. Welchen Nutzen die Praxis aus den theoretischen Erkenntnissen der Wissenschaft dann zieht ist bereits Verantwortlichkeit der wissenschaftlichen Peripherie, der Schnittstellen des Schädels zu seinem Körper in Form von Technik und Industrie. Den Biologen unterscheidet vom Bauern, dass ersterer zwar vielleicht nicht weiß, wie man eine Kuh melkt, dafür aber sagen kann, welche biochemischen Prozesse für die Milchproduktion verantwortlich sind. Der Bauer weiß zwar, wie man praktisch mit dem Vieh umgeht, dafür wird er aber wahrscheinlich nichts über die evolutionären Stammbäume seiner Tiere oder über den chemischen Aufbau von Horn wissen. Diese Betrachtungswinkel sind für seine tägliche Praxis meist irrelevant.

Ähnlich verhält es sich im Personalwesen. Den Manager interessiert in erster Linie, wie er in seinem konkreten Fall Probleme seiner Abteilung am effektivsten lösen kann. Die allgemeinen personalwirtschaftlichen Lehrmeinungen werden ihn nur insoweit berühren, als sie ihm in seiner persönlichen Praxis weiterhelfen. Wissenschaftliche Regeln missachtet er, wenn der Nutzen es lohnt. Der Personalwissenschaftler hingegen ist am konkreten Problem des Managers nur insofern interessiert, als er daraus theoretisches Wissen gewinnen und sein Denksystem erweitern, verfeinern und überprüfen kann. Dass aufgrund seines theoretischen Rahmenbaus die Firma XY ihre Fehlzeiten um 11,35 % reduzieren konnte, wird ihn zwar freuen, aber eben in erster Linie deshalb, weil dies seine Theorie bestätigt.

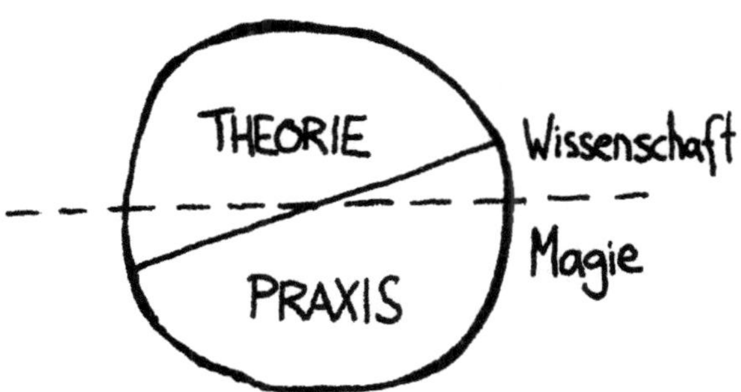

Magie als praxisbetont, Wissenschaft als theoriebetont

Das Verhältnis von Magie und Wissenschaft aus dem Blickpunkt „Magie als Machen" ist in dieser Grafik nochmals zusammengefasst: Magie legt ihren Schwerpunkt in die Praxis, während Wissenschaft ihren Schwerpunkt in die Theorie legt. Insofern werden auch die Wissenschaften, und hierbei vor allem die Sozial- und Geisteswissenschaften, in jenen Gebieten zunehmend magisch, in welchen sie pragmatische Lösungen liefern sollen. Speziell der Personalbereich, welcher täglich mit den Anforderungen der Praxis konfrontiert ist, steht vor diesem Dilemma.
Soll eine personalwissenschaftliche Publikation den Ansprüchen wissenschaftlichen Arbeitens Genüge tun, so muss sie in der Regel derart allgemein und theoretisch gehalten werden, dass ihr Inhalt nur noch schwer auf den Büroalltag angewendet werden kann. Sobald eine Personalschrift jedoch größere Praxisnähe anstrebt, driftet sie unweigerlich in die halbseidenen Abwässer einschlägiger Managementliteratur ab („Management by Blabla"). Dies betrifft einerseits all jene wissenschaftlich tolerierten Erklärungsmodelle, welche sich irgendwann als getarnte Placebos entpuppen, andererseits die offiziell geächtete Schwemme an esoterischer Managementliteratur, welche aus ein paar Spritzern New Age, fernöstlicher Lebensweisheit und psychologischer Betriebswirtschaft die Geheimnisse des Erfolges zu offenbaren verkündet.

Erstere versuchen, aus einem unentwirrbaren Bündel von Dimensionsmöglichkeiten zwangsläufig willkürliche Muster herauszukonstruieren, hinter denen sich keine effektiven Hebel des Weltwaltens verbergen. Die Wirksamkeit dieser Modelle beruht also auf unbewussten Illusionen oder auf bewusster Realitätskonstruktionsmanipulation. Die wissenschaftlichen Mittel der Überzeugung reichen hierbei von mathematisch getarnten Zirkelschlüssen über verführerisch schematische Grafiken, welche mehr einbilden als abbilden, bis hin zu allseits beliebten Wortkonstrukten wie Flexibilität, Integration, Motivation, Kultur, Strategie, Struktur oder Kernkompetenz, welche mit beliebigen Inhalten aufgefüllt werden können. Einige dieser pfiffigen Denkfallen haben wir bereits in der Einleitung erwähnt.[102] Weitere Tricks aus der Zauberkiste analysiert Oswald Neuberger in seinem Artikel „Gaukler, Hofnarren, Komödianten",[103] wie etwa das 7-S-Modell von McKinsey, die Führungskräfte-Potentialanalyse von Van Mark oder das Modell Situativer Führung nach Hersey & Blanchard. Sehr ausführlich wird sich das Kapitel „Blendwerkzeuge der Verwissenschaftlichung" diesem Thema widmen.[104]

Auf jene Gebiete, welche sich bereits jenseits des wissenschaftlichen Idiosynkrasiekreditrahmens befinden, die Vertreter des esoterischen Managements, werden wir nur am Rande eingehen. Dies soll allerdings keineswegs bedeuten, dass sie auf den Management-Alltag keinen Einfluss hätten.

Magie als abergläubische Vorstufe der modernen Wissenschaft

> „Es ist sicher, dass ein Teil der Wissenschaften, zumal in den primitiven Gesellschaften von den Magiern ausgebildet wurden. Die Magier-Alchemisten, Magier-Astrologen und Magier-Ärzte sind in Griechenland ebenso wie in Indien und anderswo die Gründer und Praktiker der Astronomie, der Physik, der Chemie und der Naturgeschichte gewesen. (...) Der von der Magie aufgehäufte Schatz an Ideen ist lange Zeit das Kapital gewesen, das die Wissenschaften ausgebeutet haben. Die Magie hat die Wissenschaft großgezogen und die Magier haben die Gelehrten gestellt."[105]

Dieses Zitat von Marcel Mauss leitet uns hinüber zur zweiten Betrachtungsweise des Verhältnisses zwischen Magie und Wissenschaft. Magie war der erste Versuch unserer Vorfahren, sich die Welt erklärbar und somit begreifbar zu machen. Als solche legte sie zwar viele Grundsteine zum Bau der wissenschaftlichen Erkenntnismaschinerie der Moderne, sie wurde in der Folge aber von deren technischen Überlegenheit überwunden und verschluckt. Die Wissenschaft hat alles gewissenhaft überprüft, jenes was handfest war an Erkenntnissen ausgebaut und Irrtümer beseitigt. Die Wissenschaft ist somit die moderne Perfektionierung der Magie. Die bereits erwähnte Studie von Alfred Lehmann brachte diese Betrachtungsweise bereits vor über 100 Jahren auf den Punkt:

> „Tatsächlich gelangt ja der Mensch zur Erkenntnis der Wahrheit, einerlei welcher Art, nur durch Irrtümer, die beständig korrigiert werden. Jede einigermaßen erschöpfende Darstellung des Entwicklungsganges der Religionen und Wissenschaften wird es daher nicht vermeiden können, den Aberglauben der verschiedenen Zeiten zu behandeln, da derselbe gerade in den Irrtümern besteht, durch die der Mensch sich hat hindurchkämpfen, die er hat ausscheiden müssen, um zu einer reineren und tieferen Erkenntnis zu gelangen."[106]

Dabei legt er sich insofern ein Ei, als dass er als Beispiel dafür gerade die Alchemie und ihr „nichtiges Ziel",[107] unedle Metalle in Gold umzuwandeln, anführt. Dies ist, wenngleich auch sehr teuer, heute ohne weiteres möglich durch Kernspaltung bzw. Kernfusion. Bereits sein erster „Beweis" gegen die Magie, welche „Ziele erstrebt, die wir jetzt als völlig unwissenschaftlich bezeichnen",[108] ist somit aus heutiger Sicht nicht mehr haltbar. Zudem mutet es skurril und einigermaßen totalitär an, auch auf religiösem Gebiet von Wahrheit und Irrtum zu sprechen. Diese Aussagen sind ein schönes Beispiel für eine Fortschrittsideologie der Hegelschen Linie mit allen anmaßenden Implikationen, wie wir sie im vorigen Kapitel ausführlich behandelt haben: Es gibt nur eine (unsere) objektive Wahrheit und das hat jeder denkberechtigte Mensch zu erkennen.

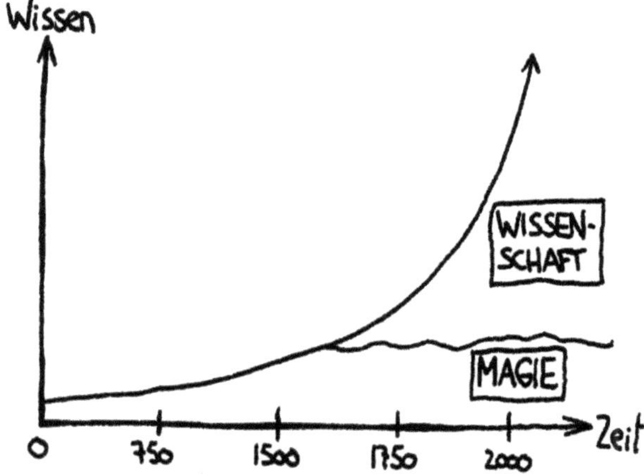

Magie als historische und qualitative Vorstufe der Wissenschaft

Die Grenzen dessen, was je als magisch und je als wissenschaftlich anerkannt war, verlaufen jedoch fließend. Einem modernen Chemiker, welchem das Prinzip der Oxidation bekannt ist, wird etwa die Phlogiston-Theorie zur Erklärung des Verbrennungsvorganges sehr abergläubisch vorkommen. Die Alchemisten des 18. Jahrhunderts glaubten nämlich bis zur Entdeckung des Sauerstoffs, dass brennbare Körper einen bestimmten Stoff, das Phlogiston, enthalten, der bei ihrer Verbrennung entweicht, wodurch die Körper leichter werden. Thomas Kuhn schreibt hierzu:

> „Gleichzeitig sehen sich die Historiker wachsenden Schwierigkeiten gegenüber, wenn sie zwischen dem „wissenschaftlichen" Bestandteil vergangener Beobachtungen und Anschauungen und dem, was ihre Vorgänger so schnell mit „Irrtum" und „Aberglauben" bezeichnet hätten, unterscheiden sollen. Je sorgfältiger sie, sagen wir, Aristotelische Mechanik, Phlogistonchemie oder Wärmestoff-Thermodynamik studieren, desto sicherer sind sie, dass jene ein-

mal gültigen Anschauungen über die Natur, als Ganzes gesehen, nicht weniger wissenschaftlich oder mehr das Produkt menschlicher Subjektivität waren als die heutigen."[109]

Die meisten Wahr-heiten entpuppen sich so gesehen mit Abstand betrachtet als Wahr-nehmungen. Das heutige Wissenschaftsverständnis wurde im 19. Jahrhundert geprägt mit dem Siegeszug der materialistischen und positivistischen Ideologien.[110] Bis dahin war es für namhafte Wissenschaftler von Kepler bis Newton selbstverständlich, neben den heute dominanten kausalen Erklärungen auch das Denken in Analogien und die teleologische Betrachtungsweise der Finalität in ihre Forschungsarbeiten miteinzubeziehen. Auch wenn es viele Verfechter der „seriösen Wissenschaft" nicht gerne wahrhaben wollen, aber selbst in vielen renommierten Werken wimmelt es von magischem Gedankengut. So etwa tritt Johannes Kepler in seinem „Buch der Weltharmonik", einem der vielgepriesenen Standardwerke der Schulphysik, den mathematischen Beweis an, dass die Monarchie der Demokratie überlegen wäre[111] oder erklärt dem Leser ausführlich die Bedeutung seines eigenen Horoskops,[112] bevor er sich an die Ausführungen über astrologische Wetterberechnungen, menschliche Physiognomik und Schutzgeister macht. Auch Isaac Newton widmete seine zweite Lebenshälfte vor allem alchemistischen und theologischen Studien und ging sogar so weit, „den alten, von den Hebräern belehrten Weisen auch ein Wissen um die Gesetze der Optik und der Himmelsmechanik zuzuschreiben, die er selbst lediglich wiederentdeckt habe."[113] Beide waren keine Ausnahme. Erst nach dem Sieg der Industrialisierung und Technisierung in der westlichen Welt wurden nichtkausale Erklärungsmuster langsam aus den Paradigmenkatalogen der Wissenschaft gestrichen. Das teleologische und das analogische Denken wurden allmählich von den Universitäten verdrängt und entweder mit dem Schatten des Aberglaubens behaftet, oder den Bereichen Religion und Kunst zugeschoben.

Insofern verwundert auch das Auftauchen der Romantik Anfang des 19. Jahrhunderts kaum. Nachdem die Wissenschaft die letzten Reste des Magischen aus der kollektiven Vorstellungswelt verbannt hatte, musste sich die Magie einen neuen Manifestationspunkt suchen. Dabei haben die offiziellen Paradigmenfilter weniger „Gutes und Schlechtes" gesiebt, sondern vor allem nach den Richtlinien der materialistisch-positivistischen Basisideologie. Beispiele wie jene von Kepler[114] und

Newton wurden systematisch ausgefiltert, um in den Schulbüchern paradigmenkonforme Galionsfiguren präsentieren zu können.

Die Entzauberung der Welt durch die Wissenschaft ging einher mit der ideologischen Berechtigung, als Mensch nach allen technischen Möglichkeiten über die Erde walten zu können. Es stand kein Gott oder Waldgeist mehr im Wege, um aus Industrieschornsteinen zu rauchen oder am Sonntag sechsspurige Autobahnen bauen zu dürfen. Atheismus wurde in intellektuellen Kreisen zur Mode. Der Staat übernahm die Regelung der Bestimmung auf Erden, unterstützt durch Wissenschaft und Technik.
Der Staat legitimiert sich durch alle und keinen. Damit dies niemandem auffällt, entwickelt ihm die Wissenschaft Verfahren und Automatismen, welche die fachliche Autorität für seine Handlungen unterstreichen sollen. Er entwickelt auch Regelwerke und Normschablonen für die Lebenswege und -spielräume seiner Bürger. Bei einer durchschnittlichen Steuer- und Abgabenquote von 46% ist man als Einwohner zu 54% Mensch und zu 46% Bürger. Ausbildung, berufliche Tätigkeit, das Einkommen und das Auskommen des Lebens laufen den Schaltplanleitungen des Staates entlang. Im Verlauf der letzten Jahrzehnte ist noch das Phänomen des Marktes vermehrt dazugekommen, sodass mittlerweile auch unsere Freizeit ähnlich normiert wurde nach den Schaltplanleitungen der Industrie. Der durchschnittliche Mensch im Jahr 2000 ist zu 46% Bürger, zu 30% Konsument und den Rest des Tages schläft er. Was ich durch diesen plumpen Spruch verharmlosen möchte ist ein Phänomen, welches man mit folgendem Schlagsatz umreißen kann: **Vom Stellenwert durch Eigenwert zum Eigenwert durch Stellenwert.**

Der Übergang vom Reich der Magie zum Staat der Wissenschaft bewirkte tiefgreifende Veränderungen im sozialen Gefüge. Was davor über lange Zeit natürlich gewachsen war und dann einfach in seinem Sosein akzeptiert wurde, begann geregelt zu werden. Die Äcker wurden fruchtbarer dank technischer Eingriffe. Maschinen konnten schwere Arbeiten in bis dato ungeahnten Geschwindigkeiten verrichten. Die Abspaltung der Arbeitswelt von der Lebenswelt expandierte schleichend in den Alltag hinein. Funktionen und geregelte Abläufe, sowie Massenprodukte, welche anfangs das Leben sehr erleichterten, übernahmen zunehmend das Steuer, bis es schließlich ganz normal war, dass jeder Mensch automatisch

zum Bürger und zum Konsumenten konvertiert wird. Es betrifft dies all jene Vorgänge, welche als Sozialisation verharmlost werden.
Vormals hatte jeder Mensch einen Eigenwert. Aus diesem Eigenwert stand es in seinem Rahmen, sich seinen Stellenwert in der Gemeinschaft zu erkämpfen. Heute stellt der Staat a priori eine Unzahl an bürgerlichen Identitätsmöglichkeiten zur Verfügung. Die Industrie bietet dem Konsumenten ein breites Sortiment an Identifizierungsangeboten. Alle Berufe und gesellschaftlichen Positionen, welche dem Menschen heute für seine Verwirklichung zur Auswahl stehen, entspringen dem staatlichen und industriellen Angebot an Stellenwerten. Er muss seine Eigenart der Serienart der staatlichen Anforderungen unterordnen. In Ausbildungs-, Prüfungs- und Auswahlverfahren wird die Kompatibilität des Individuums mit der offiziellen Normung sichergestellt, die Individuation mit vorgefertigten Lebensbahnen synchronisiert. Je nachdem, welchen Stellenwert ein Individuum auszufüllen bereit ist, wird ihm ein Eigenwert zugewiesen. Der Eigenwert des Individuums zählt nur insofern, als dass es den vorgefertigten Stellenwert ausfüllt. Die Eigenwerte des Menschen sollen nach der Philosophie des "Job-Person-Fit"[115] möglichst optimal im Stellenwert verheizt werden.[116]

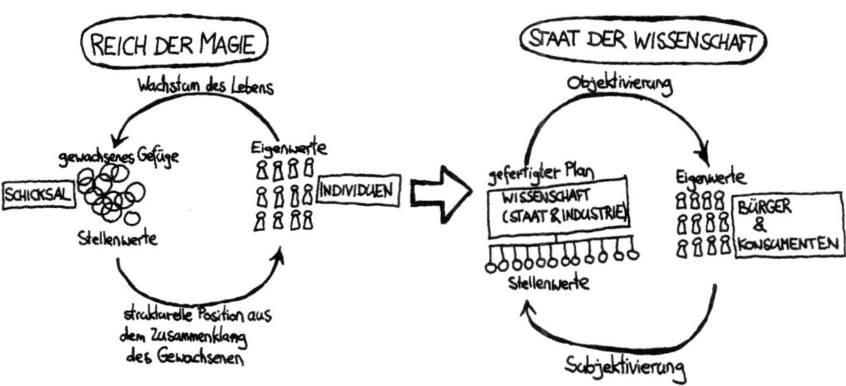

Sozialgeschichtlicher Übergang vom magischen zum wissenschaftlichen Weltbild: vom Stellenwert durch Eigenwert zum Eigenwert durch Stellenwert

Der Großteil menschlichen Daseins offenbart sich somit nicht mehr im aus sich selbst herausgewachsenen Leben, sondern vollzieht fremdgeplante Abläufe. Sogar wenn man den schöpferischen Akt des Schreibens eines Textes am Computer vollbringt ist man bereits den fremdgeplanten

Handlungsabläufen der Computertastatur und im Regelfall des Schreibprogramms Word unterworfen.[117] Der gesamte persönliche Umraum ist fremdgestaltet mit „Produkten", d.h. Gegenständen, welche man nicht selbst geschaffen hat, sondern an deren Fertigung im Rahmen der arbeitsdifferenzierten Produktionskette eine Unzahl unterschiedlicher, meist anonymer Anderer beteiligt war. Und man selbst füllt auch nur einen Stellenwert, das Zahnrad eines Untersegmentes in einem übergeordneten Produktionsprozess, aus. Der historische Entwicklungsverlauf seit Beginn der Neuzeit leitete uns aus der Welt des natürlich Gewachsenen hinüber in eine Welt des künstlich Gefertigten.

Der positivistische Wissenschaftsstaat konnte mit solch überholten Sozialregulierungsmechanismen und Erklärungsmodellen wie Adel, Schicksal oder göttliche Bestimmung nichts mehr anfangen, denn den Gewalten dieser Denksysteme hätten keine systematisch-rationalen Mittel entgegengesetzt werden können. Erst mit der Entzauberung der Welt durch die Verdrängung magischen Denkens in die toten Winkel des Offiziellen war es möglich, die Bestimmung auf Erden selbst in die Hand zu nehmen. Durch analytische Zersplitterung des Weltwaltens in mechanische Abläufe toter Materie wurde der Bau einer künstlichen Welt des Gefertigten ermöglicht. Die offizielle Welt kann aber nur Erscheinungen steuern und verbrauchen, für welche sie Wahrnehmungsapparate hat. Dinge, die sie nicht weiß kann sie schlecht in ihre Planung miteinbeziehen. Insofern muss es Ziel des Staates und der Industrie sein, mit Hilfe der Wissenschaft möglichst alle für sie relevanten und verwertbaren Phänomene automatisch wahrzunehmen und die Informationen effizient zu verarbeiten. Individuelle Eigenwerte sind für das System des Gefertigten jedoch nicht fassbar und müssen deshalb möglichst umfassend in Stellenwerte umgewandelt werden. Die Eigenwerte entsprechen dem unrechenbaren, aus sich herauswachsenden Leben des Weltwaltens. Die Stellenwerte sind nun aber nur mehr die verfertigte Information vom Weltwalten und somit als dessen fahles und minimiertes Echo erst verwertbar und beeinflussbar. Die Welt des Willens soll zwangskolonialisiert werden mit einer Panzerdivision von Vorstellung.
Dem Staat muss insofern daran gelegen sein, dass sich die Menschen seiner untergebenen Gesellschaft am besten freiwillig in die gefertigten Modelle des Bürgers und des Konsumenten begeben. Diese Gleichschaltung der individuellen Eigenwerte nach Vorbild vorgefertigter Stellenwer-

te beschreibt der französische Poststrukturalist Michel Foucault (1926 – 1984) als Ineinandergreifen der Prozesse Objektivierung und Subjektivierung.[118]

In der Phase der **Objektivierung** werden individuelle Merkmale gemessen, geprüft und dokumentiert. Diese Merkmale werden dann systematisch eingeteilt und in Bezug zu einem Ziel ausgewertet. Die Individuen werden somit klassifizierbar, bewertbar und vergleichbar gemacht betreffend aller persönlichen Aspekte, welche vom Messsystem der Objektivierung erfasst werden. Mittels des hieraus konstruierten Rasters können subjektive Eigenwerte in die geregelte Struktur gefertigter Stellenwerte eingepasst werden. Der Stellenwert eines Studenten stellt unter anderem die Anforderung eines abgeschlossenen Abiturs. Nun bemühen sich Individuen auf der Ebene der **Subjektivierung** dieser vorgegebenen Stellenwertanforderung zu entsprechen. Das Subjekt wird durch erfolgreiche Absolvierung von Bildungsvorgaben und Prüfungen in die Möglichkeit hineinversetzt, seinen Eigenwert im angebotenen Stellenwert des Studenten zu verbrauchen. Die Subjektivierung ist jener Vorgang, in welchem sich Individuen veranlasst sehen, ihre Eigenwerte nach den Leitbildern angestrebter Stellenwerte auszupegeln.

Dadurch wird klar, warum Wissenschaft Magie bekämpfen muss. Je mehr ihre Sensoren zu erfassen vermögen, je umfassender es ihr gelingt, Eigenwerte in Stellenwerten zu fassen, desto weniger bleibt übrig vom verborgenen Reich der Magie, desto kleiner werden die toten Winkel der kollektiven Wahrnehmung. Das Endziel der Wissenschaft ist die totale Auslöschung des Unberechenbaren und Unfassbaren durch analytische Neutralisierung der Umweltbedingungen, durch Abtötung der Welt des Willens im Bann einer allmächtigen Vorstellung. Dieser Prozess der „Totalen Vermessung der Welt" hat sich seit der Erstauflage dieses Textes 2002 nochmals enorm beschleunigt, wie der aktuelle Boom von Big Data und Smart Data zeigt.[119]
Somit sind wir langsam hinübergeglitten zur dritten Betrachtungsmöglichkeit des Verhältnisses zwischen Magie und Wissenschaft, in welcher Magie die tosenden Schaumkronen am Rand der Einzeit[120] bezeichnet, das Morgendämmern neuer Erscheinungen, in welches die Wissenschaft hineinforscht, aus welchem sie herauserfindet und in welches sie schließlich wieder hineinvergisst.

Magie und Wissenschaft als Gegenpole der kollektiven Vorstellungswelt

Nach der dritten Definition bezeichnet der Magiebegriff die toten Winkel der offiziellen Vorstellungswelt. Damit beginnt sie dort, wo sich die Grenzen der gesicherten Wissenschaften langsam im Obskuren verlieren. Magie befindet sich jenseits des kollektiven Erklärungsvermögens, dort wo die Spähtrupps des Offiziellen nicht hingelangt sind. Unter diesem Blickwinkel wird Magie nicht mehr als abergläubische Vorstufe wissenschaftlicher Erkenntnis betrachtet, sondern als aktive Gegenkraft und Reibungsmotor hinter den Kulissen offiziell beglaubigter Errungenschaften. Jede Entdeckung, welche sich in der offiziellen Welt noch kein Gehör zu verschaffen vermochte, noch nicht allgemein ratifiziert wurde und im Zwielicht fragwürdiger Anerkennung verharrt, befindet sich somit jenseits der öffentlichen Schwelle im Reich der Magie.
An dieser Schwelle befinden sich die Wissenspioniere im steten Kampf darum, wer Recht hat. Kann einer seine Entdeckung in der kollektiven Vorstellungswelt etablieren, so wird aus dem Spinner in der Garage ein anerkannter Erfinder neuer Technologie. Je umwälzender eine neue Erfindung oder Entdeckung ist, desto größer ist auch der Widerstand der etablierten Welt dagegen. Zwar droht heute keinem Ketzer mehr der Scheiterhaufen, wenn er verkündet, dass sich die Erde um die Sonne dreht. Ächtung und Stigmatisierung Andersdenkender mit der Phrasenkeule der „Unwissenschaftlichkeit" ist aber immer noch gang und gäbe, um die altgewohnten Machtgefüge zu zementieren.

An der Außenhaut der Einzeit,[121] dort wo die Erscheinungen in die Scheinzeit drängen, befindet sich die Front, an der offizielle und inoffizielle Welt aufeinanderprallen. Die offizielle Welt an der Außenhaut umschließt alles, was bereits offensichtlich ist, während sich an der Innenhaut die Muster der inoffiziellen Welt darum raufen, Erscheinung zu werden. Damit ist Wissenschaft die These und Magie die Antithese des Fortschrittmotors. Der Streit ihres Wechselspiels erzeugt die aktive Energie, welche das Potentialienknäuel an Erkenntnismöglichkeiten in die Erscheinung der Zeit hinaustreibt als Ent-wicklung der Geschichte menschlichen Fortschritts. Insofern verdient die Haut des Weltwaltens, an deren Innenfläche die neuen Theorien der inoffiziellen Welt heranreifen und an deren

Außenfläche die Burgwächter der offiziellen Spielchen die Paradigmenthrone des Offensichtlichen verteidigen, eine eingehendere Betrachtung.

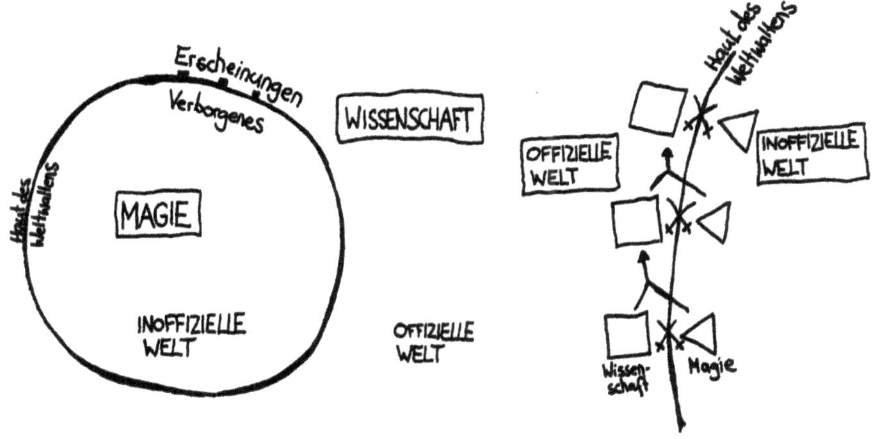

Links: Die Blase des Weltwaltens
Rechts: Die Entwicklungsprozesse an der Haut des Weltwaltens

Die fließenden Grenzen zwischen Magie und Wissenschaft

Dort, wo beide Welten im Nebel zusammenprallen, verschwimmen die Grenzen zwischen Magie und Wissenschaft zunehmend. Dies betrifft ein und dasselbe Wissensmodell in geographisch oder inhaltlich verschiedenen Wissenschaftssystemen eines Zeitgeistes, als auch in herrschenden Wissenschaftssystemen verschiedener Zeitgeister. Die fließenden Grenzen zwischen Wissenschaft und Magie können somit sowohl intratemporär als auch intertemporär erfasst werden.
Um intratemporäre Hybride von Magie und Wissenschaft in einem Zeitgeist zu veranschaulichen, werden wir zuerst die Graphologie kennenlernen. Diese wird heutzutage in manchen Wissenschaftsstaaten als abergläubisch abgetan, während sie in anderen durchaus offiziell legitimiert ist. Als intertemporäres Beispiel für die fließenden Grenzen zwischen Magie und Wissenschaft werden hernach zwei Modelle vorgestellt, welche sich mit der Verteilungsgerechtigkeit sozialer Systeme beschäftigen. Keplers politischer Exkurs über die drei Mittel aus der magischen Vergangenheit und das Erste Theorem der Wohlfahrtsökonomie aus der wis-

senschaftlichen Gegenwart entblößen bei näherer Betrachtung eine Reihe von Parallelen.

Intratemporäre Magie-Wissenschaft-Hybride

Intratemporäre Magie-Wissenschaft-Hybride sind in einigen etablierten Paradigmensystemen durchaus anerkannt, werden aber gleichzeitig in anderen Paradigmensystemen als abergläubisch abgelehnt. Ein Beispiel für diese Hybridstellung ist die Graphologie. Diese versucht, aus der Eigenart der individuellen Handschrift psychologische Diagnosen zu erstellen. Als Vorläufer der Graphologie gilt Camillo Baldi (1550 – 1637), Medizinprofessor in Bologna, mit seinen 1622 erschienenen Abhandlungen über die Schriftdeutungslehre.

> „Erste Bemerkungen zu diesem Thema finden sich schon lange vor 1800, von Lavater natürlich und von J. Grohmann im „Magazin der Erfahrungs-Seelenkunde" (1792) des Karl Philipp Moritz. Erste Systeme stammen aus Frankreich: von Jean-Hippolyte Michon (Système de Graphologie. L'art de connaître les hommes d'après leur écriture, 1875) und zwar bezeichnenderweise unter Rückgriff auf die Zeichenlehre der Phrenologie. Wie die Höcker und Vertiefungen am topographisch vermessenen Schädel, die einen Schluss auf die sogenannten „Vermögen" zuließen, so hatten jetzt die einzelnen Charakteristika der Handschrift eine je eigene Bedeutung."[122]

Anfangs wurden diese Charakteristika kontextunabhängig gedeutet. Erst Jules Crepieux-Jamin (1858 – 1940) betonte die Mehrdeutigkeit und Kontextualität der Schriftzeichen. Ludwig Klages als wohl bekanntester Vertreter der Graphologie versuchte, die Schriftdeutung mit Physiognomik und Psychologie zu einer einzigen Wissenschaft zu kombinieren, welche er „Ausdrucks- und Charakterkunde" nannte. Von 1897 bis 1908 leitete er die „Deutsche Graphologische Gesellschaft" und veröffentlichte eine Reihe sehr einflussreicher Werke wie die 1910 erschienenen „Probleme der Graphologie" oder sein Standardwerk „Handschrift und Charakter – ein systematisches Lehrbuch" aus dem Jahr 1917, welches bis in die 1960er Jahre hinein als Bibel der Graphologie galt.[123] Im Wesentlichen baut die graphologische Theorie auf folgenden drei Grundhypothesen auf:

> „a) Handschriften sind individuell
> b) Diese Individualität ist vor allem psychisch bedingt
> c) Aus a) und b) ergibt sich, dass eine Diagnose des Schreibers möglich ist"[124]

Punkt a) ist unumstritten. Aus der Individualität der Handschrift ergibt sich gleich dem Fingerabdruck ein individuelles Identifizierungsmerkmal. Deshalb gilt die Unterschrift nahezu weltweit als eindeutiges Erkennungszeichen. Insofern ist auch die Urhebererkennung von Handschriften möglich. Punkt b) ist ebenfalls unumstritten, wenn man den Begriff „psychisch" hinreichend weit fasst, so dass auch Motorik, Erlerntes, Veränderungen z.B. der Muskulatur oder bestimmte Mechanismen des Nervensystems und ähnliches mit einbezogen werden. Punkt c) schließlich ist umstritten. Auf der einen Seite gibt es eindeutige Zusammenhänge zwischen Handschrift und Charakter bei psychopathologischen Veränderungen, sodass signifikante Differenzen in den Schriften Schizophrener und „normaler" Kontrollpersonen festgestellt und diesbezüglich zuverlässige Diagnosen erstellt werden können.[125] Auf der anderen Seite kamen empirische Untersuchungen zur Graphologie bei psychisch normalen Menschen zu sehr widersprüchlichen Ergebnissen.[126] Hervorragende Reliabilitätswerte ergaben sich für die Übereinstimmung zwischen einer ersten und einer zweiten Erhebung, was die Handschrift als äußerst stabiles Persönlichkeitsmerkmal ausweist ähnlich anatomischen Merkmalen. Zudem lässt sich das Verfahren sehr ökonomisch einsetzen, weil dazu nur eine Schriftprobe vonnöten ist. Weniger eindeutig verhält es sich mit der Korrelation zwischen Schriftmerkmalen und Persönlichkeitsmerkmalen:

> "Bei Berücksichtigung der Originalliteratur (z.B. Timm 1965; Prystav 1969; Lockowandt 1966; Heinze 1972; Bergmann 1978) mit multivariaten Ansätzen wie Skalierung, Faktorenanalyse, kanonische Korrelationsanalyse gilt, dass sich graphologische Variablen auf anderen Dimensionen befinden als Persönlichkeitsvariablen, die als Kriterienmerkmale benutzt wurden. (...) Hierbei ist zu betonen, dass die Gültigkeit der Persönlichkeitsdiagnostik mit nichtgraphologischen Verfahren auch wenig befriedigend sind, z.B. Fragebogen häufig Gültigkeitswerte um .40 bis .50 aufweisen. (...) Insgesamt ist für die Gültigkeit und damit Brauchbarkeit der Graphologie zu sagen, dass sie sich für die Normalbevölkerung so niedrig bemisst wie in der Psychodiagnostik die Gültigkeiten der projektiven Verfahren. Allenfalls für selektierte Teilpopulationen sind höhere Gültigkeiten zu erhoffen."[127]

Die empirische Fundierung der Graphologie als zuverlässige Methode zur Persönlichkeitsdiagnostik lässt also zu wünschen übrig. Und wie andere gebräuchliche Methoden der Persönlichkeitsdiagnostik wird sie trotz dieser mangelhaften wissenschaftlichen Bestätigung in der Praxis verwendet.

Im Standardwerk der Management-Diagnostik von Heinz Sarges steht in der Auflage von 1995 zu lesen:

> „Trotz zahlreicher berechtigter Kritik an der Graphologie als diagnostischer Methode in der Normalpopulation, die es neben unberechtigter Kritik gab, bleibt es eine Tatsache, dass z.B. in der Bundesrepublik Deutschland die Graphologie zur Personalauslese, auch und vor allem in der Managementdiagnostik, herangezogen wird. Die Gründe dafür sind wohl weniger in der verständlichen Aktivität berufsständischer Vertreter der Graphologen und Schriftpsychologen zu sehen. Vielmehr bietet sich eine Betrachtungsweise der Ausdruckspsychologie an. (...) Völlig anders wurden Relationen zwischen Schrift und Leseeindruck untersucht. Hierbei ergaben sich erstaunlich hohe Übereinstimmungen zwischen Schriftmerkmalen und Eindrucksmerkmalen, wobei außerdem die Eindrucksmerkmale, geschätzt von graphologischen Laien, mit Deutehypothesen der jeweiligen Schriftmerkmale übereinstimmten. Die Graphologie wird demnach v.a. deshalb benutzt, weil sie dem Laien plausibel erscheint."[128]

Somit bestehen also doch Zusammenhänge zwischen Schriftfaktoren und allgemein zugeschriebenen Qualitäten. Graphologische Deutungshypothesen sagen nach dieser Betrachtungsweise aber in erster Linie etwas über die Beziehung zwischen Schrift und Leser aus und weniger über die Beziehung zwischen Schrift und Schreiber. Anhand einiger Deutungshypothesen soll diese enge Beziehung zwischen Schriftmerkmalen und vermitteltem Eindruck gezeigt werden:

> „Schriftenge bei Formbetonung spricht für Gewissenhaftigkeit, Diszipliniertheit, Vorsicht. Magerheit spricht für Anspruchslosigkeit, Zurückhaltung, Reinheit. Kleinheit bei Formbetonung spricht für Geiz; Druckschwäche bei Formbetonung spricht für Milde, Friedfertigkeit."[129] „Unten, das heißt unter der Zeile, liegt das Erdhafte, Sexuelle; oben das Geistige; in der Mitte das Herz, das Gefühl. Nach links orientierte Schriften zeigen die Neigung zur Introversion und Ichbezogenheit, nach rechts orientierte das Gegenteil."[130]

Regeln und Aussagen wie diese erscheinen dem Laien ebenso plausibel und naheliegend, wie lange Zeit eine krumme Nase selbstverständlich mit einem krummen Charakter assoziiert wurde. Eine kleine Schrift vermittelt somit auf den Betrachter den Eindruck von Geiz, unabhängig davon, ob der Schreiber damit auch tatsächlich Geiz ausdrückt.

Aufgrund all dessen ist die Graphologie als Methode zur Persönlichkeitsdiagnostik umstritten. Viele Firmen schwören darauf, ohne jedoch von wissenschaftlicher Seite eine Grundlage zu erhalten. Ihre Basis verschwimmt im Nebel der fließenden Grenzen zwischen Magie und Wissenschaft. Dennoch existieren in einigen geographischen Wissenssystemen legitimierte Vertreter der Graphologie innerhalb der Burgmauern des Offiziellen. In der Bibel der „Management-Diagnostik" von Werner Sarges steht in der Auflage von 1995 zu lesen:

> „Staaten mit vergleichsweise großer graphologischer Anerkennung bzw. Anwendung sind z.B. Frankreich, Italien, Schweden, Österreich und die Bundesrepublik Deutschland. In der Bundesrepublik sind die Graphologen berufsständisch vertreten durch die „Sektion Schriftpsychologie" des Berufsverbandes Deutscher Psychologen."[131]

Im Deutschen Wissenschaftsstaat der 1990er Jahre ist die Graphologie also legitimiert. Sie darf sich dort als Wissenschaft bezeichnen. Im Wissenschaftsapparat der USA hingegen gibt es hierfür kein etabliertes Fach. Die Graphologie wird nach amerikanischen Leitlinien folglich ins Reich der Magie verwiesen. Ein und dasselbe Erkenntnismodell wird je nach Dogma des Betrachtungssystems als magisch oder als wissenschaftlich wahrgenommen.
Das gilt nicht nur für geographisch, sondern auch für inhaltlich verschiedene, anerkannte Paradigmensysteme. So war etwa die volkswirtschaftliche Lehrmeinung lange Zeit geprägt vom Streit zwischen Monetaristen und Keynesianern, ob Eingriffe des Staates die Kräfte des freien Marktes hindern oder fördern. Je nachdem, welchen Standpunkt man ergriff, musste man aufgrund der gänzlich inkompatiblen Prämissen das Gegenmodell ausschließen und in das Reich der Phantasie verweisen.

Intertemporäre Magie-Wissenschaft-Hybride

Die fließenden Grenzen zwischen Magie und Wissenschaft lassen sich auch im intertemporären Vergleich der Beurteilungen eines Wissensmodells veranschaulichen. Oft reichen bereits wenige Jahre, um in ein und demselben Lehrbuch eine ganz andere Bewertung eines Wissensmodells vorzufinden. Das wird besonders deutlich am soeben besprochenen Beispiel der Graphologie, deren Darstellung ich weitgehend an das entsprechende Kapitel in Werner Sarges Standardwerk „Management-Diagnostik" angelehnt habe. Mir stand damals die Auflage von 1995 zur Verfügung. Die Graphologie wird dort zwar kritisch beleuchtet, aber den-

noch als etabliert und akzeptiert bewertet. Nicht zuletzt deshalb wurde dem Thema dort auch ein eigenes Kapitel gewidmet.
Seit der Erstversion von „Über die magischen Praktiken des Managements" aus dem Jahr 2001 hat sich aber einiges getan. Handschrift wurde weitgehend von Computern und Smartphones verdrängt, sodass sie heute kaum noch von Bedeutung im offiziellen Geschäftsverkehr ist. Dadurch hat die Verbreitung der Graphologie in wenigen Jahren massiv abgenommen und mit dieser auch ihre Akzeptanz.[132] Als ich für die Neuauflage dieses Buches die aktuelle Auflage von „Management-Diagnostik" (2013) nach der Graphologie durchforstete, war das Kapitel verschwunden. Stattdessen findet sich das Thema im Neuschreib als „Grafologie" in einem kleinen Abschnitt über „Absurde Methoden". Dort wird die Graphologie auf eine Ebene mit der Deutung von Tierkreiszeichen und der Schädeldeutung gestellt und als abergläubischer Humbug und Geldmacherei abgetan.[133] Die Auflage von 2013 kommt schließlich zu einer ganz anderen Bewertung als die Auflage von 1995. Hier heißt es im Kontext dieses sehr trockenen Lehrbuchs auffallend emotionalen Duktus:

> „Wollte man dennoch aus Glaubensgründen am Einsatz grafologischer Gutachten in der Personalauswahl festhalten – nichts spricht dafür -, so sollte man zumindest aus Ökonomiegründen die Kosten für den Grafologen sparen und lieber selbst mutig drauflos deuten. Mehr Schaden als der Grafologe kann auch ein völliger Laie nicht anrichten."[134]

Wir sehen hier, wie schnell die offizielle Bewertung eines Wissensmodells kippen kann und einstmals etablierte Methoden ins Reich des Aberglaubens zurückverdrängt werden. Noch auffallender wird dieses Phänomen wenn man längere Zeiträume betrachtet. In den Naturwissenschaften mag es durchaus Gesetze geben, welche, wenngleich nicht für die Ewigkeit und immer, so doch für sehr lange Zeiträume und meistens gelten. Die Halbwertszeit der Gültigkeit von sozialwissenschaftlichen Modellen hingegen ist um vieles kürzer. Wir wollen deshalb ein legitimiertes Erkenntnismodell aus der offiziellen Wissenschaft des 17. Jahrhunderts eingehender betrachten. Es ist dies der bereits erwähnte mathematische Nachweis von Johannes Kepler, dass die Monarchie vor der Demokratie oder der Aristokratie die vollkommenste Staatsform ist:

Beispiel für das Magische einstiger Wissenschaft:
Johannes Kepler: Über die drei Mittel. ein politischer Exkurs.[135]

Wenn man zu etlichen Zahlen, ohne Rücksicht auf ihre Größe, Gleiches addiert, dann liegt eine **arithmetische Proportion** vor. z.B.:

	3	9	5	10	17	38
dazu	3	3	3	3	3	3
	9	12	8	13	20	41

Um wieviel 6 größer ist als 3, um so viel ist 12 größer als 9.
Die Proportion ist in diesem Beispiel unzusammenhängend. Eine zusammenhängende Proportion oder eine **arithmetische Reihe** liegt vor, wenn man mit einer beliebigen Zahl beginnend fortwährend ihr Gleiches addiert. z.B.:

3	oder	38
3		3
6		41
3		3
9		44
3		3
12		47

Da also zwischen 3, 6, 9, 12 und ebenso zwischen 38, 41, 44, 47 eine fortlaufende arithmetische Reihe entsteht, kommt es, dass man die mittlere von drei aufeinanderfolgenden Zahlen arithmetisches Mittel heißt. So ist zwischen 6 und 12 das arithmetische Mittel 9, zwischen 38 und 44 das arithmetische Mittel 41.
Wenn man aber zu etlichen Zahlen unter Berücksichtigung ihrer Größe Ähnliches addiert, dann liegt eine **geometrische Proportion** vor. z.B.:

3	9	5	10	17	38
9	27	15	30	51	114
12	36	20	40	68	152

Wie man zu 3 die dreifache Zahl 9 addiert, so zu 9 die dreifache Zahl 27, die im selben Maß größer ist als 9, wie 9 größer ist als 3 oder 15 als 5 usw. (...)

Wiederum ist die Proportion in diesem Beispiel unzusammenhängend. Eine zusammenhängende geometrische Proportion oder eine **geometrische Reihe** liegt vor, wenn man mit einer beliebigen Zahl beginnend einen ihr ähnlichen Teil oder ein ihr ähnliches Vielfaches addiert. z.B.:

3	10	8
9	30	4
12	40	12
36	120	6
48	160	18
144	480	9
192	640	27

Hier addiert man zur Anfangszahl in den beiden ersten Beispielen je das Dreifache, im dritten die Hälfte. Zu der Zahl, die hieraus entsteht, addiert man wieder das Vielfache oder den Teil. Wie sich also 8 zu 12 verhält, so 12 zu 18 und 18 zu 27. Dabei ist 12 das geometrische Mittel zu 8 und 18. Und 18 ist das geometrische Mittel zu 12 und 27 usw. Die Kenntnis dieser Dinge ist notwendig, um zu verstehen, was eine **harmonische Proportion** ist.

(...)

Da es drei Staatsformen gibt, die Demokratie, die Aristokratie und die Monarchie, vergleicht Bodinus die **Demokratie** mit der arithmetischen Proportion, die Aristokratie mit der geometrischen und die Monarchie mit der harmonischen. Denn wie bei der arithmetischen Proportion die Zuwüchse aller Zahlen, der großen wie der kleinen, gleich sind, so will das Volk in der Republik, dass Lasten, Vorteile, Ehren und Amtswürden für alle gleich seien. Es will nichts wissen von einer besonderen Berücksichtigung einzelner Personen. So verlangt es z.B., dass das Jagdrecht allen gemeinsam ist, den Adeligen wie den Gemeinen, den Reichen wie den Armen. Wenn es sich um etwas handelt, was eine Teilung unter vielen nicht zulässt, dann will das Volk darüber losen; denn das Los ist blind, es unterscheidet nicht zwischen adelig und gemein, reich und arm, wohlverdient und unverdient, tüchtig und lasterhaft, gescheit und dumm. (...)[136]

Im Gegensatz dazu werden, so wie man bei der geometrischen Proportion die Zuwüchse der Zahlen den Zahlen selber angedeiht, so dass eine große Zahl einen großen, eine kleine Zahl einen kleinen Zuwachs erfährt, in der **Aristokratie** die Personen unterschieden, ebenso wie die Lasten, Vorteile, Amtswürden, Leistungen. Die vorzüglichsten sind den Optimaten vorbehalten, die übrigen dem Volk überlassen. Dabei muss man aber innerhalb der einzelnen Parteien je für sich auch die arithmetische Proportion zulassen. Über das, was des Volkes ist, werden alle losen, die zum Volk gehören; über das, was der Optimaten ist, alle Optimaten. Denn wenn es nicht so wäre, so gäbe es auch im Volk immer neue Grade von Optimaten bis zu seiner untersten Schicht hinab, ebenso unter den Optimaten bis zu einem Fürsten des Staates hinauf. Man könnte also nicht mehr von einer Republik reden, sondern hätte ein Königtum.

Was nun das **Königtum** anlangt, so ähnelt es zwar am meisten der geometrischen Proportion, da alle Majestätsrechte dem König vorbehalten sind, wie er selber entweder durch vornehme Abstammung oder durch militärische Macht oder durch persönliche Tugenden vor allen anderen ausgezeichnet ist. Das Regierungsverfahren in einem solchen Staat erscheint am richtigsten als Ausgleich der beiden Arten von Proportionen. Denn ein König als Richter über alles verteilt so gut als möglich alles zwischen Adel und Volk, nicht in blinder Laune wie das Los, sondern nach Gründen der Tüchtigkeit, des Verdienstes, des Ranges und Standes; er vollstreckt alles, was die distributive und kommutative Gerechtigkeit verlangt. (...) Dabei bezieht aber der König alle seine Entschlüsse nicht so sehr auf die einzelnen, Stände oder Menschen, sondern vielmehr auf den ganzen Staatskörper und sein Wohl, auf Eintracht und Zusammenhalt. Das ist geradeso, wie wenn bei den Zahlen die Proportionen von der Gleichheit und der Ähnlichkeit etwas abweichen, so dass sie wenn nötig gar zerstört werden und auf die gemeinsame Harmonie aller bezogen werden. Auf diese Weise kommen meine harmonischen Teilungen zur Anwendung.[137]

So überzeugend dieser mathematische Beweis auch einst gewesen sein mag, er kann von heutigem Standpunkt aus nicht mehr als wissenschaftlich bewertet werden. Nicht nur, dass im modernen Wissenschaftsdenken einer Analogiebildung zwischen mathematischen Proportionen und politischen Staatsformen aufgrund mangelnder kausaler Beziehung keine Beweiskraft mehr zugesprochen wird. Es ist auch offensichtlich, dass Kepler diesen Ansatz nicht von ungefähr gewählt hat. Als kaiserlicher Mathematiker und Hofastronom von Kaiser Rudolph II. und später von Kaiser Matthias von Österreich lag es nahe, die Beweisführung zugunsten seines Brötchengebers ausfallen zu lassen. Wäre Kepler im Dienste eines Kommunisten gestanden, so hätte er wohl kaum dieselben Schlüsse aus den Tatsachen gezogen oder er hätte andere Evidenzen zur Problemlösung verwendet.[138]
Kepler entstammt noch jener Übergangszeit, da aus den letzten Magiern die ersten Naturwissenschaftler wurden. Dadurch ist er ein anschauliches Beispiel für die fließenden Grenzen zwischen Magie und Wissenschaft. Er

führt uns vor Augen, wie die heutigen Wissenschaften sich aus dem magischen Weltbild herausgeschält haben. Die abergläubische Komponente aktueller Paradigmen ist meist getarnt, verwinkelt und versteckt. Die abergläubische Komponente einstiger Paradigmen ist dagegen bereits offensichtlicher.

Wollen wir also zum Vergleich einen Blick auf heutige Ansätze werfen, welche sich mit der Verteilungsgerechtigkeit sozialer Systeme beschäftigen. Einer davon ist das Erste Theorem der Wohlstandsökonomie. Dieses basiert, wie viele Modelle der Volkswirtschaftslehre, auf der abergläubischen Annahme, dass man persönliche Vorlieben von Individuen objektiv messen und in Zahlen quantifizieren kann. Somit können mathematisch individuelle Nutzenfunktionen aufgestellt werden. Aus diesen werden in der Folge sogenannte Indifferenzkurven konstruiert, welche in nomothetischer Manier[139] sowohl interpersonell vergleichbar als auch intertemporär stabil sein sollen. Der Idealzustand eines Verteilungssystems, betrachtet unter Gesichtspunkten der Effizienz, ist der Zustand des Pareto-Optimums:

> „Die meisten wirtschaftspolitischen Maßnahmen führen dazu, dass es bestimmten Individuen besser geht, anderen aber schlechter. Mitunter gibt es aber die Möglichkeit von Maßnahmen, die manche Individuen besser stellen ohne andere schlechter zu stellen. Solche Veränderungen werden nach dem bedeutenden italienischen Ökonomen und Soziologen Vilfredo Pareto Pareto-Verbesserungen genannt. Wenn es keine Möglichkeit mehr gibt, derartige Pareto-Verbesserungen einzuführen, wird die erreichte Allokation als pareto-optimal oder pareto-effizient bezeichnet."[140]

Was für Kepler die Monarchie war, das ist für viele heutige Volkswirtschaftler der freie Wettbewerbsmarkt. Und so wie bereits Kepler zögern auch heutige Wissenschaftler nicht, zur Untermauerung ihrer ideologischen Urteile „unumstößliche" mathematische Beweise aufs Schlachtfeld zu führen. Folgendes Modell wurde den aktuellen Standardlehrbüchern der Wirtschafts- und Sozialwissenschaften entnommen. Als solches wird es an vielen Universitäten von der kapitalistischen Disziplinarmacht im Rahmen von Prüfungen zur Selektion offiziell wirtschaftlich Denkberechtigter verwendet.

Beispiel für das Magische heutiger Wissenschaft:
Das Erste Theorem der Wohlfahrtsökonomie

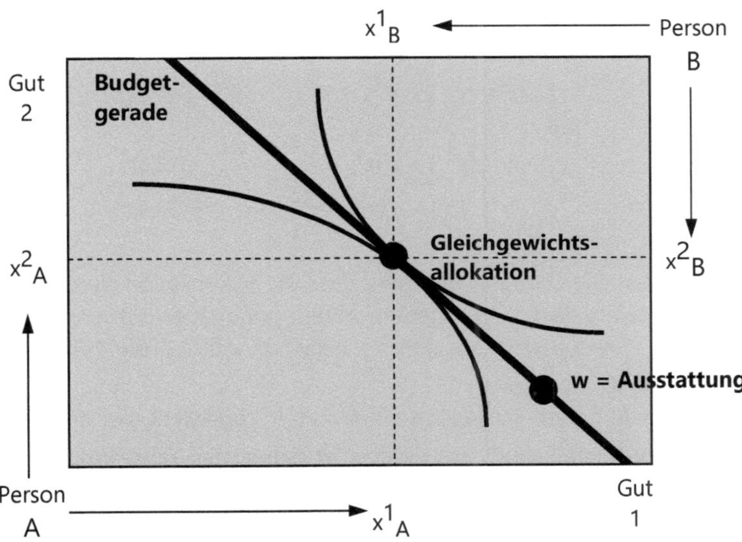

Gleichgewicht im Edgeworth-Diagramm[141]

Es zeigt sich, dass die Allokation des Marktgleichgewichts Pareto-effizient ist. Der Beweis lautet folgendermaßen: Eine Allokation im Edgeworth-Diagramm ist Pareto-effizient, wenn die Menge an Bündeln, welche A bevorzugt, sich nicht mit der Bündelmenge schneidet, welche B bevorzugt. Beim Marktgleichgewicht muss aber die von A bevorzugte Bündelmenge oberhalb des Budgets liegen, dasselbe gilt für B, wobei „oberhalb" aus der Sicht von B zu verstehen ist. Die beiden Mengen bevorzugter Allokationen können sich daher nicht überschneiden. Das bedeutet, dass es keine Allokationen gibt, die beide Akteure gegenüber der Gleichgewichtsallokation bevorzugen, das Gleichgewicht ist daher Pareto-effizient.

Die Algebra der Effizienz

Das können wir auch algebraisch zeigen. Angenommen wir haben ein Marktgleichgewicht, das nicht Pareto-effizient ist. Wir werden zeigen, dass diese Annahme zu einem logischen Widerspruch führt.

Die Behauptung, dass das Marktgleichgewicht nicht Pareto-effizient ist, bedeutet, dass es irgendeine andere durchführbare Allokation $(y^1_A, y^2_A, y^1_B, y^2_B)$ gibt, so dass

$$y^1_A + y^1_B = w^1_A + w^1_B \qquad (28.1)$$

$$y^2_A + y^2_B = w^2_A + w^2_B \qquad (28.2)$$

und

$$(y^1_A, y^2_A) >_A (x^1_A, x^2_A) \qquad (28.3)$$

$$(y^1_B, y^2_B) >_B (x^1_B, x^2_B) \qquad (28.4)$$

Die zwei ersten Gleichungen besagen, dass die y-Allokation durchführbar ist, die zwei nächsten, dass sie von jedem Akteur gegenüber der x-Allokation bevorzugt wird. (Die Symbole $>_A$ und $>_B$ beziehen sich auf die Präferenzen der Akteure A und B)

Annahmegemäß haben wir jedoch ein Marktgleichgewicht, bei dem jeder Akteur das beste Bündel kauft, das sie oder er sich leisten kann. Wenn (y^1_A, y^2_A) besser ist als das Bündel, das A wählt, dann muss es mehr kosten, als sich A leisten kann; ähnliches gilt für B:

$$p_1y^1_A + p_2y^2_A > p_1w^1_A + p_2w^2_A$$

$$p_1y^1_B + p_2y^2_B > p_1w^1_B + p_2w^2_B$$

Addieren wir nun diese beiden Gleichungen, dann erhalten wir

$$p_1(y^1_A + y^1_B) + p_2(y^2_A + y^2_B) > p_1(w^1_A + w^1_B) + p_2(w^2_A + w^2_B)$$

Setzen wir aus den Gleichungen (28.1) und (28.2) ein, ergibt das

$$p_1(w^1_A + w^1_B) + p_2(w^2_A + w^2_B) > p_1(w^1_A + w^1_B) + p_2(w^2_A + w^2_B)$$

was offensichtlich ein Widerspruch ist, da die linke und die rechte Seite gleich sind.

Wir leiten diesen Widerspruch aus der Annahme ab, dass das Marktgleichgewicht nicht Pareto-effizient sei. Daher muss diese Annahme falsch sein. Es folgt, dass alle Marktgleichgewichte Pareto-effizient sind: Dieses Ergebnis ist als **Erstes Theorem der Wohlfahrtsökonomie** bekannt.

Das Erste Wohlfahrtstheorem gewährleistet, dass ein Wettbewerbsmarkt alle Vorteile des Tausches ausschöpft: Eine Gleichgewichtsallokation, die durch Konkurrenzmärkte erzielt wurde, wird notwendigerweise Pareto-effizient sein.
(...)
Es ist beruhigend zu wissen, dass ein einfacher Marktmechanismus, wie wir ihn beschrieben haben, in der Lage ist, eine effiziente Allokation zu erzielen.[142]

Wie die Indifferenzkurven und Nutzenfunktionen in einem konkreten Fall aufgestellt werden können bleibt ein Mysterium. Das Konstrukt des Grenznutzens lässt sich nicht einmal im einfachsten Fall jener Lehrbuch-Insel mit zwei Personen (Crusoe und Robinson) und einem Gut (Orange)[143] auf die Praxis anwenden. Wie will man denn nun den „Nutzen" messen? In Kilo, in Meter oder doch in Stunden? Ist er wirklich eine Konstante, welche jedes Individuum eindeutig für jedes Gut zuordnen kann, von Zeit und Launen unabhängig?
Auch das mathematische Formelwerk („Die Algebra der Effizienz") scheint somit mehr die Funktion zu erfüllen, den Leser hypnotisch einzuschläfern und ihn dadurch denktot gegen die Infiltration mit der Ideologie des Freien Marktes zu machen, als dass es irgendeine Beweisrelevanz hätte. Die Zirkelschlüsse der künstlich gefertigten Anordnung müssen in diesem in sich geschlossenen System fragwürdiger Prämissen zwangsläufig zum gewünschten rechnerischen Ergebnis führen. Vergleicht man abschließend dieses aktuelle Beispiel eines Modells der offiziellen Welt mit dem aus heutiger Sicht bereits im Halbschatten des Magischen befindlichen Konzept Keplers, so könnte man nach eingehender Betrachtung nicht wirklich behaupten, dass die moderne Ansicht schlüssiger, plausibler oder beweiskräftiger wäre. In einigen Jahrzehnten wird sie dem offiziellen Zeitgeist ebenso hanebüchen erscheinen wie die Vorrangigkeit der Monarchie vor der Demokratie uns heutzutage.

Die Grenzen zwischen Magie und Wissenschaft verlaufen fließend. Die Beurteilung von ein und demselben Wissensmodell fluktuiert sowohl in verschiedenen, gleichzeitig nebeneinander vorherrschenden Wissenschaftskreisen (intratemporär), als auch im historischen Vergleich verschiedener Paradigmenepochen (intertemporär). Das konkrete Wissensmodell als ephemere Trägerleuchte einer Zeitgeistideologie ist hierbei nur Spielball im Kampf um den Paradigmenthron. Die verschiedenen Facetten des Verhältnisses zwischen Magie und Wissenschaft sind in folgendem Kasten noch einmal zusammengefasst.

DAS VERHÄLTNIS ZWISCHEN MAGIE UND WISSENSCHAFT

- Magie und Wissenschaft als verschiedene Schwerpunkte in der aktiven Auseinandersetzung mit dem Weltwalten – Magie konzentriert sich auf die **Praxis**, Wissenschaft auf die Theorie der menschlichen Erkenntnis
- Magie als erste abergläubische **Vorstufe** in der Geschichte der modernen Wissenschaft - Die Verdrängung des analogen und des teleologischen Denkens durch das kausale Denken der positivistischen Wissenschaftsideologie im Laufe der Neuzeit – Vom gewachsenen Reich der Magie zum gefertigten Staat der Wissenschaft und der Industrie oder „Vom Stellenwert durch Eigenwert zum Eigenwert durch Stellenwert"
- Wissenschaft und Magie als **Gegenpole** der kollektiven Vorstellungswelt – offizielle und inoffizielle Welt, öffentliches und verborgenes Wissen als These und Antithese im Kampf um den Paradigmenthron
- die **fließenden Grenzen** zwischen Magie und Wissenschaft veranschaulicht durch intratemporären und intertemporären Vergleich der Beurteilung von Wissensmodellen – Beispiel 1: Graphologie in Amerika und in Europa 1995; Beispiel 2: Graphologie in Deutschland 1995 und 2013; Beispiel 3: Allokationsmodelle in der offiziellen Wissenschaft des 17. Jahrhunderts und heute (Keplers „Drei Mittel in der Politik" aus gestriger und heutiger Sicht, das Erste Theorem der Wohlfahrtsökonomie aus heutiger und morgiger Sicht)

Das Phänomen der Reaszendenz

Wir haben nun Wissenschaft als die These und Magie als die Antithese im Kampf um den Paradigmenthron kennengelernt. An der Innenhaut des Weltwaltens reifen diese Antithesen heraus aus dem Verborgenen. Die inoffizielle Welt der Magie (die Antithese) prallt dabei an die Oberfläche der Außenhaut, wo die offiziell-etablierten Wissenschaften der Zeitgeistideologien (die Thesen) den Machthabenden Legitimationen zur Verteidigung ihrer Burgmauern liefern, sowie Vollzugsmittel („Leitbildwaffen") in Form von Technik und Industrie.

Das noch unnambare Magische übernimmt hierbei die Rolle des Willens, welcher aus dem vitalen Urgrund des spontanen Lebens neue Ideen in die Welt wirft. Das wissenschaftlich Ausartikulierte hingegen bildet in der Folge die Welt der Vorstellung,[144] in welcher sich die einst neuen Ideen bereits zu festen und anerkannten Denksystemen verkrustet haben. Insofern ist Magie das Schöpferische neuer Ideen (Praxis), denn auch wenn es ein Wissenschaftler ist, der etwas bislang Unbekanntes entdeckt, so muss er sich dafür doch außerhalb der Grenzen bisher gesicherter Erkenntnis, hinein ins „Magische" begeben. Sobald er dieses ausartikuliert und etabliert hat, gehört es dann zum Bestand der offiziellen wissenschaftlichen Theorien. Insofern ist Magie im Verhältnis zu Wissenschaft immer Vorstufe und Gegenpol zugleich, denn die Neuerscheinung einer Idee geht zwangsläufig ihrer Ausartikulierung und Etablierung voran in der zeitlichen Abfolge (sozusagen vom Bauch oder von den Sinnen eines in die Schädel aller).

Ein letzter Aspekt ist hierbei noch interessant, nämlich, wie an der fließenden Front zwischen Einzeit und Scheinzeit die Realitätskonstruktion erfolgt. Dies sehen wir anschaulich in folgender Abbildung. Die großteils praxisbezogene Magie stößt mit dem Dreieck (a) aus dem Verborgenen heraus in die Oberfläche der offiziellen Welt, um dort aktiv eine gewünschte Realität zu schaffen. Dabei nutzt der Magier, wie bereits in Kapitel „Magie als aktives Realitätskonstruktionsinstrument" erläutert, im Geheimen Informationsasymmetrien zu seinen Gunsten.[145] Die hauptsächlich theorieorientierte Wissenschaft hingegen will sich mit Dreieck (b) in das noch unbekannte Weltwalten hineinbohren, um die toten Winkel ihrer Wahrnehmung zu exterminieren und somit die unberechenbaren Naturgewalten beherrschen zu können.

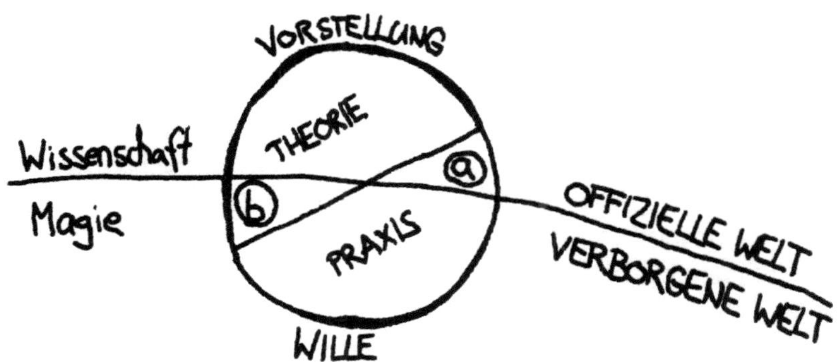

Realitätskonstruktion am Strand der Erscheinung

Und wie all diese Theorien kann auch meine Theorie der Magie nur einige Aspekte des Themas umreißen und vergrößert diese dadurch, während sie andere ausblendet. Das ist das Wesen eines Systems und einer systematischen Herangehensweise, wie sie Grundlage jeder wissenschaftlichen Arbeit ist. Auch das Viele kann niemals das Alles sein. Sobald ein Wort eine Erscheinung greifen will, zerfällt diese unweigerlich zum Staub ihrer toten Schatten. Man begibt sich, mit Michel Foucault gesprochen, in „die Ortlosigkeit der Sprache".[146] Im wissenschaftlichen Diskurs schließlich werden die tollwütigen Kampfhunde dieser toten Schatten aufeinandergehetzt, um den Schattenmeister des jeweiligen Zeitgeistes zu bestimmen.
So gesehen ist Wissenschaft der Versuch, die Gesellschaft vor dem Wahnsinn zu bewahren durch den Irrsinn[147] („Wahnsinn" aus dem Althochdeutschen „wana sinna" = „ohne Weg"; folglich „Irrsinn" = auf Irrwegen). Besser der Illusion eines irrigen Weges folgen als gar keinen zu haben. Wer diesen Irrweg bestimmt und voranschreitet wird bei den Schattenschlachten um die Inthronisierung im Schädelpalast der kollektiven Vorstellung entschieden. Einer setzt sein Modell gegen die anderen durch und wird folglich an das Leitbanner des Gesellschaftszuges geheftet, so lange, bis die Mängel seiner Konstruktion allgemein offensichtlich werden und das offizielle Denkkollektiv deshalb einem anderen Leitbanner zuströmt, auf dass diesem alsbald dasselbe widerfährt.

Dabei unterliegen viele dieser archetypischen Wissensmodelle (die Primodelle)[148] einer Wellenbewegung von Offizialisierung und Verdrängung. Sie schwappen kurzlebig aus dem großen Meer der Einzeit an die Oberfläche, um einen Zeitgeist später wieder auf unbestimmte Dauer in das Eck des Aberglaubens und des Antiquierten gestellt zu werden und alsbald wieder in Vergessenheit zu versinken. Ist Gras über die Sache gewachsen, kommt irgendwann abermals jemand auf dieses Primodell, wird zu seinem Trägersubjekt und hievt es unter einer modischen Zeitgeistmaske erneut ins öffentliche Bewusstsein. Für dieses Phänomen habe ich in der Prognostik-Buchserie den Begriff der Reaszendenz geprägt und ausführlich beschrieben.[149]
Das Wiederauftauchen der Primodelle unter modernen Zeitgeistmasken kann auf drei Arten stattfinden: Bei der reinventatorischen Reaszendenz weiß der Wiederentdecker des Modells gar nichts von seinen Vorgängern. Er glaubt, es aufgrund eigener Forschungen und Überlegungen neu

entdeckt zu haben. Er erfährt manchmal gar nicht, manchmal erst nach Vollendung seiner Theorie, dass es einen ähnlichen Ansatz bereits in der Vergangenheit gegeben hat. Bei der plagiatorischen Reaszendenz lässt sich der Finder zwar von einem bestehenden Modell inspirieren, er verschweigt dies aber und gibt sein Konzept als ausschließliches Produkt seiner eigenen Anstrengungen aus. Bei der referenzierenden Reaszendenz schließlich beruft sich die neue Zeitgeistmaske des Primodells direkt auf seine Vorgänger. Im letzten Kapitel werden wir die Beispiele dieses Buches anhand dieser drei Arten der Reaszendenz analysieren.[150]

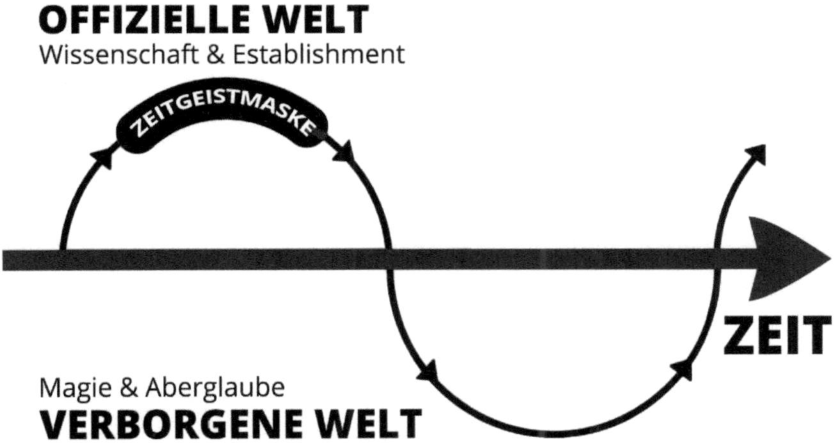

Die Reaszendenz von Primodellen: Unter gewandelten Zeitgeistmasken versuchen Denkmodelle sich immer wieder in der offiziellen Welt zu etablieren

Nun wollen wir unseren Theorierahmen auf den Bereich der Persönlichkeitsmodelle und Verhaltenstypologien des Managements anwenden. Dabei betrachten wir sehr grundlegende prämoderne Denkmodelle wie das Analogiedenken und die damit verbundene Archetypenlehre, das transkulturell verbreitete Dualitätenprinzip und die Lehre von den vier Elementen. Es gäbe noch eine Vielzahl weiterer magischer Konzepte, welche eine Gegenüberstellung mit modernen Managementlehren wert wären. Dafür möchte ich Sie aber auf meine Prognostik-Buchserie verweisen. Der theoretische Abschnitt ist somit beendet. Nun muss er sich dem Thema stellen.

03. Das magische Weltbild

Inwieweit stellen die Persönlichkeitsmodelle des modernen Managements nur modische Zeitgeistmasken magischer Denksysteme dar? Im ersten Kapitel haben wir verschiedene philosophische Sichtarten der Entwicklung gegenübergestellt als Theorierahmen zur Beantwortung dieser Frage. Im zweiten Kapitel wurde damit das Verhältnis zwischen Magie und Wissenschaft genauer untersucht. Nun wollen wir das magische Weltbild der Prämoderne betrachten, welches vom Analogiedenken und dem Archetypenkonzept geprägt ist. Inwieweit besteht dieses bis heute in aktuellen Managementlehren fort?
Danach lernen wir das magische Schema der Dualität kennen und vergleichen dieses mit dem psychologischen Schema von Introversion und Extraversion im Managementbereich. Schließlich werden wir das prämoderne Denkmodell der vier Elemente und die darauf aufbauende Temperamentenlehre betrachten, welche seit den alten Griechen viele Jahrhunderte lang gebräuchlich waren. Anhand von Persönlichkeitstypologien der modernen Managementforschung werden wir auch hier sehen, wie dieses Primodell unter wandelnden Masken bis heute regelmäßig im Zeitgeist auftaucht.

Analogiedenken im magischen Weltbild

Ein wichtiger Grundbaustein des magischen Weltbildes ist das Denken in Analogien. Der Analogiebegriff kann allgemein mit „Gleichartigkeit, Ähnlichkeit, Entsprechung"[151] umrissen werden. Diese Verhältnisgleichheit entspricht einer „gewissen Übereinstimmung bei gleichzeitiger Verschiedenheit".[152] Typische Lexikoneinträge bei Goldmann und Brockhaus lauten:

> So bezeichnet man damit in der Biologie „einander ähnliche Merkmale oder Verhaltensweisen, die nicht auf gemeinsame Vorfahren, sondern auf gleichartige Anpassung an die Umwelt zurückgehen und unabhängig voneinander entstanden sind (Konvergenz); so sind die Flügel bei Insekten und Vögeln analoge Bildungen."[153]
> Physik und Kybernetik verstehen darunter generell „die auf bestimmten Übereinstimmungen oder Ähnlichkeiten beruhende Entsprechung von Systemen und Vorgängen. Eine strukturelle Analogie zweier Systeme liegt vor, wenn

> gewisse Beziehungen, Gesetzmäßigkeiten oder Wechselwirkungen zwischen ihren Elementen einander entsprechen, wobei zwischen den Elementen selbst keine Entsprechung vorliegen muss, der stoffliche Aufbau der beiden analogen Systeme also ohne Bedeutung ist. Eine derartige Analogie besteht bei geometrisch ähnlichen Systemen oder bei der Gegenüberstellung von Makro- und Mikrokosmos (z.B. zwischen dem Sonnensystem und dem Bohrschen Atommodell)."[154]

Ähnliches haben wir bereits in Keplers Exkurs über die drei Mittel im vorigen Kapitel kennengelernt.[155] Auch dort wurden zwei stofflich gänzlich unabhängige Systeme in Analogie gesetzt, um aus der Struktur von mathematischen Proportionen auf die Struktur und gerechte Ordnung der Gesellschaft zu schließen, ohne dass es zwischen beiden Feldern irgendeinen materiell-kausalen Zusammenhang gäbe. Derartige Erklärungsmethoden waren lange Zeit nicht nur bildlich gemeint, sondern sie waren fixer Bestandteil der kollektiven Wirklichkeit, welche darin eine göttliche Ordnung zu erkennen glaubte.

Als Veranschaulichungsinstrument wird die Analogie auch heute noch gerne verwendet, insbesondere in der Physik, welche damit ihren hochkomplizierten Theorien erhöhte Plastizität einhauchen möchte. So wird in der Fachliteratur das expandierende Universum verglichen mit „dem gleichmäßigen Aufblasen eines Luftballons, auf den man Punkte gemalt hat. Während der Ballon sich ausdehnt, wächst der Abstand zwischen jedem beliebigen Punktepaar, ohne dass man einen der Punkte zum Zentrum der Ausdehnung erklären könnte. Ferner bewegen sich die Punkte umso rascher auseinander, je weiter sie voneinander entfernt sind."[156]
Zur String-Theorie heißt es: „Wie die verschiedenen Schwingungsmuster einer Violinsaite zur Entstehung verschiedener musikalischer Töne führen, führen die verschiedenen Schwingungsmuster eines fundamentalen Strings zur Entstehung verschiedener Massen und Ladungen."[157]
Oder es wird die Entstehung von Masse durch den Higgs-Mechanismus mit folgender Analogie beschrieben: „Der vermeintlich leere Raum ist vom Higgs-Feld erfüllt und gleicht einem Zimmer voller Menschen, die sich ruhig unterhalten. Ein Teilchen, das diesen Raumbereich durchquert, sorgt für Unruhe wie eine Berühmtheit, die das Zimmer betritt und einen Schwarm von Bewunderern anzieht, der ihre Fortbewegung hemmt – sie erwirbt Masse."[158]

Im Gegensatz zu einstigen Zeiten wird der Analogieschluss jedoch heute als Beweisform nicht mehr anerkannt. In wissenschaftlichen Arbeiten wird er lediglich als heuristisches Gedankenspiel verwendet. „So schließt man etwa aus der Ähnlichkeit des Verhaltens gewisser Stoffe auf die Ähnlichkeit der chemischen Zusammensetzung. Der Analogieschluss gehört zu den Wahrscheinlichkeitsschlüssen, seine logische Struktur ist umstritten; doch ist er in der Wissenschaft für die Entdeckung neuer Erkenntnisse von Wert, nicht dagegen zu deren Sicherung."[159]
Als magisches Werkzeug vermag der Analogieschluss somit zwar neue Erkenntnisse aus dem Verborgenen[160] ins Bewusstsein zu hieven, er steht aber dennoch stets außerhalb der Burgmauern des Offiziellen. Zudem wird seine Funktionsweise unter dem Blickwinkel „Magie als Aberglaube" als archaischer Anachronismus aus früheren Entwicklungsstufen angesehen, wie man im Brockhaus lesen kann:

> „Die Entwicklungspsychologie bezeichnet als Analogismus eine Form kindlicher Schlussprozesse, die auf anschaulichen, individuellen Erlebnissen ohne Einsicht in allgemeine Zusammenhänge aufgebaut sind."[161]

Analogien sind immer synthetisch. Sie bündeln die Gemeinsamkeiten voneinander unabhängiger Erscheinungen in einem Bild. Bis ins 17. Jahrhundert hinein differenzierte sich um dieses Konzept eine Vielzahl verschiedener Arten heraus, was vom intensiven Gebrauch dieser Erkenntnismethode zeugt. Ähnlich wie etwa die indogermanische Sprache noch dutzende unterschiedliche Wörter für Erscheinungen wie „Schwert", „Pflug" oder „Acker" kannte oder die Eskimos eine große Anzahl verschiedener Begriffe für „Schnee" verwenden, so kannte die wissenschaftliche Sprache früherer Zeiten auch eine Vielzahl inhaltlich ausdifferenzierter Wörter für „Analogie". Michel Foucault schreibt:

> „Der semantische Raster der Ähnlichkeit ist im sechzehnten Jahrhundert reich: amicitia, aequalitas (contractus, consensus, matrimonium, societas, pax et similia) consonantia, concertus, continuum, paritas, proportio, similitudo, coniunctio, copula (Pierre Grégoire, Köln 1610)"[162]

Foucault erscheinen hierbei die Unterarten Convenientia und Aemulatio essentiell, sowie die Verbindung des Analogiebegriffes mit dem der Sympathie.[163] Die Convenientia ist die Ähnlichkeit zweier räumlich benachbarter Dinge, die sich an den Scharnieren zwischen beiden manifestiert. Giambattista della Porta (1535 – 1615) beschreibt diese folgendermaßen:

> „Weil denn nun Gott selbst die Gemüthsart erschaffen, von dieser aber die Seelenart; und aber diese alle Dinge, so auf sie folgen mit Leben begabet, darunter denn die Erdgewächse mit den Thieren, in dem Wachsen; die Thiere mit dem Menschen, in dem Empfinden: und dieser mit den Höhern in dem Verstande übereinkommt: So sehen wir, daß von der ersten Ursach an gleichsam ein großes Seil gezogen ist herunter biß in die Tieffe."[164]

Die Aemulatio bezeichnet die Nachahmung eines Systems durch ein anderes. Beide Systeme gleichen sich, indem die niedrigeren Welten die höheren Welten imitieren. Ein anschauliches Beispiel findet sich in Keplers „Weltharmonik". Folgende Analogie erwähnt er dort als sehr fruchtbringend zum Vorantreiben seiner astrologischen Wetterberechnungen, welche ihn wiederum zur Entdeckung seiner bekannten physikalisch-astronomischen Planetengesetze angestoßen hatten:

> „Da ich mit dieser Analogie vorankam, geschah es, dass ich sie noch weiter trieb und die Körper der Tiere mit dem der Erde verglich. Ich fand dabei, dass das allermeiste, was aus einem Tierkörper herauskommt und damit bekundet, dass diesem eine Seele innewohnt, auch aus dem Körper der Erde herauskommt. Wie nämlich der Körper auf der Oberfläche der Haut Haare, so bringt die Erde Pflanzen und Bäume hervor, und wie dort Läuse entstehen, so hier Raupen, Grillen und andere Insekten sowie Meeresungeheuer. Wie der Körper Tränenflüssigkeit, Nasenschleim, Ohrenschmalz, bisweilen auch eine klebrige Flüssigkeit aus Pusteln im Gesicht ausscheidet, so die Erde Bernstein und Erdpech. Wie die Blase den Urin fließen lässt, so die Berge Flüsse. Wie der Körper ein Exkrement von schwefligem Geruch und laute Winde, die entzündbar sind, von sich gibt, so die Erde Schwefel und unterirdisches Feuer unter Donner und Blitz. Wie in den Adern des Tieres Blut entsteht und damit auch der Schweiß, der aus dem Körper ausgeschieden wird, so in den Adern der Erde Metalle und Kristalle sowie Regendampf."[165]

Solche Analogien waren nicht bloß Anregung für neue Ideen und Erkenntnisse oder bloße Veranschaulichungsinstrumente, sondern wurden als tatsächliche Manifestationen einer göttlichen Ordnung interpretiert. Der große Schöpfer gewährte durch diese Ähnlichkeitsreihen Einblick in die Struktur des Universums. Diese Ordnungen wurden in der Folge zu komplexen kosmologischen Systemen ausgebaut, in welche man sämtliche Erscheinungen der Welt eingliederte. Auch Keplers erklärtes Ziel war es, seinem Zeitgeist entsprechend, Proportionen und Figuren aus der Geometrie, melodische Intervalle, Tongeschlechter und akustische Frequenzen aus der Musik, sowie Proportionen zwischen den Umlaufgeschwindigkeiten der Planeten aus der Astronomie in einer großen Gesamttheorie, der „Harmonice Mundi" zu vereinen.[166]

Ein wichtiges Ziel dieser magisch-analogen Herangehensweise ist die willentliche Beeinflussung von Wirklichkeit im Sinne von „Magie als Praxis". Dies ist über das Prinzip der Sympathie möglich. Im magischen Weltbild nimmt man nämlich an, dass zwischen einander analogen Erscheinungen eine Art wechselseitige Anziehung besteht. Darauf basieren auch alle Arten von Analogiezauber, wie folgendes Beispiel aus Agrippa von Nettesheims „De Occulta Philosophia" veranschaulicht:

> „Wenn wir z.B. Liebe erwecken wollen, so müssen wir ein Tier suchen, das in der Liebe sich auszeichnet. Dahin gehört die Taube, der Sperling, die Schwalbe, die Bachstelze. Von diesen Tieren müssen wir diejenigen Teile oder Glieder nehmen, in denen hauptsächlich der Liebestrieb herrscht. Solche Teile sind das Herz, die Hoden, die Gebärmutter, das männliche Glied, der Samen, das Blut von der Reinigung. Dies muss jedoch zu einer Zeit geschehen, wenn solche Tiere in der Brunst sind; dann eignen sie sich ausnehmend zur Hervorrufung von Liebe.
>
> Um die Kühnheit zu vermehren, müssen wir unseren Blick auf den Löwen oder den Hahn richten, und von diesen das Herz oder die Augen oder die Stirn nehmen. So muss man es auch verstehen, wenn der Platoniker Psellus sagt, dass die Hunde, die Raben und die Hähne zur Wachsamkeit beitragen, desgleichen die Nachtigall, die Fledermaus und die Nachteule, und von diesen hauptsächlich das Herz, der Kopf und die Augen. (...) Auf dieselbe Weise machen der Frosch und die Kröte geschwätzig, und besonders die Zunge und das Herz von ihnen. Die Zunge des Wasserfrosches, unter den Kopf gelegt, bewirkt, dass einer im Schlafe spricht. Das Herz einer Kröte auf die linke Brust eines schlafenden Weibes gelegt, soll bewirken, dass sie all ihre Geheimnisse offenbart."[167]

Vertreter von befeindeten Analogieketten stoßen sich folglich ab, was ebenfalls in die magische Praxis einfließt:

> „Solche Abneigungen hat der Rhabarber gegen die Galle; der Theriak gegen Gift; der Saphir gegen Pestbeulen, Fieberhitze und Augenkrankheiten; der Amethyst gegen Trunkenheit; der Jaspis gegen Blutflüsse und böse Gespenster;[168] (...) Das Lamm hat einen Gegner an dem Wolfe, den es fürchtet und

flieht. Wenn man den Schwanz, das Fell oder den Kopf eines Wolfes über der Krippe aufhängt, so sollen die Schafe traurig werden und vor übergroßer Furcht nichts mehr fressen. (...) Der Ölbaum soll sich so wenig mit einer Hure vertragen, dass, wenn er von einer solchen gepflanzt werde, er entweder immer unfruchtbar bleibe oder ganz verwelke (...) Der Bernstein zieht alles an außer Basilienkraut, und was mit Öl bestrichen ist, wogegen er eine natürliche Antipathie hegt."[169]

In der Urbild-welt	Ararita אראריתא				Asser Eheie אשר אהיה			Namen Gottes in sieben Buchstaben
In der geistig. Welt	צפקיאל Zaphkiel	צדקיאל Zadkiel	כמאל Camael	רפאל Raphael	צאניאל Haniel	מיכאל Michael	גבריאל Gabriel	Sieben Engel, welche vor dem Angesichte Gottes stehen
In der himml. Welt	שבתאי Saturn	רס Jupiter	מאריס Mars	שמש Sonne	נוגה Venus	כוכב Merkur	לבנה Mond	Sieben Planeten
In der elemen. Welt	Wiedehopf Tintenfisch Maulwurf Blei Onyx	Adler Delphin Hirsch Zinn Saphir	Geier Hecht Wolf Eisen Diamant	Schwan Seekalb Löwe Gold Karfunkel	Taube Äsche Bock Kupfer Smaragd	Storch Meeräsche Affe Quecksilber Achat	Nachteule Seekatze Katze Silber Kristall	Sieben Planeten-Vögel Sieben Planeten-Fische Sieben Planeten-Tiere Sieben Planeten-Metalle Sieben Planeten-Steine
In der kleinen Welt	Rechter Fuß Rechtes Ohr	Kopf Linkes Ohr	Rechte Hand Rechtes Nasenloch	Herz Rechtes Auge	Scham-glied Linkes Nasen-loch	Linke Hand Mund	Linker Fuß Linkes Auge	Sieben den Planeten zugeteilte integrir. Glieder Sieben den Planeten zugeteilte Öffnungen des menschlichen Hauptes
In der Unter-welt	Hölle גיהינם	Todes-pforten שערי צלמות	Todes-schatten צלמות	Todes-brunnen באר שצת	Katgrube היוז טיט	Verderben אברוז	Abgrund שאול	Sieben Wohnungen der Unterwelt nach der Beschreibung des Kabbalisten Rabbi Joseph von Kastilien in seinem Nußgarten

Analogieketten bei Agrippa, Die Leiter der Zahl Sieben[170]

Wie in der heutigen Wissenschaft herrschte manchmal Uneinigkeit über die richtige Zuordnung der Dinge, welche je nach kosmologischem Betrachtungssystem variieren konnte. Jede hermetische Schule fand hierbei innerhalb eines gewissen Rahmens ihre eigenen Analogieketten, welche sich teils deckten und teils widersprachen. So war es etwa unwahrscheinlich, dass jemand Trägheit oder Lügenhaftigkeit dem Adler zugeordnet hätte. Ob dieses Tier aber hauptsächlich Beobachtungsschärfe, Freiheit, Macht oder Unsterblichkeit symbolisiert, das konnte variieren. Ähnliches gilt für die Feindschaften zwischen verschiedenen Erscheinungsketten.

Die Zuordnungen dieser Analogieketten, wie etwa des linken Auges zum Mond mögen auf den ersten Blick willkürlich erscheinen. Bei näherer Betrachtung und im Wissen um den Symbolgehalt dieser Erscheinungen folgen sie aber durchaus einer inneren Logik. Etwa die Kette des Engels Camael wird im Makrokosmos durch den Planeten Mars repräsentiert. Dieser steht für eine stürmische, impulsive und kriegerische Energie, welche scharf und spitz in fremde Reviere eindringt. Der schnelle Raubfisch Hecht ordnet sich hier ebenso ein wie der Schafe fressende Wolf oder das Eisen, aus dem Schwerter und Waffen geschmiedet werden, welche von der rechten Hand in den Kampf geführt werden. Die Zuordnung des Eisens zu Mars ist hierbei in der „magischen Gemeinschaft" unbestritten. Ob aber nun der Geier oder der Adler in die Marskette gehört, darüber geben unterschiedliche Quellen recht unterschiedliche Auskünfte.

In Analogieketten werden die Erscheinungen nach ihren Qualitäten geordnet und nicht nach ihrer quantitativen Zugehörigkeit zu einer Gattung. Dieses Parallelgitter zur herkömmlichen Ordnung folgt der Analogie von Makrokosmos und Mikrokosmos („Wie oben, so unten.", „Wie im Großen, so im Kleinen.")[171], welche bis auf Anaximenes zurückgeht und besonders von Platon (Timaios) und der Stoa verbreitet wurde.[172] Es gibt etwas Schweres, Trauriges und Tiefes (Saturn) im Reich der Fische (Tintenfisch), im Reich der Tiere (Maulwurf), im Reich der Vögel (der Höhlenbrüter Wiedehopf), im Reich der Metalle (Blei) oder im Reich der Menschen in Form von Charakteren, die „mit dem rechten Fuß am Boden stehen." Steht also beispielsweise der Mars gerade in einem ungünstigen Aspekt zum Saturn, so macht sich dies auf allen Ebenen bemerkbar. Der Wolf frisst einen Maulwurf, ein Krieger verliert sein rechtes Bein, ein Tintenfisch wird mit einem Eisenspeer erlegt und so fort.
Analogien bilden als Parallelsystem zur kausal-quantitativen Wissensstrukturierung eine Art qualitativer Alternativkategorien, welche etwa alle „traurigen", alle „zornigen" oder alle „empfindsamen" Dinge aller Erscheinungsebenen zwischen Mikrokosmos und Makrokosmos in eine gemeinsame Kette verbinden. Wie diese qualitativen Muster zur Ordnung der Analogieketten beschaffen sind, darüber geben nun die Archetypen Auskunft.

Archetypen im magischen Weltbild

Archetypen (griech. Urbilder) stellen eine Sonderform von Primärmustern im menschlich-psychischen Bereich dar. Bei Primärmustern handelt es sich um die erste Verdichtungsstufe der Einzeit. Das Eine wird im Primärmuster zum Einigen, bevor es konkret als unvollkommenes Abziehbild davon in die scheinbare Vielheit der Erscheinungswelt ausgeworfen wird. Damit stellen diese Urmuster eine Zwischenstufe zwischen der Einzeit und den endgültigen Erscheinungen in der Welt der Scheinzeit dar, wie dies folgende Abbildung veranschaulicht:

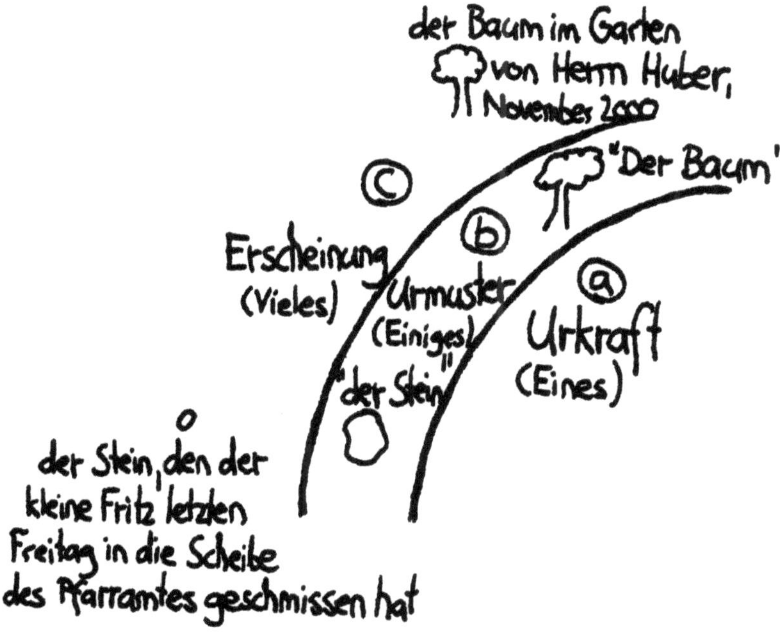

Das Konzept der Primärmuster (b)
an der Grenze zwischen Einzeit (a) und Scheinzeit (c)

Platon hat dieses Konzept im berühmten Höhlengleichnis dargelegt. Die Welt der Erscheinungen entspricht hierbei lediglich den Schatten der unvergänglichen Ideen. Eine Idee wäre etwa „Der Baum". In diesem Baum sind alle Variationen von Bäumen, die es überhaupt gibt, enthalten. Er ist die Summe und das Gemeinsame aller Bäume der gesamten Welt, der Urbaum. Der konkrete Baum im Garten von Herrn Huber im November

2000 ist von diesem Urbaum nur ein unvollkommenes Abziehbild, eine fahle Kopie.
Dieses Primärmuster-Konzept wird auch heute noch verwendet in Form der herkömmlichen Kategorien oder Gattungen (der Vogel, der Fisch, die Steine...) und nach wie vor zur Einteilung von Wissen und Wissenschaften (Ornithologie, Ichthyologie, Mineralogie...) herangezogen. Diese Kategorien und Gattungen sind quantitativer Natur und entsprechen den horizontalen Zeilen der Analogieketten. Es gibt aber auch qualitative Primärmuster wie Engel, Planeten, Tierkreiszeichen, Dämonen, Elemente, Zahlen, Buchstaben oder Symbole, welche in der Magie verwendet werden und in den Analogieketten von Agrippa die vertikalen Spalten gliedern. Diese als lebendige Wesenheiten aufgefassten qualitativen Primärmuster werden auch Archetypen genannt. Sie bezeichnen die Primärmuster der menschlichen Psyche.

Der Archetypenbegriff geht zurück auf den Schweizer Psychiater und Kulturpsychologen Carl Gustav Jung (1875 – 1961), welcher im Laufe seiner psychiatrischen Praxis immer wieder auffällige Parallelen feststellte zwischen Wahnvorstellungen von Menschen in psychischen Ausnahmezuständen, Motiven in Träumen oder in der Kunst und Bildern aus Mythen und Märchen verschiedenster Kulturen unterschiedlicher Kontinente und historischer Epochen. Dies veranlasste ihn schließlich zum Konzept eines „kollektiven Unbewussten", einer Art tieferen Schicht, welche unter dem persönlichen Unbewussten liegt und „damit eine in jedermann vorhandene, allgemeine seelische Grundlage überpersönlicher Natur"[173] bildet. Darin sind die artgemäßen Reaktions- und Vorstellungsweisen der Menschheit gespeichert als unbewusste Basis des individuellen Bewusstseins.

> „Während das persönliche Unbewusste wesentlich aus Inhalten besteht, die zu einer Zeit bewusst waren, aus dem Bewusstsein jedoch entschwunden sind, indem sie entweder vergessen oder verdrängt wurden, waren die Inhalte des kollektiven Unbewussten nie im Bewusstsein und wurden somit nie individuell erworben, sondern verdanken ihr Dasein ausschließlich der Vererbung."[174]

Wie in folgender Abbildung veranschaulicht, hängen ähnlich dem platonischen Konzept der Weltseele in dieser tiefsten Schicht der Psyche alle Individuen zusammen und werden somit aus derselben Quelle genährt. Dabei sind die Parallelen dieser Sichtweise zu Schopenhauers Wille (Unbewusstes) und Vorstellung (Bewusstes)[175] Jung durchaus bekannt. Insofern gibt sich auch eine Ähnlichkeit unserer Einzeit mit dem kollektiven Unbewussten (wenngleich der Begriff der Einzeit umfassender ist) und unserer Scheinzeit mit dem Bewussten, wobei an der Haut des Weltwaltens das persönliche Unbewusste als Nabelstelle dazwischengeschaltet ist. Die elementaren Kräfte dieses kollektiven Unbewussten nennt Jung Archetypen. Der Begriff des Archetypus kann bezeichnet werden als „eine erklärende Umschreibung des Platonischen Eidos“[176], der platonischen Idee. Bereits Philo Iudaeus, Irenaeus oder Kepler hatten diesen Begriff in ähnlichem Sinne gebraucht. Jung schreibt:

> „Die mythologische Forschung nennt sie „Motive“; in der Psychologie Primitiver entsprechen sie Lévy-Bruhls Begriff der „représentations collectives“, und auf dem Gebiete vergleichbarer Religionswissenschaft wurden sie von Hubert und Mauss als „Kategorien der Imagination“ definiert. Adolf Bastian hat sie vor längerer Zeit als „Elementar- oder Urgedanken“ bezeichnet.“[177]

Die Schichten des Bewusstseins nach C.G. Jung

Das kollektive Unbewusste besteht aus diesen „präexistenten Formen, Archetypen, die erst sekundär bewusst werden können und den Inhalten des Bewusstseins festumrissene Form verleihen.“[178] Diese Urmuster können ähnlich wie in Schopenhauers Modell nicht direkt erfahren werden, sondern nur indirekt unter den Masken der Erscheinung, sozusagen als Schatten der Ideen. Beispiele für solche universellen Archetypen sind der Vater, die Mutter, das Kind, Animus und Anima, der alte Weise, der Riese, der Zwerg, der Trickser (Narr) und ähnliche. In den Analogieketten Agrippas sind diese Archetypen für den Astrologen die Planeten und Tierkreiszeichen, für den Geisterbeschwörer die Engel. So entspricht beispielsweise sowohl der Engel Haniel, als auch der Planet Venus einer auf Absicherung, Ausgleich und Harmonisierung bedachten Energie, welche auch oft mit Liebe und Partnerschaft in Verbindung gebracht wird. Archetypen stellen also in gewisser Weise die „Grundmuster instinktiven Verhaltens dar."[179] Der Archetypenbegriff reicht aber noch weiter, insbesondere da er im Laufe der Jahrzehnte durch Jung selbst einige Bedeutungsmodifikationen, Erweiterungen und Vertiefungen erfuhr:

> „Das urtümliche Bild, (...) der Archetypus (...) ist ein mnemischer Niederschlag, ein Engramm (Semon) das durch Verdichtung unzähliger, einander ähnlicher Vorgänge entstanden ist. Das urtümliche Bild ist Vorstufe der Idee, es ist ihr Mutterboden. (1921)
>
> Archetypen sind typische Formen des Auffassens, und überall, wo es sich um gleichmäßige oder regelmäßig wiederkehrende Auffassungen handelt, handelt es sich um einen Archetypus. (1928)
>
> Wie das „Psychisch-Infrarote", das heißt die biologische Triebseele allmählich in die physiologischen Lebensvorgänge und damit in das System chemischer und physikalischer Bedingungen übergeht, so bedeutet das „Psychisch-Ultraviolette", das heißt der Archetypus, ein Gebiet, das einerseits keine Eigentümlichkeiten des Physiologischen aufweist, andererseits und in erster Linie auch nicht mehr als psychisch angesprochen werden kann, obschon es sich psychisch manifestiert. (...)
>
> (Archetypen sind) die nicht quantitativ, sondern nur qualitativ zu bestimmenden Wirkungseinheiten des Unbewussten (1954)"[180]

Dieses Modell weist darüber hinaus einige Parallelen zu naturwissenschaftlichen Konzepten auf. So vergleicht Wolfgang Pauli, der gemeinsam mit Jung viele Jahre an einer physikalischen Theorie der Bewusstseinsfelder gearbeitet hat, das „Unbewusste" mit

> „der Idee des physikalischen Feldes aus Faradays anschaulichen Bildern bis zu Maxwells Gesetzen des elektromagnetischen Feldes."[181] „Das „Unbewusste" selbst hat eine gewisse Analogie zu „Feld" in der Physik und beide werden durch ein Beobachtungsproblem wesentlich ins Unanschauliche und Paradoxe gerückt. In der Physik ist zwar nicht die Rede von sich reproduzierenden „Archetypen", sondern von „statistischen Naturgesetzen mit primären Wahrscheinlichkeiten."[182]

In meinem Modell der Zeitgeist-Tektonik besteht eine große Ähnlichkeit der Archetypen mit den Primodellen.[183] Beide unterscheiden sich in erster Linie durch ihre Komplexität. Während die Archetypen einfache Urbilder bezeichnen, meint das Primodell Gedankennetzwerke mit einer komplexeren inneren Struktur. Und so handelt es sich auch beim Archetypenkonzept selbst um eine moderne Zeitgeistmaske des Urbilder-Primodells, welches bereits das Denken der Platoniker prägte. So verleiht Jung diesem uralten Gedankengut im 20. Jahrhundert eine verständliche Stimme. Insofern ist es nicht verwunderlich, dass uns seine Persönlichkeitstypologie gerade dort wieder begegnen wird, wo die Management-Diagnostik an die Esoterik grenzt, beispielsweise bei den kommerziellen Typologien von Insights®, TMP, MBTI® und Co.

In den heutigen Wissenschaften werden Analogien nur noch zur Erkenntnisgewinnung und als Veranschaulichungsinstrument verwendet. Sie sollen die logisch-analytischen Informationsketten von Formeln durch bildliches Denken ergänzen und so die Last der gelehrten Theorien auf beide Gehirnhälften verteilen. Die Analogie der Violinsaite zum Schwingungsmuster des fundamentalen Strings oder die Punkte am aufgeblasenen Luftballon des expandierenden Universums[184] geben ein qualitatives Bild eines abstrakten Vorganges zur Veranschaulichung. Als solches sind sie auch gekennzeichnet, sodass kaum ein Physikstudent auf die Idee kommen würde, sich das Universum tatsächlich als einen Luftballon vorzustellen oder ein String als eine Violinsaite. Der Analogismus als Bezeichnendes verbleibt vom Bezeichneten klar getrennt. Beim Atommodell der Physik hingegen, verbildlicht als Kügelchen, welche um Kügelchen rotieren, ist die Trennung zwischen dem Analogismus und der bezeichneten Erscheinung bereits sehr verwischt. Für viele Gelehrte sind die Schalen und Teilchen des Modells Realität. Der Analogismus ist Fleisch geworden.[185]

An dieser fließenden Grenze zwischen magischem Analogiedenken und wissenschaftlichem Veranschaulichungsinstrument befinden sich auch die Archetypenmodelle der Persönlichkeit in der Managementlehre. Einige davon kennzeichnen sich noch explizit als idealtypisch abstrahierende Gedankengebäude. Andere bauen auf die Prämisse eines wirklichen Vorhandenseins von charakterlichen Urmustern des Denkens und Handelns oder suggerieren dies zumindest. Die herangezogene Bilderwelt der Archetypen wird dabei manchmal explizit aus den Symbolschätzen alter Kulturen, Märchen und Denktraditionen entnommen. In anderen Fällen ist die Ähnlichkeit unbeabsichtigt. Dann wird oft mit beträchtlichem Aufwand das Rad ein zweites Mal erfunden, wie wir gleich an einem Beispiel aus dem Fachbereich der Psychologie sehen werden.

Das Denken in Analogien: Analogie als „Verhältnisgleichheit", als Gleichartigkeit oder Ähnlichkeit bei gleichzeitiger Verschiedenheit. Zwei Erscheinungen sind einander analog, wenn sie eine ähnliche Qualität besitzen, aber ansonsten stofflich gänzlich unabhängig voneinander existieren und entstanden sind.

Analogismen werden **heute** nur noch als Veranschaulichungsinstrument und zu heuristischen Zwecken verwendet, sind jedoch ohne wissenschaftliche Beweiskraft. Entwicklungspsychologisch werden sie als kindliche Schlussprozesse eingestuft und dem primitiven Denken zugeordnet.

In den offiziellen Wissenssystemen von **einst** war das analoge Denken jedoch allgemein akzeptiert und offenbarte die göttliche Ordnung. Dabei wurden mehrere Unterarten differenziert, z.B.:

Convenientia: die Ähnlichkeit zweier räumlich benachbarter Dinge, die sich an den Scharnieren zwischen beiden manifestiert: Die Ähnlichkeit der Pflanzen mit den Tieren besteht im Wachstum, die der Tiere mit den Menschen im Empfinden, die der Menschen mit den höheren Wesenheiten im Verstande usw.

Aemulatio: Die Ähnlichkeiten spiegeln sich in räumlicher Unabhängigkeit. Die Haare des Menschen ähneln den Bäumen der Erdkugel, der Schweiß dem Regendampf usw.

Sympathie und Antipathie: Durch Betätigung eines Hebels in einem System betätigt sich auch automatisch ein Hebel in einem analogen System nach dem Prinzip der Entsprechung von Makrokosmos und Mikrokosmos. Die Glieder der Analogieketten sind parallelgeschaltet.

Archetypen bilden in der Folge die an sich unsichtbaren qualitativen Grundmuster, nach welchen sich die verschiedenen Erscheinungsebenen zu Analogieketten ordnen. Sie symbolisieren jene nebelhaft-ideellen Strukturen, aufgrund welcher sich einander verschiedene Erscheinungen dennoch ähnlich sind.

04. Archetypen im Management

Die Prozessorientierte Persönlichkeitstypologie von Friedmann

Die „Prozessorientierte Persönlichkeitstypologie" (PPT) vom deutschen Coaching-Dozenten Dietmar Friedmann (*1937) differenziert drei Persönlichkeitstypen, nämlich einen Beziehungstyp, einen Sachtyp und einen Handlungstyp. Die jeweiligen Merkmale der drei Charaktere sind in folgender Tabelle zusammengefasst und entsprechen in etwa dem, was man im Allgemeinen unter Herz-, Kopf- und Bauchmenschen versteht.

	BEZIEHUNGSTYP	**SACHTYP**	**HANDLUNGSTYP**
Gesamteindruck	liebenswürdig, lebendig, kommunikativ	nachdenklich, ruhig, weich, zurückhaltend	energisch, ordentlich, selbstbewusst, geradlinig
Körperhaltung	aufrecht, beweglich	entspannt, locker, bequem	kraftvoll, angespannt, tatkräftig
Gestik	anmutig, kontrolliert	lasch, impulsiv	geregelt, nachdrücklich
Gang	leicht, gewandt	träge, lässig	marschierend
Stimme	melodisch, hell, akzentuiert	monoton, dunkel, undeutlich	kräftig, kehlig, bestimmend
Wortwahl, Sprache	emotional, dramatisierend, ja-aber	sachlich, Substantive, verharmlosend	handlungs- und erfahrungsbezogen, wertend
Gesichtsausdruck	lächelnd gewinnend, bewegt	ernst, abwesend, unbewegt	blickt durchdringend, freundlich
Kleidung	modisch, geschmackvoll, gewinnend	unauffällig, bequem, sportlich, gesund	ordentlich, elegant, konservativ, Qualität
Konfliktverhalten	emotional, dramatisierend, scharfzüngig, kurz und heftig	ausweichend, harmonisierend, cholerisch, nachtragend	geradlinig, rechthaberisch, bestrafend, stur
Beziehungsverhalten	verführerisch und sich distanzierend, liebevoll	nett, sachlich, unsensibel, fürsorglich	kameradschaftlich, eruptive Gefühlsregungen

Merkmale der drei „prozessorientierten Persönlichkeitstypen" von Friedmann[186]

Jede dieser drei Menschenklassen denkt und handelt verschieden. Der Beziehungstyp ist auf der Ebene des Fühlens beheimatet, der Sachtyp auf der Ebene des Denkens und der Handlungstyp auf der Ebene des Machens. Jeder Typ ist anfällig für spezifische Arten von Spielchen. Ein typisches Spielchen des Beziehungstyps sind die „Macht- und Retterspiele".[187] Bei diesen wird in der Rolle des Kind-Ichs das Erwachsenen-Ich eines Mitmenschen eingeladen, ihm bei einem Problem behilflich zu sein. Dann beginnt das „Ja, aber..."-Spiel, indem der Beziehungstyp jeglichen angebotenen Lösungsvorschlag konsequent zunichte redet mittels aller möglichen Bedenken. Damit wechselt der Spieler mahnend ins Eltern-Ich und frustriert das Kind-Ich des Mitspielers, welches vergeblich die Prinzessin aus dem Turm zu befreien versuchte. Der ernste und gewissenhafte Sachtyp hingegen bevorzugt mehr die „Mach mich fertig"-Spielchen[188] oder der heldenhaft-hilfsbereite Handlungstyp unter anderem das Spiel der Pflichterfüllung.[189]

Anschließend werden typische Lebensdrehbücher („Skripts")[190] und charakteristische Märchen[191] vorgestellt. Der Beziehungstyp entspricht den Konkurrenz-Märchen (Schneewittchen, Aschenputtel, Frau Holle), der Sachtyp den Abenteuermärchen (Der gestiefelte Kater, Daumerlings Wanderschaft, Das tapfere Schneiderlein) und der Handlungstyp den Verwandlungsmärchen (Rotkäppchen, Dornröschen, Der Froschkönig, Der eiserne Heinrich). Diese Analogien zu Märchen sollen der Darstellung der Charaktere eine emotional-bildhafte Komponente verleihen. Zudem werden die einzelnen Typen auch in Bezug auf ihre frühkindlichen Störungen, potentielle Schlüsselfähigkeiten und drohende Entwicklungsdefizite, sowie Fehlverhalten und Qualitäten im Zielbereich als „strukturtypische Codes der Persönlichkeit von innen"[192] genau erläutert. Nach Ausführungen über die jeweiligen Wertesysteme der drei Grundtypen und einer Gegenüberstellung und Ergänzung des Modells mit dem Freudschen Instanzenmodell von Es/Ich/Über-Ich, den entwicklungspsychologischen Strukturtypen (schizoid, depressiv, zwanghaft, hysterisch) und schlussendlich dem neungliedrigen Enneagramm-Modell, sowie den drei Körpertypen von Kretschmer (leptosom, athletisch, pyknisch)[193] bringt es das Konzept schließlich auf 18 verschiedene Kombinationen von Persönlichkeitstypen.

Gegen Ende des Buches kommt dem Autor schließlich ein staunendes Erwachen:

> „Als ich vor vier oder fünf Jahren auf die homöopathischen Konstitutionstypen in der Darstellung von Catherine R. Coulter stieß, war ich begeistert. Denn ich fand, dass sie meine Erkenntnisse zur Typologie ebenso bestätigen wie ergänzen. In der Zeit, in der ich mein eigenes Modell entwickelt habe, war mir nicht bekannt, dass in der Homöopathie nun schon seit fast 200 Jahren das Erkennen und Erforschen von Persönlichkeitstypen eine zentrale Rolle spielt."[194]

Darauf folgt eine Tabelle mit den Kombinationen der jeweils introvertierten und extrovertierten Seite der drei Persönlichkeitstypen mit den drei Körperbautypen und die Zuordnung der daraus entstehenden 18 Charaktere zu den altbekannten Konstitutionstypen der klassischen Homöopathie. Abermals vermochte sich dieses Primodell in der offiziellen Erscheinungswelt zu manifestieren. Die altbewährten Menschenschubladen tauchten erneut hervor aus dem großen Meer der Einzeit.

	LEPTOSOM	**ATHLETISCH**	**PYKNISCH**
Beziehungstyp I	***Tuberculinum*** intelligente Phantasie	***Arsenicum*** kontrollierte Leidenschaft	***Silicea*** sanfter Eigensinn
Beziehungstyp II	***Ignatia*** anspruchsvolle Romantik	***Phosphor*** strahlende Zuwendung	***Pulsatilla*** milder Charme
Sachtyp I	***Natrium muriaticum*** melancholisches Aufbegehren	***Sulfur*** eigenwillige Kreativität	***Calcium carbonicum*** sinnenhafte Gemütsruhe
Sachtyp II	***Staphisagria*** zorniges Nachdenken	***Natrium carbonicum*** kritische Loyalität	***Graphites*** freundliche Sensibilität
Handlungstyp I	***Lachesis*** angespannte Energie	***Mercurius*** lebhafter Übereifer	***Lycopodium*** zurückhaltende Fürsorge
Handlungstyp II	***Sepia*** selbstbewusste Pflichterfüllung	***Nux vomica*** kameradschaftliche Schaffenskraft	***Carcinosium*** aufrichtige Stärke

Die klassisch homöopathischen Konstitutionstypen als „Resultat" der PPT[195]

Natürlich kann man diese offensichtliche Ähnlichkeit auch von der anderen Seite sehen:

> „Ich bin mit diesem homöopathischen Wissen erst spät bekannt geworden, als mein Modell der Persönlichkeitstypen schon weitgehend abgeschlossen und veröffentlicht war. So empfand ich es, wie später beim Enneagramm, als mich begeisternde Bestätigung und Bereicherung meiner Erkenntnisse."[196]

Das homöopathische Wissen war lange Zeit aus den Burgmauern des Offiziellen verschwunden gewesen. Zwar existierte es in verstaubten Büchern oder in alternativen Kreisen des Inoffiziellen, doch nicht an den Tafeln der wissenschaftlichen Elfenbeintürme. Es war verbannt worden bis der Zeitgeist es wieder in die Scheinzeit zu bergen vermochte im Rahmen einer reinventatorischen Reaszendenz. Zumindest ist der Autor am Ende selbst auf diese Tatsache aufmerksam geworden. Dadurch wird die reinventatorische zur referenzierenden Reaszendenz, ein Kunstgriff, um die alten Modelle posthum als Beweis für die Richtigkeit der eigenen Theorie umzudeuten. Dieser Trick wird uns später noch öfters begegnen. Darüber hinaus ist die „Prozessorientierte Persönlichkeitstypologie" auf der Annahme gebaut, dass diese drei und in der späteren Folge achtzehn Typen nicht Konstrukte, sondern tatsächliche und stabile Gattungen der menschlichen Psyche sind.[197]
Während beim Ansatz von Neuberger im folgenden Kapitel klar hervorgehoben wird, dass die herausgearbeiteten Archetypen Metaphern sind und auf Imagination basieren, finden sich keine solchen Hinweise bei Friedmann. Im Gegenteil wird eine Reihe von Gründen aufgezählt, warum die Persönlichkeitstypen „real" sind, wie etwa, das man diese Persönlichkeitstypen im Alltag wiedererkennen kann oder dass geübte Diagnostiker unabhängig voneinander bei denselben Personen in der Regel denselben Typ diagnostizieren. Interessant ist insofern, warum sich diese Typen dann trotz ihres „bewiesenen Vorhandenseins" in der breiten Öffentlichkeit noch nicht durchgesetzt haben. Dies sei vor allem auf die Bequemlichkeit von sowohl Wissenschaftlern, als auch Laien zurückzuführen:

> „Dass Menschen auf eine typspezifische Weise verschieden sein sollen, stört sie. Ihnen ist die Vorstellung sympathischer, dass Menschen trotz mancher äußerer Unterschiede weitgehend ähnlich seien. (...) Ein Teilnehmer in einem Fortbildungsseminar drückte es so aus: „Für mich war das wie ein Kulturschock, dass Menschen nicht gleich, sondern verschieden sein sollen!"[198]

Menschen sind also nicht nur verschieden, sondern sie sind dies systematisch entsprechend dreier objektiv existenter Typen. Der Analogismus ist Fleisch geworden an der fließenden Grenze zwischen Magie und Wissenschaft.

Und nicht nur dies. Fünfzehn Jahre nach Verfassung dieses Textes wollte ich doch einmal nachsehen, was aus der „Prozessorientierten Persönlichkeitstypologie" geworden ist. Und siehe da: sie hat sich in der Zwischenzeit ordentlich gemausert und nennt sich nun – in Anbetracht der boomenden NLP®-Szene wohl nicht ganz zufällig - „ILP® - Integrierte Lösungsorientierte Psychologie".[199] Man beachte die Trademark im Namen, welche immer dann zur Anwendung kommt, wenn man Seriosität und Autorität suggerieren will und zudem das Persönlichkeitsmodell um ein Geschäftsmodell erweitert hat.[200] Diesen beliebten Kunstgriff habe ich bereits in „Prognostik 02: Zeichendeutung" vorgestellt.[201] Und er scheint auch hier blendend zu funktionieren.
Denn 2017 gibt es bereits ein eigenes Netzwerk von ILP®-Fachschulen, welches im deutschen Sprachraum über 40 Standorte umspannt[202] und die ILP®-Basic Ausbildung ab 2.887€ anbietet.[203] Nach dem ILP®-Master kann man sich weiter spezialisieren, beispielsweise als ILP®-Business Coach, ILP®-Gesundheitscoach oder zum krönenden Abschluss im „Systemischen ILP® Power Coaching". Wir sehen hier das typische Phänomen der Modelldehnung, indem die Typologie auf verschiedene Lebensbereiche modifiziert wird und dadurch mehrfach verkauft werden kann. Das erweitert nicht nur das Geschäftsfeld, sondern auch die Verbreitung der Lehre. Denn jeder ausgebildete Ausbilder multipliziert das Modell nach dem Schneeballsystem. Die Website des „Internationalen Fachverbands für Integrierte Lösungsorientierte Psychologie – ILP®V) zeigt viele hunderte zertifizerte ILP® Coaches und Therapeuten, die man konsultieren kann, um in einer der drei Schubladen abgelegt und therapiert zu werden.[204] Die Facebook-Seite des Verbands steht im Herbst 2017 bei über 13.000 Abonnenten.[205] Die Sehnsucht nach einfachen Denkrastern boomt im 21. Jahrhundert mehr denn je. Wenigstens für die Ausbilder scheint sich die Dreiteilung der Menschheit somit zu lohnen.

Archetypen der Führung bei Neuberger

Eine Anwendung der Archetypenlehre auf den Managementbereich bilden Oswald Neubergers Archetypen der Führung. Führung wird dabei nicht nur als eine bewusst getroffene und jederzeit kündbare Vereinbarung zwischen reifen Personen gesehen, sondern auch als spontane Aktivierung überlernter Reaktionsschemata, welche aus dem Unbewussten heraus ihre Steuermechanismen entfalten. Neuberger schreibt:

> „Das alte Wechselspiel von Imponiergehabe und Demutsgebärden ist nicht nur Erbe unserer tierischen Vergangenheit, sondern auch Produkt unserer eigenen früheren Erfahrungen, die wir zu einer Zeit gemacht haben, als wir uns noch nicht sprachlich, reflektierend, distanzierend mit ihnen auseinandersetzen konnten. (...) Führungsanspruch wird hingenommen, wenn eingelebte Beziehungsmuster aktiviert werden, die kulturelles Allgemeingut sind."[206]

Diese Urmuster des menschlichen Verhaltens werden bei Neuberger als Metaphern für Führungsverhalten verwendet. Charakteristische Merkmale von Führern werden dabei mit den archetypischen Rollenmustern von Vater, Held und Heilsbringer in Analogie gesetzt. Diese Grundmodelle menschlich-instinktiven Verhaltens

> „wirken wie Magnetpole, in deren Kraftfeldern sich Erfahrungen und Erwartungen zu bestimmten Mustern ordnen. Wenn Führer unbewusst am Bild des Vaters gemessen werden, dann wird in der Führungsbeziehung auch eingeschmuggelt, was charakteristisch für die Vater-Kind-Beziehung ist: Infantilisierung. (...) Die in Urbildern oder Metaphern verdichteten Erwartungen wirken wie symbolische Kürzel, die imstande sind, in Tiefenschichten abgelagerte Assoziationen zu neuem Leben zu erwecken. Bei bewusster Auseinandersetzung mit ihnen fällt der Zauber von ihnen ab, der darin liegt, dass sie ein unentwirrtes Knäuel von Selbstverständlichkeiten sind, die unkritisch akzeptiert werden und eben dadurch Selbstverständlichkeiten sind."[207]

Archetypen als Metaphern sind insofern Wegabkürzungen, „die sofort ins Zentrum führen, in dem begriffliches und affektives Denken verschmolzen sind."[208] Sie sollen, wie bereits erläutert, eine qualitative Veranschaulichung von ansonsten unsichtbaren, weil idealtypischen Mustern geben.

> „An die Stelle des unerreichbaren Ideals tritt das Modell, der personalisierte Archetyp. Damit sind jene mächtigen Urbilder der Seele gemeint, die die vielgestaltigen Erscheinungsformen eines Wirklichkeitsbereichs zum Grundsätzli-

chen und Typischen verdichten und so das Original darstellen, von dem alle Erscheinungen nur fehlerhafte Kopien oder gar Fälschungen sind."[209]

Der Archetyp des **Vaters** steht dabei für jene Aspekte der Führung, welche von streng bis gütig, von verständnisvoll bis bevormundend, von beschützend bis bedrohlich reichen und somit Charaktermerkmale und Erwartungen aktivieren, welche wir in der Kindheit unseren Vätern zugeschrieben haben. „(Gott-)Vater ist das Urbild des Schöpfers, Erzeugers und unumschränkten Herrn."[210] In diesen Assoziationscluster fließt auch ein natürliches Reifegefälle zwischen Vater und Kind ein, das Bild vom „Großen Mann". Dieser Archetyp weckt insofern ambivalente Gefühle.

„Der Umkreis seiner Bestimmungen ist unscharf, facettenreich, mehrdeutig:

- Väter sind zugleich überlegen, stark, wissend, groß, über-mächtig
- verständnisvoll, verzeihend, wohlwollend, beschützend, sorgend
- streng, fordernd, strafend, bedrohend, dominierend, kastrierend
- stabil, sicher, verlässlich"[211]

Der Führer ist gleichzeitig gefürchtete und beschützende Machtfigur. Die Wiederbelebung dieses alten Musters vom Vater in Führungssituationen hat folgende Konsequenz: „Vorgesetzte haben es mit unreifen, ungezogenen, ungeformten, unselbständigen, unwissenden, unsteten Kindern zu tun, die man verständnisvoll, aber bestimmt führen muss. Reif sind sie nie; auch wenn sie selbst Vorgesetzte sind, haben sie immer noch weitere Väter über sich."[212] Insofern ist die Frage der Akzeptanz eines Führers auch eine Frage dessen, inwieweit der Führungsrollenträger als Person die archetypischen Assoziationen zum Vaterbild zu erwecken vermag. Vertreter des (männlichen) Senior Managements tun sich dabei naturgemäß leichter, in Führungssituationen unbewusste Rollenmuster kindlicher Unterlegenheit beim Mitarbeiter zu aktivieren.

Dem lebenserfahrenen alt-väterlichen Führer wird der jugendlich-dynamische, mobile und agile Kämpfer als zweiter Archetyp der Führung entgegengestellt. Der **Held** aktiviert gänzlich andere Rollenmuster und Verhaltenserwartungen als der Vater. Seit Urzeiten ist er Sinnbild für das Individuum, welches gegen eine Übermacht Großartiges zu leisten vermag. „Der Heldenkult feiert die Großen und verschleiert die Bedeutung des Apparats; er suggeriert, dass es auf Genialität und Visionen einzelner

ankommt und das umso eindringlicher, je größer, anonymer, intransparenter die Systeme werden."[213]
Abenteurer und Ritter, Seefahrer und stolze Krieger standen immer schon hoch im Kurs, um die Ohnmacht des eigenen Daseins in einem Moment der Phantasie vergessen zu können. Der Held spiegelt unsere Lebensprobleme und vergoldet sie dabei. Aus dem elenden Schreibtischangestellten vor dem keifenden Chef wird der edle Ritter vor dem feuerspeienden Drachen. Im Sinne von Stellenwert statt Eigenwert ist das Angebot an Heldenmodellen durch die Unterhaltungsindustrie drastisch erweitert worden:

> „007, Rambo, Rocky, Western-Helden, Privatdetektive und Kommissare, Agenten, Soldaten, Reporter, Raumschiff-Kommandanten, Chef-Ärzte sind die Helden unserer Tage. Sie alle treten an zum Kampf gegen das Böse, das Verbrechen, den Feind, die träge Masse, die tückische Gefahr. Helden sind einsam; sie haben schwere Prüfungen durchzustehen und scheinen des Öfteren an der übergroßen Aufgabe zu scheitern – aber sie schaffen es: das Gute siegt."[214]

Der Held ordnet sich nicht unter, sondern verwirklicht stellvertretend den kollektiven Traum von Selbstbestimmung. Er personalisiert die ins Ungelebte verdrängten Wünsche des Kollektivs nach individueller Freiheit. Im angehenden 21. Jahrhundert sind diese selbstverwirklichenden Helden vermehrt Manager und Führer aus dem ökonomischen Bereich. Nach vollbrachter Heldentat reiten heute Wirtschaftsgurus, Börsengewinner, Firmengründer und Supercoaches in den Sonnenuntergang, häufig ohne Wiederkehr.
Auch das universelle Grundmuster der Helden-Geschichte(n) vom in ärmlichen Verhältnissen aufgewachsenen, edlen Jüngling, welcher auszieht, um ein großes Abenteuer zu bestehen und mit einem Schatz umjubelt heimkehrt, wiederholt sich im Mythos vom Tellerwäscher, der Millionär wird. Die Beliebtheit von Helden-Geschichten wird unterschiedlich bewertet. In der Psychoanalyse Freuds etwa wird der Heldenmythos aus ödipaler und narzisstischer Perspektive interpretiert. Die komplexe Psychologie von Jung oder die kulturanthropologische Sicht von Campbell deuten ihn hingegen als Symbolisierung des Individuationsprozesses, als Gleichnis der Selbstwerdung. Das Individuum muss durch die eigenen Schatten gehen und dort den Drachen besiegen, die Abgründe der eigenen Seele ergründen, um dadurch erwachsen zu werden.[215]

Ein drittes dieser archetypischen Muster wird mit dem **Heilsbringer** vorgestellt:

> „Zu den Männer-Phantasien von Führern gehört es, die Masse in den Bann zu ziehen, ihren Eigenwillen zu brechen und sie zum gefügigen Werkzeug zu machen. Ein dritter Archetyp des Führers sieht ihn ausgestattet mit übernatürlichen Kräften, wie sie etwa dem Magier, Halb-Gott oder Gott-Gesandten zukommen. Er ist der Heiland, der charismatische Erneuerer, der große Transformator und magische Verwandler des Bestehenden zum Besseren. Auch hier spielt das Verhältnis des Führers zu den Geführten die entscheidende Rolle: aber statt ihn zu lieben oder zu hassen wie den Vater, zu bewundern oder zu beneiden wie den Helden, bleibt den Geführten hier nur die bedingungslose und bereitwillige Unterwerfung unter das außergewöhnliche Charisma jener Lichtgestalt, die dem Alltag so sehr entrückt ist, dass sie nicht mehr mit irdischen Maßstäben gemessen werden kann. (...)
> Vision, Inspiration, Mission, Transformation lassen sich nicht buchhalterisch belegen und prüfen, sie erfordern Hingabe, (Selbst-)Aufgabe, blinde Gefolgschaft, Fanatismus. (...) Der Charismatiker ist niemandem Rechenschaft schuldig, im Gegenteil: die Geführten schulden ihm Verehrung und Dankbarkeit. (...) Charismatische Führer sind Männer der Tat; sie überwinden die „Paralyse durch Analyse" (Peters & Waterman)."[216]

Der Glaube versetzt Berge. Ein charismatischer Heilsbringer als Führer vermag auch im Wirtschaftsleben zu unglaublichen Höchstleistungen anzutreiben. Er begeistert die Mitarbeiter für die Grundsätze und Ziele des Unternehmens und sorgt für maximale Motivation. Er vereinigt in Anlehnung an Schumpeters Unternehmer als schöpferischer Zerstörer die Polaritäten von Erschaffer und Vernichter, von gebärender und verschlingender Mutter in sich. Er revolutioniert die alten Strukturen und transformiert sie in etwas Neues. Der Archetyp des Heilsbringers taucht überall dort auf, wo von charismatischer oder transformativer Führung geredet wird, denn er vereint in sich wichtige Werte und Eigenschaften eines idealen Führers. Neuberger beschreibt diese folgendermaßen:

- „charismatische Führer leben überzeugend und mitreißend vor, wofür es sich lohnt zu leben und zu arbeiten; damit wirken sie als Modelle für das Wertsystem, dem die Geführten nacheifern (sollen);
- charismatische Führer wecken neue („höhere") Motive und herausfordernde Ziele in den Geführten;
- charismatische Führer vertrauen den Geführten und steigern damit deren Selbstachtung und Selbstvertrauen – was zu erhöhter Motivation führt."[217]

Vater, Held und Heilsbringer werden bei Neuberger als Metaphern für unbewusste Verhaltensmuster des Gehorsams verwendet. Dabei lehnt er sich bewusst an die überlieferten Bilderwelten des Magischen an und bewahrt den Analogismus als Gedankenspiel, ohne ihn Fleisch scheinen zu lassen. Im Gegensatz zu Friedmanns Prozessorientierter Persönlichkeitstypologie von Sachtyp, Handlungstyp und Beziehungstyp als trockenere und allgemeinere Beschreibung von Vater, Held und Heilsbringer bleibt bei Neubergers Archetypen die Modellhaftigkeit transparent und wird nicht als objektive Tatsache dargestellt. Archetypenkonzepte wie dieses werden jedenfalls auch in der Managementliteratur immer beliebter, etwa bei aktuellen Kompetenzmodellen oder im Bereich Marktpositionierung, Zielgruppensegmentierung und Branding, beispielsweise im Y&Rchetypes®-Modell der großen Werbeagentur Young & Rubicam.[218]

Artists, Craftsmen and Technocrats bei Pitcher

Die kanadische Managementprofessorin Patricia Pitcher (1950 – 2014) ist vor allem bekannt für ihren Bestseller „Das Führungsdrama: Künstler, Handwerker und Trechnokraten im Management".[219] Darin stellt sie ebenfalls drei Typen vor, welche die Welt der Manager bevölkern: Artists (Künstler, Artisten), Craftsmen (Handwerker) und Technocrats (Technokraten). Es wird also wiederum ein Schema von drei Archetypen verwendet, wobei sich diese mit den drei Typen von Friedmann und Neuberger nur geringfügig decken.

Die **Technokraten** sind die bedachten und organisierten Theoretiker. „Technokraten sind nie um Worte, Tabellen oder Grafiken verlegen. Sie haben immer einen dreiteiligen Aktionsplan. Laut lachen hört man sie selten, außer vielleicht bei Baseball-Spielen, aber nie in der Arbeit."[220] Sie legen großen Wert auf Professionalität, Seriosität, Strenge und harte Arbeit. Sie orientieren sich an Trends und Moden nach dem Motto: „Wenn es jeder tut, dann muss es richtig sein." Wenn etwas schief geht ist es immer die Schuld von jemand oder etwas anderem.

Artisten sind das glatte Gegenteil davon. Die Kleinigkeiten interessieren sie weniger. „Artisten mögen die Details, das Wie, gerne vernachlässigen. (...) Sie machen sich schnell Freunde und Feinde. Die wenigsten von ihnen lösen eine neutrale Reaktion aus."[221] Sie sind oft aufbrausend und emotional, haben große Pläne und hochtrabende Visionen, um deren arbeitsame Umsetzung sich aber andere zu kümmern haben. Nicht Zahlen und altbewährte Schemen, sondern neue Ideen sind ihr Metier.

Die **Handwerker** sind der Praxis etwas mehr zugetan. Sie verfügen über große Erfahrung und praktische Kenntnisse. Sie sind ehrlich und die Menschen vertrauen ihnen. Sie identifizieren sich mit der Firma und gehen mit ihr eine langjährige Lebenspartnerschaft ein. „Die Handwerker bieten Kontinuität und sind der Klebstoff der Organisation. Sie fördern Loyalität und Einsatz. Sie sind fundamental konservativ und in der Tradition verwurzelt."[222] Der Handwerker ist der verlässliche Freund, der mit beiden Beinen auf der Erde steht. Waren es beim Technokraten Zahlen und Modelle, beim Artisten Einfälle und Visionen, so sind es beim Handwerker die Menschen, die zählen. Sein Credo lautet: „Wenn man sich um die Menschen kümmert, dann kann auch der Profit nicht ausbleiben."

ARTIST	CRAFTSMAN	TECHNOCRAT
Mutig	Verantwortungsvoll	Konservativ
Draufgängerisch	Weise	Methodisch
Aufregend	Menschlich	Humorlos
Sprunghaft	Geradlinig	Kontrolliert
Intuitiv	Aufgeschlossen	Zerebral

Manager-Stereotypen bei Pitcher[223]

In der Tabelle sind diese drei Stereotypen des Managements nochmals in charakteristischen Schlagworten umrissen. Die jeweiligen Eigenheiten der drei Typen führen dazu, dass es zwischen ihnen Kommunikationsprobleme gibt.

> „Wenn der Ernsthafte den Lustigen betrachtet, was sieht er? Rot. Er sieht Anmaßung, Verantwortungslosigkeit und Kindsköpfigkeit. Wenn der Analytische den Intuitiven betrachtet, dann sieht er einen Träumer und Wolkentänzer. Wenn der Weise den Zerebralen betrachtet, dann sieht er einen Kopf ohne Herz, geistige Brillanz ohne Urteilsvermögen."[224]

Alle drei leben in verschiedenen Welten. Ein erfolgreiches Unternehmen sollte deshalb darum bemüht sein, an der Führungsspitze für ein ausgewogenes Verhältnis zwischen den drei Charakteren zu sorgen. Dies ist laut Pitcher umso wichtiger, da nicht mit einem natürlichen Erhalt dieses Gleichgewichtes zu rechnen ist. Zehn Jahre lang hat sie ein großes multinationales Unternehmen studiert und musste dabei feststellen, dass sich von einem anfangs gesunden Mischverhältnis zwischen Artisten, Handwerkern und Technokraten schon nach einigen Jahren das Gewicht stark zugunsten der Technokraten verlagerte:

> „Aus Unsicherheit oder einer Fehleinschätzung heraus, sucht der Artist sich als Nachfolger sein Gegenteil. Der Technokrat hingegen installiert seinesgleichen, sobald er an die Macht kommt, um andere zu rationalisieren, zu organisieren und zu kontrollieren. (...) Doch wenn die Firma Artisten verliert, dann verliert sie auch die Vision. Wenn sie Handwerker verliert, dann verliert sie ihre Menschlichkeit. Obwohl die Profitabilität zur zentralen Parole wird, wächst das Unternehmen nicht mehr."[225]

Sobald der Firmenalltag die erste Sturm und Drang – Phase eingeebnet hat wird das Ruder an die Technokraten abgegeben. Sie sollen das Erreichte bewahren mit ihren ausgeklügelten Methoden der Vorhersage und Steuerbarkeit. „Die Welt ist ein chaotischer und verwirrender Ort. Aber wir lieben die Illusion der Kontrolle. Sie ist bequem. Technokraten schaffen es, dass wir uns sicher fühlen."[226]

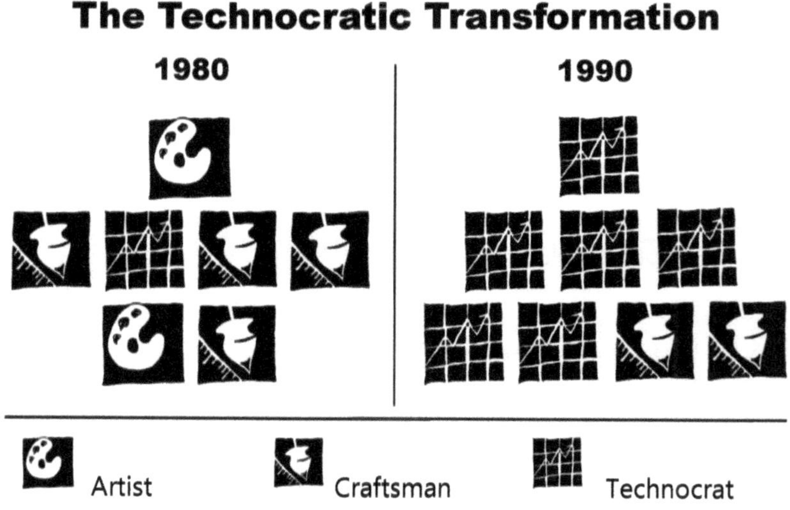

Vom Typenmix zur technokratischen Verknöcherung
in den oberen Führungsebenen eines multinationalen Konzerns[227]

Durch das schleichende Abwandern der Artisten und Handwerker kommt es mit den Jahren zur Verknöcherung in den oberen Führungsebenen. Im Titel ihres Buches spricht sie deshalb sogar reißerisch vom „Drama of Leadership",[228] beziehungsweise vom „Führungsdrama".[229] Dem entgegenwirken kann die „lernende Organisation" mit den typgerechten drei verschiedenen Arten des Lernens. Nicht nur das technokratische, wissenschaftliche Lernen von Fachkompetenzen soll gefördert werden. Vielmehr ist es genauso wichtig, auch die poetische und die handwerkliche Phase des Lernens systematisch zu kultivieren.

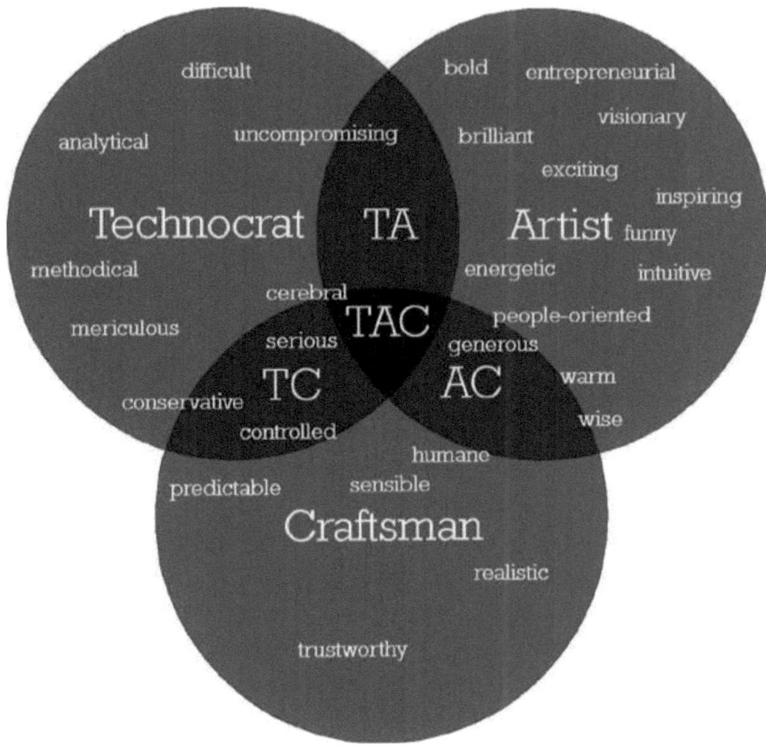

„Real People" als Mischformen der drei Managertypen Technocrat (T), Artist (A) und Craftsman (C)[230]

Die Manager-Stereotypen von Pitcher sind weniger auf das Führen zurechtkonstruiert wie bei Neuberger, sondern generell auf die Bereiche Wissensmanagement und Organisation in Betrieben. Auch hier wird be-

tont, dass die aufgestellten Typen künstliche Idealisierungen und Schematisierungen sind. „Artisten, Handwerker und Technokraten existieren kaum als solches. Sie sind Archetypen. Richtige Menschen sind komplexer."[231]
Normale Menschen bilden Mischformen aus diesen drei Typen, wie aus der Abbildung ersichtlich ist. Außerdem sei die Diagnose des jeweiligen Typs oft nicht leicht, weil viele Menschen Maskeraden tragen. Abschließend wird bemerkt, dass es zudem eine Frage der persönlichen Perspektive ist, in welchen Typus man andere eingliedert. „Was wir sehen hängt davon ab, wo wir sitzen. Wenn ich selbst ein Technokrat bin, dann werde ich dazu neigen, andere, geistreichere Technokraten als Artisten zu sehen."[232]

Die Lehren von den drei Typen im Vergleich

Friedmanns Beziehungstyp, Sachtyp und Handlungstyp entpuppten sich am Ende als die Wiederkehr homöopathischen Wissens aus der magischen Welt des frühen 19. Jahrhunderts. Neubergers Führerarchetypen Vater, Held und Heilsbringer lassen die christliche Trinität von Vater, Sohn und Heiliger Geist in neuem Licht erstrahlen. Pitchers Artisten, Handwerker und Technokraten bedienen sich ebenfalls der magischen Bilderwelt der Archetypen als idealisierendes Veranschaulichungsinstrument. Ähnlich der alchemistischen Tradition stellen die Normalmenschen jedoch immer nur verschiedene Mischungsverhältnisse dieser Grundarten dar.
In der Welt der Archetypen gibt es graduelle Abstufungen. Manche lugen gerade noch an den Pforten zur Einzeit aus dem Nebel vager Differenzierung hervor, während andere bereits sehr konkret an die Fenstergläser der Erscheinung klopfen und kurz davor stehen, in die Scheinzeit einzutreten.[233] Das eine Extrem bilden etwa die Polaritäten, die vier Elemente, die sieben Planetengeister, die zwölf Tierkreiszeichen, die 64 Hexagramme des chinesischen I-Ging, die 22 Buchstaben des hebräischen Alphabets oder die zehn Zahlen im kabbalistischen Sephiroth. In der magischen Prognostik bilden diese Archetypensysteme Weltencodes und werden im Rahmen der Zeichendeutung für Orakeltechniken herangezogen, wie ich ausführlich in „Prognostik 02: Zeichendeutung" beschreibe.[234]
Diese Archetypen sind für das ungeübte Auge kaum von einem weißen

Rauschen zu unterscheiden und stehen jeweils für einen unzähmbaren Schwall von verschiedensten Erscheinungen, Prozessen, Energien und Qualitäten. Der Archetyp des Narren hingegen ist sehr konkret und pocht bereits am Fensterglas der Erscheinung. In seinen Tiefenschichten an den Nebelpforten zur Einzeit gehört er zur aktiven Polarität, zum Element Luft und zum Planetengeist des Merkurs.

Die Archetypen von Friedmann, Neuberger und Pitcher pochen ebenfalls bereits sehr konkret ans Fensterglas der Erscheinung und sind zurechtdifferenziert in Richtung des jeweils untersuchten Gebiets. Insofern sind sie im Vergleich zu den in der Magie dominanten Primärmustern schon sehr speziell in ihrer charakterlichen Ausgestaltung. Neubergers strahlende Archetypen von Vater, Held und Heilsbringer sind in ihrem Bildgehalt auf das Gebiet der Führung hin zurechtdifferenziert. Pitchers Artisten, Handwerker und Technokraten wenden sich in ihrer Symbolik speziell den Feldern Organisation und Wissensmanagement zu, während sich Friedmanns Typen auf das alltägliche Miteinander konzentrieren. Sie befinden sich somit bereits im Graubereich zwischen Archetypen und Stereotypen. Blickt man in die magischen Persönlichkeitsmodelle, so orientieren sich diese mehr am viel allgemeineren Primärmuster am Rand des weißen Rauschens. Die magische Typologie stellt somit Klassen auf, welche nicht nur auf Führung, Planung oder Organisation und ähnlich Feinbereiche des Weltwaltens anwendbar sind oder auf die Menschentypen im Allgemeinen. Vielmehr wollen sie jegliches Sein der Erscheinungsvielfalt eingliedern: die Himmelskuppel mit ihren Planeten, die Tiere, Pflanzen, Gesteine und Metalle bis hin zum Körper und zum Temperament des Menschen. Sie alle sind nur Repräsentanten universeller Urenergien, welche sich durch all diese Erscheinungsformen ziehen und diese sinnhaft ordnen. Dabei ist die einfachste Einteilung die Zweiteilung. Das Eine spaltet sich in zwei Teile bevor es fortschreitend zum Vielen wird. Dieses transkulturelle Konzept der Polarität wollen wir nun kennenlernen.

05. Polarität und Introversion-Extraversion

Die magischen Wurzeln des Polaritätenkonzepts

Bei allen Unterschieden zwischen verschiedenen Epochen und Kulturen lassen sich einige Gemeinsamkeiten im Aufbau magischer Denksysteme feststellen. Als Urgrund des Weltwaltens wird meist eine allumfassende Kraft angenommen, ein erster und letzter Grund, von dem teleologisch alles hergeleitet wird. Alle Vielfalt der Erscheinungen entspringt dieser Einheit. Theologische Systeme umschreiben diese erste immaterielle Substanz als Gott, metaphysische Systeme als Urenergie, Ursubstanz oder Urkraft, wobei letzterer Begriff sich bis heute in der Physik gehalten hat. Verschiedene Namen dieser Urkraft waren: Ahura Masda im persischen Zoroastrismus, Tao im chinesischen Taoismus, Brahman oder Parabrahm im Hinduismus, Dharma im Buddhismus, Apeiron oder Hyle bei den Griechen, das Urfeuer „pyr aeízoon" bei Heraklit, die Quintessenz bei Aristoteles, das Chaos oder das Nichts im Sinne von leerer Raum voller Mächte in den verschiedensten Philosophien und Schöpfungsmythen, Ginnungagap in der nordischen Mythologie, Bosenazelo in der südafrikanischen Mythologie, Hunabku bei den Maya, Tloque Navaque bei den Azteken, Manitu, Orenda, Wakonda, Wakan oder Silu bei den Indianern Nordamerikas, Mana in Polynesien und Melanesien, das Ain Soph Aur in der jüdischen Kabbala, Weltseele oder Die Einheit in verschiedenen eklektischen Ansätzen des Mittelalters, Zentralmonade bei Leibniz, Substanz bei Spinoza, Welt des Willens bei Schopenhauer und in der modernen Physik die Raum-Zeit-Singularität des Urknalls. In unserem Modell wurde dieser Urgrund Einzeit genannt.

Das erste Primärmuster, welches sich nun aus der Urkraft herausschält, ist die Dualität, die Polarität zwischen aktiv und passiv, männlich und weiblich, hell und dunkel, eindringend und aufnehmend, außengewandt und innengewandt, zwischen erdflüchtig und erdsüchtig. In den Schöpfungsmythen ergibt sich dazu parallel eine Trennung von oben und unten. Gernot und Hartmut Böhme schreiben dazu in ihrer „Kulturgeschichte der Elemente":

„Im interkulturell verbreiteten, sogenannten HET-Mythos (Himmel-Erde-Trennungsmythos) heißt Schöpfung: Himmel und Erde treten – nach der hochzeitlichen Nacht – im Lichtraum des Tages auseinander. In sumerischer Tradition z.B. waren Himmel und Erde anfänglich eins und mussten durch den Luftgott erst getrennt werden."[235]

Das Urchaos der griechischen Mythologie teilt sich in Himmel (Uranos) und Erde (Gaia), jenes der Babylonier in Apsu (das männliche Chaos) und Tiamat (das weibliche Chaos). Der Tloque Navaque der Azteken besteht aus Ometecutli und Omeciuatl, einem Vater und einer Mutter aller Götter.[236] Im Anfang der Bibel schuf Gott den Himmel und die Erde und so weiter.

Yin und Yang –
Das Primodell der Polarität in der chinesischen Kosmologie

Dieses Primärmuster findet seinen wohl bekanntesten Niederschlag im chinesischen Yin-Yang-Symbol, welches das Tao nach seiner ersten Aufspaltung in Himmel und Erde, das Eine nach seiner Entzweiung darstellt. Das aktive Prinzip springt aus dem Urgrund, ein Strahl reinen Lichts (Yang) erscheint aus dem Chaos und formt den Himmel. Das passive Prinzip (Yin) bleibt als die schwere und trübe Erde zurück. Im Symbol verdeutlicht sich dies durch einen Kreis (das Alles), welcher durch eine Sinuskurve in hell (Yang) und dunkel (Yin) geteilt ist. Eine Sinuskurve ist nichts anderes als ein auseinandergefächerter Kreis, wodurch die Abstammung der Zweiheit aus der Einheit zum Ausdruck kommt.

Der Pionier der modernen Sinologie, Richard Wilhelm (1873 - 1930) schreibt: „Yin ist in seiner Urbedeutung das Wolkige, Trübe; Yang bedeutet eigentlich: in der Sonne wehende Banner, also etwas Beleuchtetes,

Helles. Übertragen wurden die beiden Begriffe auf die erleuchtete und die dunkle Seite eines Berges oder Flusses."[237] Diese Polarität einer innen- und einer außengewandten Seite der Urkraft liegt unter anderem in China dem Konzept von den fünf Elementen, im abendländischen Kulturkreis den vier elementarischen Temperamenten und den astrologischen Tierkreiszeichen als magische Methoden der Persönlichkeitsdiagnostik zugrunde.

Sonne und Mond als Ursymbole der Polarität
Die „coniunctio solis et lunae" aus Trismosin: Splendor solis, 1582

In der mittelalterlichen Alchemie wird dieses Wechselspiel der erdflüchtigen und der erdsüchtigen Grundkräfte, des aktiven Handelns und passiven Aufnehmens, in den Symbolen von Sonne und Mond ausgedrückt. Die Sonne strahlt und der Mond reflektiert ihr Licht. Das aktive und das passive Prinzip, die männliche und die weibliche Urqualität standen seit alten Mythologien im Zentrum menschlicher Vorstellung. Als Gottvater und Gottmutter, König und Königin, Tag und Nacht standen sie in der himmlischen Welt der Gestirne Hand in Hand als goldener und silberner Repräsentant der zwei Urenergien. Die Sonne entspricht dabei dem Ausdruck des Selbst, seiner Schöpferkraft und seinem Gestalten. Der Mond hingegen symbolisiert die empfangende Seite des Selbst, seine Eindrücke und Gefühle, sein Empfinden und Seelenleben der inneren Bilderwelten. Sonne und Mond als expressionistische und impressionistische Seite des menschlichen Selbst sind ein kulturübergreifendes Grundmuster magisch-mythologischer Denksysteme. In den meisten Kulturen, von der chinesischen zur mesoamerikanischen, von der indischen über die ägyptische bis hin zur europäischen stehen Sonne und Mond seit Jahrtausenden als archetypische Symbole für die zwei Grundpole der Dualität.

Introversion und Extraversion in der Moderne

Diese Zweiteilung besteht bis heute im Persönlichkeitsschema von Extraversion und Introversion. Sarges schreibt in seinem Standardwerk „Management-Diagnostik":

> „Mit Extraversion und Introversion bezeichnet man heute die Pole eines inhaltlich breitkonzipierten Persönlichkeitsmerkmals, das interindividuell mit allen Zwischenausprägungen variiert und intraindividuell als relativ stabil gilt. Extravertierte werden danach als offene, gesellige, der Umwelt zugewandte, dominante, aktive, abenteuerlustige und impulsive Personen beschrieben, Introvertierte sind dagegen eher verschlossene, zurückhaltende, in sich gekehrte, eigenständige und kontrollierte Menschen."[238]

Extraversion und Introversion bedeuten aus dem Lateinischen übersetzt so viel wie „Außenwendung" und „Innenwendung". Es sind dies Sonne und Mond, Yang und Yin der menschlichen Charakterveranlagung. Dieses Konzept wurde in seiner Terminologie in den 1920er Jahren von C.G. Jung eingeführt und ist seither eines der am meisten untersuchten Schemen der modernen Persönlichkeitspsychologie.

„In der über sechzigjährigen Geschichte der empirischen Persönlichkeitsforschung stellt das Extraversionskonzept eines der traditionsreichsten und am umfangreichsten erforschten Persönlichkeitsmerkmale dar. Grundlage der beginnenden Erforschung des Extraversionsbereichs war zum einen der Versuch, spekulative Konzeptionen der Extraversion – vor allem aus der Typologie von C. G. Jung (1921) – durch objektiv auswertbare Test- und Beurteilungsverfahren der empirischen Forschung zugänglich zu machen."[239]

Jung, dessen Name mit der Renaissance dieses Persönlichkeitskonzeptes in der modernen Persönlichkeitsdiagnostik untrennbar verbunden ist, hatte als Kulturpsychologe viele Jahre lang alchemistische und magische Denksysteme verschiedener Kulturen und Epochen erforscht und war insofern mit den magischen Wurzeln seines Gedankenschatzes durchaus vertraut. Auch verwandte Vorläufermodelle aus der Moderne werden in seiner Abhandlung über „Psychologische Typen" (1921) erwähnt. Dazu zählt die Einteilung in das Apollinische und das Dionysische, wie sie unter anderem Nietzsche oder Schiller vorgenommen hatten.

„Um diese beiden „Triebe" näher zu charakterisieren, vergleicht Nietzsche die durch sie hervorgebrachten, eigentümlichen psychologischen Zustände denen des Traumes und des Rausches. (...) Unter Traum versteht Nietzsche wesentlich „innere Vision", den „schönen Schein der Traumwelten". Apollo „beherrscht den schönen Schein der inneren Phantasiewelt", er ist „der Gott aller bildnerischen Kräfte". Er ist Maß, Zahl, Begrenzung und Beherrschung alles Wilden und Ungebändigten. (...) Das Dionysische hingegen ist die Befreiung des schrankenlosen Triebes, das Losbrechen der ungezügelten Dynamis tierischer und göttlicher Natur, daher der Mensch im dionysischen Chore als Satyr, oben Gott und unten Bock, auftritt."[240]

Die dionysische Expansion entspricht dabei der Extraversion, während die apollinische Kontemplation in einer Traumwelt dem Zustand der Introversion gleichkommt. Auch eine relativ unbekannte Charaktertypologie, welche ein gewisser Furneaux Jordan 1890 in einem dünnen Büchlein vorgestellt hat, erwähnt Jung als Vorläufer. Laut dieser gibt es

„zwei fundamental verschiedene Charaktere, zwei deutliche Charaktertypen (mit einem dritten, mittleren): einen, bei dem die Tendenz zur Aktivität stark und die Tendenz zur Reflexion schwach ist, und einen anderen, bei dem die Neigung zur Reflexion vorherrscht, während der Tätigkeitstrieb schwächer ist. Zwischen diesen beiden Extremen gibt es unzählige Abstufungen."[241]

Jordan konstatiert nun, dass der aktive Typus weniger leidenschaftlich sei, der passive Typus sich hingegen durch Leidenschaftlichkeit auszeichne. Deshalb nennt er seine Typen „the less impassioned" und „the more impassioned". Diese Vermischung von Aktivität und Leidenschaft ist laut Jung zwar unglücklich gewählt, nachdem es auch viele sehr tatkräftige Naturen gibt, die zur selben Zeit leidenschaftlich sind und inaktive Typen, die gleichzeitig über wenig Leidenschaft verfügen. Dennoch ergibt sich in der Charakterdarstellung eine große Übereinstimmung zwischen Jordans „less impassioned and more active" Typus und Jungs Extravertiertem und Jordans „more impassioned and less active" Typus mit Jungs Introvertiertem.

Die Jamesschen Typen aus der pragmatischen Philosophie sind Jungs Schema ebenfalls nicht unähnlich. Der US-Psychologe William James (1842 – 1910) stellte fest, dass es keinesfalls unerheblich wäre, von welchem Temperament ein berufsmäßiger Philosoph wäre, weil dieses ein stärkeres Vorurteil als irgendeine andere Prämisse bilde.

> „So wie im Gebiete der Sitten und der Lebensgewohnheiten konventionelle und ungezwungen sich gebende Menschen, in politischer Hinsicht Autoritätsgläubige und Anarchisten, in der schönen Literatur Akademiker und Realisten, in der Kunst Klassiker und Romantiker sich unterscheiden lassen, so fänden sich auch, wie James meinte, in der Philosophie zwei Typen, nämlich der Rationalist und der Empiriker. Der Rationalist ist der Anbeter abstrakter und ewiger Prinzipien. Der Empiriker ist der Liebhaber der Tatsachen in ihrer ganzen ungehobelten Mannigfaltigkeit. (...) James bezeichnet den Rationalisten als „tender-minded" (mit zartem und delikatem Geiste) und den Empiriker als „tough-minded" (mit zähem Geiste)."[242]

Persönliche Philosophie und individueller Charakter des Philosophen sind untrennbar miteinander verbunden. Auch die jeweilige Einstellung gegenüber fremden Philosophien wird dadurch geprägt. So haben laut James beide Typen „eine geringe Meinung voneinander. Ihr typischer Gegensatz hat zu allen Zeiten in der Philosophie eine Rolle gespielt, so auch heute. Der „tough-minded" beurteilt den „tender-minded" als sentimental, der „tender-minded" dagegen nennt den anderen unfein, stumpf oder brutal. Der eine hält den anderen für inferior."[243]
In folgender Tabelle sind die philosophischen Einstellungen der zwei Grundtypen in Schlagworten zusammengefasst. „Diese Beziehungen legen es nahe, beim „tender-minded" an den Introvertierten und beim

„tough- minded" an den Extravertierten zu denken."[244] Dennoch merkt Jung zu diesem Konzept an, dass es wohl leicht wäre, auch dogmatische, religiöse oder intellektualistische Empiriker zu finden. Insofern werden hier sehr künstliche Zuordnungen getroffen. Zudem ist zu bedenken, dass Begriffe wie rationalistisch, empiristisch oder deterministisch ihrerseits bereits mannigfaltige Bedeutungsgewebe unterschiedlichster Einflüsse darstellen und viel Widersprüchliches in ihren historischen Definitionen in sich bergen. Je nach Auslegung können sie in jede der beiden Schubladen gelegt werden. Nichtsdestotrotz werden in der Typologie von James viele Charakteristiken des Introversion-Extraversion-Modells im Bereich der persönlichkeitsspezifischen Weltanschauungen vorweggenommen.

TENDER-MINDED	**TOUGH-MINDED**
rationalistisch (folgt Prinzipien)	empiristisch (folgt Tatsachen)
intellektualistisch	sensualistisch
idealistisch	materialistisch
optimistisch	pessimistisch
religiös	irreligiös
indeterministisch	fatalistisch
monistisch	pluralistisch
dogmatisch	skeptisch

Die zwei Grundtypen und ihre Einstellungen nach William James (1911)[245]

Bei Jung selbst schließlich wird das Prinzip der Extraversion definiert als die

„Auswärtswendung der Libido, eine offenkundige Beziehung des Subjektes auf das Objekt im Sinne einer positiven Bewegung des subjektiven Interesses zum Objekt. Jemand, der sich in einem extravertierten Zustand befindet, denkt, fühlt und handelt in Bezug auf das Objekt, und zwar in einer direkten und äußerlich deutlich wahrnehmbaren Weise. (...) Die Extraversion ist daher gewissermaßen eine Hinausverlegung des Interesses aus dem Subjekt auf das Objekt."[246]

Das Prinzip der Introversion hingegen meint die „Einwärtswendung der Libido. Damit ist eine negative Beziehung des Subjektes zum Objekt ausgedrückt. Das Interesse bewegt sich nicht zum Objekt, sondern zieht sich davor zurück auf das Subjekt. Jemand, der introvertiert eingestellt ist, denkt, fühlt und handelt in einer Art und Weise, die deutlich erkennen lässt, dass das Subjekt in erster Linie motivierend ist, während dem Objekt höchstens ein sekundärer Wert zukommt."[247]

Dabei kombiniert er diese zwei Grundtypen mit den zwei weiteren Dualitäten von Denken und Fühlen, sowie Empfinden und Intuition zu einer Feingliederung seiner Persönlichkeitstypologie, so dass etwa ein introvertierter Denktypus oder ein extravertierter Empfindungstypus entstehen. Diese Grunddefinition von Jung ist es auch, welche bis heute das Urmuster der Polarität, von Yin und Yang, von Mond und Sonne, in der offiziellen Welt des Managements vertritt. Und so ist seine Persönlichkeitstypologie auch Pate für zahlreiche Instrumente der Management-Diagnostik, wie wir noch sehen werden.

Introversion und Extraversion in der Managementforschung

Das Konzept von Introversion – Extraversion kommt in der Managementforschung häufig als psychologisches Konstrukt für Eignungsprädiktoren zur Anwendung. Dabei gibt es heute ausgehend von Jungs Ansatz eine Reihe unterschiedlicher Strukturmodelle, welche sich vor allem in ihrer jeweiligen Festsetzung der Primärfaktoren unterscheiden. In der Version von Joy Paul Guilford (1897 – 1987) etwa werden die Primärfaktoren der Extraversion wie folgt charakterisiert:

„**Rhathymia (R):** Hohe Werte entsprechen dem extravertierten Pol und bedeuten Sorglosigkeit, Unbekümmertheit, Impulsivität, Abenteuerlust, Vorliebe für Aufregendes; niedrige Werte hingegen Ernsthaftigkeit, Bedachtsamkeit, Selbstkontrolle und Ausdauer bei Anstrengungen.

Thoughtfulness (T): Hohe Werte entsprechen dem introvertierten Pol und bedeuten Neigung zur Reflexion und Meditation, Interesse am Denken und Philosophieren, Ausgeglichenheit im Denken, Tendenz zur Selbstbeobachtung und zur Beobachtung des Verhaltens anderer; niedrige Werte dagegen Interesse an offener Aktivität sowie Unausgeglichenheit im Denken.

Ascendance (A): Hohe Werte entsprechen dem extravertierten Pol und bedeuten Selbstbehauptung, Neigung zur Führerrolle, Gesprächigkeit, Überzeugungskraft, Freude im Mittelpunkt zu stehen, aufzufallen und öffentlich zu sprechen, Neigung zum Bluffen; niedrige Werte dagegen Submissivität, Neigung sich führen zu lassen, Zögerlichkeit im Gespräch, Abneigung aufzufallen und im Mittelpunkt zu stehen.

Sociability (S): Hohe Werte entsprechen dem extravertierten Pol und bedeuten Freude an sozialen Aktivitäten und am Aufnehmen von Konversationen, viele Freunde, Bekannte und soziale Kontakte zu haben, gerne im Rampenlicht der Öffentlichkeit zu stehen; niedrige Werte dagegen Schüchternheit, Scheu vor der Öffentlichkeit, wenig Freude an sozialen Aktivitäten und an Konversationen sowie nur wenige Freundschaften und Bekanntschaften zu pflegen.

General Activity (G): Hohe Werte entsprechen dem extravertierten Pol und bedeuten Freude am raschen Wechsel von Aktivitäten, Energie und Vitalität, Produktivität und Effizienz, Lebhaftigkeit und Begeisterungsfähigkeit, Freude ständig in Aktion und in Eile zu sein sowie an Schnelligkeit; niedrige Werte dagegen Bedachtsamkeit, Bedürfnis nach Ruhe und Pausen, Ermüdbarkeit, niedrige Produktivität und Effizienz sowie Langsamkeit."[248]

Bei diesem Faktorenkonzept gab es in den 1940er Jahren eine Reihe von Kontroversen darüber, welche der Faktoren primär und welche nur sekundär auf das Muster von Introversion und Extraversion einwirken würden. Raymond Bernard Cattell (1905 – 1998) entwickelte einen alternativen faktoranalytischen Ansatz. Dabei wählte er als Primärfaktoren die fünf Gegensatzpaare Kontaktorientierung - Sachorientierung, Selbstbehauptung - soziale Anpassung, Begeisterungsfähigkeit - Besonnenheit, Selbstsicherheit - Zurückhaltung, sowie Unabhängigkeit - Gruppenverbundenheit. Was nun die praktische Diagnose der Persönlichkeitstypen betrifft, so gibt es außer der Fragebogenmethode noch keine erprobte Alternative.

„Obwohl es nicht an Versuchen fehlt, das Merkmal Extraversion auch mit nichtsprachlichen, vom Probanden hinsichtlich der diagnostischen Zielsetzung nicht durchschaubaren Tests zu erfassen, steht praktisch nur die Fragebogenmethode, mit all ihren Problemen bei einem Einsatz im Bereich der Eignungsdiagnostik (Durchschaubarkeit, Verfälschbarkeit, Anfälligkeit für Antwortstile- und tendenzen). zur Messung von Extraversion oder damit verwandten Konstrukten zur Verfügung."[249]

Empirisch untersucht wurde auch, inwieweit Extraversion für den Erfolg im Managementbereich relevant ist. Eine Studie zu Guilfords Faktoren etwa belegt, dass „vor allem die Extraversionsfaktoren G („General Activity") und A („Ascendance"), aber auch S („Sociability"), weniger jedoch R („Restraint") und T („Thoughtfulness") positive Prädiktoren für den Erfolg in Managementfunktionen darstellen."[250] Wie die folgende Abbildung zeigt, scheinen Topmanager im Vergleich zu Vertretern des mittleren

Managements signifikant extravertierter zu sein. „Dass Extraversion ein valider Prädiktor für den Erfolg in Managementberufen ist, hat auch die umfangreiche Metaanalyse von Barrick und Mount (1991) gezeigt."[251] Diese untersuchte die Items des Fünf-Faktoren-Modells und kam zu ähnlich signifikanten Korrelationen wie Guilfords Studie.

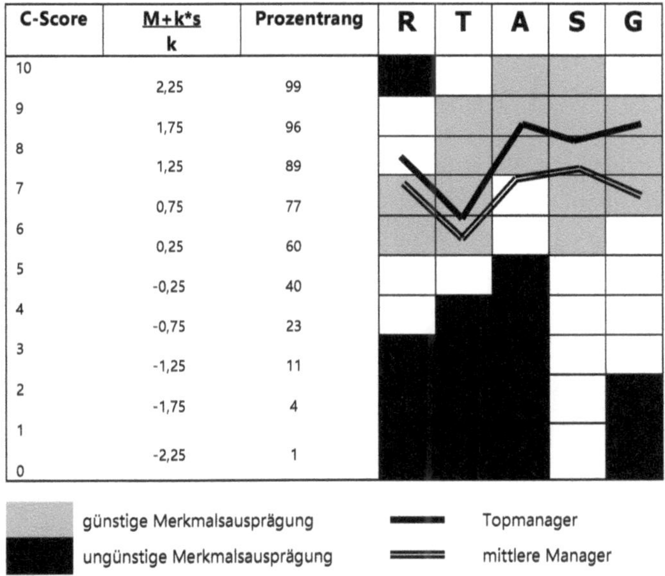

Zusammenhang zwischen Extraversion und Managementerfolg[252]

> „Ungünstige und günstige Merkmalsausprägungen in den fünf Extraversionsfaktoren des GZTS (Guilford-Zimmermann-Temperament-Survey) für den Erfolg in Managementfunktionen (hier für Supervisoren, nach Guilford, Zimmermann & Guilford, 1976, S. 251) sowie Mittelwerte in den fünf Faktoren für Topmanager und mittlere Manager (nach Grimsley & Jarret, 1973, 1975, zitiert nach Guilford, Zimmermann & Guilford, 1976, S. 258-259).
> Die Merkmalsausprägungen sind in Standardwerten (C-Scores) angegeben, für die die Abweichungen k vom arithmetischen Mittel M in Standardabweichungseinheiten s sowie die Prozentränge angeführt sind."[253]

Natürlich stellt sich bei solchen Untersuchungen immer die Frage, inwieweit ein extravertierter Charakter leichter in Top-Management-Ebenen aufsteigt, oder nicht einfach höhere Führungspositionen einen Zuschuss an Selbstvertrauen und damit eine extravertiertere Lebenseinstellung mit sich bringen, also inwieweit Extraversion Ursache oder Wirkung von be-

ruflichem Erfolg ist. Die Studien zeigen jedoch alle eine Korrelation von Extraversion und Managementerfolg, wobei meist angemerkt wird, dass man diesen Zusammenhang nicht überschätzen dürfe, da die höchsten Validitätskoeffizienten nur bei r=.23 liegen.
Wer der bessere Führer ist bestätigt sich somit in der modernen Managementforschung in derselben Weise wie in den magischen Wurzelkonzepten des Introversion-Extraversionsschemas. Stets war die Sonne der König, Anführer und Herrscher, der Mond die schweigsame Begleiterin, der treue Untergebene oder das Volk. Yang als das licht Emporstrahlende bewegt Yin, den passiv aufnehmenden Gegenpol. Und so zieht sich das Primodell der Polarität wie ein Faden aus den Tiefen der Geschichte bis weit hinein in die moderne Managementforschung. Diese Diade ist sicherlich die einfachst mögliche Konzeption einer Persönlichkeitstypologie. Auf ihr gründet im magischen Weltbild die Lehre von den vier Temperamenten, welche seit der Antike ebenfalls regelmäßig im Zeitgeist reaszendiert.

06. Die klassischen vier Temperamente

Die prämoderne Lehre von den vier Elementen

In vielen Kulturen bilden die Elemente eine Vierteilung oder eine Fünfteilung der Urkraft und ergeben dadurch bereits eine differenziertere Betrachtungsweise als duale Schemen. Dabei entspricht der Elementbegriff nicht jenem materiellen der heutigen Naturwissenschaften, welche die Erscheinungswelt unterteilen in 112 bis dato entdeckte chemische Elemente oder in Atome, beziehungsweise Quarks und Leptonen.[254] Vielmehr bezeichnen die Elemente die Universalenergien der Welt.
Das Feuer ist nicht nur das Feuer im Ofen, sondern symbolisiert alle hitzigen, energiereichen, alles packenden und verschlingenden, erleuchtenden und verzehrenden Vorgänge, einen aufbrausenden Menschen ebenso wie eine kriegerische Schlacht. Die Erde ist nicht nur die Erde auf dem Acker oder am Waldboden, sondern entspricht allen Dingen, die in sich ruhend, geduldig und zäh, handfest (stofflich) und bodenständig sind. Realistische und praktische, starrköpfige und beharrliche Menschen sind ebenso Erde wie Güter und Besitz, soziale Hierarchien, Berge oder Geldmünzen. Über den Begriff des Elements schreibt Aristoteles (384 – 322 v. Chr.) in seiner Metaphysik:

> „Element heißt dasjenige, aus dem als dem Ersten, Innewohnenden, der Art nach nicht mehr in eine weitere Art Zerteilbaren etwas zusammengesetzt ist. (...) In gleicher Weise aber meinen auch diejenigen, die von den Elementen der Körper sprechen, dasjenige, wohin sich als letztes die Körper zerlegen, wobei die Elemente nicht weiter in andere der Art nach verschiedene zerlegt werden. (...) Deshalb nennt man auch das Kleine, Einfache und Unzerlegbare ‚Element'."[255]

Weit verbreitet ist die Teilung in die vier Elemente Wasser, Feuer, Erde und Luft. Der griechische Philosoph Empedokles (483 – 424 v. Chr.) gilt als Vater dieser Idee. Gleichzeitig entstand auch in der indischen Philosophie eine Vier-Elementenlehre mit denselben Elementen. Inwieweit hier eine Querverbindung zur griechischen Kultur bestand ist bislang nicht geklärt.[256] Seither waren die vier Elemente bis in die Neuzeit aus Philosophie und Alchemie nicht mehr wegzudenken. Platon und Aristoteles verfeinerten und „verwissenschaftlichten" diese Lehre der „Wurzelkräfte" zu ihrer endgültigen Form. So etwa leitete Platon im Dialog „Timaios" die Elemente von geometrischen Figuren ab und fügte aufgrund mathematisch-theoretischer Überlegungen noch einen fünften Körper hinzu (das Dodekaeder), welcher aufgrund seiner annähernd kugelförmigen Gestalt die Summe aller vier Elemente, das Weltall im Ganzen repräsentieren sollte.[257] Wie dies funktioniert erklärt folgend Johannes Kepler:

> „So deutet in gewisser Weise der aufrechte Stand des Würfels auf seiner quadratischen Basis Festigkeit an, eine Eigenschaft, die auch der Erdmaterie zukommt. Diese strebt mit dem Gewicht der Schwere nach unterst, wie ja auch die ganze Erdkugel in der Weltmitte ruht. Ferner ist beim Oktaeder für das Auge die Lage die angemessene, wenn es an zwei gegenüberliegenden Ecken wie in einem Drehgestell aufgehängt wird. (...) Das ist gewissermaßen das Bild der Beweglichkeit, wie die Luft unter den Elementen das beweglichste ist, in Geschwindigkeit und Richtungsänderung. Beim Tetraeder mag die geringe Zahl der Seitenflächen die Trockenheit des Feuers andeuten, da ja die Definition des Trockenen darin besteht, dass es sich in den eigenen Grenzen hält.
>
> Andererseits mag beim Ikosaeder die große Zahl der Seitenflächen die Feuchtigkeit des Wassers andeuten, da die Definition des Feuchten darin besteht, dass es von nichteigenen Grenzen umschlossen wird. (...) Hinwieder sieht es so aus, als ob in der Spitze des Tetraeders, die sich über einer einzigen Basis er-

hebt, die durchdringende und scheidende Kraft des Feuers angedeutet werde; in der stumpfen, fünfkantigen Ecke des Ikosaeders die ausfüllende Fähigkeit der Flüssigkeiten, d.i. die Bedeutung des Benetzens (...); in der kugelförmigen Masse des Ikosaeders die Natur des Wassers und gleichsam die Figur des Tropfens.
(...) Das Dodekaeder wird dem himmlischen Körper überlassen, wie es ja auch die gleiche Anzahl von Seitenflächen besitzt wie der himmlische Tierkreis. Es lässt sich beweisen, dass es unter allen übrigen Figuren das größte Fassungsvermögen hat, wie auch der Himmel alles umfasst."

Die fünf Platonischen Körper (Luft, Feuer, Quintessenz, Erde und Wasser) in der Darstellung von Johannes Keplers „Weltharmonik"[258]

Aristoteles hingegen sah die Elemente als idealtypische Kombinationen der zwei Polaritätenpaare trocken-feucht und warm-kalt. Alle Elemente formen sich aus Feuchtigkeitsgrad und Temperatur der allumfassenden Urmaterie próte hýle. Die vier Elemente sind die einfachsten Körper (hapla somata) und die ersten Substanzen, welche sich aus der prima materia erheben.[259] Wasser ist Hyle in kalt-feuchtem Zustand, Erde Hyle in kalt-trockenen Zustand, Feuer warm-trockene und Luft warm-feuchte Hyle.[260] Aufgrund dieser Theorie entwickelte Aristoteles im Gegensatz zu Platon die Ansicht, dass jedes Element in jedes andere beliebig umwandelbar sei. Die Alchemie der folgenden 2.000 Jahre widmete sich in der Folge dem Versuch, die Transformierbarkeit der Stoffe und ihre Rückführung in die prima materia zu erforschen.

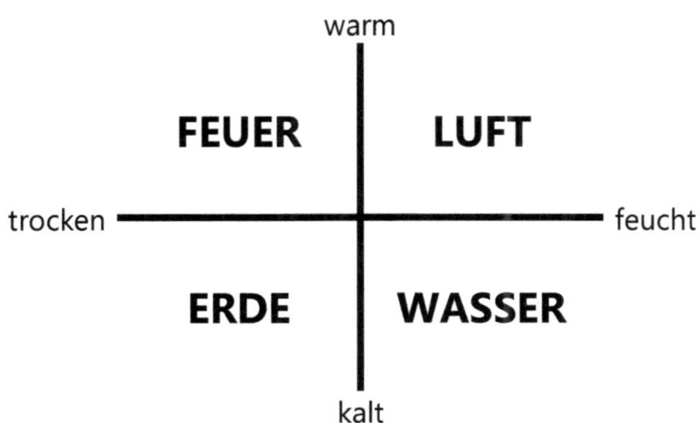

Die Herleitung der vier Elemente
aus Feuchtigkeit und Temperatur der Urmaterie (Hyle) nach Aristoteles

Dieses aristotelische Schema der Elemente wird uns später noch in vielen Management-Instrumenten wiederbegegnen. Denn nicht nur für das Begreifen von Naturvorgängen wurde die Elementenlehre herangezogen, sondern auch zur Beschreibung von Charaktertypen. Zudem bestehen die bereits erwähnten Polaritäten auch in der Elementenlehre fort. Feuer und Luft sind aktiv, Erde und Wasser passiv. Wie in der heutigen Physik zeichnen sich entsprechend den Gesetzen der Thermodynamik sehr aktive Teilchen durch eine höhere Temperatur aus („warm"), während Teilchen, welche sich in geringerer Bewegung befinden („passiv"), zu einem kälteren Zustand führen. So ergibt sich in mancher Literatur auch die Zuordnung der Elemente zu den Aggregatszuständen dergestalt, dass Erde als fest, Wasser als flüssig, Luft als gasförmig und Feuer als plasmatisch angesehen wird.

Auffallend ist auch die Parallele der vier klassischen Elemente zu den vier Kräften der modernen Physik.[261] Inwieweit man die Analogie soweit treiben kann, dass Feuer der starken Kraft, Wasser der schwachen Kraft, Luft der elektromagnetischen Kraft und Erde der Gravitation entspricht, ist umstritten. Allerdings scheint es vor unserem theoretischen Hintergrund der Reaszendenz bezeichnend, dass das Primodell eines fünften Elementes,[262] welches den Raum zwischen den vier Elementen als Bindesubstanz füllt, in der Physik erneut aufgetaucht ist. Der Altphilologe Werner Ekschmitt (1926 – 2004) beschreibt den antiken Ansatz folgendermaßen:

> „Aristoteles nimmt an, wie es den vier kanonischen Elementen innewohne, sich nach unten oder oben zu bewegen, so müsse es ein weiteres Element geben, dessen natürliche Tendenz es sei, sich im Kreise zu bewegen. (...) Das Element mit der Kreisbewegung nennt er Äther. (...) Als Nachtrag zu den vier kanonischen Elementen heißt der Äther gewöhnlich das Fünfte Element (Quinta Essentia)."[263]

Die Quintessenz ist als das himmlische und erste Element (próte ousía, proton soma)[264] im Gegensatz zu den irdischen Elementen also weder aktiv, noch passiv, sondern besitzt eine höhere Dignität. Dabei wird dieser Äther manchmal im Sinne einer prima materia oder Urkraft als die Summe und Grundlage der anderen vier Elemente gedeutet, dann wiederum als fünfte Substanz in Ergänzung zu den vier Wurzelkräften. In letzterem Sinne beherrscht der Begriff der Quintessenz seit Beginn der 2000er Jahre wieder den Diskurs in der Physik:

„Der Begriff stammt aus der Naturphilosophie der Antike und bezeichnet auf Lateinisch eine „fünfte Substanz", die zusätzlich zu den vier Elementen der alten Griechen – Erde, Wasser, Luft und Feuer – das Universum erfüllen und verhindern soll, dass der Mond und die Planeten zum Mittelpunkt der Himmelssphäre fallen. Vor drei Jahren wählten Robert R. Caldwell, Rahul Dave und einer von uns (Steinhardt) diesen Begriff als Namen für ein Quantenkraftfeld, das ein wenig einem elektrischen oder magnetischen Feld ähnelt und gravitativ abstoßend wirkt."[265]

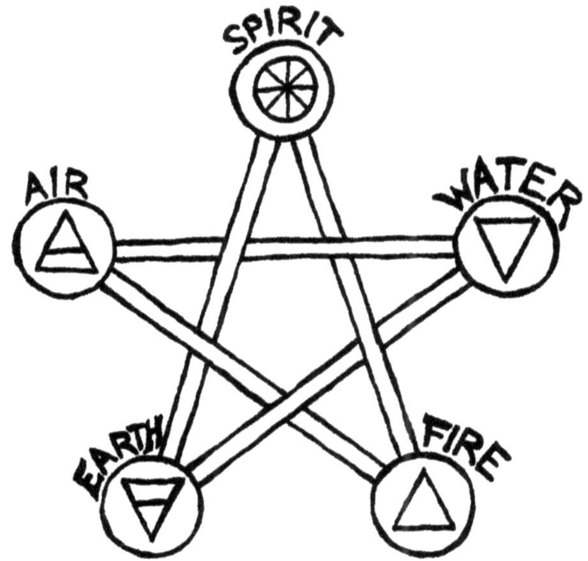

Alchemistische Symbole der fünf Elemente nach Aleister Crowley[266]

Während dieses Fünfte Element in der europäischen Kultur stets nur eine periphere Rolle gespielt hat, war die chinesische Elementlehre von Anfang an vom Primärmuster einer Fünfheit geprägt. Sie wird getragen von den fünf Elementen, oder besser gesagt „Wandlungszuständen" Feuer, Metall, Wasser, Holz und Erde.[267] Wie die vier Elemente bei Aristoteles verschiedene Zustände der Hyle sind, entsprechen die fünf Elemente der Chinesen ebenfalls den verschiedenen Wandlungszuständen des Tao. Folgendes Schema zeigt, wie diese Elemente durch verschiedene Mischungsverhältnisse der Polaritäten des Tao, Yin (Erde) und Yang (Himmel), entstehen. Auch hier sind zwei Elemente, Feuer und Metall, aktiv (mehr Himmel als Erde) und drei Elemente, Holz, Wasser und Erde, passiv (mehr Erde als Himmel). Durch weitere Kombinationen dieser fünf Wandlungszustände untereinander formt sich aus diesen Primärmustern schließlich nach und nach die Vielfalt der Welt.

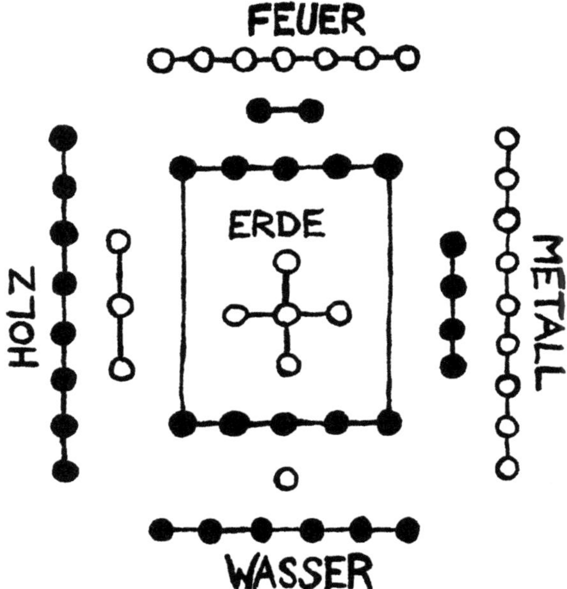

„Das Wasser im Norden ist entstanden aus der Eins des Himmels, der sich die Sechs der Erde ergänzend zugesellt. Das Feuer im Süden ist entstanden aus der Zwei der Erde, der sich die Sieben des Himmels ergänzend zugesellt. Das Holz im Osten ist entstanden aus der Drei des Himmels, der sich die Acht der Erde ergänzend zugesellt. Das Metall im Westen ist entstanden aus der Vier der Erde, der sich die Neun des Himmels ergänzend zugesellt. Die Erde in der Mitte (Erdboden, Tu, stofflich, im Unterschied von Di, Erde als Weltkörper) ist entstanden aus der Fünf des Himmels, der sich die Zehn der Erde ergänzend zugesellt."

Ho Tu – Der Plan vom Gelben Fluss zeigt die Entstehung der fünf Wandlungszustände Wu Hing (auch Elemente genannt) aus geraden und ungeraden Zahlen, nach Richard Wilhelm[268]

Am Beispiel der germanischen Weltordnung, welche in europäischer Tradition auf vier Elementen basierte, wollen wir das Entstehen der Vielfalt aus Kombinationen der Primärkräfte veranschaulichen. An folgender Grafik sieht man schön, wie aus den Kombinationen der vier Grundelemente die weiteren Bausteine der Erscheinungswelt entstehen. Das Wasser der Erde ist die Quelle, das Wasser der Luft sind Regen und Nebel. Das Feuer der Luft sind die Blitze, das Feuer des Wassers die Sturmfluten und Geysire, die Luft der Erde die Höhlen und Erdgase, die Erde der Luft die Baumwipfel und Pflanzen und so fort. So lassen sich nach und nach alle Naturgewalten herleiten aus unterschiedlichen Mischungsverhältnissen der vier Elemente. Auch in der nordischen Elementlehre wurde manchmal ein fünftes Element verwendet, nämlich Eis.

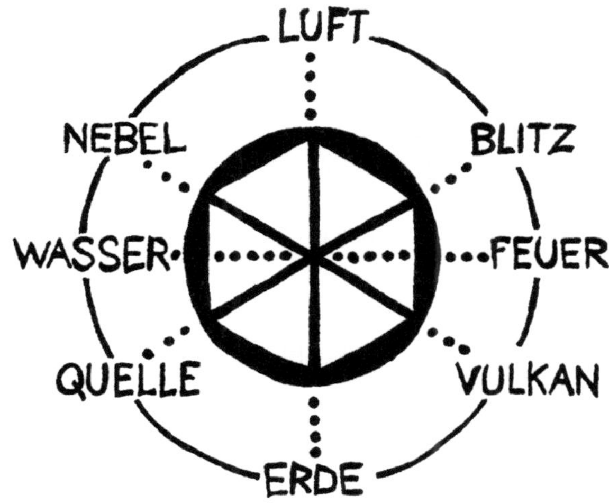

„Oben ist die Luft, der weite und hohe Himmel, Asgard. In der Mitte liegt die Ebene der Erde, in der Erde und darunter liegt Utgard. Auf der Erde gibt es Wasser und Feuer, sie können sowohl von oben als auch von unten herkommen. Oberes Wasser ist Nebel, Regen, Schnee, Hagel und Eis; diese Naturerscheinungen gehören nach der germanischen Weltordnung nach Norden, nach Niflheim. (...) Das untere Feuer kommt bei Vulkanausbrüchen auf die Erde. Dieses Feuer gehört nach Süden, in die Welt des Feuers (Muspellheim)."

Die Entstehung der Vielfalt aus den vier Elementen in der Germanischen Weltordnung nach Zoltán Szabó[269]

Wie bei den drei Managerarchetypen von Pitcher „normale Menschen" immer nur unterschiedliche Mischungsverhältnisse der Grundtypen sind, so entstehen auch alle Erscheinungen der magischen Welt aus verschiedenen Mischungsverhältnissen der vier Elemente.

Die Lehre von den vier Temperamenten

Aus den vier Elementen werden die menschlichen Temperamente abgeleitet: Choleriker, Sanguiniker, Phlegmatiker und Melancholiker. Diese Charaktertypen repräsentieren die Energie der Elemente in der menschlichen Erscheinungswelt. Der griechische Arzt Claudius Galenus (ca. 129 - 200 n. Chr.) gilt als Begründer der sogenannten Humoralpathologie (humores = Säfte).

> „Er unterschied vier Grundtemperamente: das sanguinische, das phlegmatische, das cholerische und das melancholische. Die zugrundeliegende Idee ist die aus dem fünften vorchristlichen Jahrhundert stammende Lehre des Hippokrates, dass der menschliche Körper aus den vier Elementen Luft, Wasser, Feuer und Erde zusammengesetzt sei. Im lebendigen Körper entsprechen den Elementen Blut, Schleim, gelbe und schwarze Galle. Des Galenus Idee ist nun, dass die Menschen nach ungleichartigen Mischungen dieser Elemente in vier Klassen unterschieden werden können."[270]

Galens Typologie war Paradigma der Medizin bis weit in die Neuzeit hinein. Und selbst als dieses System im Lauf des 17. Jahrhunderts langsam aus der Medizin verdrängt wurde, hielten Denker wie Goethe oder Kant es noch lange in Ehren als wertvolles Instrument der Menschenkenntnis.[271] Galen „kanonisierte endgültig die Autorität des Hippokrates und verlieh gleichsam in dessen Namen dem ärztlichen Wissen eine Systemgestalt, die, vermittelt über arabische Gelehrte, dem ersten Verwissenschaftlichungsschub des Mittelalters ihre Form aufprägte."[272] Bereits die frühe griechische Medizin bezog in ihre Krankentypologien die vier Temperamente ein. So steht im Dritten Buch der Epidemien von Hippokrates (um 460 – 370 v. Chr.) zu lesen:

> „Was die melancholischen und mehr sanguinischen Typen betrifft, so wurden diese von den Brennfiebern, der Phrenitis und der Ruhr ergriffen. Hartleibigkeit trat bei den jungen phlegmatischen Typen auf, langwieriger Durchfall und scharfer und fettiger Stuhl bei den Menschen mit bitterer Galle."[273]

Dennoch war es ein weiter und dunkler Weg vom ersten Aufkeimen dieser Theorie bei Hippokrates bis hin zu Galens endgültiger Ausformulierung. Diese Entwicklung ist nur lückenhaft nachvollziehbar, weil das Corpus Hippocraticum ein heterogenes Flickwerk verschiedenster Federn darstellt, wobei nicht ein einziger Text mit völliger Gewissheit Hippokrates selbst zugeschrieben werden kann.

> „Bestimmte Prinzipien wie das tetradische Schema, das Isonomia- und Eukrasis-Theorem, die Polaritäts- und Korrespondenz-Relationen, die Mikrokosmos-/Makrokosmos-Analogie, welche eine semiotische Nosologie und, therapeutisch gesehen, das Similia-similibus- bzw. Contraria-contrariis-Verfahren bedingen – und ferner die naturphilosophische (Elemente/ Qualitäten) und korporale (Kardinalsäfte, Organe) Grundordnung formieren zwischen Hippokrates und Galen langsam die tetradische Systemgestalt der Medizin."[274]

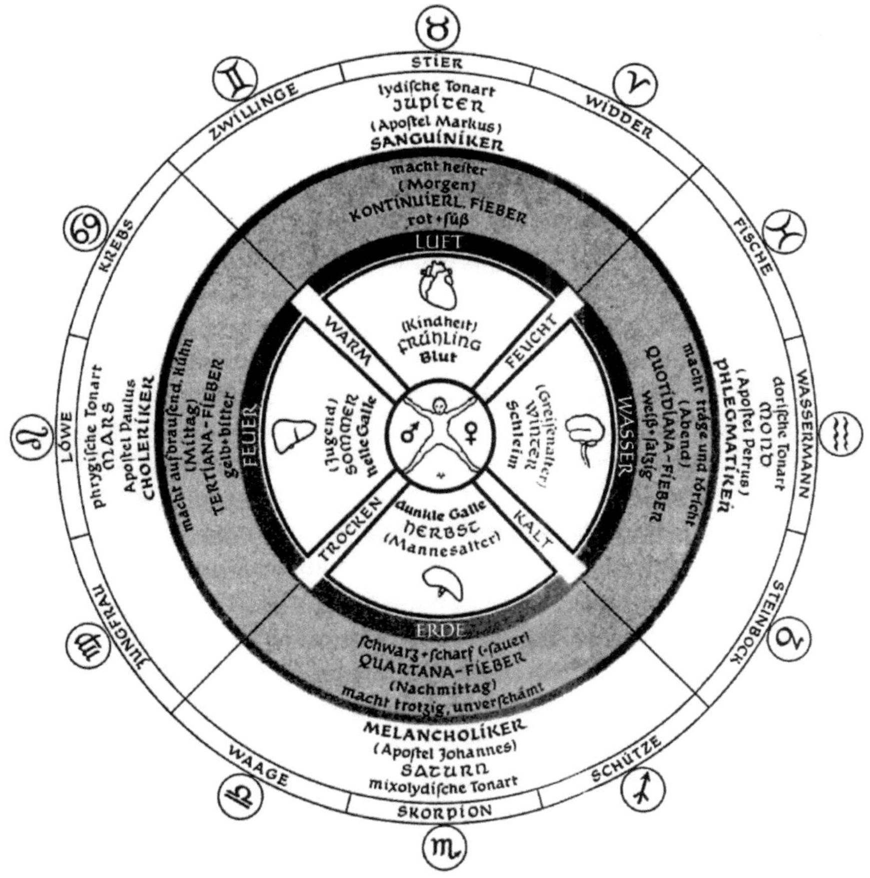

Das antike und mittelalterliche Viererschema zusammengefasst nach Herrlinger[275]

Die Abbildung zeigt, wie die vier Kardinal-Organe die vier Säfte in den charakteristischen Mischungsverhältnissen erzeugen, sodass jeweils Blut-Herz-Luft, Schleim-Gehirn-Wasser, schwarze Galle-Milz-Erde und gelbe Galle-Leber-Feuer einander entsprechen. Da in diesem Schema ein zyklisches Moment mitgedacht ist, werden die vier Temperamente jeweils einer Epoche im Lebenszyklus und einer Tages- und Jahreszeit zugeordnet. Dieses zyklische Moment wird uns später wiederbegegnen im Team Management System.[276] Auch musikalische Tonarten, Geschmäcker, Farben, Planeten, Tierkreiszeichen, Apostel und die vier elementaren Fieberarten dürfen in diesen Analogieketten nicht fehlen. Dabei sollte allerdings berücksichtigt werden, dass etwa die Zuordnungen der Tierkreiszeichen zu den Elementen und Temperamenten hier über die Quadranten erfolgt und nicht, wie sonst üblich, als „Triplizitäten der elementaren Trigone".[277]
Gesundheit oder Krankheit sind in der klassisch-magischen Medizin eine Frage des ausgewogenen Mischungsverhältnisses zwischen den vier Säften. Normale Menschen haben also nicht einfach eines von vier Temperamenten, sondern stellen individuelle Mischungsverhältnisse verschiedener Temperamente dar. Nicht erst in einem iatromathematischen Hausbuch um 1465 stand über die vier Elementarcharaktere geschrieben:

> „Es sind virhande naturen vnd complexion, di der mensch hat: ettlicher mensh czwu, ettlicher dreu, ettlicher vir. Doch so nympt ayne vberhand, das ist die, di der Mensch aller mayst hat, vnd kain mensch hat allein eine."[278]

Während etwa Friedmann seine drei Persönlichkeitstypen als real existent deklarierte und bei jedem Menschen früher oder später die „richtige" und eindeutige Diagnose eines Typus garantierte, ist das magische Modell flexibel. Der dominanteste Charakterzug nimmt zwar immer wieder Oberhand, aber dennoch hat kein Mensch nur ein Temperament alleine. Der aus diesen Vermischungen entstehende Individualcharakter ist dabei am ehesten mit einer vierdimensionalen Version von Pitchers Mischtypendarstellung[279] vergleichbar. Die vier Grundcharaktere Choleriker, Sanguiniker, Phlegmatiker und Melancholiker sind Archetypen und als solche Idealisierungen. Wie die vier Elemente Feuer, Luft, Wasser und Erde sind sie in der Erscheinungswelt nicht ungetrübt und rein vorhanden. Sie müssen in ihren Mischungsverhältnissen vom geübten Auge des Mediziners diagnostiziert werden, um nach dem Prinzip der Sympathie[280] die entsprechenden Therapien und Heilmittel verschreiben zu können.

Charakterbilder der vier Temperamente (Wolfenbüttel, 16. Jahrhundert):
Choleriker, Sanguiniker, Melancholiker und Phlegmatiker[281]

Die Körpersäfte sind durch das Prinzip der Entsprechung von Makrokosmos und Mikrokosmos mit den anderen Erscheinungsebenen parallelgeschaltet. Dadurch ergibt sich eine holistische Betrachtungsweise des Patienten. „Was ein jeder jeweils hier und jetzt in Gesundheit und Krankheit, in Geist, Seele und Körper ist, das hängt ab von seiner Verortung in den geographischen Verhältnissen, in Klima und Wetter, im Lebens-, Jahres- und Tageszyklus, hängt aber auch vom individuellen und kollektiven Ethos, dem Brauch, der Lebens- und Ernährungsweise der Ethnie in der jeweiligen Polis ab."[282]
Die Welt der Gestirne zeigt in diesem System von Analogien die Krankheitskonstellation auf. In der magischen Welt der Prämoderne waren Heilwesen und Medizin deshalb untrennbar mit astrologischem Fachwissen verknüpft. „Ein guter Arzt kann kein schlechter Astrologe sein." so die Meinung des damaligen Zeitgeistes. Noch im 16. Jahrhundert wurden Seuchen, Epidemien und Krankheiten vor allem über die Gestirnsstellungen erfasst. So erwähnt Ludwik Fleck im Zusammenhang mit der Entstehungsgeschichte der Syphilis, dass im damaligen Denkstil des Offiziellen astrologische Konstellationen zur Erklärung der Seuche herangezogen wurden: „Die meisten Schriftsteller nehmen an, dass die Konjunktion von Saturnus und Jupiter am 25.11.1484 im Zeichen des Skorpions und Hause des Mars die Ursache der Lustseuche gewesen sei. Der gute Jupiter unterlag den bösen Planeten Saturn und Mars und das Zeichen des Skorpions, dem die Geschlechtsteile untergeben sind, erklärt, weshalb die Genitalien der erste Angriffspunkt der neuen Krankheiten waren."[283]

War die Konstellation identifiziert, so kannte man auch den Apostel, Schutzgeist oder Engel, welcher als Ziel von Anrufung, Opfer oder Gebet für die Besserung des Gesundheitszustandes zuständig war. In der menschlichen Welt waren es die jeweiligen Körpersäfte, welche aus ihrem Gleichgewicht geraten waren. Jeder Teil und jedes Organ des Körpers war zudem einem Tierkreiszeichen oder Planeten zugeordnet.[284] So steht um die Zeitenwende beim römischen Astrologen Manilius zu lesen:

> „Der Widder bekam als der Anführer aller Zeichen den Kopf und der Stier den sehr stattlichen Hals, den er selbst hat, und in die Zwillinge werden zu gleichen Teilen die Arme bis zu den Schultern geschrieben, unter dem Krebs steht der Brustkorb, Seiten und Rücken des Menschen sind unter der Herrschaft des Löwen; passend zu ihr begibt sich der Bauch in die Obhut der Jungfrau, Waage beherrscht das Gesäß, Skorpion hat an dem Geschlecht Lust, auf den Ken-

taurus kommen die Schenkel, der Steinbock gebietet beiden Knieen, des gießenden Wassermanns Herrschaft erstreckt sich über die Unterschenkel, und recht sind die Füße den Fischen."[285]

Durch die Zuordnungen der astrologischen Konstellationen zu den jeweils analogen Erscheinungen in der elementaren Welt konnte man schließlich über das Sympathieprinzip die wirksame Heilungsmethode ermitteln. Stand beispielsweise der Saturn ungünstig zum Mars des Patienten, so galten Kniebeschwerden als typisch. Als Heilmittel würde man deshalb zu einem Saturn-Analogon greifen wie etwa Granit aus der Welt der Mineralien. Aber auch aus entsprechend analogen Erscheinungen der Tierwelt und der Pflanzenwelt konnten die Bestandteile für die jeweils notwendigen Medikamente gewonnen werden. Oft wurde auch entsprechend der Zuordnungen von Jahreszeiten und Himmelsrichtungen ein Orts- oder Klimawechsel verschrieben in Kombination mit einer gezielt zusammengestellten Diät. Dabei wurde darauf Bedacht genommen, die den jeweiligen Körpersäften zugeordneten Geschmacksrichtungen in der Therapie zu stimulieren oder zu vermeiden.

Die Lehre von den vier Temperamenten ist also vor allem für die Bereiche Medizin und Heilkunde entwickelt worden. Für uns ist allerdings ihre Anwendung auf die Persönlichkeitsdiagnostik von größerem Interesse. Schließlich erfolgten schon seit der Antike in regelmäßigen Abständen Neuauflagen dieser magischen Tetrade, und viele davon waren speziell auf die Charakterkunde zurechtdifferenziert. Wie Ulrich Reißer (*1961) schreibt: „Insbesondere die im aristotelischen Problem XXX,1 zentral abgehandelte Melancholieinterpretation ist Indiz, dass das Überwiegen eines Saftes nicht mehr nur als physische Beschaffenheit des kranken Menschen, sondern als charakterbildende Eigenschaft und Veranlagung gedeutet werden konnte. Diese Besonderheit aber war dazu angetan, die gesamte Melancholiekonzeption in den Bereich der Psychologie und der Physiognomik zu verlagern und damit einer Wandlung der Humoraltheorie in eine Charaktertypenlehre Bahn zu brechen."[286]
So werden etwa die später besonders dem Melancholiker zugeschriebenen Charakterzüge des Geizes, der Furchtsamkeit und Feigheit bereits in den physiognomischen Werken des Pseudo-Aristoteles, des Polemon oder des lateinischen Anonymus körperliche Merkmale wie schwarze Haare, dunkle Hautfarbe, Magerkeit oder finstere Mimik zugeordnet. Al-

lerdings erfolgte die endgültige Verflechtung von Physiognomik und Temperamentlehre im klassisch-tetradischen Schema erst etwa ab der zweiten Hälfte des Mittelalters. Der psychophysische Parallelismus als Paradigma der Temperamentlehre in ihrer endgültigen Ausformulierung als Sanguiniker, Melancholiker, Choleriker und Phlegmatiker entwickelte sich also von den Anfängen in der Antike bis zur Renaissance stetig weiter.

Wir wollen deshalb einige historische Beschreibungen der typischen Eigenheiten und Verhaltensweisen dieser vier Charaktere betrachten, bevor diese vier Archetypen des menschlichen Temperaments in ihren aktuellen Zeitgeistmasken im modernen Management untersucht werden. Dabei werden Darstellungen aus der Renaissance verwendet, wie sie in diversen Hausbüchern und Gesundheitsfibeln, aber auch in den astrologischen Darstellungen der Planetenkinder gebräuchlich waren.

Der Choleriker (Codex Schürstab, Nürnberg, um 1465)[287]

Den Beginn dieser Darstellung macht der **Choleriker**, da dieser über die griffigsten Charaktereigenschaften verfügt. Während sich die Beschreibungen der anderen drei Typen in verschiedenen Quellen teilweise überlappen und miteinander verschwimmen, weisen die verschiedenen Illustrationen des Cholerikers eine sehr einheitliche Bildform auf. „Als Einzelfigur erscheint er als Krieger, der beritten, in Rüstung oder nur als Schwertträger auftritt und zum Inventar des Planetenkinderbildes des Mars gehört. Der szenische Typ ist stets das sich streitende und schlagende Paar, das typengeschichtlich auf die „Discordia" zurückgeht und den Zorn des Cholerikers verbildlicht."[288] In der Abbildung aus dem Codex Schürstab (um 1465) kommt das feurige Temperament des Cholerikers im Schlagen der Frau zum Ausdruck:

> „Ein colericus ist ain mensch, der des fuires mer hat. De mensch ist hays und trucken von natur, fuires natur und des sumers. Er hatt ain mittel conplexion, nit zevil edel, noch unedel. Der mensch ist blaicher farb, er trinckt mer, dann er isst. Er ist clainer gelider, er ist mager und ains grymmen, schnellen zorns, der ist im doch schier hin. Er ist kün und schnell mit allen dingen und redt gar vil. Er ist unforchtsam und hatt vil hars, das hört ist, und die obern tail des leybs sind im grösser, dann die undern. Er ist milt zü unerbern dingen und ist unstet. Er begert vil zehelsen und mag wenig. Im ist not, daz er sich hüt vor speys, die hitzig und trucken sind. So ist im gesund alles daz, das kalt und feicht ist."[289]

In astrologischer Terminologie sind es die Planeten Mars und Sonne, sowie die dazugehörigen Tierkreiszeichen Widder, Skorpion und Löwe, welche dieses hitzige, ungestüme, leicht aufbrausende und heißblütige Temperament des Cholerikers repräsentieren. Er ist oft wütend und jähzornig, neigt zu heftigen Gefühlsreaktionen und in der Enge zu aggressivem Verhalten. Er ist ein Draufgänger und Heißsporn, außerordentlich ehrgeizig und willensstark. Sein dominanter und eigenwilliger Charakter zieht den Angriff der Verteidigung vor. Wie der Sanguiniker ist er von seiner Grundausrichtung extravertiert, wodurch innere Anspannungen sofort zu einer Lösung im Außen drängen.

Der **Sanguiniker** als zweiter außengewandter Charaktertyp galt allgemein als vornehmste Gemütsart. „Der warm/feuchte Sanguiniker, dem als Element die Luft zukommt, wird kontinuierlich als die edelste Komplexion beschrieben. Im Allgemeinen lachen und singen sie gern, sind liebenswert, fröhlich und freigebig, gute Liebhaber und unkeusch. Für ihn gibt sich ein relativ klares Bild. Dort, wo er als Einzelfigur in Erscheinung tritt, ist es der hübsche, modisch gekleidete Jüngling, meist jedoch der jugendliche Falkenjäger, der aus dem Planetenkinderbild des Jupiters herauszweigt. Der musizierende Sanguiniker scheint durch seine Frohnatur und die Textstelle „spylen vnd ouch singen / seyten spil vnd springen" hinreichend begründet."[290]

Der Sanguiniker (Codex Schürstab, Nürnberg, um 1465)

Der Sanguiniker nimmt das Leben von der leichten Seite, agiert unbekümmert und ausgehend von einem optimistischen Weltbild. Er ist kontaktfreudig, wortgewandt und schlagfertig, allgemein ein lebhafter und gutgelaunter Gesellschafter, welcher manchmal auch etwas zur Oberflächlichkeit neigt. Im Komplexionstext „Ordnung der Gesundheit" (1510/11) wird er folgendermaßen beschrieben:

> „Der mensch, der der selben natur ist, der ist von natur, daz er lieb hatt und lieb wirt gehebt. Er ist milt zü erlichen dingen, er ist frölich, zimlich. Er ist weys und clug auff erber sach. Er hatt rot, schön farw und singet wol und ist leibig und vaist nit zevil. Er ist kün und mütig zü güten dingen, gütig, lind an der haut, stet und vest in seinen sachen. Er ist nit betrogen. Er redt nit zevil und ist schemig. Er mag wol helsen und begert sein vil, wann er ist warm und feicht. Er wirt gern wolgelert und weyß."[291]

Wie die Luft im magischen Weltbild dem Geist entspricht, so ist auch der Sanguiniker ein geistreicher Zeitgenosse. Im Codex Schürstab heißt es:

> „Sein gayst sind subtil, also was man in fur legt, das si das gar schire vnd pald begriffen. Vnd sind auch von nichczit weiser denn di melancoloici oder flegmatici, wann di sangwiney sind aller meist bewegt vnd vnstetich vnd ligen den dingen nit erenstlich ob. (...) Auch sind si milt minner vnd minnerin vnd frolichen vnd lachen geren vnd sind rot vnter dem antlicz vnd singen geren."[292]

Der Phlegmatiker (Codex Schürstab, Nürnberg, um 1465)

Der **Phlegmatiker** als drittes Temperament entspricht dem Element Wasser. Seine Darstellung ist meist weniger prägnant und ausführlich. Vielleicht mag dies daran liegen, dass innengerichtete Prozesse schwieriger zu beobachten sind als außengerichtete. Zudem galten die passiven Temperamente als weniger edel und vornehm als die extravertierten. Während der Melancholiker aufgrund seiner komplizierten und oft äußerst negativ dargestellten Persönlichkeit in den meisten Komplexionsschriften breit und umfassend dargelegt und analysiert wird, kommt dem Phlegmatiker in der Regel nur wenig Aufmerksamkeit zu. Meist werden seine Eigenschaften ganz am Schluss mit ein paar Pflichtsätzen abgetan. So steht im Codex Schürstab schlicht:

> „Das sind stumpfes sinn vnd schlafen vil, vnd sind treg vnd speyen vil vnd sinn grob mit iren sinnen vnd sind vayst vnd weis vnter dem antlücz vnd treiben geren sayten spil vnd geleichnent sich auch den planeten des Monen, des Venus mit irer natur."[293]

Der Phlegmatiker ist ein gelöster Innenmensch mit einer stabilen Lebensgrundstimmung und ohne besonderen Ehrgeiz. Ein rasches Anspringen auf äußere Reize fehlt bei ihm. Er verhält sich seiner Umwelt gegenüber verträglich, freundlich und gutmütig, oft aber auch etwas nachlässig. Seine Bewegungen gleichen einem fließenden und sanften Dahingleiten im Gegensatz zu den schleppenden und gedrückten Bewegungen des Melancholikers. Mond und Venus als zwei gelöst passive, Genuss und Trägheit zugetane Archetypen in der mittelalterlichen Planetenwelt, werden dem phlegmatischen Temperament zugeordnet.

Der Melancholiker (Codex Schürstab, Nürnberg, um 1465)

Als vierter Charakter repräsentiert der **Melancholiker** schließlich das Element Erde und ist somit kalt und trocken. Er neigt in die Schwere und in die Tiefe, zum Grübeln und zu negativen Gedanken ebenso wie zum Bedürfnis nach Stille und zu einer traurigen Grundstimmung. Seine Trägheit und sein Schwermut machen Saturn, den langsamsten und fernsten der klassischen Planeten, zu seinem Vertreter in der Planetenwelt. Der Melancholiker wurde im Mittelalter als die unedelste Komplexion betrachtet. Nur in wenigen Darstellungen werden auch gute Seiten des melancholischen Temperaments erwähnt, wie etwa sein Fleiß, seine Ausdauer und Gründlichkeit, seine Sorgfalt und Gewissenhaftigkeit. Er ist das bodenständige und leicht depressive Arbeitstier, ein gespannter Innenmensch mit einer Neigung zur Komplexbildung. Er ist konservativ und materialistisch eingestellt.

„Ein melancolicus ist geschaffen ain mensch von vier elementen der natur, der erd übertrift. Der mensch wird kalt und trucken und wirt geleichet der erd und dem herbst. Es ist die unedelst conplexion. Ain mensch der selben natur ist geren karg, geytig, traurig und eschenfar, treg, untrui, unstet, betrogen und hatt ain bösen magen und ist forchtsam. Er hat bös begird und hatt ertliche ding lit lieb. Er hat ain blöden sin und ist unweys. (...) Er mag nit wol helsen."[294]

In einem anderen Text heißt es unter anderem: „Selten mag er lachen vnd lutzel schimpfe machen. Sin geberde sint trurig vngemeit. Vnd hett ein hertze vol gytigkeit. Doch so muß ich loben in. Uff kunste vnd wyßheit stot sin sin. (...) Kunst vnd schatze verbirget er vil. Niemans er sich bekumbern will."[295]

In einem weiteren wird er umschrieben als „hessig, traurich, vergessig, treg vnd vnbehend."[296]

Zu Anbeginn der Neuzeit im 16. Jahrhundert zählte die Lehre von den vier Temperamenten zum Allgemeingut des offiziellen Wissensparadigmas. Danach wurde sie in der Medizin zunehmend verdrängt durch andere Erklärungsmodelle. In der Menschenkunde bestand sie noch länger fort, bis diese im 19. Jahrhundert langsam zur modernen Psychologie wurde. Seither ist es im offiziellen Denkkollektiv still um die Temperamente geworden. Dennoch, so werden die folgenden Kapitel zeigen, bestehen sie bis heute unter modernen Zeitgeistmasken in aktuellen Managementlehren fort.[297]

07. Die vier Temperamente im Management

In der klassischen Temperamentenlehre haben wir also vier Typen, welche sich im Charakter deutlich unterscheiden. Das Element Feuer steht für Energie, das Element Wasser für die Seele, das Element Luft für den Geist und das Element Erde für das Materielle. Der feurige Choleriker ist dynamisch, durchsetzungskräftig, ungeduldig und voller Tatendrang. Er will gestalten und etwas voranbringen, ist ein Machertyp. Dabei neigt er dazu, andere zu dominieren und das Kommando zu ergreifen. Der wässrige Phlegmatiker ist sehr gefühlvoll und einfühlsam. Das Menschliche steht bei ihm im Fokus, das Wohlbefinden und Seelenleben seiner sozialen Umgebung. Der luftige Sanguiniker ist kommunikativ und kontaktfreudig, ein charmanter und gewandter Gesellschafter, geistreich und voller Ideen, nur manchmal etwas oberflächlich. Der erdige Melancholiker schließlich orientiert sich an materiellen Werten, am stofflich Messbaren und Verwertbaren. Er ist ernst und zuverlässig, arbeitet präzise und systematisch.

Besonders plastisch werden die Temperamente in den Bildern der Planetenkinder dargestellt.[298] Dabei entspricht dem Melancholiker Saturn, dem Sanguiniker Jupiter, dem Choleriker Mars und dem Phlegmatiker der Mond. Die Venus kann je nach Stellung als Morgenstern oder als Abendstern sowohl dem Phlegmatiker, als auch dem Sanguiniker zugeordnet werden. Agrippa von Nettesheim beschreibt die Planetenkinder und ihre Mienen und Gebärden folgendermaßen:

> „Unter den Gebärden beziehen sich auf den Saturn die traurigen und bekümmerten wie das Wehklagen, das Schlagen an den Kopf; desgleichen die religiösen, wie das Kniebeugen; das Senken des Blickes wie bei der Stellung eines Verwünschungen Ausstoßenden. (...)
> Auf Jupiter beziehen sich die heiteren und edlen Mienen, die ehrenden Gebärden, das Zusammenschlagen der Hände, wie beim Beifallspenden oder Loben, desgleichen das Kniebeugen mit erhobenem Haupte in der Stellung des Anbetenden.
> Dem Mars gehören die heftigen, wilden, grausamen, jähzornigen, trotzigen Gebärden, so wie die entsprechenden Mienen an. (...)
> Venus liebt Tänze, Umarmungen, Gelächter, liebenswürdige und fröhliche Mienen. (...) Lunarisch sind die beweglichen, schelmischen, jugendlichen und dergleichen."[299]

Springen wir 500 Jahre in die Gegenwart. Auch heute werden Menschen in Typen eingeteilt. Dabei werden in der modernen Managementliteratur nicht nur Charaktereigenschaften beschrieben, sondern ebenfalls gerne die Mienen und Gebärden, welche im Neusprech „Körpersprache" genannt werden. Und auch hier gibt es einen feurigen Macher, der seine marsische Wildheit dem modernen Zeitgeist entsprechend kultiviert hat. In der Persönlichkeitstypologie Insights MDI® nennt er sich Direktor:

> „Der Direktor kommt umgehend zum Thema und spricht mit lauter, kräftiger Stimme. Er sitzt aufrecht und macht sich größer, als er tatsächlich ist. Dabei schaut er Ihnen klar und streng in die Augen, um Sie zu beeindrucken. Und er hält körperlich Abstand zu Ihnen. (...) Ist er unzufrieden, lässt er Sie das durch seinen Tonfall, Stirnrunzeln und seine Worte deutlich spüren."[300]

Einst wie heute geht es bei den Typologien darum, sich möglichst gut auf verschiedene Arten von Mensch einzustellen, sie an ihrem Verhalten zu erkennen und dann entsprechend ihrer Eigenart eine gemeinsame Ebene mit ihnen zu finden. So lassen sie sich besser führen, zur Kooperation bewegen, in Verkaufsgesprächen überreden oder auch in Verhandlungen übervorteilen. Ein weiterer Anspruch der Typologien ist es, Menschen bei der Berufsorientierung zu helfen, ihnen näherzubringen, wo ihre Stärken und Talente liegen, wo ihr Platz in der Welt ist. Das war bereits bei den spätmittelalterlichen Darstellungen der Planetenkinder so:

> „Unter den Saturnkindern befinden sich Feldarbeiter, Schweinehirten, Schatzgräber, Gefangene, Krüppel, Bettler, Diebe, Würfelspieler, Bäcker, Astrologen, Mönche und Erhängte. Unter Jupiter: Gelehrte, Richter, Falken- und sonstige Jäger. In der Mars-Darstellung dominieren die Schlachtszenen bevölkert von Brandschatzern, Kämpfenden, Kriegern und Dieben. Im Venusbild sind ihre Kinder meist zu Paaren geordnet, die baden, tanzen, singen, spazierengehen oder sich lieben und dabei von Musikanten begleitet werden. (...) Und schließlich die Lunakinder, die Tätigkeiten am Wasser verrichten: Fischer, Badende, Müller aber auch Glücksspieler, Eselstreiber, oder Vogeljäger treten auf."[301]

Auch daran hat sich bis heute wenig geändert. Und so erhält auch der feurige Direktor Ratschläge, in welchen Berufen er besonders gut seine „Stärken stärken" kann: „Führungspositionen in allen Branchen, selbstständiger Unternehmer, Unternehmensberater, Key-Acount-Manager, Venture Capitalist, (...) Professor, IT-Trainer, Offizier."[302] Die Zeitgeistmasken ändern sich. Doch die Sehnsucht nach der Berechenbarkeit des

Menschlichen bleibt. Dabei führt uns die Spur der modernen Diagnostik-Tools bis zurück in die 1920er Jahre.

Die Typen der Herrschaft

Sucht man in den Sozialwissenschaften nach ersten Persönlichkeitsmodellen, so werden häufig „Die Typen der Herrschaft" des deutschen Soziologen Max Weber (1864-1920) als Vorläufer erwähnt. In seinem posthum veröffentlichten Buch „Wirtschaft und Gesellschaft" (1922)[303] geht er der Frage nach, warum Menschen sich beherrschen lassen. Er identifiziert aufgrund ausführlicher soziologisch-historischer Studien drei reine Typen legitimer Herrschaft: die legale, die traditionale und die charismatische Herrschaft. Als vierte Form beschreibt er schließlich den Lehens-Feudalismus, sodass sich insgesamt folgende Herrschaftstypen ergeben:

Bürokratischer Herrschaftstyp: basiert auf rationalen Regeln, Rechten und Gesetzen; Führer wird auf Zeit berufen und muss sich ans Protokoll halten

Patriarchalischer Herrschaftstyp: basiert auf tradierten Hierarchien und Weisheiten; uneingeschränkter Führer ist der Älteste als bester Kenner der Tradition

Charismatischer Herrschaftstyp: basiert auf übernatürlichen, übermenschlichen oder zumindest außeralltäglichen Charaktereigenschaften

Autokratischer Herrschaftstyp: basiert auf einem persönlichen Machtsystem aus treuen Vasallen und Untervasallen, welche dem absoluten Herrscher zur Treue verpflichtet sind

Wir erkennen hier eine deutliche Ähnlichkeit mit den vier Temperamenten. Der Bürokratische Herrschaftstyp mit seiner auf Regeln und Formalismen basierenden Autorität entspricht dem erdigen Melancholiker. Der Autokratische Typ forciert das Recht des Stärkeren und deckt sich somit mit dem cholerischen Feuercharakter. Der Patriarchalische Herrschaftstyp gründet auf seiner historisch gewachsenen sozialen und familiären Position, auf seinem Stellenwert als Mensch, was stark dem Wassertypus entspricht. Und der genialistische Charismatiker schließlich mit seinen außergewöhnlichen Fähigkeiten ist der versiert-volatile Sanguiniker. Weber hat in dieser Typologie bereits die wesentliche Ausrichtung der späteren Managementlehren vorweggenommen, ohne sich seinerseits der uralten

Wurzeln seines Konzepts bewusst zu sein. Somit war er wohl unwissentlich einer der ersten, der die antiken Temperamente in die Sprache des 20. Jahrhunderts übersetzte in einer reinventatorischen Reaszendenz.

Die BWL-Menschenbilder

Auch in der BWL-Literatur finden sich solche Typologien. In der Organisationspsychologie spielen Menschenbilder eine wichtige Rolle, weil „sich in diesen Auffassungen (der Führungskräfte über die Geführten) typische Handlungsmaximen widerspiegeln: wer z.B. Arbeitnehmer für grundsätzlich faul und inkompetent hält, wird sich in seinem Verhalten entsprechend darauf einstellen."[304] Menschenbilder stellen also weniger Charaktertypen dar wie sie sind, sondern vielmehr wie sie in anderen gesehen und auf Mitmenschen projiziert werden.

> „Beim Menschenbild handelt es sich um die Annahmen darüber,
> - was der Mensch ist
> - welche Bedürfnisse er hat und welche Ziele er verfolgt
> - was sein Rang ist in der Welt und welches sein Verhältnis zu Mitmenschen
> - was sein Denken und sein Handeln bestimmt und wo seine Grenzen liegen."[305]

Werden in der Managementlehre theoretische Modelle etwa zum Führungsverhalten entworfen, so gehen diese immer von einem bestimmten Menschenbild aus, oft jedoch, ohne dies explizit zu erwähnen. Es wird dann vorausgesetzt, dass es ja ohnehin klar wäre, dass Menschen eben so sind und nicht anders als dargestellt. Eine Führungskraft mit dem Bild des grundsätzlich faulen Menschen wird daher eher strenge Kontrollmechanismen zur Leistungssicherung als gut befinden, während ein Manager mit dem Bild vom motivierten und auf Selbstverwirklichung bedachten Menschen lieber durch Weitergabe von Entscheidungskompetenzen oder Mitarbeiterbeteiligungssysteme die Leistungsbereitschaft seiner Abteilung erhöht. Nun hat aber nicht nur der Firmenleiter verschiedene Annahmen von der Funktionsweise seiner Mitmenschen, sondern auch der Wissenschaftler oder Consultant, welcher diesem mit schlauen Büchern in der Praxis zur Seite stehen möchte. Edgar H. Schein (*1928) strich 1965 als einer der ersten diesen Sachverhalt hervor in seinem Buch über „Organizational Psychology":

„Jeder Manager trifft Annahmen über Menschen. Ob er sich dieser Annahmen bewusst ist oder nicht, sie entscheiden darüber, wie er mit seinen Vorgesetzten Kollegen und Untergebenen umgeht. Seine Effektivität als Manager hängt massgeblich davon ab, ob diese Annahmen mit der empirischen Wirklichkeit übereinstimmen. Historisch haben diese Menschenbilder in Organisationen weitgehend die philosophischen Positionen zur Natur des Menschen widergespiegelt und als Rechtfertigung der speziellen organisationalen und politischen Systeme ihrer Zeit gedient."[306]

In der Reihenfolge ihres historischen Auftauchens teilt Schein die bisherigen Menschenbilder der Betriebswirtschaftslehre in vier Typen ein:

„**Der rationale Mensch**
Mit dieser Konstruktion eines „homo oeconomicus" wird Bezug genommen auf den „wissenschaftlich" kalkulierenden, seine (individualistischen) Ziele konsequent und rational verfolgenden Menschen. TAYLORs Konzept der „wissenschaftlichen Betriebsführung" liegt eine solch technisch-nüchterne Haltung zugrunde.

Der soziale Mensch
Die von MAYO inspirierte Human-Relations-Bewegung propagierte die soziale Determiniertheit menschlichen Handelns: der einzelne fügt sich den Normen seiner Gruppe und strebt nach Anerkennung, Nähe, Zugehörigkeit. „Sage mir, zu welcher Gruppe Du gehörst und ich sage Dir, wer Du bist!"

Der selbstaktualisierende Mensch
Dieses Menschenbild führt die bisher skizzierte Entwicklungslinie fort zu einem neuen Typus. Auffällig ist die Konzentration auf das Individuum: Selbstverwirklichung und psychologisches Wachstum, Ich-Bedürfnisse und Autonomie sind die zentralen Begriffe, die z.B. in MASLOWs Bedürfnishierarchie die obersten Plätze einnehmen.

Der komplexe Mensch
Hier wird im Unterschied zu den drei genannten Auffassungen, die jeweils inhaltliche Akzente setzen – einer Dynamisierung das Wort geredet: Der Mensch ist flexibel, plastisch, lern- und wandlungsfähig, er kann nicht auf eine bestimmte Eigenart festgeschrieben werden, sondern verändert sich je nach den Anforderungen der Situation, in der er handeln muss. Im Grunde stellt die Rede vom „komplexen Menschen" die Verteidigung eines Menschen dar, der zum gefügigen Produkt seiner Umwelt wurde: Er ist (nun) so, wie sie ihn braucht!"[307]

Die allgemeinen Annahmen und Ansichten des **Rational-Economic Man** gründen laut Schein auf der Philosophie des Hedonismus. Diese argumentiert, dass Menschen ihre Tätigkeiten nach einer Maximierung des Eigennutzens berechnen. Auf dieser Annahme basiert die ökonomische Theorie von Adam Smith. Wenn jeder nur konsequent seine Eigeninteressen verfolgt, dann führt das zu einem maximalen Anwachsen des Gesamtwohlstandes. Deshalb dürften Beziehungen zwischen Organisationen und Kunden am Markt nicht reguliert werden. Die optimale Allokation der Ressourcen geschieht wie durch eine unsichtbare Hand dann, wenn jeder nur an sich denkt.[308] Aus dieser Perspektive betrachtet ergibt sich für den Mitarbeiter folgendes Menschenbild:

- der Mitarbeiter wird primär durch monetäre Anreize motiviert und agiert immer gemäß einem maximalen ökonomischen Eigennutzen.
- da die Organisation die monetären Anreizsysteme kontrolliert, ist der Mitarbeiter vor allem ein passiver Befehlsempfänger, der von der Firmenplanung manipuliert, motiviert und kontrolliert werden kann.
- Die Gefühle des Mitarbeiters sind tiefgreifend irrational und müssen davon abgehalten werden, mit dem rationalen Kalkül des Selbstinteresses in Konflikt zu geraten.
- Die Organisation muss deshalb derart gestaltet sein, dass die Gefühle des Mitarbeiters kontrolliert und neutralisiert werden können.[309]

Dieses Menschenbild entspricht der „Theory X" des Managementprofessors Douglas McGregor (1906 – 1964), nach welcher Menschen

- vor allem faul wären und deshalb primär durch externe Anreize motiviert werden müssten.
- natürliche Ziele verfolgten, welche denen der Organisation zuwiderlaufen und deshalb kontrolliert werden müssten.
- aufgrund ihrer irrationalen Gefühle grundsätzlich unfähig zur Selbstkontrolle sind.

Aufgrund derartiger Annahmen entstanden in der betrieblichen Praxis Einrichtungen wie das Fließband und verschiedenste materielle Anreizsysteme. Der träge und egoistische Arbeiter soll mit Zuckerbrot und Peitsche ins Betriebsgetriebe geölt werden. Nach anfänglichen Erfolgen dieses Leitbildes, welches in Taylors Scientific Management (1913) einen seiner Höhepunkte fand, ließ der allgemeine wachsende Wohlstand diesen Ansatz irgendwann an seine Grenzen stoßen.

Anscheinend bedurfte es ab eines gewissen Wohlstandsniveaus mehr als nur monetärer Anreize, um Mitarbeiter zu motivieren. Elton Mayo (1880 - 1949) zeigte seit Beginn der 1930er Jahre, dass der Mensch vor allem über seine sozialen Kontakte motiviert wird. Arbeiter in Interviews beklagten sich über eine zunehmende Entfremdung und den Verlust von Sinn und Identität. Die beziehungslose Arbeit hatte sie in ihren sozialen Bedürfnissen frustriert. Stattdessen würden sie die Geborgenheit eines Verbandes suchen. Mayos Menschenbild wird von Schein als **Social Man** beschrieben:[310]

- Der Mensch wird vor allem durch seine sozialen Bedürfnisse motiviert und erlangt seine Identität durch seine Beziehungen mit anderen.
- Als Resultat der Industriellen Revolution und der Rationalisierung hat die Arbeit selbst ihren Sinn verloren. Dieser muss deshalb in den sozialen Beziehungen in der Arbeit gesucht werden.
- Der Mensch spricht viel stärker auf die sozialen Kräfte seiner Peergroup an als auf Anreize und Kontrollen des Managements.
- Der Mensch ist für das Management dann empfänglich, wenn eine Führungskraft seine Bedürfnisse nach sozialer Bestätigung erfüllt.

Gruppenanreizsysteme, diverse Teamworkmethoden, Einbeziehung von Mitarbeitern in Entscheidungen und sozialpsychologisch geschulte, verständnisvolle Manager entsprangen der Schule dieses Menschenbilds. Ohne die Pflege und Befriedigung der sozialen Bedürfnisse ihrer Mitarbeiter kann die Managementebene keine effiziente Leistung erwarten. Schein schreibt: „Mayo und andere haben herausgefunden, dass wenn das Management ein Arbeitsklima schafft, welches die Mitarbeiter frustriert, bedroht oder entfremdet, sich diese in Gruppen formieren, deren Normen den Zielen des Managements zuwiderlaufen."[311] Man muss sich auch um das Gemüt und um die seelischen Belange der Mitarbeiter kümmern, damit sich diese wohl fühlen und gerne ihren Tätigkeiten nachgehen zum Wohlergehen des Betriebs.

In den 1960er Jahren war dann eine große Aufbruchsstimmung. Belmondo fuhr im Sportwagen auf einen Martini nach Nizza. Der Wind blies den

Hauch einer großen Zukunft zu den Horizonten herein. Die Welt wurde immer größer und freier. Nicht mehr nur materieller Wohlstand und ein intakter sozialer Verband waren es, über welche die Mitarbeiter motiviert werden konnten. In den Vordergrund rückte vielmehr der Drang nach Selbstverwirklichung und individueller Entscheidungsfreiheit. Argyris, Maslow, McGregor und andere entwarfen im Klima dieses Zeitgeistes das Menschenbild des **Self-Actualizing Man**. Die Annahmen über die Natur dieses Menschen werden wie folgt beschrieben:

- Seine Triebstruktur und Motive richten sich nach einer vorgegebenen Hierarchie, welche auch als Maslowsche Bedürfnispyramide bekannt wurde. Nach dieser sind zuerst die Elementarbedürfnisse des Menschen nach Sicherheit und materieller Grundausstattung (1) zu befriedigen. Nach Stillung der Triebe in dieser Basisschicht erwachen die sozialen Bedürfnisse (2). Sind diese ausreichend befriedigt, so rückt das Bedürfnis nach Selbstbestätigung (3) in den Vordergrund. Darauf schichten sich am Gipfel der Pyramide das Bedürfnis nach Unabhängigkeit (4) und nach Selbstverwirklichung (5).
- Der Mensch möchte in der Arbeit Reife zeigen und ist dazu auch fähig. Das bedeutet die Einführung einer gewissen Autonomie und Unabhängigkeit, eine langfristige Zeitperspektive, die Entwicklung besonderer Kompetenzen und Fähigkeiten und größere Flexibilität in der Anpassung an neue Umstände.
- Der Mensch ist vor allem selbstmotiviert und selbstkontrolliert. Von außen übergestülpte Anreize und Kontrollen führen meist zu weniger reifem Verhalten.
- Es gibt keinen inhärenten Konflikt zwischen der Selbstverwirklichung des Mitarbeiters und einer effektiven Performance der Organisation. Wenn er die Möglichkeit hat, wird der Mensch freiwillig seine eigenen Ziele in die Ziele der Organisation integrieren.[312]

Wenn der Selbstverwirklichungstrieb des Mitarbeiters richtig gefördert wird, so gleichen seine emotionalen Belange nicht mehr einem gefährlichen Wildbach, welcher kanalisiert und gezähmt werden muss wie in den anderen zwei Modellen, sondern sie werden im Gegenteil fruchtbar und gewinnbringend für das Unternehmen. Die Unkontrollierbarkeit der menschlichen Seelenregungen wird nicht mehr als Bedrohung empfunden, sondern als schöpferischer Quell der Innovation. Aufgrund dieser Sichtweise erfolgt eine Verlagerung von der extrinsischen Motivation hin zur intrinsischen. Durch gemeinsame Zielübereinstimmungen und Übertragen von Kompetenzen wird dem Mitarbeiter ein Arbeitsumfeld geschaffen, innerhalb dessen er sich frei verwirklichen kann. Der Manager wird vom Kontrolleur und Motivator zum schnittstellenartigen Katalysator, welcher seinen Mitarbeiter nur noch in Problemfällen unterstützt und ansonsten ohne konkrete Anweisungen belässt. Dem Self-Actualizing Man entspricht in der Typologie von McGregor die „Theory Y“, nach welcher „der normale Mitarbeiter gern arbeitet und vor allem gern selbständig arbeitet, so dass Gängelungs- und Kontrollsucht von Vorgesetzten unangebracht sind, bzw. letztlich das Verhalten erst erzeugen, gegen das sie sich richten. Vorgesetzte sollen also nicht nur leiten, sondern auch lassen können, nämlich unterlassen zu bevormunden, sich einzumischen, vorzuschreiben.“[313]

1965 hielt Schein schließlich diesen drei Menschenbildern als viertes seinen Entwurf vom **Complex Man** entgegen. Empirische Untersuchungen hatten kaum spektakuläre Signifikanzen für das reine Vorkommen eines der drei genannten Typen liefern können. So hatten Jahrzehnte der Managementforschung vor allem eine Verkomplizierung unserer Theorien des Menschen, der Organisation, der Management-Strategien gebracht. Der Mensch ist aber ein viel komplexeres Individuum als nur rationalökonomisch, sozial oder selbstverwirklichend. In jeder neuen Situation denkt und handelt er anders. Manchmal rational, manchmal aufgrund sozialer Bedürfnisse und dann wieder zur Selbstverwirklichung. Eine starr fixierte Triebstruktur wird in diesem Modell abgelehnt. Stattdessen zeichnet sich der komplexe Mensch durch folgende Eigenschaften aus:

- Er hat mannigfaltige Motive, welche zwar in einer individuellen Hierarchie gegliedert sind, sich aber in ihren Prioritäten stetig wandeln. Außerdem ist die Vielfalt dieser Motive in komplexen Hebeln verkettet, sodass der Mensch beispielsweise zwar ökonomischen Zielen nachgeht, aber dies nur, um sich dafür Selbstverwirklichung kaufen zu können.
- Seine Triebstruktur ist das komplexe Ergebnis der Interaktion zwischen seinen ursprünglichen Bedürfnissen und Motiven und seinen Erfahrungen in der Organisation.
- Seine Motive können in verschiedenen Belangen der Organisation unterschiedliche sein. So mag er gewisse Dinge primär aus sozialen Gründen tun, andere des Geldes wegen und weitere zu seiner Selbstverwirklichung.
- Aufgrund all dessen kann es auch keine einzig richtige Managementstrategie geben, welche bei allen Menschen immer funktioniert.[314]

Der Manager ist insofern angehalten, als feinfühliger Diagnostiker die jeweilige Situation richtig einzuschätzen und dann je nach Erfordernis entweder kontrollierend, motivierend oder lediglich unterstützend einzugreifen. So schön das an der Oberfläche klingt, verbirgt sich dahinter jedoch eine ganz andere Machtphilosophie. Für Oswald Neuberger ist der komplexe Mensch

> „nicht nur Ergebnis der Einsicht in die Beschränktheit und Einseitigkeit der vorausgegangenen Konzeptionen. (...) Wenn sich durch rasanten technologischen und wissenschaftlichen Fortschritt Arbeitsbedingungen, Berufsbilder und Lebensplanung fortwährend ändern, wenn man durch Zusammenbrüche oder Fusionen gezwungen oder durch neue Chancen verlockt den Arbeitsplatz wechseln muss – dann kann in einer solch dynamischen Umwelt natürlich ein traditionsverhafteter, auf Bewahrung und Stabilität fixierter Menschenschlag nicht reüssieren. (...) Im Grunde ist der complex man nicht die Fortsetzung des self-actualizing man, sondern die Gegenbewegung dazu: der einzelne hat sich dem System und seinen Veränderungen bereitwillig und aktiv unterzuordnen."[315]

In folgender Tabelle sind die wesentlichen Merkmale der vier Menschenbilder bei Schein zusammengefasst. Sie beschreiben den Menschen wie er gesehen wird in verschiedenen Denkstilen der Betriebswirtschaftslehre. In der Charakterdarstellung der vier Typen ergeben sich vielfältige Übereinstimmungen des rationalen, sozialen, selbstaktualisierenden und komplexen Menschen mit der prämodernen Charakterologie von Melancholiker, Phlegmatiker, Choleriker und Sanguiniker:

Der **rationale Mensch** wird bei Schein beschrieben als kalkulierender, auf Maximierung des Eigennutzes bedachter, passiver Charakter. Seine Gefühle sind irrational und laufen der Organisation zuwider. Er muss erst durch materielle Anreize dazu aktiviert werden, im Sinne der Firma tätig zu werden. Der rationale „Man is inherently lazy."[316] Im iatromathematischen Hausbuch von 1465 heißt es, „der melancholicus ist treg vnd ains tregen lauffs."[317] In der Persönlichkeitsdarstellung des rationalen Menschenbildes bestehen viele Parallelen zum erdigen Temperament des Melancholikers. Sein passiver, nur auf den eigenen materiellen Nutzen bedachter Charakter wäre im Mittelalter wohl als „geren karg, geytig, traurig und eschenfar, treg, untrui, unstet, betrogen"[318] bezeichnet worden. Sein rationaler Geist hortet lieber die eigenen Vorteile, als sich freiwillig zugunsten der Firma übermäßig zu engagieren. „Kunst vnd schatze verbirget er vil. Niemans er sich bekumbern will."[319] Auch die materialistisch-mechanistische Herangehensweise der dementsprechenden Ansätze bei Taylor etwa wird in der magischen Alchemie seit jeher dem Element Erde zugeordnet.

MENSCHENBILD	ANNAHMEN	FOLGERUNGEN
Rational-economic man "der rational-ökonomische Mensch" seit 1913 (Taylor)	▪ motiviert durch monetäre Anreize ▪ ist passiv und muss vom Management manipuliert, motiviert und kontrolliert werden ▪ wenn die irrationalen Gefühle des Menschen mit seinen egoistischen Interessen kollidieren, entsteht ein Widerspruch zu den Unternehmenszielen	▪ monetäre Anreizsysteme ▪ Management plant, organisiert, motiviert, kontrolliert ▪ Neutralisierung und Kontrolle irrationaler Gefühle zur Effizienzsteigerung
Social man "Der Mensch als soziales Wesen" seit ca. 1930 (Mayo)	▪ ist motiviert durch soziale Bedürfnisse ▪ ist eher bestimmt durch die Normen seiner Arbeitsgruppe als durch Management ▪ bei Erfüllung des Bedürfnisses nach sozialer Anerkennung Akzeptanz des Zielsystems der Unternehmung	▪ Gruppenanreizsysteme ▪ Manager als verständnisvoller Mittler zwischen sozialen Bedürfnissen und Unternehmenszielen ▪ Befriedigung der Bedürfnisse nach sozialer Anerkennung zur Sicherung der Akzeptanz der Unternehmensziele
Self-actualizing man "Der Mensch, der sich selbst verwirklicht" seit 1960 (McGregor)	▪ ist motiviert gemäß fester Bedürfnishierarchie ▪ will sich am Arbeitsplatz selbst bestimmen ▪ kein notwendiger Konflikt zwischen den Motiven des Menschen und den Unternehmenszielen	▪ von extrinsischer zu intrinsischer Motivation ▪ Manager als Katalysator und Förderer (nicht mehr Motivierer und Kontrolleur) ▪ Durch Fachautorität (nicht Amtsautorität) und Delegation Förderung der Zielübereinstimmung
Complex man "der komplexe Mensch" seit 1965 (Schein)	▪ Ist motiviert gemäß sich ständig wandelnder Bedürfnishierarchie ▪ Ist lernfähig, deshalb sich ändernde Motivationsstruktur ▪ Hat verschiedene Motive in den unterschiedlichen Systemen	▪ Keine allgemein gültige, richtige Organisation möglich ▪ Manager als Diagnostiker der kontingenten Motivlage ▪ Manager passt sich verschiedenen Motivlagen an, um Ziele zu sichern

Typologie der BWL-Menschenbilder nach Schein[320]

Der **soziale Mensch** bei Schein ist demgegenüber viel weicher. Sein Grundbedürfnis ist die gemeinsame Übereinstimmung der Empfindungswelt mit den Kollegen am Arbeitsplatz. Er wird durch Gruppenkräfte und persönliche Beziehungen eher motiviert als durch finanzielle Anreize. Er ist ansonsten auch eher passiv und einem gemütlichen Dahintreiben zugetan. Sein Typus entspricht dem Temperament des Phlegmatikers, dessen verträgliches und gefühlsbetontes Wesen vom Wasser als dem Symbol der Gefühle und des Seelenlebens geprägt wird. „Der Mensch ist (...) nit zornig. Er isst und trinckt wenig." Der soziale Mensch muss regelmäßig durch die Führungskraft motiviert werden, denn „er ist treg und schlaft vil."[321] Trotz seiner leicht nachlässigen Art ist er ein umgänglicher, unkomplizierter Zeitgenosse.

Der **selbstaktualisierende Mensch** ist die individualistische Kämpfernatur dieses Modells. Er will sich selbst verwirklichen, sich selbst durchsetzen und sein Arbeitsumfeld selbst bestimmen. Das entspricht dem marsischen und dem solaren Planetenbild. Der selbstaktualisierende Mensch weist sich somit als feuriger Choleriker in seiner positiven Charakterdarstellung als „Krieger, der beritten, in Rüstung oder nur als Schwertträger auftritt."[322] Es gilt, die kreativen Kräfte dieser von Tatendrang und Ehrgeiz lodernden Sonnen zugunsten des Unternehmens zu lenken, indem ihnen etwa eigenständige Kompetenzbereiche und Gestaltungsspielräume zugeteilt werden.

Der **komplexe Mensch** von Schein ist schließlich die Mischung all dieser Charaktere in sehr flexiblen und wandelbaren Ausgestaltungen. In jeder neuen Situation ändern sich seine Bedürfnisse und Prioritäten. Er ist beweglich, wandelbar und stets angepasst an die jeweilige Umweltbedingung. Insofern sollte der feinsinnige Manager in jeder Situation erneut diagnostizieren, ob er kontrollieren, motivieren oder beraten soll. Er dreht sich wie der Wind. Das Element Luft als Symbol des Geistes und der Kommunikation trifft seinen Charakter wohl am besten. Wie der Sanguiniker ist er der geistreichste und gewandteste Typ. Der fröhliche und liebenswerte, ewige Jüngling, der stets weiß, was zu tun ist, nimmt als „edelst under in allen"[323] die kommunikative Vermittlerrolle zwischen all den verschiedenen Positionen ein.

Die vier Menschenbilder von Schein beruhen auf einer Analyse bekannter betriebswirtschaftlicher Theorien. Dennoch erhält er in einer reinventativen Reaszendenz am Ende dieselben vier Typen wie die antike Tempermentenlehre. Als erdige, wässrige, feurige und luftige Betrachtungsbrille der Managementliteratur lassen sie das Urmuster der vier Elemente im aktuellen Zeitgeist fortleben.

Die Manager-Typologie von Maccoby

Edgar Schein ist über die Analyse betriebswirtschaftstheoretischer Literatur zu seinen vier Menschenbildern gekommen. Einen anderen Weg wählte der amerikanische Psychoanalytiker und Anthropologe Michael Maccoby (*1933), der eine sozialpsychologische Untersuchung an Managern in amerikanischen Großunternehmen durchführte und durch ausführliche Tiefeninterviews mit Führungskräften ihre „Gesamtorientierung zur Arbeit, zu Wertvorstellungen und zur Eigenidentität"[324] erforschte. So kam er „schließlich dazu, vier psychologische Haupttypen in der Technostruktur des Unternehmens zu nennen: den Fachmann, den Dschungelkämpfer, den Firmenmenschen und den Spielmacher. Dies sind Idealtypen in dem Sinne, dass nur wenige Menschen genau auf den Typ passen und die meisten eine Mischung von Typen sind. Aber in praktisch jedem Fall konnten wir uns einigen, mit welchem Typ eine Person am besten zu bezeichnen war, und fast immer stimmten dieser Mensch und seine Kollegen unserer Typisierung zu."[325] Wir fühlen uns fast wörtlich an jene Sätze aus dem spätmittelalterlichen iatromathematischen Hausbuch (um 1465) erinnert, wonach die vier Komplexionen der Temperamente niemals rein vorkommen, „doch so nympt ayne vberhand, das ist die, di der Mensch aller mayst hat, vnd kain mensch hat allein eine."[326] Maccobys vier Manager-Komplexionen werden nun folgendermaßen charakterisiert:

Der **Fachmann** ist „der Typ des rational denkenden, um Qualität und Sparsamkeit bemühten, ruhigen, bescheidenen, praktischen und aufrichtigen Menschen, also jener Typus, der als objektiv-nüchterner und sachlich-wissenschaftlicher Mensch beschrieben wurde, den Taylor unterstellt hatte bzw. erzeugen wollte."[327] Im Mittelalter hätte man ihm durchaus nachsagen können, er wäre geizig gewesen, denn er „hält an den traditi-

onellen Werten des schaffenden Hamster-Charakters fest – an der Arbeitsethik, der Achtung vor Menschen, dem Bemühen um Qualität und Sparsamkeit."[328] Er ist der erdige Materialist und rationale Pragmatiker, „traditionell der Baumeister, Bauer, Handwerker. (...) Mehr als jeder andere Charaktertyp hat er ein Gefühl für Grenzen – des Materials, der Energie, des Wissens und moralischer Zwänge -, die respektiert werden müssen, um ein gutes Leben zu führen. Es sind jedoch seine Arbeit und Erfindungsgabe, die von ihm gebaute Technologie, die von Dschungelkämpfern, Spielmachern und anderen Managern benutzt wurden, um diese Grenzen zu erweitern und zu durchbrechen."[329]
Damit kommt sein saturnischer Charakter zum Ausdruck. Saturn, der gestrenge Hüter der Grenzen der Bestimmung am Tor der Zeit, als Planet des Melancholikers für einsiedlerische Grübeleien ebenso stehend wie für den Wissenschaftler und den alten Weisen, lugt unter der Zeitgeistmaske des Fachmanns hervor. Er ist ein nachdenklicher Einzelgänger, dem alltäglicher Schabernack weniger liegt. „Uff kunste vnd wyßheit stot sin sin."[330] Nach dem rationalen Menschen Scheins stellt der Fachmann von Maccoby somit eine weitere Reaszendenz des melancholischen Erdtypen dar. Das Urmuster des Erdtemperaments wird bei Maccoby zeitgemäß beschrieben:

> „Er kämpft eher mit der Natur und dem Material sowie vor allem mit seinen eigenen Qualitätsmaßstäben. Fachleute spielen weder in einer Mannschaftssportart noch sehen sie ihr gerne zu. Sie sehen kaum fern. Sie finden Gefallen daran, etwas zu erfinden, an alten Wagen herumzubasteln, ihr eigenes Haus zu bauen, in den Bergen zu wandern, Ski zu laufen."[331]

Der **Dschungelkämpfer** ist demgegenüber weniger ein Einzelgänger als vielmehr ein Einzelkämpfer.

> „Das Ziel des Dschungelkämpfers ist Macht. Er erfährt das Leben und die Arbeit als einen Dschungel (nicht als Spiel), in dem es heißt, friss oder werde gefressen, und in dem die Sieger die Verlierer vernichtet. (...) Dschungelkämpfer neigen dazu, die ihnen gleichgestellten entweder als Komplicen oder Feinde sowie ihre Untergebenen als Objekte anzusehen, die auszunutzen sind. Es gibt zwei Untertypen des Dschungelkämpfers, den Löwen und den Fuchs. Die Löwen sind die Eroberer, die, wenn sie erfolgreich sind, ein Imperium aufbauen können; die Füchse bauen sich ihr Nest in der Unternehmenshierarchie. Sie kommen verstohlen und durch Schläue vorwärts."[332]

Wir sind in der kriegerischen Welt von Mars gelandet. Der Dschungelkämpfer ist der einsame Held, der „seinen eigenen Erfolg sozialdarwinistisch rechtfertigt und die Unterlegenen für minderwertig hält."[333] Der Stärkere überlebt im Daseinskampf um die Beute. Ihm geht es um die Selbstdurchsetzung. Ein Dschungelkämpfer sozusagen „ist ain mensch, der des fuires mer hat. (...) Er ist (...) ains grymmen, schnellen zorns, der ist im doch schier hin. Er ist kün und schnell mit allen dingen und redt gar vil. Er ist unforchtsam und hatt vil hars. (...) Er begert vil zehelsen und mag wenig."[334]

Wie der feurige Choleriker zieht er den Angriff der Verteidigung vor. Dabei ist auch die weitere Differenzierung durch Maccoby in Löwe und Fuchs interessant, denn dem cholerischen Temperament gehören nach prämoderner Lehre seit jeher die astrologischen Feuerzeichen Widder, Löwe und Schütze zu. Der Widder als kardinales Feuer ist der ungestüme Einzelkämpfer und Eroberer, der Löwe als festes Feuer entspricht der Gestaltungskraft und Organisation und der Schütze schließlich als bewegliches Feuer steht für den Funken der Gedanken. Das erste Feuer des Widders steht somit für die Grundqualität des Dschungelkämpfers, während die anderen zwei Tierkreiszeichen als weitere Facetten des cholerischen Temperaments bei Maccoby in den Verfeinerungen von Löwe und Fuchs zum Ausdruck kommen. Die von Maccoby gebrauchte Bedeutung des Löwesymbols entspricht dabei der astrologischen Deutung, während der Fuchs als Allegorie für Schlauheit und Hinterlist in der Astrologie seit jeher dem Schützen zugeordnet wird. Damit zeigt sich, wie das Urmuster vom cholerischen Feuertemperament unter der Maske des Dschungelkämpfers abermals in der offiziellen Erscheinungswelt auftaucht. Wie der selbstaktualisierende Mensch bei Schein steht es auch ihm nach Selbstverwirklichung und Selbstbestimmung.

Kommen wir nun zum dritten Managertypus. Der **Firmenmensch** hat große Ähnlichkeiten mit dem sozialen Menschen Scheins. Er ist der Idealtyp des Funktionärs, „dessen Identitätsgefühl sich darauf gründet, dass er ein Teil der mächtigen, schützenden Firma ist. Sein stärkster Zug ist die Sorge um die menschliche Seite des Unternehmens, sein Interesse an den Gefühlen der Menschen in seiner Umgebung. Wenn er am schwächsten ist, dann ist er ängstlich und unterwürfig, sogar mehr auf Sicherheit bedacht als auf Erfolg."[335] In den mittleren Managementebenen war er in Maccobys Untersuchung der am häufigsten vertretene Typus. „Der Fir-

menmensch ist notwendig für das Funktionieren großer Unternehmen. (...) Firmenmenschen glauben, dass es ihnen am meisten nützt, wenn das Unternehmen gedeiht, aber ihr Glaube an das Unternehmen kann das Eigeninteresse übertreffen. (...) So sehr sie von Hoffnung auf Erfolg motiviert werden, so sehr werden sie auch von Furcht und Sorge um die Unternehmensprojekte und um die zwischenmenschlichen Beziehungen in ihrer Umgebung sowie um ihre eigene Karriere getrieben. Abseits vom Unternehmen kommen sich die Firmenmenschen unbedeutend und verloren vor."[336]
Sein Charakter entspricht dem wässrigen Temperament des Phlegmatikers, dessen gesellige und nicht sonderlich ehrgeizige Art im Firmenmensch fortbesteht. Das Wasser als magisches Symbol der Gefühle und des Seelenlebens steht auch beim Firmenmenschen im Zentrum des Interesses. Erwähnenswerterweise waren die Firmenmenschen in der Untersuchung gerade dort, wo es um den seelischen Faktor des Betriebs geht, nämlich in der Personalabteilung, als einzige Stelle auch häufig in hohen Managementpositionen zu finden.

> „Im Allgemeinen sind Firmenmenschen eher Innenmenschen, die sich außerhalb der Unternehmenskultur einer unfreundlichen Umwelt ausgesetzt sehen. Das macht sie zwar stark vom Unternehmen abhängig, aber es erhöht ihre Empfindungsfähigkeit gegenüber den Gefühlen – den emotionalen Höhen und Tiefen – der Menschen in ihrer Umgebung und gegenüber den Machenschaften in ihrer eingeengten Welt."[337]

Als vierten Typus führt Maccoby schließlich den **Spielmacher** ein, „der neue Mensch und in dieser Studie wirklich führende Charakter. (...) Er reagiert auf Arbeit und Leben wie auf ein Spiel. Wettbewerb putscht ihn auf, und er überträgt seine Begeisterung, wodurch er andere mit Energie erfüllt. Ihm gefallen neue Ideen, neue Techniken, frische Methoden und Abkürzungen. Er redet und denkt einfach und klar, dynamisch, manchmal spielerisch und blitzartig. (...) Im neuen Spitzenmanager der Kapitalgesellschaft mischen sich viele Züge der Spielmacher mit Aspekten des Firmenmenschen. Er ist ein Mannschaftsspieler, dessen Zentrum das Unternehmen ist."[338] Der Spielmacher kann in seinen Charaktereigenschaften unschwer als die vornehmste und edelste Komplexion des Sanguinikers wiedererkannt werden. Wie sich dieser in einigen Merkmalen mit dem Phlegmatiker überlappt, etwa in der geselligen Darstellung mit Musikinstrumenten, so vermischen sich auch Spielmacher und Firmenmensch in manchen Bereichen. Die Luft als magisches Symbol für den Geist und seine Kommunikation ist das beweglichste und schnellste der Elemente. Eben diese Flexibilität ist es auch, welche den Spielmacher zum unverzichtbarsten Manager-Charakter macht.

> „Die moderne Spielerpersönlichkeit entspricht den Anforderungen zur Führung von Organisationen, die sich gründen auf:
>
> - Wettbewerb – intern, national, international
> - Erneuerung – ständige Schaffung neuer Produkte oder Projekte, um ein Übergewicht über die Konkurrenz zu gewinnen.
> - Untereinander abhängige Gruppen – Experten, die das Produkt entdecken, entwickeln und vermarkten.
> - Schnelle Anpassungsfähigkeit – die Notwendigkeit, sich ändernde Zeitpläne und Termine zu erfüllen, erfordern einen Manager, der ein Team von Fachleuten und Firmenmenschen motivieren kann, einen Schritt zuzulegen."[339]

Sein kommunikativer, geistreicher Charakter, seine sanguinische Fähigkeit, „daz er lieb hatt und lieb wirt gehebt" machen ihn zum perfekten Vermittler zwischen verschiedenen und stetig sich ändernden Personen, Situationen und Anforderungen. „Er ist weys und clug auff erber sach. (...) Er ist kün und mütig zü güten dingen, gütig, lind an der haut, stet und vest in seinen sachen. Er ist nit betrogen. Er redt nit zevil und ist schemig. Er mag wol helsen und begert sein vil, wann er ist warm und feicht. Er wirt gern wolgelert und weyß."[340] Seine schnelle Auffassungsgabe und Anpassungsbereitschaft führen dazu, dass „„sein gayst sind subtil, also was man in fur legt, das si das gar schire vnd pald begriffen. (...) Di sangwiney sind aller meist bewegt vnd vnstetich vnd ligen den dingen nit erenstlich ob."[341] Wie beim stets jugendlichen Sanguiniker überwiegt auch beim Spielmacher die Darstellung als hübscher, modisch gekleideter Jüngling. „Unsere Gesellschaft, geblendet vom ewig jugendhaften Charme der Spielmacher und mit ihrem Kampf gegen weniger attraktive Bürokraten sympathisierend, romantisiert sie. (...) Die tödliche Gefahr für die Spielmacher ist, in ewiger Jugend gefangen zu sein. (...) Ein alter und müde gewordener Spielmacher ist eine klägliche Gestalt, vor allem wenn sie einige Wettbewerbe und damit ihre Zuversicht verloren hat."[342]
In den Menschenbildern von Schein findet sich analog zu diesem Charakter ebenfalls eine Entsprechung. Oswald Neuberger schreibt: „Der Spiel-

macher Maccobys ähnelt dem komplexen Menschen von Schein: er vereinigt in sich die anderen Typen und ergänzt sie durch die Fähigkeit zu flexibel-angepasstem Einsatz."[343]

	Fachmann	Dschungelkämpfer	Firmenmensch	Spielmacher
Typische Bedeutung des Wettbewerbs:	Drang, das Beste zu bauen; Wettbewerb gegen sich selbst und gegen das Material	Töte oder werde getötet, Herrsche oder werde beherrscht	Steige auf oder falle; Wettbewerb als Preis für gesicherte Stellung	Gewinne oder verliere; Triumph oder Demütigung
Quelle psychischer Energie für Wettbewerbsdrang:	Interesse an der Arbeit; das Ziel ist Perfektion; Freude daran, etwas besser zu machen	Machtlüsternheit und Freude, andere zu vernichten. Furcht vor Vernichtung; möchte der einzige an der Spitze sein	Furcht vor dem Versagen; Wunsch nach Anerkennung durch Autorität	Wettstreit, neue Spiele, neue Optionen; Freude an der Kontrolle des Spiels

Die typencharakteristischen Wurzeln des Wettbewerbs nach Maccoby[344]

In dieser Tabelle werden die vier Manager-Typen und ihre Einstellung zu Wettbewerb charakteristisch zusammengefasst. Der erdige Fachmann, der feurige Dschungelkämpfer, der wässrige Firmenmensch und der luftige Spielmacher entpuppten sich als modische Masken der prämodernen vier Temperamente. Ebenso wie Scheins rationaler, selbstaktualisierender, sozialer und komplexer Mensch lassen sie im heutigen Zeitgeist die Lehre von den vier Elementen fortleben.

Das 3-D-Programm der Führung

Ein weiteres Persönlichkeitsmodell findet sich im „3-D-Programm zur Leistungssteigerung des Managements", welches der Managementforscher William James Reddin (1930 – 1999) im Jahr 1970 erstmals veröffentlicht hat. Darin beschäftigt er sich mit verschiedenen Führungsstilen und diesbezüglichen Theorien und Forschungsarbeiten.

> „Das Kernstück der 3-D-Theorie ist eine sehr einfache Idee. Sie wurde in einer langen Reihe von Forschungsstudien entdeckt, die von Psychologen in den Vereinigten Staaten durchgeführt wurden. Sie stellten fest, dass die beiden Hauptelemente im Verhalten von Führungskräften mit der zu erledigenden Aufgabe und mit Beziehungen zu anderen Menschen zu tun hatten."[345]

Und so teilt Reddin Führungsverhalten in die beiden Dimensionen Aufgabenorientierung und Beziehungsorientierung. Aus den Extrempolen dieser zwei Dimensionen kombiniert er vier Führungstile: Aufgabenstil, Integrationsstil, Beziehungsstil und Verfahrensstil.

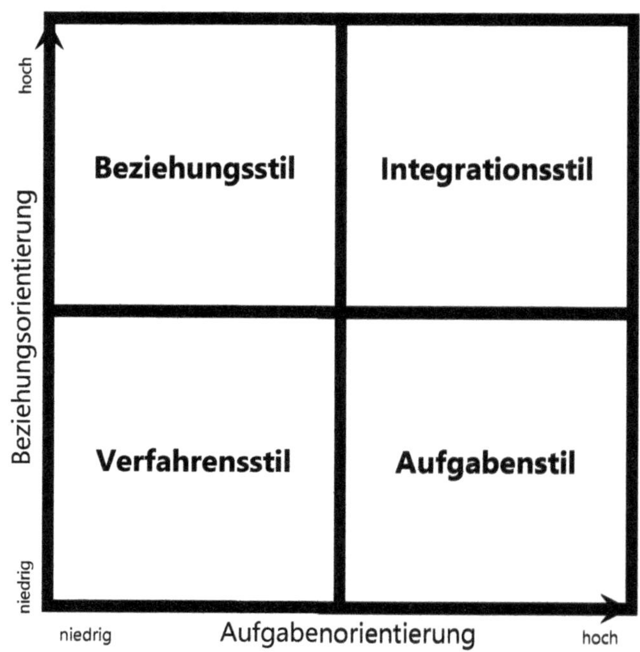

Reddins vier Führungsstile
durch Kombination von Beziehungsorientierung und Aufgabenorientierung[346]

Diese Idealtypen des Manager-Führungsverhaltens sind nun keineswegs einfache Schubladen, um alle Führungssituationen in vier Kategorien einteilen zu können: „Es ist wichtig festzuhalten, dass diese vier Grundstilarten aus praktischen Gründen geschaffen wurden und keine unumstößliche Tatsache darstellen. Diese die vier Stilarten trennenden Linien existieren in Wirklichkeit nicht, sie wurden nur gezogen, um die Diskussion über das Verhalten zu erleichtern."[347] Abermals sind normale Führungssituationen stets nur Mischformen dieser vier Idealtypen, oder, wie es bereits die Komplexionen beschrieben haben: „doch so nympt ayne vberhand, das ist die, di der Mensch aller mayst hat, vnd kain mensch hat allein eine."[348]

Der **Aufgabenstil** entspricht einer hohen Aufgabenorientierung und einer niedrigen Beziehungsorientierung. „Der Aufgabenstil-Manager neigt dazu, andere zu beherrschen. Er gibt seinen Mitarbeitern viele mündliche Anweisungen. Seine Zeitperspektive liegt in der unmittelbaren Gegenwart. (...) In Ausschüssen spielt er gerne eine sehr aktive Rolle, initiiert, bewertet und leitet. (...) Stresssituationen löst er durch Dominanz."[349] In seiner impulsiven Art schert er sich wenig um die Beziehung mit dem Mitarbeiter, sondern er trägt ihm spontan mündlich Aufgaben zu, sobald ihm diese einfallen. Der Aufgabenstil wird durch folgende Merkmale charakterisiert: „Bestimmt, aggressiv, zuversichtlich, geschäftig, treibt an, erteilt Aufträge, delegiert Verantwortung, setzt Maßstäbe jeweils individuell, selbstsicher, unabhängig, ehrgeizig."[350] Diese Eigenschaften entsprechen dem feurigen Temperament und den dementsprechenden selbstverwirklichenden, dschungelkämpfenden und hitzigen Persönlichkeitstypen, wie wir sie bereits kennengelernt haben.

Der **Integrationsstil** ist das ausgleichende, kommunikative Schmieröl zwischen verschiedenen Meinungen und Interessen von Einzelnen und Gruppen im Getriebe des Unternehmens. Er weist in beiden Orientierungsdimensionen hohe Werte auf. „Der Integrationsstil-Manager wird gerne zu einem integrierten Teil der Dinge. Grundsätzlich möchte er gerne dabei sein und gibt sich große Mühe, zu Einzelpersönlichkeiten oder Gruppen bei der Arbeit besten Kontakt zu finden. Kommunikation mit anderen pflegt er gerne im Rahmen von Gruppen oder in häufigen Konferenzen und Besprechungen. Hier kann er die von ihm bevorzugte Zweiweg-Kommunikation verwirklichen."[351] Der Integrationsstil ist der luftige Teil der Führung. Gleich dem Sanguiniker ist er überall wohlgelitten und ein geistreicher Vermittler. Er bevorzugt Teamwork und möchte alle Mitarbeiter gleichberechtigt einbeziehen und voll integrieren. Er möchte in jedem die Leitidee entfachen. „Leitet Autorität aus Zweck, Idealen, Zielen, politischen Richtlinien ab; integriert den Einzelnen in die Organisation; will Mitsprache, geringe Machtunterschiede; Bevorzugt gemeinsame Ziele, Verantwortung; interessiert an Motivationstechniken."[352] Wie wir in dieser Beschreibung sehen, werden vor allem jene Regionen des Sanguiniker-Archetyps hervorgestrichen, in welchen sich dieser mit dem Phlegmatiker in seiner geselligen, empfindungsreichen Art überlappt. Er betont dennoch die intellektuell-kommunikativen Elemente, was in magischer Terminologie sehr feuchter Luft (Luft ist warm-feucht, Wasser kalt-feucht) oder einem Vorherrschen der venusischen vor den jovialen Kräften entspricht.

Der Phlegmatiker hingegen lässt sich in Reddins Modell treffend dem **Beziehungsstil**-Manager zuordnen. „Der Beziehungsstil-Manager akzeptiert andere so wie sie sind. Er hat Freude an langen Gesprächen als Möglichkeit, andere besser kennenzulernen. (...) Er sieht Organisationen primär als soziale Systeme und beurteilt seine Mitarbeiter danach, wie gut sie andere verstehen. Er beurteilt Vorgesetzte nach der Wärme, die sie Mitarbeitern zeigen. In Ausschusssitzungen unterstützt er andere, gleicht Differenzen aus und hält andere dazu an, ihr Bestes zu geben."[353] Hier haben wir den wässrigen Teil der Führung, welcher sich um die menschliche Seite, um die seelischen Belange und Empfindungen der Mitarbeiter kümmert. Er ist der soziale Firmenmensch mit den gemütlichen und geselligen Gesichtern von Mond und Venus, der sich um die Menschen hinter dem System sorgt. „Menschen stehen an erster Stelle; ruhig, unbeachtet; lange Gespräche; mitfühlend, verständnisvoll, wohlwollend, freundlich."[354] Seine Aufgabenorientierung ist zwar niedrig, dafür aber seine Beziehungsorientierung hoch.

Schließlich bleibt noch der **Verfahrensstil**-Manager, welcher sowohl in Aufgabenorientierung, als auch in Beziehungsorientierung ein niedriges Niveau aufweist und somit den passivsten und trockensten Charakter darstellt.

> „Dem Verfahrensstil-Manager liegt viel an der Korrektur von Abweichungen. Er bevorzugt die schriftliche gegenüber der mündlichen Kommunikation. (...) Von der Zeitperspektive ist er vergangenheitsorientiert und richtet sich danach, „wie wir es das letzte Mal schon gemacht haben." (...) In Ausschusssitzungen verfolgt er gern einen unterkühlten parlamentarischen Stil, versucht Positionen abzuklären, andere bei Erledigung der Tagesordnung zu lenken und alle Beiträge über den Vorsitzenden zu leiten. Er ist offensichtlich gut geeignet für Positionen in der Verwaltung, im Rechnungswesen, in der Statistik oder in der Konstruktion. (...) Wenn Dinge falsch laufen, reagiert er meistens mit dem Vorschlag strengerer Kontrollen."[355]

Der Verfahrensstil-Manager ist das erdige Rückgrat der Organisation, der konservative und beharrliche Pol und entspricht Saturn, dem gestrengen Wächter der Grenzen, als Planet des trägen und trockenen Melancholikers. Er wird beschrieben als „vorsichtig, sorgfältig, konservativ, ordentlich; Vorliebe für Schreibtischarbeit, Verfahren, Tatsachen; Sucht nach festgelegten Prinzipien; genau, pedantisch, korrekt, perfektionistisch; unerschütterlich, bedächtig, bescheiden."[356] Der Verfahrensstil ist der erdige Teil der Führung, die Welt der Fakten, Regeln und Ordnungen, Zahlen und Vorgaben, Konten und Routinearbeiten.

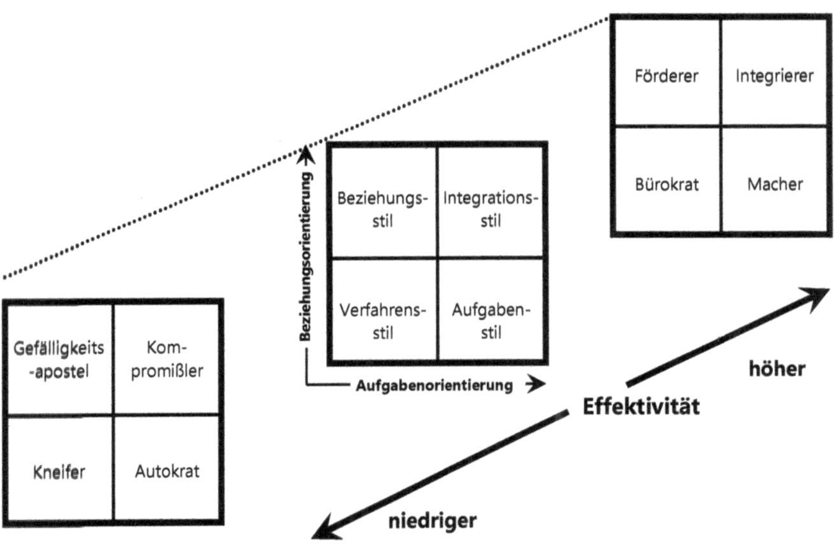

Das 3-D-Modell der Führungsstile von Reddin[357]

Diese vier Führungsstile sind nun Ausgangspunkt der 3-D-Theorie. Reddin fügt als dritte Achse die Effektivität hinzu, wodurch er in den Extrempolen des Würfels acht Führungsstile erhält. Der Grad der Effektivität sagt aus, inwieweit das Führungsverhalten der Situation angebracht und insofern erfolgreich ist. Reddin stellt fest, dass es keinen richtigen Führungsstil gibt. „Aus weiteren an mehreren Universitäten durchgeführten Forschungsarbeiten ging deutlich hervor, dass jeder einzelne dieser vier Grundstile in bestimmten Situationen effektiv, in anderen wiederum ineffektiv sein kann. Kein Stil ist an sich mehr oder weniger effektiv."[358] Deshalb arbeitet er für jeden Führungsstil eine Lichtseite und eine Schattenseite heraus, wie wir in der Abbildung sehen.

Der Schatten des **Verfahrensstil**-Managers wird griffig als „Kneifer" bezeichnet. Er meidet Verantwortung, zieht sich zurück in einen Dienst nach Vorschrift, behindert andere und widersetzt sich dem Wandel, ist unkooperativ und engstirnig. Diese Darstellung entspricht den sehr negativ angehauchten Beschreibungen des melancholischen Temperaments in den mittelalterlichen Komplexionstexten. Die Lichtseite im Bild des „Bürokraten" gleicht hingegen den guten Seiten des Saturns. Er ist „zuverlässig, loyal, erhält System und laufenden Betrieb aufrecht, kümmert sich um Details; rational, logisch, selbstbeherrscht; fair, gerecht, objektiv."[359]

Der **Beziehungsstil** führt, wenn er uneffektiv eingesetzt wird, zum „Gefälligkeitsapostel." Dieser „vermeidet Konflikt; angenehmer, freundlicher, herzlicher Mensch; vermeidet Anregungen, passiv, gibt keine Anleitungen; kein Interesse an Ergebnissen."[360] Er versucht es allen recht zu machen und hat über die Beziehungsebene die Aufgabe aus den Augen verloren. Im Positiven wird der Beziehungsstil-Manager hingegen zum „Förderer" und „hält Kommunikationskanäle offen, hört zu; fördert Begabungen anderer, bildet aus; versteht andere, unterstützt sie; arbeitet gut mit anderen, kooperiert, man traut ihm, er vertraut anderen."[361]

Der **Integrationsstil** zeigt sein negatives Gesicht im „Kompromissler". Er „führt Mitspracherecht zu weit; nachgiebig, schwach; meidet Entscheidungen; betont Aufgaben und Beziehungen in unangebrachten Situationen; Idealist, mehrdeutiges Verhalten, ihm wird misstraut."[362] Er stolpert wendehälsisch zwischen den verschiedensten Anforderungen herum und meistert diesen Drahtseilakt mehr schlecht als recht. Wird der Integrationsstil hingegen effektiv eingesetzt, so kann der Manager als „Integrierer" bezeichnet werden. Dieser „fällt Entscheidungen in Zusammenarbeit mit der Gruppe; setzt Mitspracherecht situationsangemessen ein; weckt Engagement für Ziele; fördert höhere Leistungen; koordiniert andere in ihren Tätigkeiten."[363] Er macht seiner vornehmsten und edelsten Komplexion des luftigen Elementes ganze Ehre als weiser Vermittler zwischen verschiedenen Positionen und geistreicher Unterhalter.

In Licht und Schatten des **Aufgabenstil**s zeigen sich die schöpferische und die vernichtende Kraft des Feuers. Das dunkle Gesicht ist der „Autokrat", welcher beschrieben wird als „kritisch, bedrohlich; trifft alle Entscheidungen; fordert Gehorsam, unterdrückt Konflikte; will Maßnahmen, Ergebnisse sofort; Kommunikation nur nach unten, handelt, ohne andere um Rat zu bitten; gefürchtet, ungeliebt."[364] Er entspricht dem zornigen Choleriker, welcher in einem Kreis von Flammen die Frau mit einem Knüppel schlägt.[365] Als Diktator und tollwütiges Raubtier streift er gefürchtet durch die Gänge der Abteilung. Das lichte Gesicht des Aufgabenstils offenbart sich im Bild vom „Macher". Dieser ist „entscheidungsfreudig, zeigt Initiative; fleißig, dynamisch; führt Dinge zu Ende, ist engagiert."[366] Er entspricht dem berittenen Krieger und Schwertträger, dem solaren König am Schreibtisch des Erfolgs.

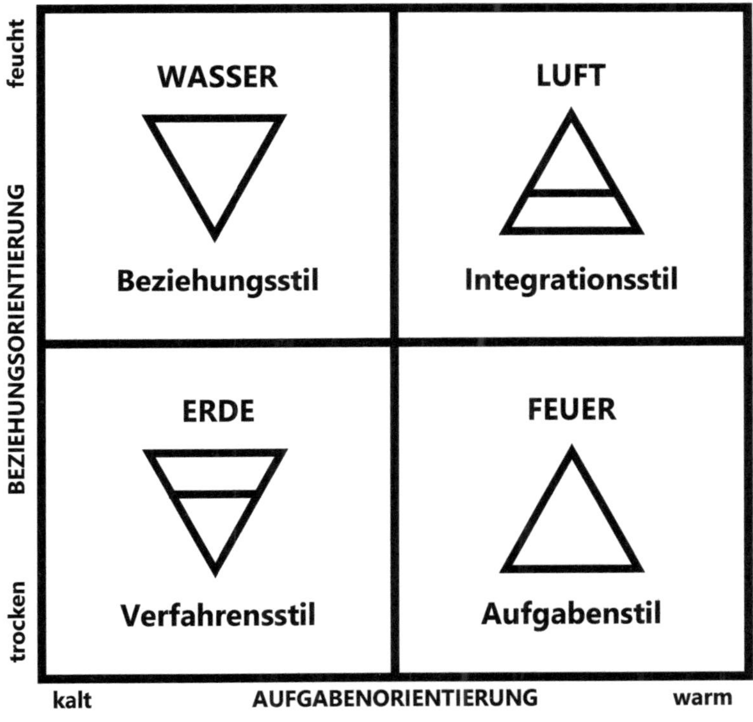

Die vier Elemente in Reddins 3-D-Modell

Interessant wird es nun, wenn man das Basisschema der 3-D-Theorie[367] kombiniert mit dem aristotelischen Schema zur Konstruktion der vier Elemente aus Feuchtigkeitsgrad und Temperatur der Hyle.[368] Die Dimension Aufgabenorientierung entspricht dabei der Temperatur der Hyle. Das bedeutet, dass hohe Aufgabenorientierung als aktiv (warm) und niedrige als passiv (kalt) umschrieben wird.
Die aktiven Elemente Feuer und Luft entsprechen einer hohen Aufgabenorientierung. Durch die alchemistischen Symbolentsprechungen zweier spitz nach oben verlaufender, somit aufwärts strebender Dreiecke, einmal ohne und einmal mit Querbalken, wird die außengerichtete Handlungsbereitschaft angezeigt. Einer niedrigen Aufgabenorientierung entsprechen hingegen die zwei passiven (kalten) Elemente Erde und Wasser, was sich in den nach unten weisenden Dreiecken, welche sich schier Richtung Boden fallen lassen, ausdrückt. Luft und Feuer sind aktiv und in ständiger Bewegung. Erde und Wasser sind passiv und streben stets zum tiefsten Punkt des geringsten Widerstandes. Sie wollen ruhen, nicht emporstreben. Sie wollen bewahren, nicht umstürzen oder in Aufruhr versetzen.
Die Beziehungsorientierung steht mit dem Feuchtigkeitsgrad der Hyle in Analogie. Eine hohe Beziehungsorientierung entspricht den zwei feuchten Elementen Wasser und Luft. Dies zeigt sich auch in der teilweisen charakterlichen Überlappung von Phlegmatiker und Sanguiniker in ihrem geselligen, umgänglichen Wesen. Die trockenen Elemente entsprechen hingegen einer geringen Beziehungsorientierung. Der zurückgezogene Melancholiker und der selbstbetonte Choleriker agieren im sozialen Umfeld deutlich angespannter und sind weniger angenehm handzuhaben. Ihre trockenen Persönlichkeiten sind mehr mit der Sicherung und Konsolidierung, Verwaltung und Organisation des Erreichten beschäftigt (Erde) oder mit dem Durchsetzen von neuen Ideen und Eigeninteressen (Feuer) als mit der Pflege von Beziehungen und sozialen Umgangsformen. Oft werden diese zwei Pole trocken und feucht auch mit gespannt und gelöst umschrieben.

Abschließend bleibt zu erwähnen, dass Reddins Führungsstil-Modell aus einem breiten Repertoire ähnlich aufgebauter Führungstheorien ausgewählt wurde. Reddin selbst erwähnt als seine Einflüsse „Barnard, Davis, Simon, Fiedler, Mayo, Roethlisberger, Likert, Dickson, Blake, Gardner und die Mitarbeiter des Tavistock Institute of London. (...) Hemphill, Thelen, Rogers und Cantor, (...) Lewin, Merton, Deutsch, Chein, Festinger, Lippitt und French (...). Einige der wichtigsten Forschungsarbeiten über die Führung, die für uns von direktem Belang sind, wurden von der Ohio State University, der University of Michigan und der Harvard University durchgeführt."[369] Außerdem bestehen Parallelen zu weiteren zweidimensionalen Modellen, welche ebenfalls eine Aufgabendimension und eine Mitarbeiterdimension verwenden. Dazu zählen die vier Quadranten von Lewin, Lippitt & White, das Verhaltensgitter von Blake & Mouton oder das Grundmodell der situativen Führungstheorie nach Hersey & Blanchard.

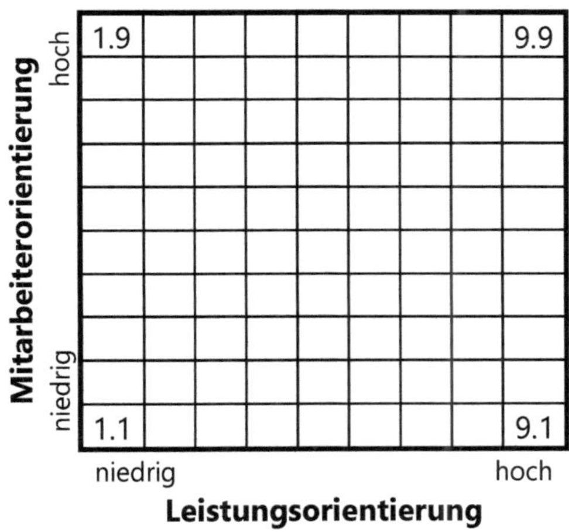

Das Verhaltensgitter („Managerial Grid") von Blake & Mouton[370]

Lewins Modell entspricht dabei weitgehend Reddins Grundschema.[371] Ende der 1930er Jahre wurde damit erstmals diese Kombination von Aufgabenorientierung und Mitarbeiterorientierung als psychologisches Schema des Führungsverhaltens eingeführt und zu vier Stilen verarbeitet. Das **„Managerial Grid" von Blake & Mouton** funktioniert ähnlich, wobei die zwei Basisdimensionen jeweils in 9 Stufen unterteilt werden, sodass der Melancholiker 1.1 entspräche („Überlebensmanagement"), der Phlegmatiker 1.9 („Gesellschaftsclub Management"), der Choleriker 9.1 („Befehlsmanagement") und der Sanguiniker 9.9. („Team-Management") „Im Unterschied zu den anderen Autoren legen sich Blake & Mouton darauf fest, dass es einen optimalen Führungsstil (9.9) gäbe."[372] Folglich ist der Stil (1.1) der pessimalste Führungsstil. Dies entspricht der mittelalterlichen Darstellung, dass der Melancholiker das unedelste Temperament sei („Es ist die unedelst conplexion.") und der Sanguiniker das vornehmste („...ist die edelst under in allen"[373])

Hersey & Blanchard entwarfen aus diesen Ideen schließlich ein eklektisches Gebräu von ebenfalls vier Grundstilen (1. telling, 2. participating, 3. selling, 4. delegating), wobei sie als dritte Dimension den „Reifegrad" des Geführten einführten. Dadurch kommt es ebenfalls zu einer Reihung der Führungsstile dergestalt, dass der Mitarbeiter zu Beginn autoritär geführt werden muss (telling), bei Zunehmen der Reife der Führer seine Mitarbeiterorientierung erhöht und versucht, ihm die Aufgaben und Ziele zu verkaufen (selling), bei bereits sehr reifen Mitarbeitern die Aufgabenorientierung zurücknimmt und sich auf die Beziehungskomponente konzentriert (participating) und sich schließlich beim ausgereiften Mitarbeiter auf das Delegieren beschränkt. Dieser Entwicklungsprozess wird in der Grafik veranschaulicht.
Der Führer entwickelt seinen Stil abhängig vom Reifegrad R des Mitarbeiters beginnend in S1 über S2 und S3 bis zu S4. Ein optimal gereifter Mitarbeiter braucht insofern am Ende weder aufgabenbezogene, noch menschliche Unterstützung. Die Angleichung von Reife und Führungsverhalten erfolgt dabei stufenförmig, sodass eine Reifebewegung des Mitarbeiters in ein höheres Niveau stets entsprechend zu einer Rücknahme der Aufgabenorientierung seitens des Managers führt. Kommt es beim Mitarbeiter zu regressivem Verhalten, so hat der Manager die Aufgabenorientierung dementsprechend einfach wieder zu erhöhen. Dabei ist es nicht möglich, etwa von einem delegierenden in einen autoritären Stil zu wechseln, ohne dabei graduell über die Zwischenstufen S3 und S2 auf diesem festgesetzten Zyklus zu schreiten. Das Modell stellt also nicht bloß eine Typologie für vier Führungsstile auf, sondern bettet diese in einen feststehenden „developmental cycle"[374] ein, welcher ähnlich den philosophischen Stufen- oder Zyklenmodellen im ersten Kapitel über die Fortschrittsdiskussion diese Reihenfolge als unveränderlichen Ablauf festschreibt.

Weil das Konzept von Hersey & Blanchard die Führungstheorie mit der größten Verbreitung ist, sollte es der Vollständigkeit wegen erwähnt werden. Allerdings möchte ich darauf hinweisen, dass sich die Charakterisierung der vier Stile in diesem Modell trotz Konstruktion aus einem mit Reddin identen Grundschema nicht in selber eindeutiger Weise mit den vier Temperamenten deckt. S4 als Idealzustand der Führungsbeziehung entspricht hier nicht der Erde, sondern dem Zustand der „Self-Actualization",[375] wie wir sie dem feurigen Temperament zugeordnet hatten. S1 als Ausgangszustand entspricht auch nicht dem Feuer, sondern wird von Hersey als der Theory X verwandt beschrieben.[376]

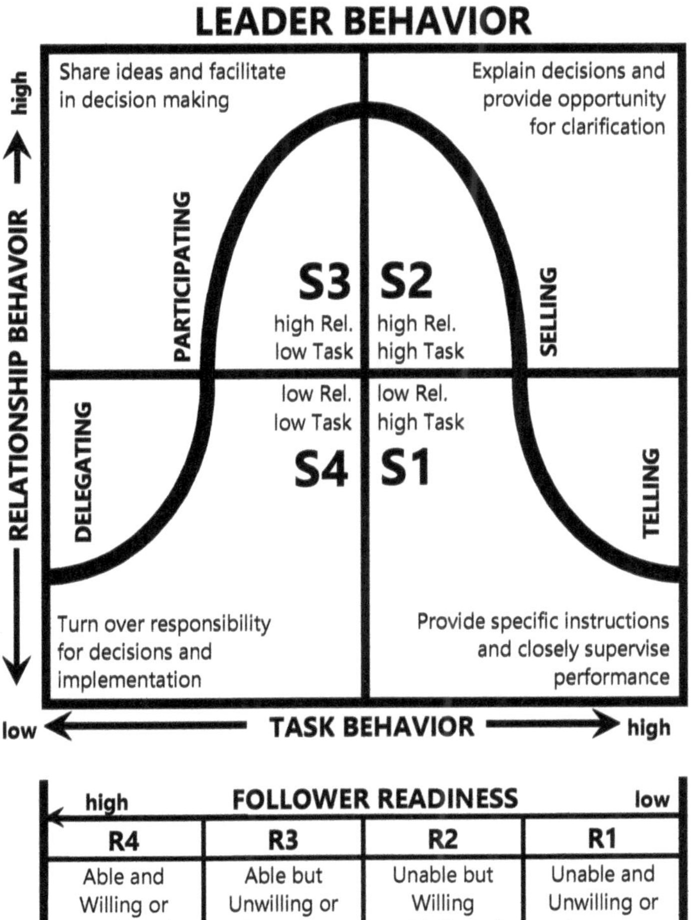

Das Grundmodell der Situativen Führung von Hersey & Blanchard[377]

Hersey & Blanchard haben ihre Typen anhand desselben Rasters wie Reddin konstruiert und erhalten dennoch ganz andere Charakterbeschreibungen. Dieses Beispiel zeigt, wie willkürlich am Ende alle statisch-nomothetischen Persönlichkeitstypologien vorgehen. Umso mehr ist dieses Modell ein Paradebeispiel für die magischen Praktiken des Managements, wie Neuberger in seinem Artikel über die Bildkünste der „Gaukler, Hofnarren, Komödianten" feststellt. Nach Analyse des optischen Kunstgriffes, aus einem ordinären vierteiligen Kontinuum eine scheinbare Kurve in Quadranten zu biegen, kommt er zu folgendem Schluss:

> „Was lernen wir aus diesem schon fortgeschrittenen Trick? Komplexere Bilder, die zwei graphische Modalitäten verknüpfen (hier: Quadranten und Linien), genießen wissenschaftliche Reputation und damit höhere Akzeptanz!"[378]

Verhandlungsstile im Konfliktmanagement

Auch im Konfliktmanagement finden sich die vier Temperamente wieder. „Ein Konflikt liegt dann vor, wenn sich mindestens zwei Parteien beim Verfolgen ihrer Ziele gegenseitig behindern, stören oder anderweitig im Wege stehen. (...) Konfliktsituationen erzeugen einen Lösungsdruck."[379] Um mit diesen Konflikten umzugehen, gibt es im Konfliktmanagement drei verschiedene Ansätze, die Konfliktvermeidung, die Konfliktstimulierung und die Konfliktlösung.

Die Konfliktvermeidung kann aktiv geschehen, durch die Reduktion von Konfliktursachen etwa, oder passiv, indem man dem Konflikt einfach aus dem Weg geht. Wenn beispielsweise die Mitarbeiterbeurteilung durch ein Mitarbeitergespräch ersetzt wird, besteht die Möglichkeit, widersprüchliche Auffassungen auf sich beruhen zu lassen, weil man schwierige Themen leichter umschiffen kann. Die Konfliktstimulierung verfolgt vor allem das Ziel, die Gegenseite zu zwingen, nach neuen Lösungen zu suchen. Das Problem dabei besteht in der negativen Eigendynamik, welche dadurch entstehen kann. Zur Konfliktlösung schließlich wurden in der betriebswirtschaftlichen Literatur vielfältige Methoden gefunden, wie etwa folgendes Modell der Verhandlungsstile bei Konflikten vom niederländischen Soziologen Willem Mastenbroek (*1942):

> „Aus diagnostischer Sicht ist der Verhandlungsstil der Parteien von Interesse. Der Verhandlungsstil zeigt an, wie eine Partei die beiden zentralen Aspekte einer Verhandlung wahrnimmt und miteinander verbindet, nämlich

- wie entschieden sie ihre Zielvorstellungen der anderen Seite aufzunötigen versucht oder auf die Vorstellungen der anderen Seite einzugehen sich bemüht („kämpfen vs. kooperieren") und
- inwieweit sie bereit ist, neue Informationen zu berücksichtigen oder sie ignoriert („aktiv vs. passiv")."[380]

Durch Kombination dieser zwei Dimensionen kommt Mastenbroek schließlich zu den vier Verhandlungsstilen, welche in folgender Abbildung zusammengefasst sind.

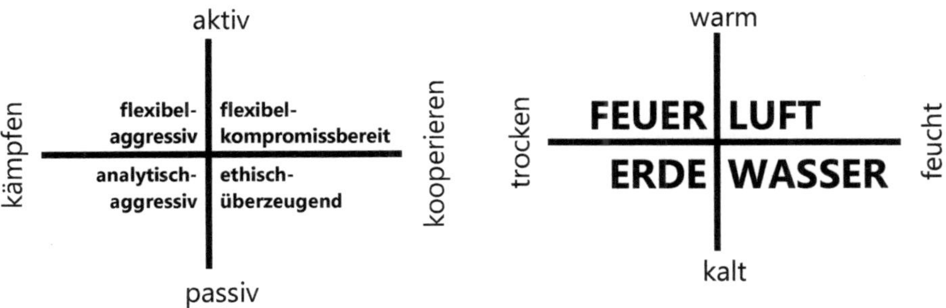

Die vier Verhandlungsstile im Konfliktmanagement nach Mastenbroek (1984)[381] in Gegenüberstellung mit dem aristotelischen Schema der vier Elemente

„Der **analytisch-aggressive** Verhandler analysiert die Situation sorgfältig, stützt sich auf Daten und Fakten, gewichtet alle Alternativen im Voraus, verlässt sich auf feste Spielregeln, hält an seinem Ziel unbeirrbar fest, schert sich aber wenig um das Klima und die Stimmung während der Verhandlung."[382] Wir können hier unschwer die Beschreibung des erdigen Melancholikers wiedererkennen. Wie die erdhaften Typen der anderen Persönlichkeitsmodelle gibt er viel auf Logik und Zahlen und ignoriert weitgehend den menschlichen Faktor.

„Der **flexibel-aggressive** Verhandler will in erster Linie ein Ergebnis erreichen, nutzt umgehend Vorteile, die sich ihm bieten, handelt rasch, kommt ständig mit neuen Ideen, wird aber leicht ungeduldig, wenn sich die Verhandlung hinschleppt und nicht recht vorangeht."[383] Hier wird das spröde, kämpferische Wesen der trockenen Qualität aktiv ausgelebt. Dies kommt dem feurigen Temperament des Cholerikers gleich, der als ungeduldig, leicht aufbrausend und stets auf den eigenen Vorteil bedacht charakterisiert wird. Auch hier wird der flexibel-aggressive Verhandlungsstil mit diesen Merkmalen beschrieben.

„Der **ethisch-überzeugende** Verhandler glaubt an gemeinsame Wertvorstellungen, richtet sich an Prinzipien und Normen aus, entwickelt zwar nützliche Vorschläge, hält aber an seiner Position unverändert fest, weil er ja „recht hat", was nicht selten, weil unrealistisch, zum Abbruch der Verhandlungen führt."[384] Das phlegmatische Temperament ist zwar meist umgänglich, hat es aber einmal seine Überzeugungen zum Gewissheit reifen lassen, so wird an diesen festgehalten. Dabei kommt das Prinzip der passiven Konfliktvermeidung zur Anwendung, indem potentiellen Meinungsverschiedenheiten einfach behutsam aus dem Weg gegangen wird. Dieses passive Kooperieren der Konfliktvermeidung kann aber leicht zu einem Problemstau führen und die verdrängten Konflikte dadurch umso stärker zur Lösung drängen lassen. Dennoch glaubt der ethisch-überzeugende Verhandler an gemeinsame Wertvorstellungen und ist somit der Verhandler mit der größten „menschlichen Note", sozusagen der wässrige Verhandlungsstil.

Schließlich gibt es noch einen vierten Verhandlungsstil, welcher als aktives Kooperieren bezeichnet wird. „Der **flexibel-kompromissbereite** Verhandler kann sich gut in seinen Verhandlungspartner einfühlen, geht geschickt und diplomatisch vor, hat Gespür für Lösungen, die beiden Seiten dienen, trägt zu einer entspannten Atmosphäre bei, gibt sich jedoch sogar in grundsätzlichen Fragen kompromissbereit, was manchmal dazu führt, dass er nicht entschieden genug um eine Sache kämpft und vorschnell Kompromisse eingeht."[385] Dieser Verhaltensstil entspricht dem luftigen Temperament des Sanguinikers mit der steten Gefahr, in das Schattenbild des Kompromisslers aus Reddins Darstellung zu verfallen. Sein diplomatisches Verhandlungsgeschick und taktisches Einfühlungsvermögen weisen den flexibel-kompromissbereiten Verhandler als den vornehmen, gewandten und geistreichen Sanguiniker aus.

Wie bereits in Reddins 3-D-Modell herrscht auch hier eine große Übereinstimmung der entsprechenden Basisgrafik mit dem aristotelischen Schema zur Konstruktion der vier Elemente aus Temperatur und Feuchtigkeitsgrad des hyleschen Urstoffes. Das Polaritätenpaar Aktiv-Passiv wird in Mastenbroeks Terminologie synonym zur klassischen Bedeutung

verwendet, wie diese auch in den Bezeichnungen Warm-Kalt zum Ausdruck kommt.[386] Luft und Feuer bahnen sich ihren Weg hinauf in die Höhe zu ihrem Ziel und konfrontieren sich dabei stets aktiv mit neuen Umständen und Hindernissen, während Wasser und Erde dem geringsten Widerstand entgegenplätschern und dabei ihre Hindernisse zu umschwimmen suchen oder einfach beharrend am Grund liegen bleiben.
Die prämoderne Achse von Trocken-Feucht enthält ähnlich wie in den anderen Managementmodellen auch hier die menschlich-gesellige Komponente. Die feuchten Temperamente Sanguiniker und Phlegmatiker werden als umgänglich und wohlgelitten beschrieben, während die trockenen Temperamente von Choleriker und Melancholiker als spröde und schwer zugänglich charakterisiert werden. Mastenbroeck nennt die Achse „Kämpfen-Kooperieren". In diesem Schema sind der erdige Verhandler, welcher sich „wenig um das Klima und die Stimmung während der Verhandlung" schert, und der feurigen Verhandler, der „umgehend Vorteile nutzt und leicht ungeduldig wird" die kämpferische Charaktere. Die feuchten Elemente Wasser und Luft hingegen sorgen für soziales Schmieröl und finden sich im modernen Schema bei den kooperierenden Typen.

Soweit zu jenen Persönlichkeits- und Verhaltensmodellen, welchen man bis heute in der einschlägigen Fachliteratur des BWL-Studiums begegnet. In meinen Recherchen zur Erstauflage (2001) habe ich mich vor allem auf diese magischen Praktiken des Managements konzentriert. Seither sind einige Jahre ins Land gezogen und eine weitere Sparte von Modellen hat sich in meinen Archiven angesammelt: die kommerziellen Analysetools der modernen Management-Diagnostik. Diese Ansätze sollen weniger theoretische Erklärungen für den HR-Bereich liefern, sondern vor allem die Praxis im Arbeitsalltag erleichtern. Ob in Recruiting und Personalselektion, Mitarbeiterführung, Teambildung oder Selbstorganisation, die folgenden Instrumente versprechen vor allem eines: Entscheidungsmaschinen.[387] Beantworte ein paar Multiple Choice Fragen und in wenigen Minuten weißt Du nicht nur, wer Du bist, sondern auch welcher Job der richtige für Dich ist und was Du tun musst, um erfolgreich zu sein. Durch diese starke Praxisbetonung stehen diese Modelle im Sinne von „Magie als vermögendes Machen" oft der Magie näher als der Wissenschaft.[388] Und gerade das macht sie auch kommerziell so erfolgreich.

Das DISG®-Modell

Eine der ersten und einflussreichsten Persönlichkeitstypologien der Management-Diagnostik wurde vom amerikanischen Psychologen, Feministen und Lebemann William Moulton Marston (1893 – 1947) initiiert. In seinem Buch „Emotions Of Normal People" (1928) entwickelte er aus verschiedenen Konzepten der damaligen Physiologie, sowie Studien an verhaltensauffälligen Kindern und texanischen Gefängnisinsassen das DISG®-Modell.[389] Demnach lässt sich das Sozialverhalten von Menschen grundsätzlich anhand zweier Dimensionen bestimmen: Die erste Dimension ist die Wahrnehmung des Umfeldes. Dieses kann entweder als angenehm oder als stressig erlebt werden. Die zweite Dimension ist die Reaktion auf dieses Umfeld. Sie kann bestimmend oder zurückhaltend ausfallen. Durch die Kombination dieser beiden Dimensionen entstehen vier Typen, welche er mit den Begriffen „Dominance" (D), Inducement (I), Submission (S) und „Compliance" (C) bezeichnet.[390]

Das DISG® Modell von Marton

Marstons Theorie blieb zunächst wenig beachtet. Nachdem bereits seine Versuche mit einer frühen Version des Lügendetektors kommerziell wenig erfolgreich gewesen waren, verdingte er sich ab den 1940er Jahren vornehmlich als Comic-Autor. Bis heute ist er in erster Linie als Erfinder der ersten weiblichen Comic-Superheldin „Wonder Woman" bekannt. Erst in den 1960er Jahren wurde sein Persönlichkeitsmodell vom amerikanischen Psychologen John G. Geier (1934 – 2009) wiederentdeckt und um einen Fragebogen erweitert. So konnte das DISG®-Modell praktisch für die Management-Diagnostik instrumentalisiert und für Bereiche wie Führungsverhalten oder Eignungsdiagnostik herangezogen werden. Die vier Typen werden folgendermaßen charakterisiert:[391]

> **Dominanz:** Das Umfeld wird als stressig wahrgenommen. Darauf wird bestimmend reagiert: egozentrisch, direkt, herrisch, willensstark, kompetitiv...
>
> **Initiative:** Das Umfeld wird als angenehm wahrgenommen. Darauf wird bestimmend reagiert: enthusiastisch, gesellig, erfinderisch, vielseitig, kommunikativ,...
>
> **Stetigkeit:** Das Umfeld wird als angenehm wahrgenommen. Darauf wird zurückhaltend reagiert: einfühlsam, geduldig, loyal, teamfähig,...
>
> **Gewissenhaftigkeit:** Das Umfeld wird als stressig wahrgenommen. Darauf wird zurückhaltend reagiert: beobachtend, perfektionistisch, systematisch, beharrlich, akkurat...

Die Parallelen zu den klassischen vier Temperamenten sind offensichtlich. Der dominante Typ entspricht dem feurigen Choleriker. Der Initiative kleidet den luftigen Sanguiniker in gefälliges Neusprech. Der Stetige mit seiner sozialen Ader deckt sich mit dem phlegmatischen Wassertemperament und der Gewissenhafte mit dem melancholischen Erdtemperament. Interessanterweise findet sich in Marstons Buch aber keinerlei Bezug auf die klassischen Temperamente, auch wenn dieser noch so deutlich ist. Von den heutigen DISG®-Aposteln wird dies als Beweis dafür angesehen, dass diese vier Charaktere Realität sind. Nicht nur dass bereits die altehrwürdigen Griechen diese Realität erkannt haben. Sie wurde unabhängig davon durch die wissenschaftlichen Studien und den Scharfsinn von Marston ein zweites Mal entdeckt. So wird in einem argumentativen Kunstgriff die antike Temperamentenlehre zur Bestätigung der Richtigkeit des DISG®-Modells umdefiniert:

> „Die Ähnlichkeit der hippokratischen Typeneinteilung zum DISG-Persönlichkeitsprofil mit seinen ebenfalls vier Grundtypen ist frappierend. (...) Dabei hat das DISG-Persönlichkeitsprofil zunächst nichts mit den vier Temperamentbegriffen aus der Antike zu tun. Erst nachdem DISG entwickelt war, bemerkte man die große Übereinstimmung zum Vorläufer aus der Antike. Doch das DISG-Persönlichkeitsprofil entstand völlig ohne altgriechischen Einfluss aus den Forschungsergebnissen eines gewissen William Moulton Marston."[392]

Wir haben hier also ein typisches Beispiel für eine reinventatorische Reaszendenz.[393] Ein Primodell taucht unter neuer Maske im Zeitgeist auf ohne dass der Wiederentdecker sich der alten Wurzeln seines Konzepts gewahr ist. Umso wichtiger ist den Nachahmern der Nachahmer das geistige Eigentum. So gründete John G. Geier 1972 die Performax Inc. und hat damit laut eigenen Aussagen bislang über 50 Millionen DISG-Tests durchgeführt und über 10.000 Trainer ausgebildet.[394] Marstons Persönlichkeitsmodell wurde somit zu einem sehr lukrativen Geschäftsmodell erweitert. Im deutschen Sprachraum wurde Geiers Konzept durch die persolog GmbH von Friedbert Gay vertreten. 2010 wurde ein Rechtsstreit über die Verwendung des Markennamens DISG® zugunsten der Inscape Publishing Inc. entschieden. Seither verkauft Gay seine DISG®-Tests als „persolog® Modell". Das urheberrechtlich legitimierte DISG tritt nun als „EVERYTHING DiSG® - A Wiley Brand" auf.[395] Selbstverständlich reklamieren beide Firmen für sich, das noch bessere, validere oder zumindest originalere DISG® zu vertreten.

Die persolog® GmbH verweist dazu gerne auf Kooperationen mit renommierten Universitäten wie Koblenz-Landau und Minnesota oder auf wissenschaftliche Studien, die bei näherer Betrachtung aber nichts über Konstruktvalidität oder gar über den Erfolg der Methode bei der Personalselektion aussagen.[396] Ähnlich wie bei Friedmanns „Prozessorientierter Persönlichkeitstypologie ILP®"[397] hat man zudem eine exzessive Modelldehnung vorgenommen, um die Typologie durch Anwendung auf verschiedene Lebensbereiche gleich mehrfach verkaufen zu können. So gibt es neben dem klassischen Persönlichkeitprofil nun auch ein Verhaltens-Profil, ein Leadership-Profil, ein Teamdynamik-Profil, ein Selbstführungs-Profil, ein Stress-Profil und noch viele andere Profile bis hin zum Teenager-Profil käuflich zu erwerben.[398] Das nunmehr offizielle „EVERYTHING DiSG® - A Wiley Brand" legt zur Differenzierung großen Wert auf das kleingeschriebene „i" im Namen und fokussiert im Marketing die lange

Tradition des Modells, sowie ehrwürdige Begriffe wie „autorisiert" oder „zertifiziert", um sich als das originalere DISG® zu positionieren.

Wie bereits bei vielen anderen Modellen gibt es auch hier eine frappierende Ähnlichkeit des Fadenkreuzes mit dem Urschema der vier Elemente nach Aristoteles. Sprach der alte Meister noch von „trocken-feucht", so beschreibt Marston diese Dimension als stressige und angenehme Wahrnehmung des Umfelds. Interessanterweise haben viele der modernen DISG®-Varianten diese Dimension ausgetauscht und lehnen sie an die Führungsansätze von Blake/Mouton und Reddin an. Statt des als stressig oder angenehm wahrgenommenen Umfelds sprechen aktuelle Vertreter oft lieber von „aufgabenorientiert-menschenorientiert".[399] Beide Ansätze zielen zwar irgendwie auf die soziale Komponente des Verhaltens ab. Ob tatsächlich ein als stressig wahrgenommenes Umfeld mit einer erhöhten Aufgabenorientierung gleichzusetzen ist, bleibt aber dahingestellt. Jedenfalls wird in vielen neueren DISG®-Varianten beides synonym verwendet, denn die aus dem veränderten Fadenkreuz konstruierten Typen mit ihren Charakterbeschreibungen ändern sich nicht.
Ähnlich flexibel wird die Verhaltensdimension gehandhabt. Spricht das Original-DISG® noch von einer zurückhaltenden oder einer bestimmenden Reaktion auf das Umfeld, so findet man in neueren Varianten synonym „defensiv/introvertiert" und „offensiv/extrovertiert". Oft stehen beide Versionen direkt nebeneinander. So verwendet Friedbert Gay 2002 in einem Sammelband über Persönlichkeitsmodelle die modernere Variante,[400] während er in seinem eigenen DISG®-Buch auch in der Auflage von 2004 weiterhin mit den traditionellen Begriffen arbeitet.[401] Wir sehen also, dass die permanente Renovierung der Zeitgeistmasken nicht nur das Primodell der vier Typen im Allgemeinen betrifft, sondern selbst die konkreten Ausprägungen wie DISG® von diesem Renovierungsdrang betroffen sind. Im Fluss der Jahrzehnte müssen sich auch die konkreten Modelle an den Duktus des Zeitgeistes anpassen, um weiterhin attraktiv für potentielle Kunden zu sein.

Zweifelsohne ist DISG® eine der erfolgreichsten Blaupausen der modernen Management-Diagnostik. Seit den 1960er Jahren hat es direkt oder indirekt eine große Zahl von Nachahmern inspiriert, welche mit derselben Vierteilung arbeiten, diese aber anders benennen. „Am bekanntesten sind hier die LIFO® Methode, die HBDI® Denkstilanalyse, Insights MDI®, der

Keirsey Temperament Sorter KTS®-II und das Team Management Profile TMP. Man beachte, dass hier auch die meisten Nachahmer so schlau waren, sich vor weiteren Nachahmern durch eine Trademark zu schützen und gleichzeitig damit ihre Seriosität zu unterstreichen. Nur der ursprüngliche Erfinder der Temperamentenlehre, Claudius Galenus von Pergamon (ca. 130 – 200 n. Chr.) geht leer aus."[402] Und auch Professor William Marston wäre über den Geldregen wohl sehr erstaunt. Zeitlebens unverstanden und erfolglos, wurde sein extravaganter, nonkonformer Lebenswandel 2017 sogar von Hollywood entdeckt und mit dem bekannten Schauspieler Luke Evans in der Hauptrolle verfilmt.[403]

Die LIFO®-Methode

Parallel zu DISG® wurde in den 1960er Jahren auch die LIFO®-Methode der amerikanischen Sozialpsychologen Stuart Atkins und Allan Katcher populär. LIFO® ist die Abkürzung für „Life Orientations" und hat den Anspruch, menschliches „Verhalten objektiv zu beschreiben, persönliche Verhaltensmuster zu verdeutlichen und gegenseitiges Verständnis zu fördern."[404] Die Methode wurde 1963[405] entwickelt und ist seit 1977 am internationalen Markt vertreten,[406] mittlerweile in 66 Ländern. Die Anzahl der bislang durchgeführten Tests wird 2018 mit über neun Millionen angegeben.[407] Als Inspiration berufen sich die Erfinder auf Theorien wie dem Stärken-Schwächen-Paradoxon von Erich Fromm, dem Stärkenmanagement von Peter Drucker oder dem Ansatz der gegenseitigen Wertschätzung von Carl Rogers.[408] Dahinter verbergen sich banale Aussagen wie dass übertrieben eingesetzte Stärken zu Schwächen werden können, dass man sich auf seine Stärken und nicht auf seine Schwächen konzentrieren sollte oder dass man die Menschen, mit denen man arbeitet, auch mögen sollte.
Auch hier gibt es wieder ein Fadenkreuz mit den beliebten Faktoren Aufgabenorientierung und Beziehungsorientierung. Diese werden aber nicht wie bei Reddin, Blake/Mouton & Co. als voneinander unabhängig, sondern als zwei Extrempole derselben Dimension angesehen. Als zweite Dimension wird dafür der Zeithorizont eingeführt: die Typen sind entweder langfristig oder kurzfristig orientiert.[409]

Ein Hinweis auf die klassischen Temperamente fehlt ebenso wie ein Verweis auf Marston oder C.G. Jung. Dennoch identifiziert LIFO® am Ende völlig deckungsgleiche Typen, welche aber anders benannt werden. Selbst der renommierte LIFO®-Mastertrainer Dr. Reiner Czichos stellt in seinem Buch lapidar fest: „Es ist müßig zu spekulieren, wer bei wem abgeschaut haben könnte. Entscheidend ist in diesen modernen Zeiten der Markterfolg."[410] Und im direkten Vergleich zu DISG® befindet er: „Ich kann in der Stilbeschreibung nur Unterschiede im Wording erkennen."[411] Wenn LIFO® aber nur eine andere Zeitgeistmaske für dieselben vier Typen ist, worin liegt dann das Alleinstellungsmerkmal dieser Methode? Atkins und Katcher erwähnen hier vor allem die Einfachheit und die Verwendung von Alltagssprache statt komplizierter Fachtermini.[412] Zudem wird – ähnlich wie in Reddins 3-D-Theorie – betont, dass es keine guten oder schlechten Typen gäbe. Jeder Stil kann in seiner Stärke gelebt werden oder zu einer Schwäche übertrieben werden. Und so werden die vier Typen jeweils mit einem Wortpaar benannt, wobei das erste Wort immer die Stärke benennt und das zweite Wort die Übertreibung:

Das LIFO® Modell von Atkins und Katcher

Neben zahlreichen Stichwort-Tabellen zum allgemeinen Charakter, Kommunikationsverhalten, Zeitmanagement, Change Management oder Führungsverhalten der vier Typen geben Atkins und Katcher auch eine Gegenüberstellung der Stärken und Übertreibungen:

Wenn Sie gesehen werden als... PRODUKTIVER EINSATZ	*Werden Sie oft auch gesehen als...* ÜBERTRIEBENER EINSATZ
UNTERSTÜTZEND (supporting)	**HERGEBEND (giving-in)**
aufmerksam	selbstverloren
vertrauensvoll	leichtgläubig
loyal	sklavisch
hilfsbereit	bemutternd
verständnisvoll	meinungslos
BESTIMMEND (controlling)	**ÜBERNEHMEND (taking-over)**
leitend	dominierend
entscheidungsstark	impulsiv
selbstbewusst	arrogant
herausfordernd	zwingend
risikofreudig	verantwortungslos
BEWAHREND (conserving)	**FESTHALTEND (holding-in)**
beharrlich	klammernd
praktisch	einfallslos
gewissenhaft	pedantisch
analytisch	spitzfindig
reserviert	unkommunikativ
ANPASSEND (adapting)	**HARMONISIEREND (dealing-away)**
flexibel	unbeständig
experimentierfreudig	wirklichkeitsfremd
gesellig	schulterklopfend
taktvoll	beschwichtigend
gefällig	schmeichlerisch

Die vier LIFO®-Typen mit ihren Stärken und Übertreibungen[413]

Noch umfangreicher wird die Tabellenorgie dadurch, dass für jede der 2x4 Stilausprägungen auch noch angegeben wird, wie sich diese unter günstigen und unter ungünstigen Rahmenbedingungen ausdrücken.[414]

Schließlich wird das Fadenkreuz um eine Werteskala erweitert (meist von 10 bis 35), wodurch Assoziationen zu einem wahrhaften Präzisionswerkzeug geweckt werden. Dieses fortgeschrittene Blendwerkzeug der Verwissenschaftlichung suggeriert, dass hier der individuelle Charakter sehr genau ausgemessen wird. In zahlreichen Publikationen wird diese enorme Stilvielfalt der LIFO®-Methode betont: sie verwendet „zur Verhaltensbeschreibung nicht die Einzelstile, sondern die gesamten Stilkombinationen aus allen vier Stilen und die Intensität ihrer Ausprägung. Damit ergeben sich nicht nur 4, 16 oder 32 verschiedene Verhaltensmuster, sondern ein Vielfaches davon."[415] Dadurch wäre die Methode in der Lage, Millionen von individuellen Charakterprofilen zu messen. Wie aber kommt diese differenzierte Meisterleistung der Psychometrik zustande? Sie basiert auf einem 15-minütigen Multiple Choice Fragebogen. Darin gibt es 18 Aussagen mit jeweils vier Antwortmöglichkeiten, wie beispielsweise:[416]

Ich versuche, meinem Mitarbeiter eine neue Aufgabe zu verkaufen als

a. wichtig und hilfreich für andere
b. eine bedeutsame Herausforderung
c. einer wichtigen Absicherung des Status Quo
d. eine freudige Gelegenheit sich zu profilieren

Bereits ein Laie der vier Typen erkennt hier unweigerlich, welche „Lebensstile" sich hinter den einzelnen Antworten verbergen: Der Unterstützend-Hergebende will seinen Mitmenschen eine Hilfe sein (a.) wie dies bereits vor Jahrtausenden der wässrige Phlegmatiker tat. Der Bestimmend-Übernehmende will auf Jagd gehen und Beute machen (b.) wie einst der feurige Choleriker. Der Bewahrend-Festhaltende will das Bestehende regeln und absichern und erweist sich so als moderne Zeitgeistmaske des erdigen Melancholikers. Und der luftige Sanguiniker nennt sich heute „Anpassend-Harmonisierender (A/H)" und wählt die Antwort d.

Doch wie sagte bereits das iatromathematische Hausbüchlein von 1465: „Es sind virhande naturen vnd complexion, di der mensch hat: ettlicher mensh czwu, ettlicher dreu, ettlicher vir. Doch so nympt ayne vberhand, das ist die, di der Mensch aller mayst hat, vnd kain mensch hat allein eine."[417] Und so wählt man auch bei LIFO® nicht nur eine Antwort aus, sondern sortiert alle Antwortmöglichkeiten nach den persönlichen Präferenzen.[418] Dadurch entstehen für jeden Lebensstil Zahlenwerte, welche dann einfach an den Achsen des Fadenkreuzes aufgetragen werden. Der höchste Wert wird „bevorzugter Stil" genannt, der zweithöchste „stellvertretender Stil", während der Typ mit dem geringsten Zahlenwert als „vernachlässigter Stil" bezeichnet wird.[419] Vor allem die ersten beiden werden in Kombination gedeutet und dadurch zu einem Mischstil verschmolzen. Des Weiteren wird differenziert in Stil unter günstigen und unter ungünstigen Bedingungen, sowie Absichtsstil, Verhaltensstil und Wirkungsstil. Durch diesen magischen Akt erhält man aus nur 18 Multiple Choice Fragen eine geballte Ladung differenziertester Information über die eigene Persönlichkeit. Das Ergebnis sieht dann beispielsweise so aus:

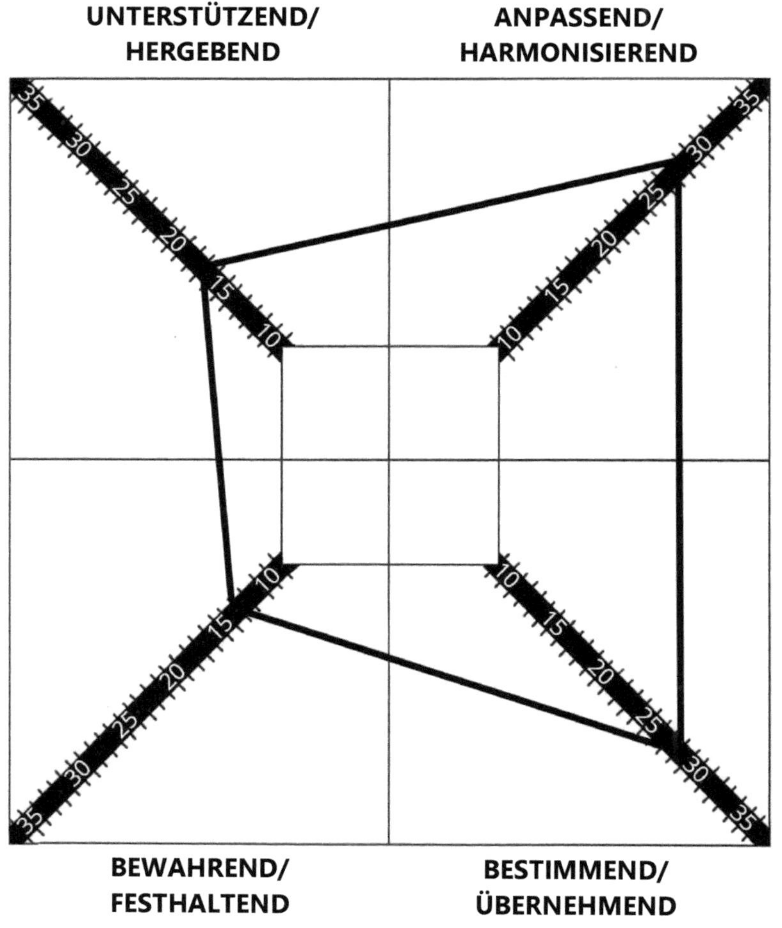

Die Präzisionsvariante der LIFO®-Quadranten mit dem Mischtypus „Lautsprecher"[420]

Die Grafik zeigt die Grundversion mit dem Gesamtprofil. Es sind aber auch Varianten gebräuchlich mit jeweils eigenen Kurven für den Stil unter günstigen und ungünstigen Bedingungen oder gar mit allen drei Kurven für Absicht, Verhalten und Wirkung in einer Grafik, wodurch diese gleich noch exakter, vielschichtiger und komplexer wirkt. Verschiedene Grundformen werden wiederum zu „Grundstilmischungen" zusammengefasst. So zeigt das Beispiel eine geringe Ausprägung der langfristig orientierten Typen U/H und B/F und eine sehr hohe Ausprägung der kurzfristig orientierten A/H und B/Ü. Dieses sich nach rechts vergrößernde Trapez wird im Deutungssystem „der Lautsprecher" genannt. Der Lautsprecher ist ein sehr extravertierter Mensch, bei dem es immer schnell, abwechslungsreich und laut sein muss. Die gegenteilige Figur mit einem nach links vergrößerten Trapez ist dementsprechend ein sehr introvertierter, langsamer Mensch, genannt „die Klette".[421] So gibt es sieben Grundstilmischungen und zahlreiche Feinvarianten.

Diese sehr feingliedrige Darstellungsform kann leicht darüber hinwegtäuschen, dass sie aus einer äußerst groben Informationsbasis konstruiert wurde. Der Kandidat hat lediglich 18x4=72 Aussagen über Alltagssituationen in eine Reihenfolge gebracht. Und selbst wenn hier deutlich mehr Aussagen gerankt worden wären, bliebe das Ergebnis dennoch fraglich. Selbst die deutschen LIFO®-Vertreter geben zu bedenken: „Die testtheoretischen Kriterien sind somit nicht das Entscheidende; bedeutsamer ist, dass insgesamt mehr als acht Millionen Menschen bisher die LIFO®-Methode angewandt haben. Ferner wurden aufgrund der Werte im Fragebogen „Blind"-Reports erstellt. 94 Prozent der Personen konnten sich darin eindeutig wiederfinden."[422] Was hier nicht erwähnt wird ist die Tatsache, dass aufgrund des Barnum-Effekts Persönlichkeitsbeschreibungen mit relativ allgemeinen Aussagen grundsätzlich von der großen Mehrheit als sehr treffend empfunden werden. Das betrifft Horoskoptexte des Esotainments ebenso wie psychologische Persönlichkeitsprofile, selbst dann wenn diese gar nicht individuell für die Probanden erstellt wurden.[423] Zwar wird in der Literatur auf eine Reihe von Studien bezüglich Reliabilität und Validität verwiesen. Die positiven Ergebnisse sind aber durch die zirkuläre Anordnung der Studiendesigns allein schon durch Attributionseffekte erklärbar. Wenn mehrere Studienteilnehmer einen Menschen oder sich selbst durch die Brille desselben Persönlichkeitsmodells betrachten, so werden sie dadurch auch ähnliche Wahrnehmungen und

Interpretationen konstruieren. Das zentrale Kriterium der Objektivität hingegen kann nicht erfüllt werden. So schreibt die deutsche LIFO® Vertretung hierzu: „Dies hat bei der LIFO® Methode, wie auch bei anderen Verhaltensstilanalyseverfahren, mehr damit zu tun, wie gut die Qualität der Lizenzausbildung und die Fundiertheit des Lizenznehmers ist."[424] Durch diese besonders gelungene Sprachmagie wird die nicht nachweisbare Objektivität der Methode umgebaut zu einem Kaufargument für die lukrative Lizenzausbildung.

Wir haben es hier mit einer geschickten Form der Zeichenkultivierung zu tun, ein Prozess, den ich ausführlich im Buch „Prognostik 02: Zeichendeutung" dargestellt habe.[425] Antworten auf Multiple Choice Fragen werden als Indikator, als Zeichen für einen objektiv messbaren Charakter gedeutet. Aus diesen Messungen werden Werte konstruiert, welche dann wiederum in einer Grafik zu einem kultivierten Zeichen kondensiert werden. Und diese kultivierten Zeichen werden dann ihrer Form nach gedeutet wie die Zeichen auf der Leber bei den mesopotamischen Wahrsagern, die Zeichen auf den Schildkrötenorakeln der chinesischen Shang-Kaiser oder die Bodensätze in den Tassen eines viktorianischen Kaffeesatzlesekränzchens.[426] Sprachen die etruskischen Haruspex noch von Sprüngen, Löchern, Adern, Spalten und Erhöhungen auf den vierzig Regionen der Opferleber,[427] so deuten die modernen LIFO®-Priester Figuren mit Namen wie Lautsprecher, Badewanne, Dampflokomotive oder „Ritter Sport" in den vier Quadranten des LIFO®-Fadenkreuzes.[428] Hier wie dort folgen die Deutungssysteme einer stringenten inneren Logik. Und hier wie dort liegt unter der Oberfläche das Transformationsproblem verborgen: Warum sollten Zeichen auf der Opferleber die Zukunft offenbaren? Warum sollten Antworten auf Multiple Choice Fragen eine objektiv erkennbare Persönlichkeitsstruktur enthüllen?
Dieses Transformationsproblem ist allen psychologischen Fragebögen und somit auch allen Tools der Management-Diagnostik gemein. Denn bis heute gibt es in der Psychologie keinen Common Sense darüber, was der menschliche Charakter überhaupt ist und wie dieser kategorisiert werden könnte. Suchte man bis weit ins 20. Jahrhundert hinein noch nach einem allgemeingültigen taxonomischen System, so hat sich mittlerweile die Meinung durchgesetzt, dass solche statischen Persönlichkeitsmodelle am Ende nur soziale Erfindungen, Konstrukte sind. Darauf werde ich im Kapitel „Nomothetisch versus Idiographisch" noch näher eingehen.[429]

Vergleicht man abschließend die LIFO®-Methode mit anderen Zeitgeistmasken der vier Elemente, so hat sich ausgerechnet das einstige Alleinstellungsmerkmal der verständlichen Alltagssprache mittlerweile ins Gegenteil verkehrt. Da für eine häufige Verwendung Begriffe wie „Bewahrend/Festhaltend" zu sperrig sind, haben sich für die vier Typen die Abkürzungen U/H, A/H, B/F und B/Ü beziehungsweise im Englischen SP/GV, CT/TK, CS/HD und AD/DL eingebürgert. Das mag in den 1960ern noch ein Fortschritt gewesen sein. In Anbetracht des gefälligen Marketings der Konkurrenz mit ihren eingängigen Begriffen und bunten Bildern wirkt eine solche Sprache im 21. Jahrhundert aber sehr angestaubt, trocken und wenig intuitiv. Und so wäre für LIFO® dringend eine Renovierung der Zeitgeistmaske angeraten, um nicht zunehmend in die inoffizielle Welt der Magie zurückvergessen zu werden.

Insights MDI® und Insights® Discovery

Reichlich Inspiration für eine modische Zeitgeistmaske findet man bei Insights MDI®. Im bunten 1990er Yuppie-Schick wird unter diesem Begriff ein Arsenal an verschiedenen Managementinstrumenten vermarktet, dessen Zentrum das Insights®-Rad ist. Die Methode beruft sich explizit auf eine Reihe von Vorgängern, welche in den Publikationen auch ausführlich dargestellt werden: die Humoralpathologie von Hippokrates, die Vier-Elemente-Lehre, die klassischen Temperamente, Carl Gustav Jungs psychologischen Typen und schließlich das DISG®-Modell von Marston. Es handelt sich also um eine referenzierende Reaszendenz, wobei die lange Tradition von Quellen die Objektivität der Typologie untermauern soll:

> „Die Menschen lassen sich deshalb in bestimmte Persönlichkeitstypen einteilen; das wusste schon der Grieche Hippokrates vor über 2.000 Jahren."[430] „Natürlich hat sich die Methode der Persönlichkeitseinteilung seit Hippokrates gewaltig weiterentwickelt. Heute wird keiner mehr die schwarze Galle oder das Blut als den bestimmenden Faktor für ein Temperament ansehen. Aber schon damals erkannte Hippokrates, dass Menschen sich in diesen vier Grundmustern einander ähneln."[431]

Als Initiator von Insights® gilt der Amerikaner Bill J. Bonnstetter (1938 – 2016), der in den späten 1970er Jahren als Erster am Computer ein Analyseprogramm zur automatischen Auswertung von DISG® entwickelt hat.[432] 1984 gründete er die Target Training International Ltd zur kommerziellen Vermarktung und benannte das Modell in TTI Success Insights® um.[433] Gemeinsam mit dem Schotten Andrew Lothian entwickelte er in den Folgejahren aus dem DISG®-Modell das Insights®-Modell. Als die beiden sich 1996 trennten, gründete Lothian die Firma Insights® und vermarktet das Typenrad seither als „Insights® Discovery".[434] Im deutschen Sprachraum ist das Instrument vor allem als Insights MDI® von Bonnstetters exklusivem Lizenzträger Frank M. Scheelen bekannt.[435] Somit gibt es verwirrenderweise gleich drei getrademarkte Insights, welche dieselbe Typologie mit derselben Terminologie anbieten.

Bei so viel Marktpower stellt sich freilich die Frage, was denn nun das Alleinstellungsmerkmal beziehungsweise die Eigenleistung von Insights® ist. Und tatsächlich scheint diese weniger inhaltlicher als vielmehr gestalterischer Natur zu sein. Zweifelsohne hat wohl kaum ein Anbieter derart konsequent seine Energie auf die Zeitgeistmaskenkosmetik der vier Typen gebündelt. So hat man das vormals in der Diagnostik-Szene übliche Typen-Viereck mit seiner recht technokratischen Anmutung ersetzt durch ein Typenrad, dessen rundliche Form gleich mehr Wärme und Menschlichkeit ausstrahlt, wenngleich darin immer noch dieselben vier Typen hausen. Die Darstellung wird häufig ergänzt durch plakative, comicartige Zeichnungen der einzelnen Typen, wodurch diese sehr an Lebendigkeit gewinnen. Mittlerweile wäre allerdings ein stilistisches Update der karrieristischen Männer und Frauen in Business-Anzügen an den Startup-Hipster-Style der 2010er Jahre angebracht.
Auch die Dimensionen des Fadenkreuzes hat man etwas frisiert. Aus „aufgabenorientiert-menschenorientiert" wird in Anlehnung an die Jungsche Typologie die Dimension „Denken-Fühlen". Für die andere Dimension bleibt man beim bewährten Paar „Introversion-Extraversion". Dafür bekommen die vier Grundcharaktere bunte Farben zugeordnet, um das Modell emotional weiter aufzuwerten: der Kalt-Blaue, der Feuer-Rote, der Erd-Grüne und der Sonnen-Gelbe.[436] Und so spricht man bei den Insights®-Typen gerne von „Farbtypen".[437] Das hat auch den Vorteil, dass man sich sprachlich in die physikalische Disziplin der Optik hineinwagen kann mit naturwissenschaftlich anmutenden Sätzen wie: „Mithilfe einer speziellen Analyse kann jeder Mensch sehr schnell und sehr präzise herausfinden, wie viele Rot-, Gelb-, Grün- und Blauanteile er oder sie besitzt. Die Computersoftware erstellt eine individuelle Potentialanalyse, die aus

bis zu 34 Seiten besteht und das Verhalten jedes Menschen objektiv analysiert und grafisch illustriert."[438] Zudem erhalten die vier Farbtypen sehr eingängige und griffige Namen, welche deutlich einfacher zu verstehen sind als „U/H", „Stetiger" oder „Ethisch-Überzeugender". Hier haben wir den Direktor, den Inspirator, den Unterstützer und den Beobachter als gefällige Zeitgeistmasken der Elemente Feuer, Luft, Wasser und Erde. Folgend sehen Sie die aus Copyrightgründen optisch etwas abgespeckte Version der Insights®-Grundtypologie. Ich empfehle Ihnen, sich im Internet die bunte Originalgrafik mit den Comicfiguren bei einem der lizenzierten Insights®-Anbieter anzuschauen. Wie wir sehen, decken sich sowohl die Charakterbeschreibungen, als auch das Fadenkreuz zur Konstruktion der vier Typen mit den bisher vorgestellten Modellen:

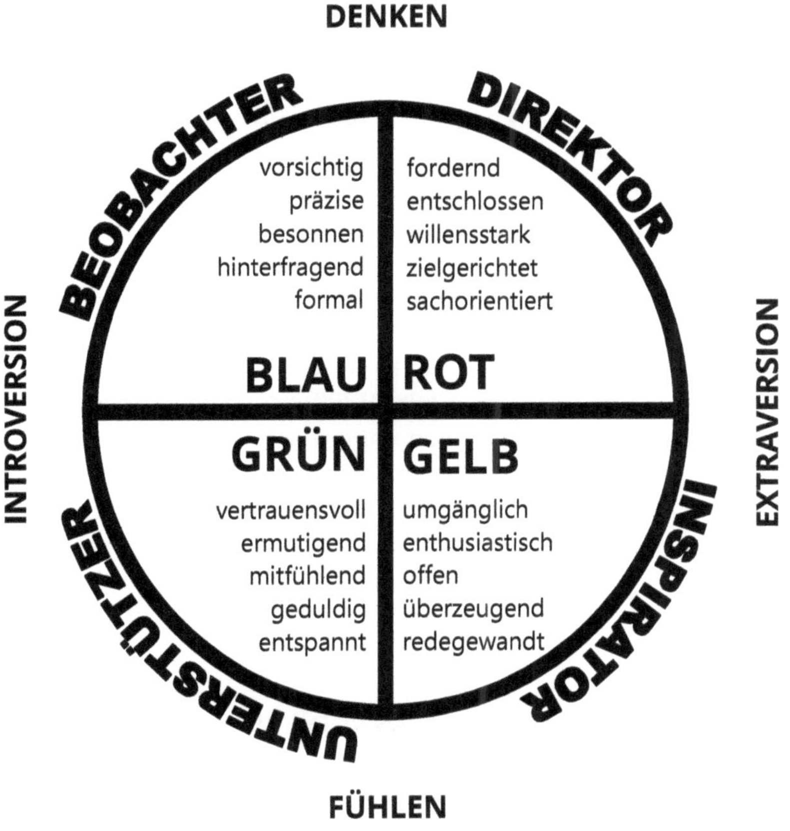

DENKEN

BEOBACHTER
DIREKTOR

vorsichtig
präzise
besonnen
hinterfragend
formal

fordernd
entschlossen
willensstark
zielgerichtet
sachorientiert

INTROVERSION

BLAU
ROT

EXTRAVERSION

GRÜN
GELB

vertrauensvoll
ermutigend
mitfühlend
geduldig
entspannt

umgänglich
enthusiastisch
offen
überzeugend
redegewandt

UNTERSTÜTZER
INSPIRATOR

FÜHLEN

Das Insights® Typenrad[439]

Mindestens ebenso wichtig wie das gefällige Design war der frühe Einsatz des Computers für die erfolgreiche Zeitgeistmaskenkosmetik. Mittlerweile hat zwar auch die Konkurrenz nachgerüstet, sodass der Einsatz von Software bereits lange Standard ist. Bis in die frühen 2000er Jahre hinein waren die computergestützten Fragebögen aber ein gewisses Alleinstellungsmerkmal von Insights®. Während viele andere Anbieter noch schwarzweiße Durchschlagbögen ausfüllen ließen und die Antworten mühsam von Hand auszählen mussten, konnte man bei Insights® komfortabel am Bildschirm die Fragen beantworten, sehr früh auch ortsunabhängig über das Internet. Und auf Knopfdruck stand sofort das Ergebnis zur Verfügung. Das wirkte nicht nur viel moderner und professioneller, sondern war auch ein Vielfaches effektiver. Dadurch wurde der Test sehr komfortabel für große Mengen von Mitarbeitern und Jobkandidaten nutzbar und vergleichbar. Keinem anderen Anbieter war es davor gelungen, die vier Typen derart konsequent zu einer Entscheidungsmaschine umzubauen und zu operationalisieren.
Der frühe Fokus auf den Softwarebereich hatte zudem einen weiteren Vorteil. Er erlaubte eine enorme Differenzierung des Grundmodells. Die Antwortmöglichkeiten der Multiple Choice Fragen konnten beliebig auf Typen und Untertypen angerechnet, kombiniert und aufgeschlüsselt werden. Was in Zeiten der Durchschlag-Fragebogenblätter noch einen enormen Aufwand bedeutet hätte, war nun vollautomatisiert möglich. Dadurch wurde Insights® bereits sehr früh unter der Haube verfeinert. Insights MDI® arbeitet mit 384 verschiedenen Kombinationen und 60 Positionen im Typenrad, sowie mit 19.200 individuellen Textvarianten.[440] Das Insights® Discovery Profil von Andrew Lothian arbeitet mit 72 Profilvarianten und ca. 6.000 Textbausteinen.[441] Der Computereinsatz ermöglichte somit auch schriftliche Persönlichkeitsreports mit ausführlichen Texten und bunten Bildern und Grafiken. Wie so oft in Wettbewerbsmärkten war also weniger die Originalität der große Erfolgsmotor von Insights®, sondern vielmehr die technologische Leistung und die Vermarktung.

Eine Konsequenz dieser computergestützten Entwicklung war eine weitere Differenzierung des Typenrades in Untertypen. Im ersten Schritt wurden zwischen den vier Haupttypen jeweils Zwischentypen eingebaut. Beispielsweise wurde dem roten Direktor und dem gelben Inspirator der rotgelbe Motivator als Mischtyp dazwischengeschoben. Damit, so das häufig forcierte Verkaufsargument, wäre eine deutlich exaktere Messung des Charakters möglich als mit den herkömmlichen Vierertypologien. Dass ein Großteil der Konkurrenz ebenfalls mit Mischtypen arbeitet, wird dabei häufig übersehen, weil diese nicht so schlau war, sich dafür eigene Namen einfallen zu lassen. Auch die Begriffe für die Zwischentypen wurden sehr eingängig und praxisnah gewählt:

TYP	FARBE	VERHALTEN	TYPOLOGIE C.G. JUNG
DIREKTOR	Rot	ergebnisorientiert, zielstrebig	Extravertiertes Denken
MOTIVATOR	Rot-Gelb	marktorientiert, unabhängig	Extravertrierte Intuition
INSPIRATOR	Gelb	kontaktorientiert, flexibel	Extravertiertes Fühlen
BERATER	Grün-Gelb	teamorientiert, kooperativ	Fühlen
UNTERSTÜTZER	Grün	beziehungsorientiert, geduldig	Introvertiertes Fühlen
KOORDINATOR	Blau-Grün	produktorientiert, diszipliniert	Introvertiertes Empfinden
BEOBACHTER	Blau	qualitätsorientiert, präzise	Introvertiertes Denken
REFORMER	Blau-Rot	kontrollorientiert, perfektionistisch	Denken

Die acht Insights MDI® Typen[442]

In der Tabelle sehen wir neben einer kurzen Verhaltensbeschreibung der acht Typen auch die jeweilige Zuordnung in der Persönlichkeitstypologie von C.G. Jung. Insights MDI® beruft sich explizit auf ihn als wichtigen Einfluss, nicht zuletzt um die eigene Seriosität durch die Referenz auf einen berühmten Psychologen zu unterstreichen. Selbstverständlich werden diese acht Typen in den Publikationen ausführlich beschrieben mit Stärken und Schwächen, Prioritäten und Zielen, Kommunikations- und Arbeitsstil bis hin zu Körpersprache und typischen Redewendungen. Und schließlich wird das Innere des Insights® Rades genutzt, um weitere 52 Mischstile zu beherbergen, welche unter anderem auch die gegenüberliegenden Typen miteinander kombinieren, sodass sich jeder mit jedem paaren kann. Diese regelrechte Mischorgie wird weiter verfeingliedert, indem es nicht nur den „Grundsätzlichen Stil" gibt, welcher das natürliche oder private Ich zeigt, sondern auch einen „Adaptierten Stil", wie wir uns im offiziellen Rahmen und im Beruf geben. Selbst diese beiden Stile gibt Insights MDI® vor, messen zu können inklusive Ratschlägen, was zu tun sei, wenn beide zu sehr auseinanderdriften („Stellen Sie sich vor, Sie wären Linkshänder und müssten mit der rechten Hand schreiben! Ebenso schwierig ist es, wenn der adaptierte Stil nicht ihrem natürlichen Stil entspricht!").[443]

In folgender Grafik sehen wir ein Beispiel des vollständigen Typenrades mit den beiden Stilen. Darin eingetragen befinden sich Basis-Stil (Kreis) und der Adaptierte Stil (Stern). Die einzelnen Felder in der Dartscheibe sind bei Insights MDI® normalerweise von 1 bis 60 durchnummeriert. Bei Insights® Discovery ist die Dartscheibe noch etwas komplexer aufgebaut und enthält 72 Felder, wobei die Haupttypen verschieden groß sind. Interessanterweise werden selbst in vielen Insights®-Veröffentlichungen die vier Quadranten lapidar mit den Buchstaben D, I, S und G beschriftet. Wenigstens bemüht man sich gar nicht erst, die geistige Herkunft des Modells zu verschleiern:

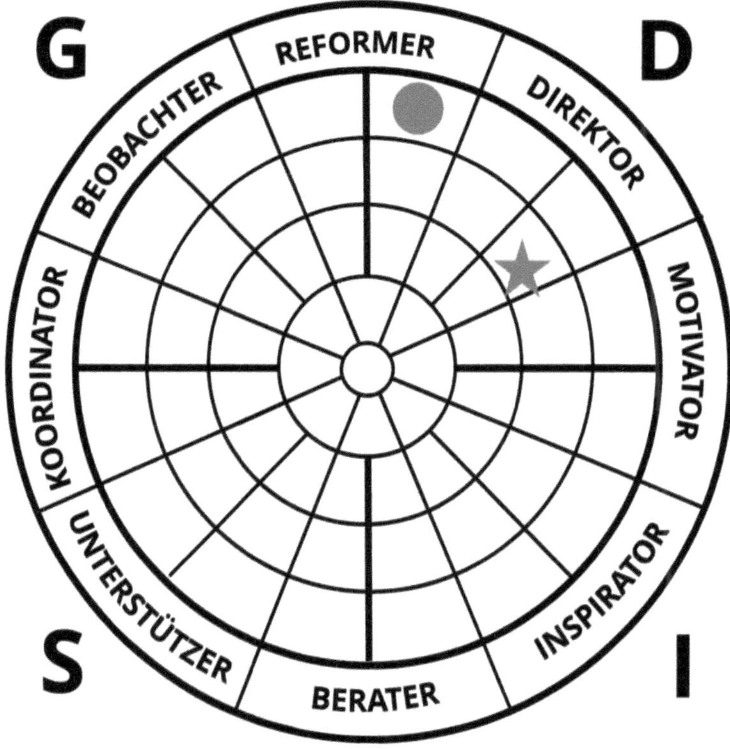

Aus 4 mach 8 mach 60: Das vollständige Insights® Typenrad mit seinen acht Haupttypen (Außenkreis) und 52 Mischtypen (Innensegmente)[444] eingezeichnet sind der Basis-Stil (Kreis) und der Adaptierte Stil (Stern)

Doch wie kommt Insights® zu einer derart präzisen Messung des Verhaltens? Wie bei der LIFO® Methode basiert dieser hochgranulare Röntgenblick in die menschliche Persönlichkeit lediglich auf einem kurzen Multiple Choice Fragebogen. Insights MDI® gibt den Zeitaufwand mit 10 bis 15 Minuten an.[445] Beim Insights® Discovery Profil von der Konkurrenz sind es immerhin 20 Minuten.[446] 25 Gruppen von jeweils vier Wortpaaren müssen dabei in eine Reihenfolge gebracht werden, wie beispielsweise:[447]

Sorgfältig und abwägend	W	1	2	3	4	5	B
Beständig und anhänglich	W	1	2	3	4	5	B
Beeindruckend und gestenreich	W	1	2	3	4	5	B
Strategisch und zügig	W	1	2	3	4	5	B

Dabei wird von der Testperson „W" für „am wenigsten auf mich zutreffend" und „B" für „am besten auf mich zutreffend" angekreuzt, während die verbleibenden beiden Wortpaare im Zahlenraum gereiht werden. Wie schon bei LIFO® ist auch hier bereits für einen Temperamentenlaien offensichtlich, welches Wortpaar welchen der vier Typen repräsentiert. Und auch hier bleibt es ein Mysterium, wie aus einem 10-minütigen quantitativen Fragebogen seriöserweise ein diffiziles Persönlichkeitsprofil konstruiert werden kann. Wie schon bei der LIFO®-Methode erläutert haben wir auch hier das allen fragebogenbasierten Persönlichkeitstests inhärente Transformationsproblem.[448]

Damit kommen wir zum dritten wichtigen Akt der Zeitgeistmaskenkosmetik, welcher Teil des großen Erfolgs von Insights® ist: die Blendwerkzeuge der Verwissenschaftlichung.[449] Wie die meisten anderen Managertypologien beruft sich auch Insights® auf wissenschaftliche Studien. Während diese bei der Konkurrenz jedoch eher Beiwerk sind, werden sie im Marketing von Insights MDI® massiv hervorgehoben. So heißt es in einer Werbebroschüre:

> „INSIGHTS MDI® werden ständig aktualisiert und getestet, vor allem durch Korrelationsanalysen mit vergleichbaren Instrumenten, wie MBTI oder 16PF. Umfangreiche statistische Überprüfungen zu Reliabilität (Zuverlässigkeit) und Validität (Gültigkeit) werden regelmäßig von amerikanischen und europäischen Universitäten durchgeführt. (...) Die Trefferquote (face validity) der INSIGHTS Potenzial-Analysen® liegt weltweit bei über neunzig Prozent."[450]

Dazu werden Gutachten von Diplompsychologen[451] und Universitätsprofessoren[452] angeführt und auf ein 120-seitiges „Handbuch zur empirischen Forschung und praktischen Anwendung" verwiesen, welches auf Anfrage zertifizierten Beratern zur Verfügung gestellt wird.[453] Wohl wegen dieser offensiven Nutzung der Wissenschaftlichkeit als Verkaufsargument, wurde Insights MDI® immer wieder Zielscheibe massiver Kritik aus Fachkreisen. So beurteilte der Schweizer Psychologieprofessor François Stoll bereits 1998 die Methodik von Insights MDI® in einem Gutachten als „unbrauchbares Instrument, dessen schwache theoretische Fundierung durch eine fehlerhafte Operationalisierung verschlimmert wurde."[454]
Trotzdem oder gerade deswegen wurde Insights MDI® im Herbst 2003 nach der damals neuen DIN-Norm 33430 „Anforderungen an berufsbezogene Eignungsdiagnostik" zertifiziert. Die Zertifizierung wurde vom Q-Pool 100 durchgeführt, der „Offiziellen Qualitätsgemeinschaft internationaler Wirtschaftstrainer und –berater". Wenngleich Worte wie „offiziell", „Qualität" und „international" eine öffentlich-wissenschaftliche Legitimierung suggerieren mögen, handelt es sich dabei in erster Linie um eine Marketingplattform von etwa dreißig kommerziellen Beratern. Der Berufsverband Deutscher Psychologinnen und Psychologen BDP empfand dieses Vorgehen als derart dreist, dass er mit Abmahnungen und einer Gerichtsklage dagegen vorging. Die Geschäftsführung von Q-Pool 100 unterschrieb eine Unterlassungserklärung. Das hinderte Insights MDI® jedoch nicht daran, noch lange direkt oder indirekt mit der DIN-Zertifizierung zu werben.[455]

Das Thema kam im Frühjahr 2004 in die Presse und brachte Insights MDI® eine Menge negativer Schlagzeilen. Als Reaktion darauf wurde von der Scheelen AG am Lehrstuhl für Organisationspsychologie der Universität München ein weiteres Gutachten in Auftrag gegeben. In diesem Gutachten werden zwar z.B. die ökonomische Anwendbarkeit, die Internationalisierung, die Praxiserprobung und die Augenscheinvalidität des Verfahrens positiv hervorgehoben. Ein Urteil über die Wissenschaftlichkeit der Methode wird aber dezidiert nicht abgegeben.[456] So suchte sich Insights MDI® aus den 39 Seiten des Gutachtens gezielt einige Sätze heraus, welche aus dem Kontext gerissen eine Bestätigung der Wissenschaftlichkeit suggerieren, um diese fürs Marketing zu verwenden.[457] Auch diese Vorgehensweise wurde vom BDP mit einer sehr kritischen

Stellungnahme bedacht,[458] in der folgende Einschätzung des Diagnostik-Experten Prof. Dr. Reinhold Jäger geteilt wird:

> „Die Basis der Stilermittlung ist nicht nachvollziehbar und inhaltlich nicht zu begründen. Eine Unterscheidung in natürliche und adaptierte Stile, indem die Antworten von Testteilnehmern uminterpretiert werden, ist weder wissenschaftlich noch ethisch verantwortbar. Die blumigen Formulierungen täuschen über Inhaltsleere hinweg. (...)
> Zu dem Verfahren liegen keine Qualitätsbelege vor. Es basiert auf theoretisch veralteten und wissenschaftlich ungesicherten Modellen. Die Dokumentation des Tests im Manual ist unvollständig und nur schwer nachvollziehbar. Das Verfahren erfüllt aus meiner Sicht die Anforderungen der DIN 33430 nicht. Von seinem Einsatz bei Personalauswahl und -entwicklung, Coaching und Training muss daher abgeraten werden."[459]

Bis heute gibt es regelmäßig kritische Artikel und Stellungnahmen zu Insights MDI®. So wurde der Methode in der Herbstausgabe 2013 der Zeitschrift „Wirtschaftspsychologie aktuell" die Kolumne „Ärger des Monats" gewidmet. Darin wurde der Insights-Test mit dem Gang zum Astrologen verglichen und ein großes Unverständnis artikuliert, dass Insights MDI® selbst an der renommierten Wirtschaftsuniversität Wien im Rahmen des MBA-Studiums verwendet wird.[460] Und nach wie vor arbeitet Insights MDI® im Marketing gerne mit den Blendwerkzeugen der Verwissenschaftlichung, indem Studien und Gutachten sehr selektiv zitiert werden, um die Seriosität der Methode zu unterstreichen.[461] Dem Erfolg tut dies keinen Abbruch. Mehr als 100.000 Unternehmen nutzen weltweit Insights MDI® im Personalmanagement, darunter so illustre Namen wie BMW, Sony, Johnson & Johnson, die Telekom Austria und zahlreiche große Banken.[462] Das Produktversprechen einer einfachen und zeiteffektiven Entscheidungsmaschine ist zu verlockend, um es nicht doch auszuprobieren. „Weniger Komplexität – mehr Objektivität",[463] so der aktuelle Werbeslogan, appelliert gekonnt an diese uralte Sehnsucht nach eherner Ordnung in den irrationalen Sümpfen des Menschlichen.
Und so entwickelt die Mutterfirma TTI Success Insights® weiter munter getrademarkter Persönlichkeitstestprodukte mit so professionell klingenden Namen wie TriMetrix® DNA, Emotional Quotient™ (EQ), Stress Quotient®, Sales Skills Index™ oder Talent Management Plus™.[464] Und die nach einfachen Entscheidungsmaschinen lechzenden Managerheerscharen danken es ihnen.

Das Team Management Profil

Ebenfalls im Business-Zeitgeist der 1980er entstand das Team Management System vom britischen Psychologen Prof. Dr. Charles Margerison (*1940) und dem australischen Ingenieur Dr. Dick McCann (*1943). Im Rahmen ihrer Unternehmensberaterprojekte für die Queensland University in Brisbane gingen sie der Frage nach, warum einige Teams sehr erfolgreich waren und andere versagten. Sie interviewten für ihre „empirische Teamerfolgsforschung" weltweit Mitarbeiter bekannter Unternehmen wie Australian Airlines, Hewlett Packard oder BP Exploration. Dabei identifizierten sie nach und nach acht Arbeitsfunktionen (Types of Work), welche einen wichtigen Beitrag zu effektiver Teamarbeit leisten. Mittlerweile beruft sich das TMS auf eine Datenbasis von über 150.000 Führungskräften und Teammitgliedern und betont damit sein massives empirisch-wissenschaftliches Fundament.[465]
So positioniert sich das TMS am Markt gewissermaßen als seriös-sachlicher Gegenpol zum bunt-emotionalen Insights MDI®. Dennoch ist die Typologie von den Charakterbeschreibungen her weitgehend deckungsgleich. Das ist auch nicht verwunderlich, sofern man sich ins Kleingedruckte begibt. Denn das TMS wird nur auf der oberflächlichen Ebene des Marketings als Ergebnis der jahrzehntelangen „empirischen Teamerfolgsforschung" feilgeboten. Liest man nur Werbebroschüren, Kurzvorstellungen und Werbetexte auf diversen TMS-Webseiten, so gibt sich das System den Anschein einer reinventatorischen Reaszendenz: Da mag es früher schon mal etwas Ähnliches gegeben haben, aber unsere Basis ist allein die eigene Forschung. In den Fachbüchern hingegen kommt ein alter Bekannter zum Vorschein:

> „Die Autoren hielten daher Ausschau nach einem theoretischen Konzept, das dafür von Nutzen sein konnte. Sie stießen dabei auf C. G. Jung und den Myers-Briggs Typenindikator (heute: MBTI Assessment®). Diese Modelle nutzten sie in ihrer frühen Projektarbeit, um herauszufinden, ob sie geeignet waren, die Funktionen auf dem Rad der Arbeitsfunktionen mit den persönlichen Arbeitspräferenzen der Teammitglieder in Beziehung zu setzen."[466]

Wie so viele andere Zeitgeistmasken des Viertypen-Primodells beruft sich also auch das TMS auf die Psychologie von C.G. Jung und damit indirekt auf die antike Temperamentenlehre. So wird aus der reinventatorischen eine referenzierende Reaszendenz. Ob nun die immerzu im Vordergrund

platzierte „empirische Teamerfolgsforschung" zuerst da war und die Jungsche Typologie lediglich zur psychologischen Aufhübschung darübergestreut wurde oder ob vielmehr die Typologie Jungs zuerst da war und die Forschung von Beginn an in dieses Denkkorsett gepresst worden ist, ob am Ende vielleicht der Erfolg der anderen Viertypen-Beratungsinstrumente wie DISG® oder LIFO® ursächlich dem TMS Pate gestanden hat und die Berufung auf C.G. Jung lediglich von einem plagiatorischen Akt ablenken sollte, all das bleibt offen.
Interessanterweise hat das TMS zur Darstellung seines Basismodells eine Zeitgeistmaske gewählt, welche Insights® sehr ähnlich ist. Hier wie dort tauscht man die vormals übliche Viereckform gegen die sympathischere Kreisform. Hier wie dort begnügt man sich nicht mit den vier Haupttypen, sondern erweitert die Typologie durch das Einschieben von Zwischentypen auf acht „Teamrollen" bzw. „Arbeitspräferenzen". Und hier wie dort werden den acht Typen nach derselben Systematik Farben zugeordnet. In einem Punkt unterscheidet man sich aber: Weder „Team Management System" (bzw. TMS), noch „Team Management Profil" (bzw. TMP) schmücken sich mit einem Trademark-Symbol®. Das mag daran liegen, dass sehr allgemeine Wortfindungen mit geringer Schöpfungshöhe sich in den meisten Ländern nicht urheberrechtlich schützen lassen. So hat man sich damit beholfen, die Grafik des Team Management Rades urheberrechtlich als Word-Bild-Marke zu schützen, um wenigstens irgendwo mit einem ® aufwarten zu können, ein wichtiges Blendwerkzeug der Verwissenschaftlichung, welches Seriosität suggeriert und fast schon zum Standard-Baukasten eines jeden kommerziellen Persönlichkeitsmodells gehört.[467]

Inhaltlich differenziert man sich von der Konkurrenz, indem man sich als Brücke zwischen Mitarbeiter und Aufgaben sieht. Während psychologische Modelle wie DISG® nur die Vorlieben des Menschen messen würden („Ich") und aufgabenorientierte Modelle wie die Teamrollen von Belbin nur die objektiven Erfordernisse der Arbeit sehen würden („Arbeit"), sieht sich das TMS als „arbeitspsychologisches Modell" für das Verhältnis „Ich und Arbeit".[468] Natürlich bleibt dies letztendlich eine Phrasierung, weil auch alle anderen Persönlichkeitsinstrumente den Arbeitsbereich berücksichtigen, sobald sie im Rahmen der Management-Diagnostik eingesetzt werden. Dennoch bietet der Fokus auf die Gruppensicht ein gewisses Alleinstellungsmerkmal. Die Psyche des Einzelnen spielt nur insoweit eine Rolle, als dass er innerhalb der Gruppe seine Rolle findet und das Team optimal ergänzt. Da das Team Management Profil nur die arbeitsrelevante Persönlichkeit misst, besteht oft nur eine geringe Korrelation zu den Ergebnissen anderer Persönlichkeitstests wie dem Meyers-Briggs Typenindikator. Während in Insights MDI® eine größere Divergenz zwischen „Basis-Stil" und „Adaptiertem Stil" als problematisch gesehen wird, ist die Divergenz im Team Management Profil ein natürliches Phänomen: „Forschungen haben inzwischen ergeben, dass Menschen sich bei der Arbeit und in der Freizeit bzw. im Privatbereich oft sehr verschieden verhalten. (...) Jemand, der kreativ und extrovertiert in der Arbeitswelt auftritt, kann zum Ausgleich zuhause praktische und ruhige Tätigkeiten vorziehen."[469] Die bevorzugten Arbeitsfunktionen werden im Team Management Rad folgendermaßen visualisiert:

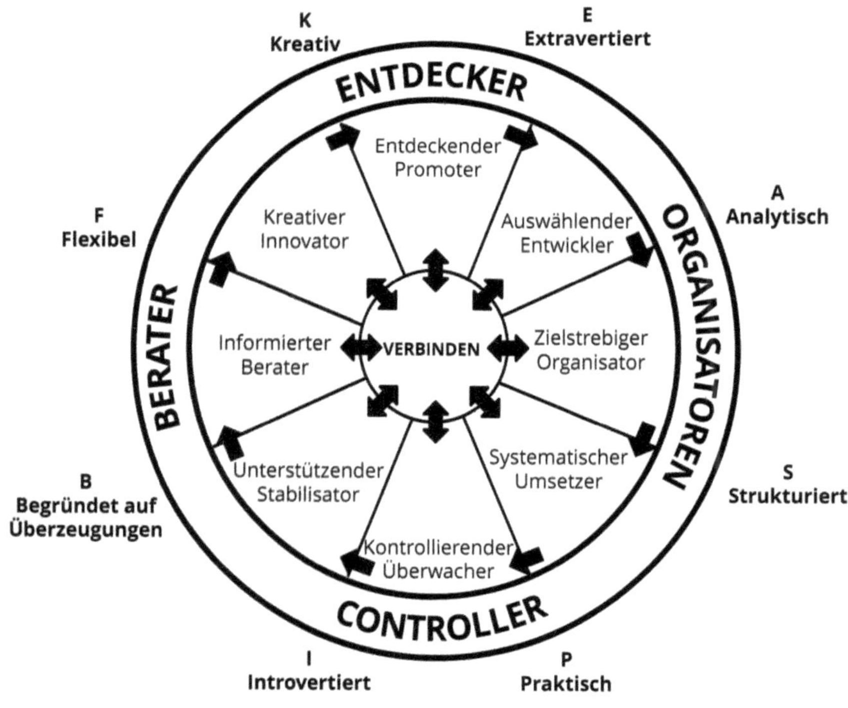

Das Team Management Rad nach Margerison und McCann
inklusive der Arbeitsfunktionen (Pfeile) und Arbeitspräferenzskalen (außen)[470]

Abermals finden wir hier unsere altbekannten vier Typen, diesmal aufgrund der Team-Fokussierung im Plural: die luftigen Entdecker, die feurigen Organisatoren, die erdigen Controller und die wässrigen Berater. Dabei zeigt das Team Management Rad zwei Neuerungen im Vergleich zu allen anderen Ansätzen: Erstens gibt es darin quasi einen neunten Typen, welcher ins Zentrum des Rades gesetzt wurde: die Verbinder. Das sind zentrale Verkehrsknotenpunkte im Team. Ihre Aufgabe besteht darin, zwischen den anderen acht Typen zu vermitteln und Brücken zwischen den verschiedenen Teamfunktionen zu bauen.

Das zweite Alleinstellungsmerkmal ist die Einführung eines zyklischen Moments in die Typenstruktur, eine Idee, die wir bereits bei den klassischen Temperamenten vorgefunden haben durch die Analogie mit den Jahreszeiten.[471] Auch im Team Management System bilden die acht Typen einen Kreislauf, der im Wesentlichen die in vielen Unternehmen üblichen Phasen des Arbeitsprozesses abbildet. Das wird im Rad durch die rechtsherum laufenden Pfeile zwischen den einzelnen Typen angedeutet. Jeweils benachbarte Typen reichen sich im Arbeitsprozess die Staffel weiter, während gegenüberliegende Typen nur wenige Berührungspunkte haben.[472] Die Berater beschaffen die Informationen. Auf dieser Basis bringen die Innovatoren neue Ideen hervor. Die Promoter bringen diese Ideen mit Argumenten und Überzeugungskraft an den Mann. Die Entwickler konzipieren daraus konkrete Produkte. Die Organisatoren planen die dafür notwendigen Arbeitsprozesse. Die Umsetzer erstellen die Produkte. Die Überwacher sorgen für einen sauberen Ablauf und Qualitätskontrolle. Die Stabilisierer halten das Rad dauerhaft am Laufen. Und dann kommen wieder die Berater und bauen die Ergebnisse in ihre Informationsbasis ein, wodurch der Kreislauf wieder von vorne beginnt. Dazwischen sitzen die Verbinder, beispielsweise die Produktmanager, welche zwischen all diesen verschiedenen Arbeitsbereichen vermitteln:[473]

Beraten	Informationen beschaffen und weitergeben
Innovieren	Neue Ideen hervorbringen und damit experimentieren
Promoten	Neue Möglichkeiten erkunden und andere davon überzeugen
Entwickeln	Neue Ideen auswählen und entwickeln
Organisieren	Praktikable Arbeitsweisen planen und festlegen
Umsetzen	Produkte und Dienstleistungen erstellen
Überwachen	Systeme und Ergebnisse auf Qualität kontrollieren und prüfen
Stabilisieren	Standards und Werte aufrechterhalten und sichern

Im Team Management Rad wird nun nicht ein einzelner Mitarbeiter, sondern das ganze Team eingezeichnet, meist als Dreiecke oder Spielfiguren. Dadurch kann man sehen, wo das Team seine Schwerpunkte hat, aber auch wo Lücken und Defizite bestehen. Soll ein Team rund laufen und erfolgreich sein, so ist es einerseits wichtig, dass der entsprechende Arbeitsschwerpunkt des Teams gut besetzt ist. So sollten in einer Controlling-Abteilung auch viele Controller sitzen. Andererseits ist es aber auch wichtig, dass in jedem Team auch die anderen Bereiche vertreten sind, damit in den Arbeitsabläufen keine Lücken entstehen.
Die Zuordnung der einzelnen Teammitglieder in diese Bereiche erfolgt auch hier über einen Fragebogen. Der Zeitaufwand wird mit 10 – 15 Minuten angegeben. Dabei kommen nicht die üblichen vier Antwortmöglichkeiten zum Einsatz, sondern es werden 60 Fragepaare beantwortet wie beispielsweise:[474]

Item		**A**	**B**	
5	Ich arbeite lieber an komplexen Aufgaben	1	2	Ich arbeite lieber an klaren und überschaubaren Aufgaben
25	Mir kommen die besten Ideen, wenn ich in der Gruppe arbeite	2	0	Ich habe meine besten Ideen, wenn ich alleine arbeite.

Dadurch ist der Test nicht ganz so einfach zu durchschauen wie bei der Konkurrenz. Allerdings wirkt auch die Zuordnung der Antworten zu den einzelnen Typen noch konstruierter. Denn die Fragepaare basieren in Anlehnung an C.G. Jung auf folgenden vier Arbeitspräferenzskalen:[475]

Beziehungen: Extravertiert – Introvertiert
Informationen: Praktisch – Kreativ
Entscheidungen: Analytisch – Begründet auf Überzeugungen
Organisation: Strukturiert – Flexibel

Diese vier Gegensatzpaare bilden nun im Team Management Rad die vier Hauptachsen, welche die acht Typen voneinander abgrenzen. Statt wie üblich nur einem Fadenkreuz haben wir also gleich zwei ineinander verschachtelte Fadenkreuze.[476] So befindet sich der Pol „Introvertiert" zwischen dem „Kontrollierenden Überwacher" und dem „Unterstützenden Stabilisator", während der Pol „Extravertiert" gegenüber zwischen dem

„Entdeckenden Promoter" und dem „Auswählenden Entwickler" liegt. Die Achse „Praktisch-Kreativ" hingegen liegt zwischen dem „Kontrollierenden Überwacher" und dem „Systematischen Umsetzer" einerseits und dem „Kreativen Innovator" und dem „Entdeckenden Promoter" andererseits. Wir haben also einen Zyklus von acht Typen, über welchen dann vier Achsen gestülpt werden. Und dann werden diese Persönlichkeitsmelangen verschiedenen Arbeitsbereichen zugeordnet. Durch diese mehrfache Verquickung verschiedener Modelle und Ebenen wird das übliche Transformationsproblem, welches wir bei fragebogenbasierten Persönlichkeitstests ohnedies schon haben, nochmals multipliziert:
Warum ist ein „Kontrollierender Überwacher" praktisch-introvertiert? Könnte er nicht genauso extravertiert sein und aktiv seine Zahlen und Normen kommunizieren? Braucht er dazu nicht auch starke analytische Fähigkeiten? Sollte ein „Zielstrebiger Organisator" nicht auch flexibel auf Veränderungen reagieren können? Wie soll er in einer volatilen Welt Projekte voranbringen, wenn er nur analytisch-strukturiert vorgeht, wie das Modell es unterstellt? An derartigen Beispielen sehen wir, wie sehr das TMS eine Kunstwelt konstruiert, welche auf den ersten Blick zwar plausibel wirkt, bei näherer Betrachtung aber wenig mit der Vielschichtigkeit der Praxis zu tun hat. Zudem ändern sich laufend die Anforderungen der Arbeitswelt. Mögen Marketing und Werbung in den 1980er Jahren noch vor allem ein kreativer Arbeitsbereich für „Entdeckende Promotoren" gewesen sein, so hat sich die Tätigkeit im Zeitalter von Online-Marketing, Suchmaschinenoptimierung, organischen Reichweiten und Social Media Plattformen vor allem zu einer datenanalytischen Arbeit hinentwickelt, mit welcher der stereotype Kreativkopf wohl heillos überfordert wäre. Mag der „Zielstrebige Organisator" in früheren Zeiten noch eine gute Führungskraft gewesen sein, der sein Team antreibt, so wird in Zeiten von flachen Hierarchien, Mitbestimmung und weitreichenden Arbeitnehmerrechten möglicherweise der verständnisvolle Berater die Führungsaufgabe deutlich besser erledigen.

Zudem sind viele Relationen in diesem System nur getarnte Tautologien. So gibt es einerseits das Team Management Rad mit den acht Persönlichkeitstypen. Andererseits gibt es ein sehr ähnlich aussehendes Rad, welches sich „Modell der Arbeitsfunktionen" nennt. Und wie durch Magie greift beides nahtlos ineinander. Das ist auch kein Wunder, denn die Arbeitsfunktionen nennen sich Innovieren, Promoten, Entwickeln, Organi-

sieren usw. Die dazugehörigen Persönlichkeitstypen heißen Kreativer Innovator, Entdeckender Promoter, Auswählender Entwickler, Zielstrebiger Organisator usw. Im Kapitel „Das Modell der Arbeitsfunktionen"[477] werden die acht Typen als Tätigkeiten beschrieben – „Man muss in der Arbeit dies oder jenes tun". Im Kapitel „Arbeitspräferenzen und Teamrollen" werden dieselben acht Typen dann als Charaktere umformuliert – „Er/Sie mag gern dies oder jenes tun." Und dass dann beide tautologischen Konstrukte so gut zusammenpassen, wird als Alleinstellungsmerkmal des Systems verkauft: Das TMS sei das einzige Instrument, das „die subjektiven Vorlieben für bestimmte Aufgabenbereiche der Arbeit (Arbeitspräferenzen) und die objektiven Erfordernisse der Arbeit, die zu erledigen sind (Arbeitsfunktionen), zusammenbringt."[478]
Die Verquickung von Persönlichkeitsmodellen, Arbeitspräferenzen und Arbeitsfunktionen wird im Marketing des TMS gerne als große Stärke beworben. Bei näherer Betrachtung entpuppt sich diese aber als Schwachstelle. Denn während sich die anderen Vierertypologien aufgrund ihrer Einfachheit spielerisch und flexibel durch die Praxis argumentieren und lavieren können, wirkt das TMS wie ein schwerfälliger Elefant, der bei der kleinsten Berührung zusammenbricht. Vergleicht man die Terminologie mit Insights MDI®, so sind die Begrifflichkeiten weitaus sperriger und steriler. Die Methodik wirkt aufgebläht und künstlich verkomplexiert. Das macht das System weniger intuitiv, aber vielleicht auch gerade deshalb in technischen Unternehmen so beliebt. Laut einer aktuellen Werbebroschüre wurden bislang in über 190 Ländern über 1,5 Millionen Team Management Profile erstellt.[479]

Entledigt man das TMS seiner Kleider, so kommt darunter jedoch derselbe Nackte zum Vorschein wie auch schon bei Insights®. Sogar die Farbzuordnungen sind gleich. Das Typenrad hat man lediglich etwas gedreht und lässt die Typen in der gegenläufigen Kreisrichtung laufen. Folgende Tabelle schafft hier Klarheit, indem die beiden Typologien direkt gegenübergestellt werden. Wir sehen hier nicht nur die weitgehenden Ähnlichkeiten der beiden Modelle, sondern auch, wie schwierig es ist, Menschentypen mit präzisen Begriffen zu fassen. Denn die konkreten Worte wabern großflächig um die Bedeutungskerne herum. So verwenden beide den Begriff „Berater", Insights® für den Grün-Gelben, TMP hingegen für den Grünen. In Insights® wird der Grün-Gelbe als teamorientiert und kooperativ beschrieben. Im TMP heißt dieser Grün-Gelbe „Kreativer Innovator" und ist ein experimentierfreudiger Querdenker. Beide Grün-Gelbe haben also eine recht unterschiedliche Persönlichkeit. Der „informierte Berater" im TMP hingegen ist der Grüne, geduldig, teamorientiert und informationshungrig. Dieser Grüne heißt in Insights® „Unterstützer" und wird ebenfalls als beziehungsorientiert und geduldig, aber nicht als informationshungrig beschrieben, wenn man vom Klatsch und Tratsch am Kaffeeautomaten einmal absieht. Beide Grüne bezeichnen somit einen ähnlichen Charakter, der im Detail dann aber doch deutliche Unterschiede aufweist. Der Begriff „Unterstützer" wiederum kommt auch im TMP vor als „Unterstützender Stabilisator", allerdings mit der Farbe Blau-Grün.

INSIGHTS®	**FARBE**	**TMP**	**ELEMENT**
Direktor	Rot	Zielstrebiger Organisator	Feuer
Motivator	Rot-Gelb	Auswählender Entwickler	Feuer-Luft
Inspirator	Gelb	Entdeckender Promoter	Luft
Berater	Grün-Gelb	Kreativer Innovator	Luft-Wasser
Unterstützer	Grün	Informierter Berater	Wasser
Koordinator	Blau-Grün	Unterstützender Stabilisator	Wasser-Erde
Beobachter	Blau	Kontrollierender Überwacher	Erde
Reformer	Blau-Rot	Systematischer Umsetzer	Erde-Feuer

Die beiden 8er-Typologien aus den 1980er Jahren im Vergleich

An diesen Beispielen sieht man, dass die Typologien in weiten Bereichen zwar um einen gemeinsamen Bedeutungskern herumkreisen, sich die Sprache aber immer nur grob an den Charakter annähern kann, sich die Spektren der Worte und die Spektren der Persönlichkeitsmerkmale nur näherungsweise in Deckung bringen lassen. Weder ist Sprache ein Präzisionswerkzeug, noch ist die Persönlichkeit etwas präzise Messbares. Und wenn dies bereits bei etwas so fundamentalem wie den Typenbezeichnungen offensichtlich ist, wie verhält es sich dann erst bei den diffizilen Mischtypen und den 30-seitigen Textanalysen?

Nun könnte man, trotz der sprachlichen Unterschiede, die inhaltliche Ähnlichkeit der acht Typen als Indiz dafür sehen, dass sie eben doch dieselbe objektive Realität beschreiben. Nur hat die Sache einen Haken. Beide Konzepte berufen sich auf die Persönlichkeitstypologie von C.G. Jung. Doch während das TMP alle vier Präferenzskalen zur Konstruktion des TMP-Rades verwendet, nimmt Insights® nur die beiden Skalen Extraversion-Introversion und Denken-Fühlen (bei TMP abgewandelt als „Analytisch - Begründet auf Überzeugungen"). Die Kreuze beider Modelle decken sich aber überhaupt nicht im Rad. Dennoch kommen sie zu einer sehr ähnlichen Struktur. Das zeigt, wie dehnbar die zugrundeliegende Theorie von Jung interpretiert wird und wie willkürlich die daraus abgeleiteten Konstrukte am Ende sind.

Die HBDI®-Denkstilanalyse

Dieses Problem hat das nächste Modell nicht, denn es wurde nicht auf Basis wachsweicher psychologischer Begriffe konstruiert, sondern aus scheinbar knallharten naturwissenschaftlichen Fakten: den vier Quadranten des menschlichen Gehirns. HBDI® steht für den wuchtigen Begriff „Herrmann Brain Dominance Instrument", zu Deutsch auch als HDI® - Herrmann Dominanz Instrument bekannt. Es wurde vom Amerikaner Ned Herrmann (1922 - 1999) entwickelt, der in seiner Zeit als Head of Management Education bei General Electric neue Wege des Mitarbeitertrainings suchte.[480] Dabei stieß er auf die Neurowissenschaften, welche in den frühen 1980er Jahren gerade stark in Mode waren und einen regelrechten Hype erlebten. Die Gehirnforschung versprach, schon bald den Schlüssel zur menschlichen Psyche zu liefern: Kundenbedürfnisse, Mitarbeiterverhalten, Kompetenzen und Fähigkeiten bis hin zu kognitiven Schwächen oder gar krimineller Veranlagung würden schon bald objektiv erkennbar sein.[481] Dazu müsste man die Menschen nicht einmal aufwändigen psychologischen Verfahren unterziehen. Vielmehr würde es genügen, sie in Gehirntomographen zu legen und schon wäre ihr Charakter offenbart. Die Gehirnforschung weckte die große Hoffnung, nun endlich menschliche Persönlichkeit objektivieren zu können anhand eherner naturwissenschaftlicher Parameter. Und so wirkt auch HBDI® auf den ersten Blick so, als wäre es ein objektives medizinisches Verfahren der Eignungsdiagnostik.

Als Grundlage verwendet HBDI® zwei damals sehr populäre Dimensionen des Gehirns. Die erste ist die Teilung in eine linke und eine rechte Gehirnhälfte. Hier beruft sich Herrmann auf die Theorie des Nobelpreisträgers Roger Sperry (1913 – 1994), wonach die linke Hemisphäre für die logisch-analytischen Fähigkeiten zuständig ist (Sprache, Mathematik, Intellekt), während die rechte Hemisphäre ganzheitlich-synthetisch denkt (Kunst, Symbole, Bilder, Intuition, Kreativität).[482] Die zweite Dimension ist die Dreiteilung des Gehirns nach Paul D. MacLean (1913 – 2007) in die entwicklungsgeschichtlichen Ebenen des archaischen Stammhirns (auch plakativ „Reptilien-Gehirn" genannt), das limbische System und das Großhirn („Neokortex"). Dabei ist das entwicklungsgeschichtlich noch junge Großhirn für das Bewusstsein und das Denken zuständig, während die älteren Teile für Instinkte und Emotionen stehen. Das Reptilien-Hirn wird von Herrmann dann aber kurzerhand weggelassen, sodass durch die Kombination links-rechts und oben-unten vier Typen entstehen:

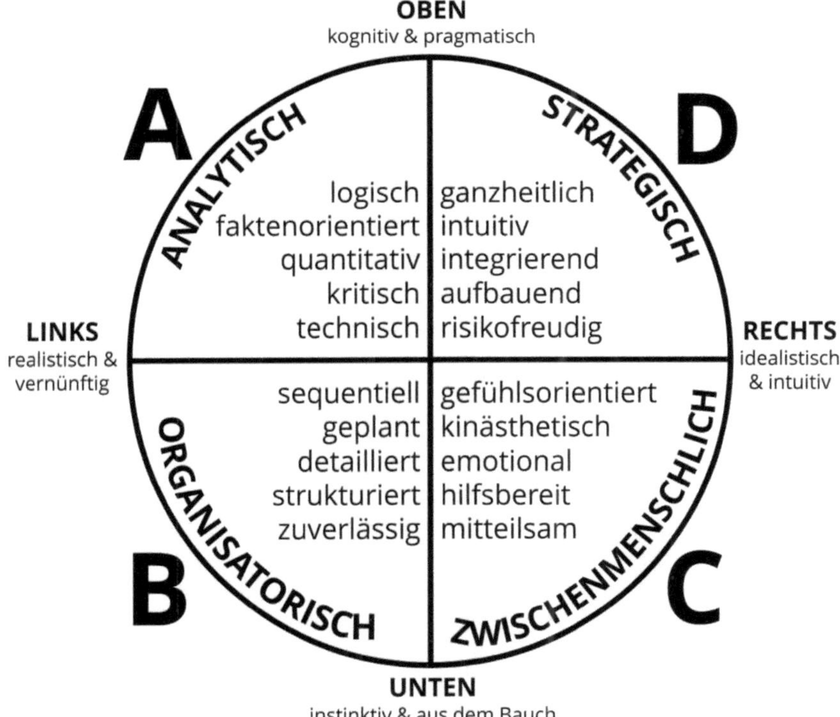

„Universum der Denkstile" - Das Ganzhirn-Modell von Ned Herrmann[483]

Wie bei den anderen beiden Modellen aus den 1980ern wählt man auch hier die gefällige Kreisform. Zudem bedient man mit dem Begriff „Ganzhirn-Modell" beziehungsweise „Whole Brain Model" ganz die damalige Modephrase von der „Ganzheitlichkeit". Um dies ästhetisch zu unterstreichen, ist Herrmanns Buch großflächig garniert mit Lebensweisheiten und Zitaten bekannter Denker und Philosophen wie Lao-Tse, Konfuzius, Mahatma Gandhi, Albert Einstein oder Goethe. Dieses in der Managementliteratur beliebte Stilelement soll die geistige Hochwertigkeit der Methode unterstreichen. Auch er selbst mischt sich unter die weisen Sinnsprüche mit Eigenzitaten wie „Ich glaube, das große Ziel besteht darin, ganzheitlich zu sein. – Ned Herrmann"[484] Zwar sollte man von der eigenen dominanten Denkpräferenz profitieren, sich aber dennoch ein situationsbezogenes Ganzhirn antrainieren, sodass man je nach aktueller Anforderung auch die anderen drei Denkstile beherrscht.

Ansonsten gibt man sich in der Terminologie betont wissenschaftlich-technizistisch. Die vier Typen bekommen keine eigenen Namen, sondern werden als A, B, C und D bezeichnet. Man spricht in den Publikationen von der „Ganzhirn-Technologie"[485] oder von „klinischen Beweisen für die Spezialisierung der Hemisphären".[486] Abbildungen von Gehirnwellenmustern und Referenzen auf Forschungsarbeiten von Nobelpreisträgern suggerieren, nun endlich einen biologistisch-objektiven Schlüssel zur Persönlichkeit gefunden zu haben. Sicher genügt eine Computertomographie oder ein paar Dioden an den Schläfen, um den eigenen Persönlichkeitstypus messen zu können. Doch bei genauer Betrachtung entpuppt sich der neurowissenschaftliche Überbau als Potemkinsches Dorf. Im Kapitel „Den Grad der Dominanz messen" schreibt Herrmann:

> „Das Ganzhirn-Modell ist das Ergebnis zahlreicher Studien. Es wurden elektroenzephalographische Messungen (EEG-Messungen) an den Gehirnen mehrerer Dutzend Testpersonen vorgenommen. (...) Obwohl einige dieser Experimente in den Lehrsälen von General Electric durchgeführt wurden, wurde mir bald klar, daß die EEG-Messungen an Managern und Führungskräften von General Electric keine geeignete Methode darstellten, um Daten für die Entwicklung meines Modells zu sammeln. Ich brauchte ein *metaphorisches* Modell. (...) Das metaphorische Ganzhirn-Modell bildet, in Ermangelung einer spezifischen physiologischen Grundlage, eine nützliche und gültige Basis für die Bestimmung bevorzugter Denk- und Verhaltensweisen."[487]

Das „Herrmann Brain Dominance Instrument" beruht also gar nicht auf neurologischen Messungen, sondern ist nur „metaphorisch". Die Struktur des Gehirns wird lediglich als Gleichnis verwendet, als Metapher, als Symbol. Die Gehirnforschung ist nur eine szientifeske Tarnkappe für eine abermals spekulative Vierteilung des menschlichen Charakters. Damit gewinnt das HBDI® definitiv den Ehrenpreis für die wohl mutigste Verwissenschaftlichungsmaskerade der Management-Diagnostik. Es gibt

zwar keine faktische Grundlage für die Methode, aber dennoch ist sie einfach gültig. Die Messung des persönlichen Denkstils erfolgt hingegen ganz banal einmal mehr über einen Fragebogen. Etwa 15 – 20 Minuten werden für die drei Seiten mit einer Mischung aus Multiple Choice und Rankingfragen veranschlagt.[488] Während die Konkurrenz weitgehend ein einheitliches Frageformat verwendet, werden beim HBDI®-Test Reihungen von Eigenschaftswörtern, Hobbies oder Verhaltensaussagen bunt vermischt mit Fragen nach dem besten oder schlechtesten Schulfach, Reisekrankheiten, Tag- oder Nachtmensch bis hin zur Art wie man einen Stift in der Hand hält.[489] Dabei wird der Begriff „Test" betont vermieden, weil es ja – wie auch alle Konkurrenten immer betonen - keine guten oder schlechten Ergebnisse gäbe[490] und man so mit dem Slogan „Wertfrei, aber nicht wertlos"[491] wuchten kann.
Von Herrmann wird diese Vielfältigkeit des Testformats als große Stärke gesehen, weil so die Hirndominanzen besonders umfassend ausgeleuchtet werden können. In Fachkreisen gilt der Fragebogen aber genau aus diesem Grund als kompliziert in der Handhabung. Von einem direkten Einsatz in der Personalauswahl wird deshalb von einigen Experten abgeraten.[492] Aus Sicht der Herrmann International ist diese Einschätzung freilich kein Nachteil. Denn umso wichtiger werden dadurch die kostenpflichtige professionelle Auswertung über die firmeninterne Software und die HBDI® Zertifizierung, welche drei Tage dauert und stolze 3.800 € kostet (zuzüglich MwSt. und Tagungspauschale).[493] Laut eigenen Aussagen wurden bis 2002 mehr als eine Million Auswertungen gemacht.[494] Neun von zehn „Fortune 100" Unternehmen sollen Herrmanns Dominanz Instrument in Anspruch nehmen.[495]

Die naturwissenschaftliche Metapher des Gehirns hat einen weiteren Vorteil: Man muss sich gar nicht mehr groß um weitere Blendwerkzeuge der Verwissenschaftlichung bemühen. Während etwa Insights® und das TMS ausgiebig mit empirischen Studien werben, spielen diese beim HBDI® keine große Rolle. Es reicht schon, Wörter wie „führende Fachleute", „Validität" oder „Forschungen und Experimente" in nichtssagende Sätze zu verpacken: „Die Validität des Herrmann-Dominanz-Instruments wurde während seiner Entwicklung von unabhängigen Fachleuten überprüft; die Ergebnisse wurden bei der Weiterentwicklung des Fragebogens laufend berücksichtigt".[496] Das klingt zwar gut, sagt aber rein gar nichts darüber aus, ob diese Überprüfungen tatsächlich eine Validität bestätigt haben.

Nach derartig luftigen Beschwörungsformeln des Wissenschaftsgottes steht dann manchmal ein ehrliches Resümee: „Kriterienbezogene und prognostische Validitätsuntersuchungen existieren nicht."[497] Warum auch? Schließlich funktionieren pathetisch-emotionale Werbesprüche viel besser: „Neben diesen eher formellen Studien und Aktivitäten gibt es Tausende von anekdotenhaften Validierungen von Menschen. (...) Wenn man sie fragt: „Hilft Ihnen dieses Konzept, sich selbst, Ihre Mitmenschen und Ihre früheren und jetzigen Erlebnisse besser zu verstehen?", so antworten sie mit einem enthusiastischen „Ja"."[498]
Und so beschränkt man sich im Marketing auf die Augenscheinvalidität, welche ja das verkaufsentscheidende ist: „Das H.D.I.® basiert nicht auf einem Konstrukt. (...) Es ist also weiter nicht erstaunlich, dass nahezu alle Teilnehmer das Ergebnis als „stimmig" erleben. Ned Herrmann nennt dies „face validity"."[499] Der Begriff der Augenscheinvalidität klingt zwar nach knallharter Validität, insbesondere wenn man ihn auf Englisch verwendet („Face Validity"). Er sagt aber nur, dass Laien das Testergebnis irgendwie plausibel finden, was sie – wie bereits bei LIFO® erläutert - aufgrund des Barnum-Effekts auch bei allgemein formulierten Beratungsphrasen auf Astro-TV tun. Mit der tatsächlichen Aussagekraft des Testergebnisses hingegen hat die „Face Validity" nichts zu tun. Und so genügt am Ende eine „anekdotenhafte Validierung" eines „metaphorischen Modells", um unter der Tarnkappe der Gehirnforschung als wissenschaftlich zu erscheinen.

Diese gekonnte Sprachmagie wird mit optischen Zauberkunststücken untermauert, welche wir bereits von den anderen Diagnostik-Tools kennen. So verwendet auch das HBDI® das beliebte Fadenkreuz, welches schon dem LIFO® die Anmutung eines wahrlichen Präzisionsinstruments verliehen hat. Dabei wurde die Skala nochmals aufgemotzt, indem diese nicht nur bis 35, sondern sogar bis 130 reicht. Wie bei LIFO® wird der individuelle Typus als Viereck im Fadenkreuz des HBDI® eingetragen. Derart glaubt man, aus den Mischungsverhältnissen der vier Typen ein individuelles Profil konstruieren zu können, ein Ansatz, den ja auch die meisten Konkurrenzprodukte verfolgen.
Zudem setzt man, ähnlich dem Team Management System, einen Fokus auf Gruppenprofile. So werden Teams einerseits visualisiert, indem man alle Vierecke der Mitglieder in eine Grafik packt, beispielsweise bei einer Familie. Bei großen Gruppen werden die Profile der einzelnen Mitglieder

im sogenannten Streudiagramm auf Punkte reduziert, sodass man gleich Insektenschwärmen die Clusterungen innerhalb der Gruppe gut erkennen kann.[500] Oder es werden im Diagramm Durchschnittsvierecke eingetragen. So erstellt man nicht nur Profile von Teams oder Familien, sondern konstruiert auch typische Profile von Berufsgruppen. Indem beispielsweise die Profile von hunderten Krankenschwestern übereinandergelegt werden, glaubt man, das Typenprofil des Krankenschwesterberufes per se identifizieren zu können. Diese Spielerei kann beliebig weitergetrieben werden: Wie verhält sich das typische Profil von CEOs in den USA im Vergleich zu Asien, Deutschland oder England?[501] Wie unterscheiden sich männliche von weiblichen CEOs?[502] Der Ansatz erinnert an die Composite-Photographie von Francis Galton, welcher ab den 1870er Jahren versucht hatte, beispielsweise das typische Gesicht eines Soldaten zu konstruieren, indem er mittels Mehrfachbelichtung die Portraits von Dutzenden Soldaten übereinandergelegt hat.[503] Derart glaubte man im 19. Jahrhundert, physiognomisch die Idealgesichter verschiedener Berufsgruppen bis hin zur typischen Verbrechervisage konstruieren zu können. Es dauerte Jahrzehnte, bis derartige Ansätze wieder von den renommierten Universitäten ins Reich des Aberglaubens verbannt wurden. Dennoch taucht dieses Primodell objektiv messbarer Idealtypen der Berufseignung immer wieder im Zeitgeist auf, zuletzt etwa im Rahmen der psychologischen „Face Value" Forschung an der University of St. Andrews oder der Schönheitsforschung an der University of Texas.[504]

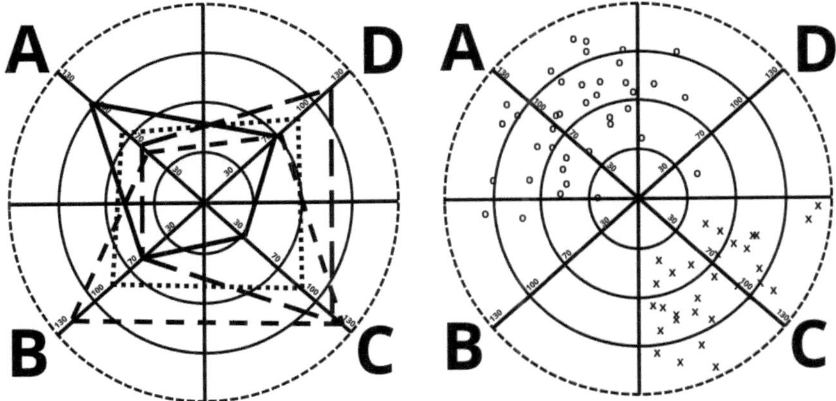

HBDI® Gruppenprofile: links Gruppenprofil einer Familie mit vier Mitgliedern rechts Streudiagramm von amerikanischen (o) und asiatischen (x) CEOs[505]

Durch diesen optischen Komplexitätstrick werden die Spuren verwischt. Und schnell hat man in der Flut elaboriert anmutender Grafiken vergessen, dass die Grundlage all dieser Profile nur ein metaphorisches Modell mit anekdotenhafter Validierung, also ein Luftgespenst ist. Der Analogismus ist Fleisch geworden. Und so werden im HBDI® fleißig idealtypische Berufsprofile konstruiert und dann zur Eignungsprädiktion von Kandidaten für einen Job herangezogen. Im Kapitel „Berufliche Normen: N = 113.000“[506] beruft sich Herrmann auf die systematische Auswertung von 113.000 Profilen. Diese hat er nach Berufen sortiert und so Normprofile für zahlreiche Berufsgruppen definiert. So weisen Berufe in Technik und Finanzwesen eine starke A-Dominanz auf. Sozialberufe wie Grundschullehrer, Kindergärtnerin oder Krankenschwester zeigen eine starke C-Dominanz. All die wirklich coolen Berufe wie Unternehmer, Art-Director, Marketingberater oder Innenarchitekt haben eine Dominanz im D-Quadranten. Und all die etwas stumpfen Tätigkeiten wie Schalterbeamter, Buchhalter, Fließbandarbeiter oder Hausfrau werden dem B-Quadranten zugeordnet.
Das HBDI® betont zwar stets, dass die vier Denkstile einander ebenbürtig wären und die Typisierung vollkommen wertfrei sei. Schaut man sich die Zuordnung der Berufe an, so ergibt sich aber dennoch ein starkes Gefälle zwischen den Denkstilen: Oben sind die intelligenten, hochbezahlten Berufe, unten die minderbemittelten, meist nur mäßig bezahlten Jobs. Dabei stechen vor allem die D-Dominanz im Positiven und die B-Dominanz im Negativen hervor. Man fühlt sich hier unweigerlich an die spätmittelalterliche Auffassung erinnert, wonach bei den Temperamenten der Sanguiniker der „edelst under in allen“[507] sei. Die geistreich-gewitzte, spielerisch-kreative, intuitiv-integrierende C-Dominanz ist nichts anderes als eine neuroszientifeske Modemaske dieses Sanguinikers. Und ganz unten in der Hackordnung steht der grüblerisch-pedantische Melancholiker.

Mit diesen Normprofilen für hunderte Berufsgruppen versucht das HBDI®, Fehlbesetzungen von Arbeitsstellen zu identifizieren. So zeigt Herrmanns Buch das Normprofil des Krankenschwester-Berufs mit einer starken Dominanz des sozialen C-Quadranten und einer guten Besetzung des zuverlässig-routinierten B-Quadranten. Die Krankenschwester wird also vor allem den unteren, instinktiven Gehirnteilen zugeordnet. Was passiert aber nun, wenn eine Krankenschwester mittels Fragebogen als A-Dominanz identifiziert wird? Herrmanns Antwort ist klar: „fehlbesetzte

Krankenschwester". Diese Krankenschwester würde sich unwohl fühlen wie „ein Fisch ohne Wasser"[508] und könne auf Dauer nicht die erforderliche Leistung bringen. Herrmann glaubt, dass dies für mehr als die Hälfte aller Arbeitskräfte gilt. Und wohl nicht zufällig wird just dieses Kapitel mit einem anonymen Sinnspruch eingeleitet, welcher zeigt, auf welcher Seite Herrmann in guter, altamerikanischer Kapitalismustradition steht: „Zu den Hauptsorgen der heutigen Führungskräfte gehört die große Anzahl der Arbeitslosen, die immer noch auf der Gehaltsliste stehen. – Anonym"[509]

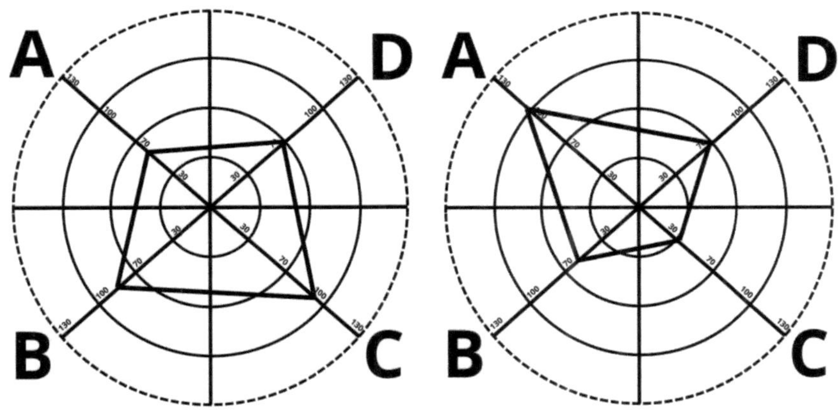

links: Normprofil für Krankenschwestern
rechts: fehlbesetzte Krankenschwester[510]

Das HBDI® geht aber noch weiter. Die Methode wird auch für die Markenpositionierung und für das Marketing angepriesen. So wird das HBDI® Fadenkreuz beispielsweise als Positionierungsmatrix für Automarken verwendet: A-Quadrant Mercedes, B-Quadrant Toyota, C-Quadrant Ford und D-Quadrant BMW. Auch der Nutzen des Instruments für die Werbung wird betont. So würden A-Typen auf sachliche Anzeigen für Kapitalanlagen anspringen, B-Typen auf konservative Anzeigen für Sicherheitssysteme, C-Typen auf emotional aufgeladene Anzeigen für Gesundheitsfürsorge oder D-Typen auf pfiffig-kreative Urlaubsanzeigen.[511] Und selbst zur Veranschaulichung verschiedener Unternehmenskulturen wird das HBDI® herangezogen. So hat Herrmann 1985 die Jahresabschlussberichte von IBM und Apple analysiert und dabei festgestellt, dass der Geschäftsbericht von IBM eine starke A-Dominanz und jener von Apple eine starke D-Dominanz aufweist.[512] Zwar ist es sicherlich keine große Kunst, einem technisch orientierten Unternehmen wie IBM einen A-Typ zu attestieren und einer kreativen Firma wie Apple einen D-Typ. Eine große Kunst ist es aber, diesen Eindruck präzise ins Fadenkreuz hineinzuvermessen. Denn wie diese Geschäftsberichte in der Lage waren, den HBDI® Fragebogen auszufüllen, bleibt ein Mysterium.

Vergleicht man das HBDI® mit all den anderen Diagnostikmodellen, so nimmt dieses sicher eine Sonderstellung ein. Denn die Typen decken sich nur teilweise mit den üblichen vier Temperamenten. Zwar gibt es eine eindeutige Entsprechung des kreativ-integrativen D-Typs mit dem luftigen Sanguiniker und des gefühlvoll-hilfsbereiten C-Typs mit dem wässrigen Phlegmatiker. Doch sowohl A- als auch B-Typ scheinen beide in erster Linie dem erdigen Melancholiker zu entsprechen. Dabei deckt der A-Typ mehr die wissenschaftlich-strukturierte Seite ab, welche im magischen Weltbild durch den kultiviert-weisen Saturn repräsentiert wird. Der B-Typ hingegen ist mehr der pedantisch-konservative Erdtypus, welcher traditionell als „unedelst conplexion“[513] betrachtet wurde. Dabei enthält dieser B-Typ auch zahlreiche Elemente des klassischen Feuertypus, vor allem das Organisationstalent und den Fokus auf die praktische Umsetzung. In der Temperamentenlehre wäre der B-Typ ein etwas feuriger Melancholiker oder ein sehr erdiger Choleriker. Die aktiv-tatkräftigen Eigenschaften des Feuertyps hingegen wurden in den kreativen C-Typus hineinverdampft, beispielsweise die Risikofreude und das Unternehmertum.

An diesem Beispiel wird offensichtlich, wie schnell sich die Typen verwandeln, sobald man am scheinbar wohlgeordneten Fadenkreuz etwas ändert. Plötzlich ergeben sich ganz andere Konstrukte, ganz andere Sammelschubladen menschlicher Eigenschaften. Vergleicht man das HBDI®-Fadenkreuz mit dem aristotelischen Elementenschema, so decken sich beide in der Links-Rechts-Teilung. Der klassische Pol Trocken bzw. Gespannt entspricht der rational-analytischen linken Gehirnhälfte. Der klassische Pol Feucht bzw. Gelöst entspricht der idealistisch-intuitiven rechten Gehirnhälfte.
Die Oben-Unten-Dimension hingegen wird ganz anders konstruiert. Im klassischen System finden wir oben Aktiv/Extravertiert und unten Passiv/Introvertiert. Im HBDI® werden stattdessen unten die archaischen und oben die entwicklungsgeschichtlich neueren Gehirnareale positioniert. Das entspricht der Teilung in die urtümlichen Elemente Feuer und

Wasser und die abgeleiteten, kultivierteren Elemente Erde und Luft. Die urtümlichen Elemente werden in der Alchemie mit reinen Dreiecken symbolisiert.[514] Sie entsprechen den archaischen Hirnarealen. Die kultivierten Elemente erhalten in ihren Dreiecken jeweils einen Querstrich, um die Ableitung von den ursprünglichen Elementen zu symbolisieren. Sie entsprechen den neueren, bewussteren Gehirnarealen. Und so ergibt sich eine Übereinstimmung von A mit dem Erdtypus, D mit dem Lufttypus, C mit dem Wassertypus und von B tendenziell mit dem Feuertypus, wie gesagt letzterer mit einem massiven Schuss Erde, welcher das Feuer nahezu unter sich begräbt.

Das Herrmann Dominanz Instrument hat die magischen Tricks der Management-Diagnostik zweifelsohne perfektioniert und mit selbstbewusstem Gedonnere und Gebell zum Extrem getrieben. Im Gegensatz zur Konkurrenz beruft man sich aber weder auf die klassischen Temperamente, noch auf die daraus abgeleitete Persönlichkeitstypologie von C.G. Jung oder andere psychologische Theorien. Statt weicher Psychologismen proklamiert man als Basis die harten Fakten der Gehirnforschung und konstruiert so die wohl am naturwissenschaftlichsten anmutende Zeitgeistmaske. Auch im Fragebogendesign und in den Farbzuordnungen[515] der Typen versucht man, sich möglichst stark von der Konkurrenz zu differenzieren und so die Spuren zu verwischen. Dennoch bedient man sich am Ende ähnlicher Verwissenschaftlichungstricks, ähnlicher Argumentations- und Legitimationsmuster, ähnlicher Grafiken, ähnlicher Diagnose- und Auswertungs-Tools und kommt auf ähnliche Typen. 3,3 der 4 Typen[516] weisen eine große Ähnlichkeit mit den temperamentenbasierten Modellen auf.
Dem Kunden wird dies als Diagnostik-Tool auf dem neuesten Stand der wissenschaftlichen Erkenntnis verkauft. Dem Kenner der Materie hingegen stellt sich die Frage, ob derartige szientifeske Tarnkappenkaskaden wirklich notwendig sind. Wenn man schon die Menschheit vierteilen will, wäre es dann nicht viel ehrlicher und transparenter, einfach die vier klassischen Temperamente für die Eignungsdiagnostik heranzuziehen? Muss man diesen alten Wein krampfhaft in neue Schläuche füllen, nur um ihn wieder besser verkaufen zu können? Das führt uns zum Abschluss zu einem Modell, welches wieder zurückkehrt zu den Ursprüngen und wahrscheinlich gerade deshalb so erfolgreich ist: der Myers-Briggs-Typenindikator und der darauf basierende Keirsey Temperament Sorter.

Myers-Briggs Typenindikator und Keirsey Temperament Sorter

Der Myers-Briggs Typenindikator wurde von den amerikanischen Hobbypsychologinnen Katharine Cook Briggs (1875 – 1968) und ihrer Tochter Isabel Briggs Myers (1897 – 1980) entwickelt. Beide waren begeistert von Carl Gustav Jungs Persönlichkeitstypologie, welche – wie bereits mehrfach erwähnt – stark von magischen Denksystemen wie der Temperamentenlehre, der Astrologie oder der Alchemie beeinflusst war. Jung sah sein Modell dezidiert als eine referenzierende Reaszendenz. Er versuchte, die Weisheit alter Denkkonzepte für die Psychologie nutzbar zu machen, indem er diese in moderner Terminologie aufbereitet hat. Sein Standardwerk „Psychologische Typen" erschien 1921 und ist bis heute wohl das einflussreichste Buch, auf welches sich die verschiedenen Instrumente der modernen Management-Diagnostik beziehen. Darin stellt er einerseits das Konzept Introversion-Extraversion vor, welches zeigt, ob die persönliche Energie nach innen oder nach außen gerichtet ist.[517] In diesen inneren oder äußeren Welten bewegt sich der Mensch entsprechend der vier Funktionen Denken, Fühlen, Empfinden und Intuition. Jung selbst kombinierte die jeweils introvertierte und extravertierte Seite dieser vier Funktionen zu acht psychologischen Typen.

Myers-Briggs fügten noch eine vierte Dimension hinzu, welche das Verhalten der Person in der Außenwelt erfasst, den sogenannten „Lebensstil". Dieser beschreibt, ob ein Mensch eher strukturiert und ergebnisorientiert vorgeht oder flexibel und prozessorientiert. So erhalten Myers-Briggs vier Skalen mit acht Extrempositionen:

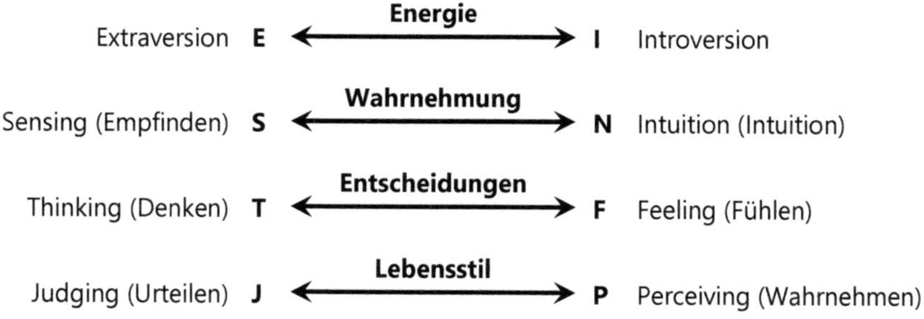

Die vier Dimensionen des MBTI® (Myers-Briggs Typenindikator)[518]

Während das Team Management System diese vier Dimensionen zu den Achsen des Team Management Rads macht und daraus seine acht Typen konstruiert,[519] werden im MBTI® aus allen Kombinationsmöglichkeiten 16 Typen gebildet. Jeder Pol wird mit einem Buchstaben abgekürzt. Jeder Typ wird mit einer Serie von jeweils vier Buchstaben benannt. Ist jemand tendenziell **E**xtravertiert, i**N**tuitiv, **F**ühlend und **J**udging (urteilend, planend), so wird er als ENFJ bezeichnet. Dabei spielt es keine Rolle, ob er zu 55% oder zu 90% extravertiert ist. Dies fließt lediglich im Beratungsgespräch ein und bei manchen Auswertungsschemen in die Reihenfolge der Buchstaben.[520]

Myers-Briggs haben ihre Theorie erstmals 1944 publiziert. Dem Gründungsmythos zufolge ging es ihnen vor allem darum, nach den Gräueln des Zweiten Weltkriegs das gegenseitige Verständnis und gemeinsame Miteinander verschiedener Persönlichkeiten zu fördern. Das Neue an ihrem Ansatz war, dass sie C.G. Jungs Typologie mit einem Fragebogen erstmals messbar machten. Damit begannen sie die lange Tradition der fragebogenbasierten Instrumente der Persönlichkeitsdiagnostik. Allerdings war der Zeitgeist dafür erst ab den 1960er Jahren im großen Stil empfänglich, was das damalige Aufkommen zahlreicher ähnlicher Ansätze wie Geiers DISG®, LIFO® oder Reddins 3-D-Theorie zeigt. Und so begann der große internationale Erfolg des MBTI® erst, nachdem 1972 die „Consulting Psychologists Press" (CPP) die Rechte für den Test erworben hatte und die professionelle Vermarktung startete.[521]
Ab den 1970er Jahren entwickelte parallel dazu die litauische Psychologin Aušra Augustinavičiūtė (1927 – 2005) aus C.G. Jungs Typologie ein sehr ähnliches System mit 16 Typen. Dieses ist heute vor allem im früheren Ostblock populär und nennt sich Sozionik. Oberflächlich ist die Sozionik kaum vom MBTI® zu unterscheiden. Dennoch behauptet diese, vollkommen unabhängig vom MBTI® entstanden zu sein und zudem durch die permanente Weiterentwicklung, sowie die Einbeziehung der Beziehungsmathematik, der Gesichtserkennung und kryptischer Symbole weitaus präziser zu sein.[522] Doch das nur am Rande.

Auf den ersten Blick wirkt der MBTI® verwirrend, weil die Begrifflichkeiten sehr schnell zum Charakterbrei verschmelzen. Worte wie Fühlen, Empfinden und Wahrnehmen sind im alltäglichen Sprachgebrauch kaum voneinander abzugrenzen und überlappen sich großflächig. Was soll ein

urteilender oder ein wahrnehmender Lebensstil sein? Dazu kommen die intuitiv kaum differenzierbaren Buchstabenwucherungen: ENFJ, ISTP, INFP etc. Auch sind 16 Typen deutlich schwieriger einzuprägen als die Dreier- oder Vierertypologien, welche wir bislang kennengelernt haben. Vielleicht ist es aber gerade diese demonstrative Komplexität, welche den Test so populär macht nach dem Motto „Viel hilft viel!" Denn der MBTI® ist seit Jahrzehnten einer der erfolgreichsten Persönlichkeitstests. Allein in den USA werden jedes Jahr 3,5 Millionen Persönlichkeitsprofile erstellt. In Europa sind es 250.000 jährlich.[523] Das sind weit mehr als der Großteil der Konkurrenz in mehreren Jahrzehnten erreicht. Und viele der Kunden sind Firmen und Großkonzerne, welche den MBTI® systematisch im Personalmanagement einsetzen. So wird er in 89 der Fortune 100 Unternehmen verwendet.[524]
Darüber macht sich selbst das Forbes Magazin lustig. Im Artikel „The Mysterious Popularity Of The Meaningless Myers-Briggs (MBTI)"[525] werden 2014 zahlreiche wissenschaftliche Studien zitiert, welche allesamt die oft behauptete Validität und Reliabilität widerlegen und dem Test jegliche Aussagekraft absprechen. Doch wie kann er dennoch derart erfolgreich sein? Für den Autor ist der MBTI® vor allem deshalb so populär, weil er so populär ist. Firmen verwenden ihn, weil so viele andere Firmen ihn verwenden. Und Berater setzen ihn gerne ein, weil er die Illusion vermittelt, die Komplexität und Vielschichtigkeit des menschlichen Daseins mit sechzehn einfachen Kategorien objektiv lösen zu können. Das mag im „business as usual" gut funktionieren, weil es nur ein nettes Unterhaltungsspiel ist. Problematisch wird es erst dann, wenn in Krisenzeiten tatsächlich wichtige Entscheidungen davon abhängig gemacht werden und es sich dann bitter rächt, dass der Test „vollkommen nutzlos"[526] ist.

Soweit weist der MBTI® in der Praxis dieselben Probleme auf wie all die anderen Persönlichkeitsinstrumente, welche wir bislang kennengelernt haben. Und auch inhaltlich unterscheidet sich der Myers-Briggs Typenindikator nur scheinbar von den anderen Zeitgeistmasken der vier Temperamente. Denn auch im MBTI® werden die 16 Typen in vier Grundtypen zusammengefasst, welche uns wundersam vertraut erscheinen. Es sind unsere vier altbewährten Freunde, welche uns bereits die letzten hundert Seiten begleitet haben. Während also die anderen Modelle vom einfachen Viererschema ausgehen und dieses dann Schritt für Schritt in eine Vielzahl von Mischtypen differenzieren, wird beim MBTI® eine Sechzehnzahl als Basis proklamiert und diese dann auf vier Haupttypen herunterkondensiert. Das erstaunliche daran ist, dass verschiedene Autoren hierbei ganz verschieden vorgehen, aber dennoch dasselbe Ergebnis erhalten. Folgend sehen wir die Typenmatrix des MBTI®, welche von manchen Anhängern gerne als „Periodensystem der Persönlichkeit" stilisiert wird:

		Sinnlich		**Intuitiv**	
		Denken T	Fühlen F	Denken T	Fühlen F
Extraversion E	Urteilend J	**ESTJ**	**ESFJ**	**ENTJ**	**ENFJ**
	Wahrnehmend P	**ESTP**	**ESFP**	**ENTP**	**ENFP**
Introversion I	Urteilend J	**ISTJ**	**ISFJ**	**INTJ**	**INFJ**
	Wahrnehmend P	**ISTP**	**ISFP**	**INTP**	**INFP**

Die 16 Typen des MBTI® (Myers-Briggs Typenindikator)

Nun gibt es eine Reihe von Möglichkeiten, diese 16er-Matrix in 4x4 Typen zu ordnen und damit vier Haupttypen mit jeweils vier Untertypen zu bilden. Schauen wir uns zunächst die beiden bereits besprochenen Modelle an, welche sich dezidiert auf die Theorie von C.G. Jung beziehungsweise den Myers-Briggs Typenindikator berufen. Insights® bildet seine vier Grundtypen durch die beiden Achsen Introversion-Extraversion und Denken-Fühlen. Hier wird der Feuertyp „Direktor" genannt und entspricht dem extravertierten Denken, in der MBTI®-Terminologie ET.[527] Im Team Management System hingegen wird der Feuertyp „Organisator" genannt und als Kombination der Dimensionen „Analytisch" und „Strukturiert" definiert. In der MBTI®-Terminologie, auf welche das TMS sich direkt beruft, entspricht das TJ.[528] In einem synoptischen Vergleich verschiedener Instrumente der Management-Diagnostik ordnet der Managementexperte Hardy Wagner dem Feuertypus im MBTI® den Pol Fühlen zu (F). Er setzt also keine Zweierkombinationen, sondern die vier Grundfunktionen Denken, Fühlen, Intuition und Empfinden mit den Grundtypen parallel.[529] Die beiden MBTI®-Experten Richard Bents und Reiner Blank identifizieren als vier Grundtypen ST, SF, NF und NT. Somit bilden Denken-Fühlen und Empfinden-Intuition die beiden Hauptdimensionen. Der Feuertypus wäre hiernach NT.[530]

	FEUER	**ERDE**	**LUFT**	**WASSER**
Insights®	ET	IT	EF	IF
TMS	TJ	IS	EN	PF
MBTI® nach Wagner	F	T	N	S
MBTI® nach Bents/Blank	NT	ST	NF	SF
Keirsey Temperament Sorter	NF	SJ	SP	NT

Charakterbrei der MBTI®-Grundtypen: je nach Autor bilden ganz verschiedene Persönlichkeitspole die klassischen vier Temperamente

All diese verschiedenen Modelle beschreiben einen Grundtypus, der energisch und tatkräftig ist, der Projekte voranbringt und gerne die Führung übernimmt, lauter Eigenschaften, welche in der klassischen Temperamentenlehre dem Feuertypus zugeordnet werden. Die meisten Autoren betonen selbst die große Analogie mit dem feurigen Choleriker. Doch die Fadenkreuze der Persönlichkeit, aus welchen dieser Typus in den einzelnen Ansätzen konstruiert wird, sind vollkommen verschieden: Extraversion+Denken, Denken+Urteilen, Denken+Intuition oder einfach nur Fühlen, gleich fünf der acht Charakterpole werden abwechselnd zur Konstruktion ein und desselben Typen verwendet. Hier sieht man, wie beliebig am Ende die zugrundeliegende psychologische Theorie ist und wie austauschbar und schwammig die acht Pole der Persönlichkeit verwendet werden. Alle Wege führen nach Rom. Und alle möglichen psychologischen Achsenkreuze führen zu unseren altbekannten vier Typen.

Noch extremer wird die Angelegenheit, wenn man in die Analyse die wohl populärste Variation des MBTI® einbezieht, nämlich den Keirsey Temperament Sorter. Dieser wurde 1978 vom amerikanischen Psychologen David Keirsey (1921 – 2013) entwickelt, um die Handhabung des MBTI® deutlich zu vereinfachen. Er war der Erste, der dazu die 16 Typen in vier Haupttypen mit jeweils vier Untertypen gruppierte und so den Charakterbrei in eine hierarchische Struktur brachte. Keirsey beruft sich dabei nicht nur auf C.G. Jung und Myers-Briggs, sondern erläutert auch ausführlich die zahlreichen anderen Ansätze, welche in der langen Geschichte der Menschentypologien eine ähnliche Vierteilung entwickelt haben, unter anderem Ernst Kretschmer, Sigmund Freud, Alfred Adler, William Sheldon, Abraham Maslow, Harry Sullivan, Eduard Spranger oder Erich Adickes.[531] Und er stellt ausführlich die vier Temperamente von Hippokrates und Galen dar. Zu Ehren dieser Urväter der Vierteilung kehrt er im Namen seiner Typologie zum Begriff des „Temperaments" zurück. Somit kommt in Keirseys Ansatz wohl am explizitesten eine referenzierende Reaszendenz zum Ausdruck.

In der ersten Version benennt Keirsey seine vier Haupttypen nach griechischen Göttern: das Dionysische, das Epimetheische, das Prometheische und das Apollinische Temperament.[532] Dieser mythologische Ansatz mag zwar zum Ausdruck der philosophische Tradition und Tiefgründigkeit seines Systems gewählt worden sein. Er erweist sich auf Dauer aber doch als suboptimal, weil die gewählten Götter nur bedingt mit den Typen zusammenpassen.[533] Deshalb tauscht Keirsey in der zweiten Version von 1988 die Götternamen gegen moderne Bezeichnungen, welche auch für den Einsatz in der Managementberatung weit gefälliger sind: Artisan (Kunsthandwerker), Guardian (Wächter), Idealist (Idealist) und Rational (Rationaler). Die deutlich kommerziellere Orientierung der Version II erkennt man auch daran, dass diese nun getrademarkt ist und sich KTSII® nennt.[534]

Das Dionysische Temperament entspricht dem SP-Komplex (Sensing-Perceiving). Es ist freiheitsliebend und spontan, um nicht zu sagen triebgesteuert. Planung und Pflichtbewusstsein liegen ihm nicht. Das gleicht es mit seiner optimistischen, mitreißenden und charmanten Art aus. Ihm ist schnell langweilig, weshalb es immer die Abwechslung und das Neue sucht. Und es hat ein Faible für Werkzeuge und praktische Arbeit. Letzterer Charakterzug wird zwar klassischerweise dem Erdtemperament zugewiesen. Dennoch sieht Keirsey im Dionysischen Temperament vor allem den luftigen Sanguiniker. Im KTSII® wird dieser Typ dank seiner praktischen Orientierung zum Artisan, also zum Kunsthandwerker.
Das Epimetheische Temperament benennt den SJ-Typus. Es ist somit nicht nur praktisch veranlagt („Sensing"), sondern zudem strukturiert-urteilend in seinem Lebensstil („Judging"). Laut Keirsey entsprechen ganze 38% der US-Amerikaner diesem Typus.[535] Er ist pflichtbewusst und besitzorientiert. Da er bei niemandem in der Schuld stehen will, ist er derjenige, der sich um andere kümmert. Sein hohes Arbeitsethos stellt die Verantwortung über die Lebensfreude, was zu einer pessimistischen Haltung führt. Wir erkennen hier deutlich das melancholische Erdtemperament. Im KTSII® wird er Guardian (Wächter) genannt.

Das Prometheische Temperament bezeichnet den NT-Grundtypen, also die Kombination aus Intuition und Denken. Nur etwa 12% der US-Bevölkerung sollen ihm entsprechen.[536] Sie streben nach Macht über die Natur und wollen die Dinge erklären, sind die Wissenschaftler unter den Temperamenten. Sie sind sehr selbstkritisch und perfektionistisch und haben immer das Gefühl, noch nicht genug zu wissen. Sie kommunizieren präzise und haben eine Vorliebe für Technologie und logische Theorien. Im KTSII® wird er als „Rational" bezeichnet. All das klingt wieder stark nach dem Erdtemperament. Doch Keirsey sieht darin sonderbarerweise den Phlegmatiker: „Der reife Rationale ist logisch, dialektisch, phlegmatisch, neugierig, skeptisch, theoretisch, ruhig, marktorientiert und kompromisslos."[537]
Das Apollinische Temperament schließlich repräsentiert das intuitive Fühlen (NF). Im KTSII® wird er Idealist genannt. Er ist stets auf Selbstsuche und möchte sich selbst überwinden. Er strebt nach Einzigartigkeit und

Selbstverwirklichung, will auf keinen Fall Teil der gesichtslosen Masse sein. Auch von ihm soll es nur 12% in den USA geben.[538] Dennoch ist diese Gruppe sehr einflussreich, weil ihr ein Großteil der Schriftsteller und Poeten angehört. Sie haben die Gabe, andere mit ihren Worten und Ideen zu begeistern. Keirsey sieht in ihm den feurigen Choleriker und beschreibt seine reife Variante als „philosophisch, ethisch, cholerisch, leidenschaftlich, doktrinär, religiös, feinfühlig, empfänglich und freundlich."[539] Im KTSII® heißt er „Idealist".

Eigentlich läge die Vermutung nahe, dass Keirsey durch die explizite Berufung auf die klassische Temperamentenlehre und deren griechische Schöpfer besonders nahe an den ursprünglichen Charakterbeschreibungen sein müsste. Doch wie wir sehen ist das Gegenteil der Fall. Keirsey beschreibt das ursprünglich geistreiche Lufttemperament vor allem als triebgesteuert-exzessiv (Feuer) und gleichzeitig pragmatisch (Erde). Das gefühlvolle Wassertemperament soll vor allem perfektionistisch und technologieorientiert sein (Erde). Das impulsive Feuertemperament hat plötzlich eine feinfühlig-sensible Seite (Wasser) und ist Meister der Worte (Luft). Verfolgen die anderen Typologien wenigstens eine stringente Systematik, so werden die vier Grundtypen im KTS zu einem Charakterbrei mit zahlreichen großflächigen Überlappungen von zugeschriebenen Eigenschaften.

Während die Konkurrenz die Typen stets anhand eines logisch aufgebauten Achsenkreuzes konstruiert,[540] folgt Keirsey keiner derartigen Systematik. Er verwendet als Grundteilung die Wahrnehmungsachse Empfinden-Intuition (S-N). Dann kombiniert er einerseits das Empfinden mit der Lebensstilachse Urteilen-Wahrnehmen zu den Grundtypen SJ und SP, andererseits die Intuition mit der Entscheidungsachse Denken-Fühlen zu den Grundtypen NT und NF. Dies begründet er mit einer fadenscheinigen und nicht weiter ausgeführten Parallele zu den Theorien von Ernst Kretschmer.[541] Wie willkürlich diese Vorgehensweise ist, sieht man nicht nur am bunten Durcheinander der Eigenschaften, sondern auch an den vollkommen unterschiedlichen Häufigkeiten der Typen. Während laut aktuellster Informationen auf der Keirsey-Website von 2018 die Guardians ganze 45% der Weltbevölkerung ausmachen sollen, also nahezu die Hälfte, sind die Rationals mit maximal 5–10% extrem selten.[542] Eine derart asymmetrische Verteilung spricht dafür, dass es sich dabei eben doch nicht um vier Grundtypen der menschlichen Persönlichkeit handelt.

Dennoch ist der KTS die erfolgreichste Variante des MBTI® und überragt in seiner Verbreitung auch für sich gesehen das Feld der Konkurrenz bei weitem. Die Keirsey-Website nennt 2018 beeindruckende Zahlen: Keirseys Hauptwerk „Please Understand Me" wurde über vier Millionen Mal verkauft. Über 100 Millionen Menschen in über 170 Ländern haben den Test in über zwanzig verschiedenen Sprachen gemacht. Mehr als 75% der Fortune 500 Unternehmen, sowie alle Bereiche des US-Militärs nutzen den KTS. Über 10.000 Menschen setzen ihn sogar täglich ein.[543]
Einen wichtigen Anteil an diesem Erfolg hat sicherlich der von Keirsey entwickelte Fragebogen. Dieser reduziert die Komplexität des Frageformats auf ein Minimum. Im Gegensatz zur Konkurrenz muss nichts in eine Reihenfolge gebracht werden. Man muss keine Auswahl aus vier möglichen Antworten treffen oder gar wie beim HBDI® zwischen unterschiedlichen Frageformaten hin- und herspringen. Keirsey stellt siebzig einfache Entweder-Oder-Fragen, wie beispielsweise:[544]

01. Auf einer Party
- a. rede ich mit vielen Menschen, auch mit Fremden
- b. rede ich nur mit wenigen Menschen, die ich kenne

04. Ich bin mehr beeindruckt von
- a. Prinzipien
- b. Emotionen

49. Ich fühle mich besser
- a. vor einer Entscheidung
- b. nach einer Entscheidung

Der Denkaufwand beim Ausfüllen beschränkt sich auf ein Minimum. Sowohl die vier Grundtypen, als auch deren jeweils vier Untertypen haben sehr gefällige und schmeichelhafte Namen. Und bei sechzehn Typen ist immer einer dabei, der passt, zumal jeder einen bunten Strauß unterschiedlichster Eigenschaften bietet. Im schlimmsten Fall macht man den Test eine Woche später noch einmal und erhält mit großer Wahrscheinlichkeit ein anderes, stimmigeres Ergebnis. Die Modelle von Myers-Briggs und Keirsey hätten die große Chance gehabt, die Zeitgeistmasken fallen zu lassen und die Temperamentenlehre zurück zu ihren Ursprüngen zu bringen. Stattdessen machen sie daraus ein Charakterchaos, in welchem die klassischen Temperamente bis zur Unkenntlichkeit absaufen. Wenn man die Menschheit schon in vier Schubladen verteilen möchte, dann doch lieber gleich in der Originalvariante. Und so bleiben – trotz des scheinbar engen Bezugs von KTSII® zu Hippokrates, Galen und C.G. Jung - am Ende wohl doch Modelle wie DISG® oder Insights® näher am Original was die Charakterbeschreibungen betrifft.

Das endlose Feld der Viertypen

Es gibt noch zahllose weitere moderne Zeitgeistmasken der klassischen vier Temperamente. In der Psychologie finden wir etwa die Grundformen der Angst von Fritz Riemann (Schizoid/Feuer – Depressiv/Erde – Zwanghaft/Wasser – Hysterisch/Luft)[545] oder den Farbtest von Max Lüscher (Rot/Feuer - Blau/Erde - Grün/Wasser – Gelb/Luft),[546] welche sich beide auf die vier Temperamente beziehen. Die Organisationstheorie bietet viele weitere Beispiele wie die vier „Gods of Management" von Charles Handy[547] oder die Organisationskulturen von Geert Hofstede. Auch in Philosophie und Literatur haben die vier Temperamente einen bleibenden Eindruck hinterlassen. Nicht nur Goethe und Kant schätzten sie und widmeten ihnen zahlreiche Abhandlungen.[548] Auch legendäre Romancharaktere sind nach ihrem Vorbild entworfen, wie beispielsweise Athos, Aramis, Porthos und D´Artagnan aus „Die drei Musketiere" von Alexandre Dumas.[549]

Im zeitgenössischen Entertainment sind die vier Temperamente bis heute eine beliebte Blaupause für publikumsträchtige Gruppen. So werden viele gecastete Popbands so zusammengestellt, dass für jeden Teenager einer dabei ist: der stürmische Draufgänger, der sensible Romantiker, der zuverlässige Kumpel und der gewitzte Charmeur. Und auch die Popstars der berufstätigen Erwachsenen der 2010er Jahre, die Speaker von Vortragskonzernen wie TED oder GEDANKENtanken, sorgen gerne mit den vier Typen für gepflegte Unterhaltung. So referiert Tobias Beck über „Die 4 tierischen Menschentypen" Delfin, Wal, Hai und Eule und generiert damit auf Youtube hunderttausende Aufrufe.[550] Auf seiner Website gibt es für das Abonnieren des Newsletters einen Persönlichkeitstest im Wert von 99€, mit welchem man sein Tier eruieren kann:

> „Möchten Sie gerne mehr Einfluss auf andere Menschen haben? Würde es Ihnen gefallen, wenn andere genau das tun, was Sie möchten? Dieses mystische Geheimnis wurde schon 500 v. Chr. durch den Philosophen Hippokrates

gelüftet. Seitdem ist es versteckt worden! (...) Wenn wir uns die Typologie zu Nutze machen, und Signale richtig deuten und senden, werden wir zum Menschenflüsterer."[551]

„Der Menschler® - Experte für das Menscheln und für empfängerorientierte Kommunikation" Gereon Jörn stellt „Die 4 Menschentypen von Kunden" vor und verspricht: „So verkaufst du besser". Dann erklärt er, wie der Gelbe, der Rote, der Blaue und der Grüne ticken und im Verkaufsgespräch geknackt werden können.[552] Oder der Motivationsexperte Dr. Stefan Frädrich stellt in einem seiner Vorträge über Motivation am Arbeitsplatz „die vier Führungsquadranten" vor und tauscht dabei einfach die altbekannten Dimensionen Aufgabenorientierung und Mitarbeiterorientierung gegen die eingängigen Achsen „Wie?" und „Warum?" Dabei lässt er schicke Modeworte wie „Start-up", „Innovation" und natürlich „Google" fallen und schon ist die Zeitgeistmaske des alten „Managerial Grids" renoviert.[553]
Auf TV-Privatsendern und in Lifestyle-Zeitschriften werden regelmäßig alle möglichen Lebensthemen gevierteilt: die vier Esstypen, die vier Beziehungstypen, die vier Autofahrertypen, die vier Urlaubertypen und so fort. In Japan besonders populär ist die Einteilung der Menschen in vier Blutgruppen: der Jäger (0), der Bauer (A), der Kreative (B) und der Rätselhafte (AB). Auch hier ergibt sich eine überragende Übereinstimmung der Charakterbeschreibungen mit den Temperamenten von Feuer, Erde, Luft und Wasser. Um den eigenen Typen zu identifizieren, muss man nicht einmal einen Fragebogen ausfüllen. Es reicht ein Blick in die Impfkarte und schon weiß man, welcher Typ man ist.[554]

Es wäre müßig, einen vollständigen Überblick all dieser modischen Zeitgeistmasken der vier Temperamente zu geben. Hunderte versuchen damit ihr Glück und wittern Geld und Erfolg, indem sie sich neue Namen für die uralten vier Typen ausdenken. Jedes Jahr werden es mehr. Und so haben wir lediglich die bekanntesten Modelle der Managementlehre im Detail betrachtet, jene Auserwählten, die mit dieser einfachen Masche ihr Millionenpublikum gefunden haben. Bereits bei diesen Platzhirschen ist vieles redundant, austauschbar, repetitiv.[555] Man differenziert sich lediglich durch verschiedene Begrifflichkeiten und eine Trademark. Hat einer eine neue Idee, so haben diese bald auch alle anderen. Und so wollen wir zum Abschluss die gemeinsamen Muster all dieser Modelle analysieren.

Die Analogieketten der Viertypen

Die vier Temperamente stammen aus längst vergangenen Paradigmenepochen und wurden mittlerweile in die Welt der Magie verdrängt. Innerhalb der Burgmauern des Offiziellen muten sie ebenso antiquiert an wie Keplers politischer Exkurs über die drei Mittel oder die Abhandlungen Agrippas über Theorie und Praxis des Sympathiezaubers. Offenbar war es aber nicht der Inhalt dieses Primodells, sondern lediglich seine Hülle, welche der modernen Vorstellungswelt fremd und fern wurde. Das „Wesentliche", wie Schopenhauer es formulieren würde,[556] blieb unter all den Schichten von neuer Schminke und bunten Verpackungen erhalten. Es besteht unter gewandelter und der Mode angepasster Terminologie in den Persönlichkeitstypologien des Managements fort.
Dabei ist dieses „Wesentliche" nicht direkt greifbar. Wie wir gesehen haben, lässt es sich aber mit Archetypen umreißen. Die spezifischen Qualitäten von magischen Elementen oder Planeten gruppieren sich verschwommen um einen Kern, welcher sich letztendlich hinter nebligen Wortwaben entzieht. Das durch diese Archetypen symbolisierte Typische und Grundsätzliche aller besprochenen Modelle lässt sich - in Anlehnung an Agrippa von Netterheims „Leiter der Zahl Vier"[557] - abschließend in folgender Analogiekette zusammenfassen:

Elementenlehre 5. Jhdt. v. Chr.	Erde	Feuer	Wasser	Luft
Temperament 2. Jhdt. n. Chr.	Melancholiker	Choleriker	Phlegmatiker	Sanguiniker
Tierkreiszeichen ca. 2. Jhdt. n. Chr.	Stier Jungfrau Steinbock	Widder Löwe Schütze	Krebs Skorpion Fische	Zwillinge Waage Wassermann
planetare Entsprechung 14. Jhdt. n. Chr.	Saturn	Mars, Sonne	Mond, Venus	Jupiter, Venus
Herrschaftstypen nach Max Weber 1922	Bürokratischer Führungsstil	Autokratischer Führungsstil	Patriarchaler Führungsstil	Charismatischer Führungsstil
DISG®-Methode nach Marston 1928	Gewissenhaft	Dominant	Stetig	Initiativ

MBTI® Myers-Briggs Typenindikator[558] 1944	Denken	Fühlen	Empfinden	Intuition
LIFO®-Methode 1963	Bewahrend-Festhaltend	Bestimmend-Übernehmend	Unterstützend-Hergebend	Anpassend-Harmonisierend
Managerial Grid Blake & Mouton 1964	Überlebens-management (1.1.)	Befehls-management (9.1.)	Gesellschafts-club-Manage-ment (1.9.)	Team-Management (9.9.)
Scheins Typologie der BWL-Menschenbilder 1965	rationaler Mensch	selbstaktualisie-render Mensch	sozialer Mensch	komplexer Mensch
Führungsstile im 3-D-Programm von Reddin 1970	Verfahrensstil-Manager	Aufgabenstil-Manager	Beziehungsstil-Manager	Integrationsstil-Manager
Managertypologie von Maccoby 1976	Fachmann	Dschungel-kämpfer	Firmenmensch	Spielmacher
KTS®-II: Keirsey Temperament Sorter 1978	Epimetheus Guardian SJ	Apollon Idealist NF	Prometheus Rational NT	Dionysos Artisan SP
INSIGHTS MDI® 1979	Beobachter	Direktor	Unterstützer	Inspirator
HBDI®-Denkstilanalyse[559] 1981	A-Typ Analytiker	B-Typ Organisator	C-Typ Emotionaler	D-Typ Visionär
Verhandlungsstile bei Mastenbroek 1984	analytisch-aggressiv	flexibel-aggressiv	ethisch-überzeugend	flexibel-kompromiß-bereit
TMP Team Ma-nagement Profile 1985	Controller	Organisator	Berater	Entdecker

Die Analogieketten der Viertypen in Magie und Management

Auch das in vielen Modellen verwendete Fadenkreuz zur Konstruktion der vier Typen weist große Ähnlichkeiten auf. In folgender Grafik habe ich die beliebtesten Polaritäten zusammengefasst. Auf eine detaillierte Zuordnung zu den jeweiligen Modellen habe ich verzichtet, weil diese Kategorien im Lauf der Jahrzehnte immer wieder zwischen verschiedenen Varianten der einzelnen Modelle ausgetauscht worden sind.[560]

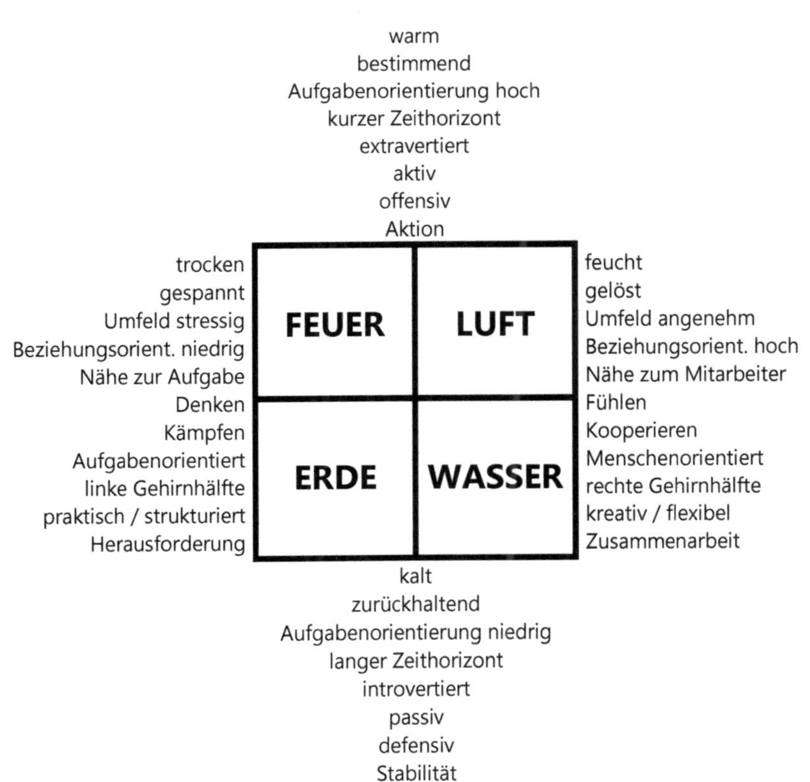

Fadenkreuz zur Konstruktion der vier Typen in Magie und Moderne

08. Die magischen Praktiken des Managements

Inwieweit stellen Persönlichkeitsmodelle des modernen Managements eine Weiterentwicklung dar im Vergleich zu ihren magischen Wurzeln? Lässt sich ein Fortschritt feststellen im Bemühen um eine brauchbare Klassifikation von Menschentypen oder präsentieren die aktuellen Theorien der Managementforschung einfach nur alte Erkenntnisse unter der Kosmetik zeitgeistangepasster Modemasken? Natürlich lässt sich diese Frage nicht pauschal beurteilen, sondern muss von Fall zu Fall entschieden werden und liegt dann immer noch im Auge des Betrachters. Zu Beginn der Arbeit wurden deshalb verschiedene Sichtarten der Entwicklung vorgestellt, welche die hier eingenommene Perspektive im Vergleich zu anderen Ansätzen offenlegte. Dabei wurde Arthur Schopenhauers Philosophie der Welt als Wille und Vorstellung ausgebaut zum Modell der Zeitgeist-Tektonik und damit in Gegensatz zu einer Fortschrittssicht gesetzt, wie sie etwa von Georg W. F. Hegel vertreten wurde. Mit diesem Analyserahmen wurde skizziert, wie sich bestimmte Urmodelle (Primodelle) als offizielles Wissensparadigma in verschiedenen Zeitgeistern manifestieren und wie sie nach einiger Zeit wieder in die toten Winkel der kollektiven Wahrnehmung zurückvergessen werden, um irgendwann unter modernisierter Terminologie wiederzukehren.

Das zweite Kapitel der Arbeit wendete diesen Ansatz auf das allgemeine Verhältnis zwischen Magie und Wissenschaft an, um die Relativität dieser Kategorien aufzuzeigen. Die Frage, was magisch und was wissenschaftlich ist, entpuppte sich bei näherer Betrachtung als Entscheidung von Moden und Zeitgeistern. Die Grenzen zwischen beiden Gebieten verlaufen fließend. Und nicht selten wird ein und dasselbe Modell in geographisch oder zeitlich verschiedenen Denkkollektiven sehr unterschiedlich bewertet. Dieser Teil sollte über die konkrete Aufgabenstellung der Arbeit hinaus anregen zu weiterführenden Untersuchungen. Nicht nur im Bereich der Persönlichkeitsmodelle haben moderne Managementtheorien Parallelen zu magischen Denksystemen zu bieten. Auch beliebte Kommunikationstechniken, die Methode des Benchmarkings, moderne Controlling-Systeme, Konsumentenbefragung und Marktsegmentierung bis hin zu den verschiedensten Ansätzen des Forecastings sind geprägt von rituellen Handlungen, welche künftige Generationen zweifelsohne als magisch bezeichnen werden. Darauf werden wir am Ende dieses Abschnitts nochmals zurückkommen.[561]

Im Hauptteil haben wir schließlich ausgewählte Konzepte der Prämoderne aus verschiedenen Kulturen und Epochen kennengelernt, wobei es sich um sehr grundlegende, interkulturell weit verbreitete Ansätze handelte. Dazu zählen das Analogiedenken und die damit verbundene Archetypenlehre, das Polaritätenkonzept, sowie die Lehre von den vier Elementen und Temperamenten. Diese Modelle sind zwar in einer sehr bildhaften und somit leicht verständlichen Sprache ohne komplizierte Fremdwörter oder ehrfurchtgebietende Fachbegriffe verfasst. Doch sie formulieren ähnliche Prinzipien und Kategorien, wie sie in vielen Ansätzen der heutigen Managementlehre ebenfalls herangezogen werden. Nicht nur die starken inhaltlichen Parallelen der Managementtheorien zu magischen Denksystemen sind hierbei interessant, sondern auch die Art und Weise, wie diese in den Zeitgeist drängen und versuchen, sich zu etablieren. Folgende weitere Facetten offenbaren sich nach der Sichtweise der Zeitgeist-Tektonik:

Fortschritt als Sein oder Schein?

Die Frage, ob Fortschritt Sein oder Schein ist, zog sich vom philosophischen Analyserahmen im ersten Kapitel über die Magie-Wissenschaft-Diskussion im zweiten Kapitel bis hinein in die vorgestellten Modelle. Auch den Persönlichkeitstypologien des modernen Managements liegen jeweils verschiedene Sichtarten der Entwicklung zugrunde.

Bei den Menschenbildern von Schein werden die drei bisherigen Theorien vom rational-ökonomischen, sozialen und selbstaktualisierenden Menschen erläutert, um hernach festzustellen, dass empirische Untersuchungen keine signifikanten Ergebnisse für das Vorkommen eines dieser Typen in der Praxis erzielen konnten. Der Mensch wäre komplexer als eben nur raffend, tratschend oder emporstrebend. Dies führt Schein zu seinem eigenen Konzept des komplexen Menschen, welches eine Weiterentwicklung der bisherigen Ansätze darstellen soll und frühere Einseitigkeiten zu überwinden glaubt. Maccoby geht zwar nicht so weit, den anderen drei Typen jegliche reale Existenz abzusprechen, doch ist auch in seiner Managertypologie seine Entdeckung des Spielmachers „der neue

Mensch und in dieser Studie wirklich führende Charakter."[562] Das Modell von Blake & Mouton geht ebenfalls von der Überlegenheit des Führungsstils 9.9 „Team Management" aus. Bei Hersey & Blanchard wird diese Rolle vom delegativen Stil für „reife Mitarbeiter" übernommen, wobei allein schon die Einführung einer Reifeskala bezeichnend ist. All diesen Modellen liegt jene typische Fortschrittssicht zugrunde, welche Fortschritt als Sein bejaht und einen der aufgestellten Typen als allen anderen überlegen ausgibt.[563]
Besonders eindrucksvoll versucht das HBDI® Herrmann Brain Dominance Instrument seine Fortschrittssicht zu verheimlichen. Denn hier wird stets betont, dass es keine guten oder schlechten Denkstile gäbe, sondern alle vier Gehirnquadranten ebenbürtig wären („Wertfrei, aber nicht wertlos!"). Schaut man sich dann aber die Charakterbeschreibungen und vor allem die typischen Berufsgruppen an, so ergibt sich ein deutliches Gefälle zwischen den anspruchsvollen, gutbezahlten Tätigkeiten der oberen Quadranten und den stumpf-repetitiven, schlechtbezahlten Tätigkeiten der unteren Quadranten. Dabei hat vor allem der geistreiche, strategische D-Quadrant das große Los gezogen mit all den Top-Traumberufen, die ihm Herrmann zuordnet. Der fließbandhafte B-Quadrant hingegen schuftet im Akkord die öden und langweiligen Berufe, die keiner freiwillig machen will. So wird dezent durch die Hintertür ein hierarchisches Gefälle propagiert wie einst zwischen dem noblen Sanguiniker und dem unedlen Melancholiker.[564]

Anders verhält es sich bei den „Archetypen der Führung" von Neuberger. Diese bilden Muster, welche von frühkindlich eingeprägten Erfahrungsbildern ausgehend in den verschiedensten Ebenen des Lebens fortbestehen und somit das Verhältnis eines Kindes zu seinem Vater ebenso bezeichnen wie jenes eines Mitarbeiters zu seinem Vorgesetzten. Es gibt keinen Fortschritt in diesem Modell, sondern das Augenmerk liegt auf jenen Mustern, welche den Wandel überdauern. Die Bilder von Vater, Held und Heilsbringer wirken im frühkindlichen Alter ebenso wie bei reifen Erwachsenen, in der Antike genauso wie in der Postmoderne. Bei LIFO® wird die Gleichwertigkeit aller Typen besonders konsequent systemisiert, indem sogar die Namen aus Wortpaaren bestehen, wobei das erste Wort die Stärke bezeichnet und das zweite Wort die Schwäche, also z.B. „Bewahrend-Festhaltend". Zahlreiche Tabellen zeigen ausgewogen die Licht- und Schattenseiten der einzelnen Charaktere. Auch in der 3-D-

Theorie von Reddin ist die Gleichwertigkeit Programm, indem jeder Typ entlang der dritten Dimension in die positive und negative Extremausprägung zerlegt wird. So kann der „Beziehungsstil" im schlechten Fall zum „Gefälligkeitsapostel" werden, als Stärke kultiviert hingegen als „Förderer" glänzen. Jede der vier Persönlichkeiten agiert zwar in verschiedenen Situationen und auf verschiedenen Entwicklungsstufen anders. Es gibt aber keine Hierarchien oder Reihenfolgen der Stile. Grundsätzlich sind alle stets ebenbürtig. Diese Ansätze liegen der Scheinschrittsicht Schopenhauers näher. Sie konzentrieren sich auf jene Urmuster, welche immer wieder unter sich wandelnden Modemasken aus dem Meer der Einzeit hervortauchen.

Die Managementmethoden unterscheiden sich aber nicht nur in der Frage, ob sie zwischen ihren Typen eine Hierarchie oder Hackordnung postulieren, sondern auch in der Frage, ob sie sich selbst als Fortschritt im Vergleich zu ihren Vorläufern sehen. So lehnt C.G. Jung seine Persönlichkeitstheorie bewusst an prämoderne Ansätze an und legt seine magischen Quellen offen, um die Schätze früherer Erkenntnismethoden für die heutige Zeit erneuert anzuwenden. Die Zeitgeistmaske seiner psychologischen Terminologie soll insofern nicht alte Schemen als Neuigkeiten tarnen, sondern primär einstige Erkenntnismethoden für die Begrifflichkeiten des modernen Verständnisses besser zugänglich machen. Hier geht es nicht um eine Neuentdeckung oder Weiterentwicklung, sondern um ein explizites Wiederaufgreifen alter Denkansätze. Im Modell der Zeitgeist-Tektonik entspricht dies einer referenzierenden Reaszendenz.[565]
Etwas komplizierter ist der Fortschrittsbezug bei jenen Managementinstrumenten, welche sich explizit auf die Psychologie von C.G. Jung berufen, wie etwa beim Team Management Profil, dem KTSII® oder bei Insights®. Hier bezieht man sich nämlich nicht ohne Hintergedanken auf die alten Konzepte. Vielmehr soll der Name eines renommierten Psychologen die Seriosität des eigenen Ansatzes unterstreichen. Und einer toten Berühmtheit lässt sich immer leichter huldigen als der lebendigen Konkurrenz, auch wenn diese tatsächlich vielleicht weit mehr Inspiration war. Bei Insights MDI® geht man sogar so weit, auch die alten Griechen mit ihrer Temperamentenlehre ausgiebig zu Ehren kommen zu lassen. Das soll die Objektivität des eigenen Modells noch mehr untermauern. „Bereits vor über 2.000 Jahren wussten weise Philosophen, dass es vier Typen gibt. Aber natürlich hat sich die Methode seither gewaltig weiterent-

wickelt. Heute wird keiner mehr die schwarze Galle als bestimmenden Faktor für ein Temperament ansehen."[566] Und so nimmt man die klassische Temperamentenlehre in einer chronologischen Verdrehung einerseits als Beweis für die Objektivität des eigenen Modells. Andererseits behauptet man, nun viel weiter zu sein und große Fortschritte gemacht zu haben im Vergleich zu den Ahnen. Wer würde heutzutage noch so altmodisch sein, und Körpersäfte wie das Blut oder die gelbe Galle als Ursache des Charakters annehmen? Dabei wird so getan, also ob dieses Detail irgendwas an den konstruierten Typen ändern würde.
Keirsey argumentiert ähnlich und führt die Körpersäfte als Argument an, warum er denn die Temperamentenlehre weiterentwickeln musste und seine Variante weitaus zeitgemäßer wäre. Auch sieht er sich genötigt, die Typologie von C.G. Jung einer Umordnung zu unterziehen, damit diese noch besser den Temperamenten entspräche.[567] Das mag zwar bei unbedarften Kunden als Argument für die Überlegenheit des KTSII® gegenüber früheren Ansätzen dienen. Am Ende entsteht dadurch aber ein diffuser Charakterbrei, welcher die klassischen Temperamente bis zur Unkenntlichkeit entstellt.[568] Und Ned Herrmann kappt überhaupt jegliche Brücke zu seinen Vorläufern der Persönlichkeitsdiagnostik und beruft sich ausschließlich auf die neuesten Erkenntnisse der Neurowissenschaften. Dadurch macht er seinen HBDI® scheinbar über jedwede altmodische Psychologismen erhaben. Seine Basis sind die naturwissenschaftlichen Fakten der Gehirnforschung und nicht wachsweiche psychologische Begrifflichkeiten.

Ein anderes weitverbreitetes Fortschrittsargument ist, dass das eigene Instrument laufend aufgrund der neuesten wissenschaftlichen Erkenntnisse und Studienergebnisse verbessert würde. Insights MDI® verweist darauf, dass die Algorithmen des eigenen Modells „ständig aktualisiert und getestet",[569] die Fragebögen permanent weiterentwickelt würden. Ähnlich sieht es bei den diversen Splittergruppen von DISG® aus, welche sich ja irgendwie von ihresgleichen abheben müssen, indem sie das neuere Testformat oder zumindest die neuere graphische Darstellung der Auswertung für sich proklamieren. So kommt trotz der Referenz auf die alten Quellen durch die Hintertür eine starke Fortschrittsicht daher. Und das ist wohl auch notwendig als Verkaufsargument. Denn wer würde schon für einen 2.000 Jahre alten Test zahlen?

Die Fleischwerdung von Analogismen

Des Weiteren unterscheiden sich die vorgestellten Ansätze in ihrem Objektivitätsanspruch. Inwieweit sehen sich die Ansätze der Managementforschung als konkrete Abbildung von Wirklichkeit oder als abstraktes Gedankenspiel zur Veranschaulichung? Wie im Kapitel über Analogiedenken erwähnt, bedient sich etwa die moderne Physik mit Vorliebe analoger Bilder und Metaphern, um sehr komplexe Sachverhalte vereinfacht darzustellen. Dabei kommt diesen Analogismen keinerlei Beweiskraft zu, sondern sie sollen lediglich versinnbildlichen, was theoretische Formelgebäude zu beweisen trachten.

Jedes Modell stellt hierbei eine gewisse Terminologie, Grafiken und Skizzen, Leitsätze oder theoretische Formelwerke zur Verfügung. Diese Veranschaulichungshilfen zur Darlegung vermuteter Wirkungsgefüge sind an sich aber immer nur Analogismen zu jenen unnambaren Vorkommnissen, welche dort draußen in der Welt geschehen. Kreise und Variablen sind nicht die Welt an sich, sondern symbolisieren sie nur versuchsartig. Das expandierende Universum ist kein Luftballon und das Higgs-Feld ist kein Zimmer mit Menschen und einem Prominenten.[570] Was aber ist ein Dschungelkämpfer, ein Heilsbringer, ein Introvertierter oder ein delegativer Führer? Sind sie Metaphern auf psychische Idealtypen oder existieren sie real wie Hunde und Katzen? Auch diese Frage wird unterschiedlich beantwortet.

Friedmann führt in seiner „Prozessorientierten Persönlichkeitstypologie" eine Reihe von Gründen an, dass seine drei Typen real existieren als objektive Gattungen des menschlichen Charakters. Unverblümt stellt er fest: „Ich gehe davon aus, dass die Persönlichkeitstypen Realitäten sind."[571] In der Folge zählt er eine Reihe von eher dubiosen Gründen auf, warum diese Typen „in der menschlichen Wirklichkeit vorgefunden und eindeutig identifiziert werden können."[572] Auch in der Introversions-Extraversionsforschung werden Charakterzugehörigkeiten mittels empirisch geeichter Fragebögen gemessen und Beziehungen zwischen Führungserfolg und Persönlichkeitstyp statistisch nachgewiesen, so als ob es diese Konstrukte als eine objektiv messbare Sache gäbe.

Beim Herrmann Brain Dominance Instrument HBDI® geht man besonders geschickt vor. Zwar gesteht man in einem Nebensatz, dass das Modell gar nicht auf physiologischen Messungen des Gehirns beruht. Man habe auf Basis der Gehirnforschung lediglich ein „metaphorisches Modell" konstruiert. Das HBDI® ist also nur ein Analogismus. Dennoch werden im Marketing die Neurowissenschaften groß ins Schaufenster gestellt als hätte man einen medizinisch-naturwissenschaftlichen Schlüssel zur objektiven Messung der Persönlichkeit gefunden. Hier ist die Fleischwerdung von Analogismen konsequentes Programm, um potentielle Kunden anzulocken.

In den meisten anderen Ansätzen wird zwar darauf hingewiesen, dass die vier Typen in der Realität fast nie in Reinform vorkommen, dass sie Idealisierungen sind. Jeder Mensch sei aber eine individuelle Mischung dieser vier Typen. Und es sei möglich, diese zeitüberdauernden Mischungsverhältnisse zu diagnostizieren und das Überwiegen eines Typus nachzuweisen. Diesen Ansatz verfolgten bereits die prämodernen Ansätze der Temperamentenlehre: „Es sind virhande naturen vnd complexion, di der mensch hat: ettlicher mensh czwu, ettlicher dreu, ettlicher vir. Doch so nympt ayne vberhand, das ist die, di der Mensch aller mayst hat, vnd kain mensch hat allein eine."[573] Auch Maccoby schreibt, dass in der Praxis fast immer eine treffende Zuordnung im Überwiegen eines seiner vier Typen möglich wäre. Die kommerziellen Instrumente der Management-Diagnostik wie DISG®, LIFO®, HBDI® oder MBTI® gehen noch weiter und zählen diese Mischungsverhältnisse mit Punkten aus und zeichnen diese dann in Messskalen und Diagrammen ein.
In solchen Fällen ist der Analogismus Fleisch geworden und das Modell wandelt sich illusorisch von der abstrakten Metapher, aus welcher es entsprungen ist, in ein konkretes Faktum der Wirklichkeit. Das Persönlichkeitskonstrukt wird zur objektiv messbaren Blutgruppe eines Menschen und als existente Tatsache ausgewiesen. Zudem suggerieren diese Modelle durch Verweis auf Untersuchungen und umfassende Forschungsarbeiten, dass sie etwas „ent-deckt" hätten im Sinne dessen, dass sie Tatsächlichkeiten, die es wirklich und wahrhaftig gäbe unter der Decke der Erscheinungswelt, ans Tageslicht befördert hätten.

Dem gegenüber betont Neuberger, dass sein Ansatz auf Metaphern und Imagination beruht und insofern als Veranschaulichungsinstrument gesehen werden sollte. Auch bei Reddin finden sich dementsprechende Hinweise, dass es sich bei den Klassifizierungen um ideelle Abstraktionen handelt und nicht um „unumstößliche Tatsachen".[574] Und Pitcher schreibt:

„Artisten, Handwerker und Technokraten existieren kaum als solches. Sie sind Archetypen. Richtige Menschen sind komplexer."[575] Sie nutzt diese Idealisierung lediglich als Stilelement, um sich systematisch Gedanken über verschiedene Arten des Führungsverhaltens zu machen. Und selbstverständlich ist auch das Konzept der Zeitgeist-Tektonik nur ein Analogismus, selbst wenn er noch so oft scheinbar Fleisch wird.

Blendwerkzeuge der Verwissenschaftlichung

Interessant sind schließlich die Methoden, mittels welcher Persönlichkeitsmodelle als wissenschaftlich etabliert werden innerhalb der Burgmauern des offiziellen Zeitgeistes. Bis in Keplers Zeiten war hierbei die Legitimierung durch Analogien durchaus gebräuchlich, wie wir bereits an einigen Beispielen gesehen haben. Zudem war es üblich, dass Zitate aus den Werken unantastbarer Autoritäten der Antike wie Aristoteles oder Platon von sich aus Beweis genug waren und keiner weiteren Begründung mehr bedurften. Erst ab dem 18. Jahrhundert galten diese Herangehensweisen zunehmend als unwissenschaftlich und wurden allmählich durch Empirik, Experimente und Mathematismus ersetzt.

Mittels statistisch ausgearbeiteter Fragebögen wurden in der Extraversionsforschung etwa durch Guilford oder Barrick und Mount Unternehmen untersucht bezüglich eines Zusammenhanges zwischen extravertiertem Charakter und Positionierung im Top-Management. Diese wurden nach allen Regeln der seriösen Empirik ausgewertet, um somit wissenschaftlich einen Beweis für die Extraversion als validen Prädiktor für Erfolg im Management zu liefern. Solche „wissenschaftlichen Untersuchungen" legitimieren das alte Muster der Polaritäten mit den modernen Mitteln der Messung und kommen dabei doch nur zum selben Ergebnis, wie bereits die Alten in ihren Lehren von Sonne und Mond oder Yin und Yang. Auch Schein verweist als Basis seiner Typologie auf eine lange Reihe empirischer Untersuchungen und „many decades of research",[576] was gleich unglaublich seriös klingt und sein Modell beim Einzug in die wirtschaftswissenschaftlichen Lehrbücher untermauert hat.
Maccoby hievte seine Führungstypologie mittels sozialpsychologischer Untersuchungen an Managern in amerikanischen Großunternehmen in den Olymp der Wissenschaftstürme und Bestsellerlisten. Ausführliche Tiefeninterviews zu Wertvorstellungen und Eigenidentität von Führungskräf-

ten führten ihn zur „Entdeckung" seiner vier Typen, welche die prämoderne Welt in ähnlicher Weise bereits vor Jahrtausenden ohne Rohrschachtests und Tiefenpsychologie aufgestellt hatte. Er kommt in seinen Ausführungen sogar zu demselben Schluss wie jene Charakterbüchlein aus dem späten Mittelalter, wonach der sanguinische Spielemacher das edelste Temperament von allen wäre. Reddin verweist als Basis seiner 3-D-Theorie auf eine lange Reihe von Forschungsstudien, welche durch Psychologen in den Vereinigten Staaten durchgeführt wurden. Pitcher zieht Untersuchungen an mehr als einem Dutzend großer multinationaler Unternehmen für ihre Argumentationsführung heran. Margerison und McCann berufen sich für ihr Team Management System auf eine Datenbasis von über 150.000 Teammitgliedern und erfinden dafür den mächtigen Begriff „empirische Teamerfolgsforschung". Ned Herrmann führt für die hirnquadrantenspezifischen Berufsgruppen die empirische Auswertung von 113.000 Profilen als Beweis an. Und überhaupt wird bei all den Instrumenten der Management-Diagnostik mit den Millionen zufriedener Kunden gewuchtet, welche seit Jahrzehnten auf das Modell schwören. Selbstverständlich befinden sich darunter fast alle Fortune 100 oder Fortune 500 Unternehmen und zahlreiche hochseriöse staatliche Konzerne.

Ein Hauptblendwerkzeug der Verwissenschaftlichung stellen also Phrasen dar wie: „empirische Untersuchungen haben gezeigt", „mittels neuester psychologischer Erkenntnisse" oder „laut den gesicherten Forschungsergebnissen der Nachbarwissenschaften". So berufen sich die Modelle der Managementberatung bevorzugt auf scheinbar unantastbare Theorien aus der Psychologie, ohne dabei zu erwähnen, dass die Persönlichkeitstypologien von Psychologen wie C.G. Jung oder William Marston in Fachkreisen seit langem hochumstritten sind.

In unseren Beispielen hieß es unter anderem: „This article was drawn from an eight-year study of 15 CEOs",[577] „As Mayo and others after him have found",[578] „Diese Untersuchung basiert auf Interviews mit 250 Managern aus 12 Großunternehmen in verschiedenen Teilen des Landes"[579], „Das Kernstück der 3-D-Theorie (...) wurde in einer langen Reihe von Forschungsstudien entdeckt, die von Psychologen in den Vereinigten Staaten durchgeführt wurden."[580] oder „Aus weiteren an mehreren Universitäten durchgeführten Forschungsarbeiten ging deutlich hervor..."[581] Zur Untermauerung von Thesen wurde auf die „faktoranalytische Methode und korrelationsstatistische Zusammenhänge"[582] verwiesen oder auf sig-

nifikante „Validitätskoeffizienten".[583] Solche und andere Zauberformeln bilden einen wichtigen Baustein im Verwissenschaftlichungsprozess und tragen ihren Teil dazu bei, Ideen und Hirngespinste als Analogismus Fleisch werden zu lassen.
Zudem sollte darauf Bedacht genommen werden, das eigene Modell durch Zitate von möglichst angesehenen Fachautoritäten zu untermauern und dabei vor allem auf Publikationen aus renommierten Verlagen zu verweisen. So muss der altehrwürdige C.G. Jung als namhafter Psychologe für unzählige Diagnostikinstrumente Pate stehen. Aber auch Freud, Adler, Kretschmer und Maslow kommen regelmäßig zu Ehren. Atkins und Katcher berufen sich beim LIFO® auf die Psychologen Erich Fromm und Carl Rogers, sowie auf den damals sehr angesagten Managementguru Peter Ducker.[584] Ned Herrmann betont die renommierten Gehirnforscher Roger Sperry und Paul D. MacLean als Grundlage des HBDI®, wobei letzterer als Nobelpreisträger besonders imposant in Szene gesetzt werden kann. Und interessanterweise werden selbst einstige Außenseiter des universitären Psychologie-Establishments wie William Marston oder Katharine Cooks Briggs und Isabel Briggs Myers posthum zu renommierten Vertretern ihres Faches hochstilisiert, wie das DISG®, Insights® oder das TMS tun.

Gerne wird auch auf Kooperationen und Forschungsprojekte mit Universitäten und Professoren hingewiesen. So kommuniziert die persolog® GmbH stolz ihre Zusammenarbeit mit den Universitäten Koblenz-Landau und Minnesota bei der Weiterentwicklung ihrer DISG®-Variante.[585] Margerison und McCann beginnen den Gründungsmythos ihres Team Management Systems mit ihren Forschungsarbeiten an der Queensland University in Brisbane.[586] Insights MDI® wirbt mit einem Gutachten des Lehrstuhls für Organisationspsychologie der Universität München und selektiert daraus einige werbeträchtige Sätze, welche nach einer wissenschaftlichen Bestätigung klingen, wenngleich das Gutachten gar nicht zu diesem Schluss kommt.[587]
Wenn man die Ergebnisse der Gutachten noch besser in der eigenen Hand haben will, dann gründet man einfach selbst ein Institut, welches in der Außendarstellung seriös wirkt, indem man im Namen Wörter wie „offiziell", „international", „Qualität" oder einfach den Standort einbaut (z.B. „Hamburger Institut für..."). Ein solches Beispiel hatten wir mit dem Q-Pool 100, der „Offiziellen Qualitätsgemeinschaft internationaler Wirt-

schaftstrainer und –berater", welche auf den ersten Blick öffentlich anerkannt wirkt, tatsächlich aber vor allem eine Marketingplattform von kommerziellen Beraterfirmen ist. 2003 hat Q-Pool 100 den Insights MDI® Test nach der DIN-Norm 33430 „Anforderungen an berufsbezogene Eignungsdiagnostik" zertifiziert. Eine solche DIN-Zertifizierung ist ein sehr mächtiges Blendwerkzeug der Verwissenschaftlichung und als Marketingelement Gold wert, zumindest so lange bis eine Gerichtsklage des „Berufsverbands Deutscher Psychologinnen und Psychologen" dem Treiben Einhalt geboten hat.[588]

Wem das Kokettieren mit Universitäten und Zertifikaten zu heiß ist, dem bleiben noch zwei weitaus unverbindlichere Blendwerkzeuge. So kann man die Grundlagen seines Diagnostikinstruments einfach anonymen Autoritäten zuschreiben: „Die Führungsforschung hat herausgefunden...", „Wie man aus der Arbeitssoziologie weiß..." oder schlicht „Studien aus den USA zeigen..." Solche Verwissenschaftlichungsphrasen klingen immer gut und werden vom Großteil der potentiellen Kundschaft nicht weiter hinterfragt. Ein anderer beliebter Trick der Managementliteratur ist es, seine Veröffentlichungen mit Zitaten berühmter Denker und Philosophen zu dekorieren. Dieses elegante Stilelement findet sich beispielsweise in den Büchern von Reddins 3-D-Theorie und Herrmanns HBDI®, wobei letzterer exzessiv davon Gebrauch macht, um sein Modell intellektuell aufzuhübschen. Die Sinnsprüche haben zwar oft nur wenig mit den Inhalten der jeweiligen Kapitel zu tun. Sie vermitteln aber den Eindruck, dass der Autor über viel Bildung und Weisheit verfügt. Und solch ein belesener Mensch kann doch gar keinen Unsinn schreiben.
Wenn sich darüber hinaus gar noch ein paar Statistiken einbauen lassen, dann ist der Wissenschaftsgott endgültig mit seinen Opfergaben zufrieden und lässt Milde walten bei der Gesichtskontrolle am Eingangstor zu den Burgmauern des Offiziellen. Dennoch kommen viele dieser ausgefeilten wissenschaftlichen Methoden zu denselben Ergebnissen wie ihre „primitiv-spekulativen" Vorläufer.

Statistiken sind überhaupt ein wichtiges Stilelement, um sich als wissenschaftlich zu verkleiden. Dabei müssen diese gar nicht zwangsläufig etwas mit dem vorgestellten Modell zu tun haben. Ein beliebter Trick ist es, zuerst auf Statistiken renommierter Institute zu verweisen, beispielsweise zu Arbeitszufriedenheit, Burn-Out, Häufigkeit des Arbeitsplatzwechsels,

langfristige Entwicklung der Arbeitsmarktsektoren, Fehlbesetzungen und ähnlichem. Dann wird darauf eine Argumentationslinie aufgebaut, welche Schritt für Schritt zur eigenen Theorie führt. Ist der Leser dort angekommen, glaubt er ein statistisch fundiertes Modell vor sich zu haben, auch wenn es von diesen Statistiken gar nicht gestützt, sondern lediglich dekoriert wird.
Eine ähnliche Autorität strahlen Prozentzahlen aus, insbesondere wenn diese exakt sind. „Ungefähr ein Drittel der Amerikaner entsprechen im KTSII® dem Typus Guardian." klingt weit weniger wissenschaftlich als die Aussage „Like the SPs, the SJs comprise roughly 38% of the population."[589] Eine solche Zahl wird vom Leser selten hinterfragt, denn sie klingt aufgrund ihrer Exaktheit sehr fundiert. Lediglich dem Insider stellt sich die Frage, wie diese Zahl denn überhaupt so genau eruiert werden konnte. Und auch Keirsey selbst ist sich am Ende wohl doch nicht so sicher. Denn auf der Website von keirsey.com sind es 2018 bereits 45%.[590] Ein ähnliches Stirnrunzeln löst eine aktuelle Werbeaussage aus, wonach die neue Generation der DISG® Profile „bis zu 25% personalisierter" sei als andere Persönlichkeits-Tools.[591] Solche Prozentzahlen sind leicht in den Raum gestellt als szientifeske Fassade.

Sehr oft werden gerade von den kommerziellen Managementdiagnostik-Instrumenten Studien zu den wissenschaftlichen Gütekriterien ihrer Methode zitiert.[592] Das Kriterium „Objektivität" ist dann erfüllt, wenn die Ergebnisse unabhängig vom durchführenden Experten und der Testsituation zustande kommen. Egal wer die Testsituation betreut und unter welchen Bedingungen dieser stattfindet, das Ergebnis für einen Probanden sollte immer dasselbe sein. Das Kriterium „Reliabilität" bezeichnet die Zuverlässigkeit, mit welcher die Eigenschaft gemessen wird. Werden Menschen mit gleichen Merkmalen als gleich und solche mit verschiedenen Merkmalen als verschieden diagnostiziert? Das Kriterium „Validität" gibt schließlich Auskunft darüber, inwieweit der Test tatsächlich die jeweiligen Eigenschaften misst. Wird ein Mensch, dessen Test einen hohen Wert für Dominanz ergibt, auch tatsächlich vom Großteil seiner Umwelt so wahrgenommen? Für diese Gütekriterien wird statistisch ein Wert erhoben, welcher in der Regel zwischen 0 (gar nicht zutreffend) und 1 (trifft zu 100% zu) beziffert wird. Nur wenn alle drei Kriterien erfüllt sind, gilt ein Persönlichkeitstest als wissenschaftlich fundiert.

Als Blendwerkzeug der Verwissenschaftlichung reicht es dabei in vielen Fällen schon aus, einfach die Worte Objektivität, Reliabilität und Validität in nichtssagende Sätze zu verpacken: „Umfangreiche statistische Überprüfungen zu Reliabilität (Zuverlässigkeit) und Validität (Gültigkeit) werden regelmäßig von amerikanischen und europäischen Universitäten durchgeführt."[593] Oder: „Die Validität des Herrmann-Dominanz-Instruments wurde während seiner Entwicklung von unabhängigen Fachleuten überprüft; die Ergebnisse wurden bei der Weiterentwicklung des Fragebogens laufend berücksichtigt".[594] Was diese Überprüfungen im Detail ergeben haben und ob sie überhaupt statistisch signifikant waren, wird nicht verraten. Oder es werden ernüchternde Zahlen als Erfolg hingestellt, zum Beispiel bei der prädiktiven Validität: „Insights hat eine Vorhersagegültigkeit die zwischen 0,3 und 0,6 liegt. (...) Fazit: Es ist ein valides Beurteilungsinstrument mit erwiesener Vorhersagegültigkeit."[595] Dabei entspricht der Wert von 0,3 einer Trefferquote von lediglich 30%. Oder: „Mehrere Gruppen von Probanden (30 bis 60) wurden nach 6 bis 12 Monaten wieder getestet. Die Test-Retest-Reliabilität betrug .60 bis .68"[596] Das bedeutet nichts anderes, als dass nach einem halben Jahr von zehn Probanden nur noch sechs ein vergleichbares Testergebnis erhalten.

Im „Handbuch wirtschaftspsychologischer Testverfahren" von Werner Sarges und Heinrich Wottawa sind die Gütekriterien ein fixer Abschnitt bei jeder Methodenbeschreibung. Die Texte selbst wurden von den jeweiligen Anbietern verfasst. Hier können die Ergebnisse zum Teil mit gutem Willen als signifikant bezeichnet werden, beispielsweise: „Die Korrelationen für Reliabilität (Alpha, Split-Half und Test-Retest) und Validität (TMPFSkalen, Selbsteinstufung, andere Testmaße wie MBTI) sind signifikant und liegen über oder an der unteren Grenze der Größenordnung, wie sie für gute Reliabilitäts- und Validitätskoeffizienten erwartet werden."[597] Das ist aber aufgrund der zirkulären Anordnung der Studiendesigns allein schon durch Attributionseffekte erklärbar. Wenn mehrere Menschen wohlwollend durch die Brille desselben Persönlichkeitsmodells blicken, so werden sie von einem Probanden auch ähnliche Wahrnehmungen konstruieren.
Das grundlegende Gütekriterium der Objektivität hingegen wird nicht statistisch belegt, sondern lediglich behauptet, beispielsweise: „Die übliche Durchführungs- und Auswertungsobjektivität kann als gegeben angenommen werden."[598] Oder etwas konkreter, aber genauso wenig aus-

sagekräftig: „Die Objektivität (...) wird bei Insights realisiert durch: 1. schriftliche Bearbeitungsanleitung 2. Computererfassung, -auswertung, automatisierter Ausdruck des Berichts 3. Hintergrund/Aufbau des Insights Rades, Akkreditierung der Berater"[599]. Die Verwendung des Computers ist also nicht nur eine schicke Zeitgeistmaske, sondern suggeriert auch die Illusion von Objektivität. Nur bei LIFO® ist man etwas ehrlicher: Das Objektivitätskriterium „hat bei der LIFO® Methode, wie auch bei anderen Verhaltensstilanalyseverfahren, mehr damit zu tun, wie gut die Qualität der Lizenzausbildung und die Fundiertheit des Lizenznehmers ist."[600] Zwar ist das ein Eingeständnis, dass die Grundvoraussetzung für eine aussagekräftige Diagnosemethode gar nicht vorliegt und insofern auch alle weiteren statistischen Untersuchungen reine Makulatur sind. In einem geschickten Zaubertrick wird die nicht vorhandene Objektivität aber als Verkaufsargument für die teure Lizenzausbildung umgedeutet. Noch aggressiver verfolgt Reiner Czichos diese Strategie ohne zu merken, dass er damit der Methode die wissenschaftliche Grundlage abspricht:

> „Ohne professionelles Training können und sollten Sie sich nicht an die tiefgehende Auswertung machen. LIFO®-TrainerInnen bekommen 5 Tage Training. Der LIFO®-Fragebogen ist kein „Illustrierten-Fragebogen". Wir wollen uns nicht auf die Psycho-Pfusch-Ebene begeben."[601] (...) „Deswegen macht es auch keinen Sinn, Ihnen in diesem Buch einen LIFO®-Fragebogen zu geben, den Sie dann selbst auswerten können sollten. Das geht nicht. Das schaffen sie nicht. Dazu brauchen Sie ein intensives Training. Dazu brauchen Sie einen trainierten Coach."[602]

Es gibt allerdings auch zwei Kriterien, bei welchen die meisten Tests gute Werte vorweisen können, und welche sie deshalb auch besonders gerne erwähnen: die Konstruktvalidität und die Augenscheinvalidität: Bei der Konstruktvalidität wird der Test mit anderen Tests verglichen und evaluiert, inwieweit beide ähnliche Ergebnisse bringen. Da alle hier vorgestellten Modelle nur verschiedene Zeitgeistmasken derselben Viertypen sind und direkt oder indirekt auf der Temperamentenlehre, Jungs Persönlichkeitstheorie oder dem MBTI® basieren, bringen sie selbstverständlich auch ähnliche Ergebnisse. Es wird also ein Konstrukt mit einem ähnlich konstruierten Konstrukt verglichen und dabei so getan, als würde der eigene Test mit einem wissenschaftlich etablierten anderen Test mithalten können. Dabei wird nicht erwähnt, dass der andere Test genauso wenig

legitimiert ist, dass beispielsweise der MBTI® oder das Enneagramm genau dieselben methodischen Probleme und Unstimmigkeiten vorweisen und deshalb in Fachkreisen umstritten sind. Dennoch klingt es nach einem wissenschaftlich-statistischen Beweis, wenn man eine hohe Konstruktvalidität zu Felde führt.
Als noch überwältigender stellt man die Augenscheinvalidität hin. Da der Begriff „Augenschein" auch für Laien nicht so wissenschaftlich klingt, wird auch gern die englische Bezeichnung „Face Validity" verwendet und dann großzügig als „Trefferquote" rückübersetzt: „Die Trefferquote (face validity) der INSIGHTS Potenzial-Analysen® liegt weltweit bei über neunzig Prozent."[603] Bei LIFO® „wurden aufgrund der Werte im Fragebogen „Blind"-Reports erstellt. 94 Prozent der Personen konnten sich darin eindeutig wiederfinden."[604] Und beim HBDI® werden die „formellen Studien" als ohnedies belanglos für die Praxis hingestellt. Stattdessen wird der große Wert der „anekdotenhaften Validierungen" hervorgehoben: „Es ist also weiter nicht erstaunlich, dass nahezu alle Teilnehmer das Ergebnis als „stimmig" erleben. Ned Herrmann nennt dies „face validity"."[605]

Auch wenn der seriös klingende Fachbegriff „Validität" enthalten ist, stellt die Augenscheinvalidität gar kein Gütekriterium dar. Der Begriff sagt lediglich, dass Anwender aus ihrer subjektiven Warte heraus das Ergebnis irgendwie als stimmig empfinden. „Über neunzig Prozent" Trefferquote mag beeindruckend klingen. Aber auch magische Methoden wie Horoskope oder Tarotkarten weisen in der Regel derart hohe Werte bei der Augenscheinvalidität auf. Und das tun sie selbst dann, wenn die Probanden statt eines individuellen Gutachtens einen Standardtext bekommen. Dieses Phänomen wird Barnum-Effekt genannt. Menschen erkennen sich gerne in psychologischen Beschreibungen wieder, wenn diese nur zwei Bedingungen erfüllen: Sie müssen allgemein genug sein, dass sich jeder irgendwie drin wiederfindet, etwa in dem man Widersprüchliches semantisch mit „sowohl ... als auch" Brücken verbindet („Sie lieben die Gesellschaft, sind aber manchmal auch gerne allein."). Und sie sollten in einem schmeichelhaften Duktus gehalten sein, sodass man das Kompliment gerne annimmt. Die „Face Validity" sagt also gar nichts über die Wissenschaftlichkeit einer Methode aus, sondern nur über ihre Gabe, sich beim Kunden beliebt zu machen. Auch der langjährige Erfolg der Graphologie fußte vor allem auf diesem Phänomen.[606]

Die Autorität wissenschaftlich klingender Fachbegriffe führt uns hinüber zum nächsten Blendwerkzeug der Verwissenschaftlichung: der Fachterminologie, welche den Insider vom Outsider trennt. So galt im Mittelalter das Hebräische als Lingua Sancta und von Gott geschaffene Ursprache. Insofern verschafften sich Schriften, Theorien und Formeln Autorität, indem sie sich auf das Hebräische beriefen oder dies zumindest durch pseudosemitische Worterfindungen suggerierten. Wie Umberto Eco feststellt: „An diesem Punkt angelangt, muss diese Sprache nicht einmal mehr authentisches Hebräisch sein. Es genügt, dass es dem Hebräischen irgendwie ähnelt (...): Hasmalim, Aralis, Thesphsraim..."[607]
Auch die moderne Managementforschung hat sich ihre Lingua Sancta geschaffen, deren Verwendung eine Eintrittskarte in die Hallen der Wissenschaftlichkeit ist. Sie bevorzugt dabei Anlehnungen ihrer Geheimsprache an Anglizistisches: das Marketing, Human Resources, das Controlling, die Brand, das Coaching, der Deal, die Scorecard, das Rating, der Manager. Zudem verwendet sie gerne beliebig auffüllbare Worthülsen wie Struktur, Prozess, Strategie, Kompetenz, System und systemisch oder das Wort „ganzheitlich" (als ob früher Sachverhalte nur halbheitlich gesehen worden wären), welches aufgrund seiner Ausgelutschtheit in den 2000er Jahren durch das Wort „nachhaltig" ersetzt wurde, um damit dasselbe Nichts zu sagen. Oswald Neuberger nennt noch zahlreiche weitere dieser hermetischen Zauberformeln: „Metaplan, TA, TZI, NLP, mind-mapping, Hakomi, Grid, 3- oder 4-D, 7-S, Szenarios, Simulationen, CBT, OBT, QC usw. usw. – ganz zu schweigen von all den komplexen OE-Interventionen",[608] welche den Wissenden vom Laien unterscheiden. Solch wichtig klingende Fachbegriffe wie „kan-ban, kaizen, ringi, ikebana, (...) zentrale Multiplikatorenqualifikation, mass customization, CUL, KI, CAD, IDV, career counseling, Machtpromotoren, nice-to-have-Ballast, Human Ressourcen, creating customer focus, Validität gängiger Aktion-Resultat-Beziehungen, operational cause maps, Umfeldmonitoring, Microworlds, Struktursimulation, hot chair..."[609] verleihen die Aura von Autorität, selbst wenn sich dahinter nur Selbstverständlichkeiten verbergen.

Auch einige grafische Blendwerkzeuge der Verwissenschaftlichung sind uns in den Beispielen begegnet. Etwa bei den Führungsstilen nach Hersey & Blanchard sollte eine Art Koordinatensystem in Kombination mit einer Normalverteilungskurve im Leser Assoziationen mit seriösen naturwis-

senschaftlichen Schemen wachrufen. Zwar werden im Endeffekt nur ganz banal die vier Führungsstile S1 – S4 linear den vier Reifegraden R1 – R4 zugeordnet, doch suggerieren Quadranten und Kurve ein viel komplexeres Hebelgeflecht. Erst bei näherer Betrachtung löst sich diese geschickte Fata Morgana in die Luft des Trivialen auf.[610]
Bei LIFO® wurde die schnöde Vierteilung um ein Präzisionsraster erweitert mit einer Skala von 0 bis 35. Damit könne man nicht nur vier Typen messen, sondern Millionen von individuellen Kombinationsmöglichkeiten. Ähnliche Fadenkreuze finden sich bei HBDI® und auch bei den neueren Versionen von DISG®,[611] wobei sich diese einen noch präziseren Anschein geben mit Skalen bis 100 bzw. 135. Bei Insights MDI® teilte man den Vierraumkreis in 60 Zielscheibenfelder und trägt darin nicht nur den „natürlichen Stil" sondern auch den „adaptierten Stil" ein. Beim Team Management Profil wird aus dem Vierraumkreis eine Zielscheibe mit 21 Feldern. So könne man die Persönlichkeit viel exakter vermessen als die Konkurrenz. All diese Grafiken suggerieren, nahezu naturwissenschaftliche Präzisionswerkzeuge zu sein. Dass sie lediglich auf Basis einer Handvoll trivialer Multiple Choice Fragen erstellt werden, vergisst man dabei schnell. Optische Tricks wie diese sind ein mächtiges Werkzeug im Verwissenschaftlichungsprozess, weil sie visuelle Anker setzen und sich dadurch besonders tief im Bewusstsein festkrallen.

Und schließlich sei noch jenes Blendwerkzeug erwähnt, welches Ihnen in diesem Buch wohl am häufigsten begegnet ist: der Trick mit der Trademark®. Eine Trademark strahlt auf den Leser große Autorität aus. Sie verleiht den Anschein des Offiziellen, des Anerkannten, des Legitimierten. Sie wird von vielen Menschen als Gütesiegel wahrgenommen. Dass jedermann für ein paarhundert Euro ganz einfach eine Trademark anmelden kann, das ist den wenigsten Menschen bewusst. Eine Trademark sagt lediglich, dass eine Wortkreation über ausreichend Schöpfungshöhe verfügt und für eine bestimmte Waren- oder Dienstleistungsgruppe noch von niemand anderem als Handelsmarke geschützt wurde. Dennoch verbinden viele Menschen damit eine amtliche Beglaubigung von Qualität. Der Vorteil dieses Stilelements ist, dass es von Dritten immer am Wort geführt werden muss. Schreibe ich in diesem Buch über DISG®, LIFO®, Insights MDI®, MBTI®, KTSII® oder den HBDI®, so muss ich dazu immer das R im Kreis ® angeben. Und jedes Mal wenn Sie das lesen, macht dies bei Ihnen Eindruck. Es wirkt mächtig.

Deshalb sollte man bei der Benennung seines Viertypenmodells auch etwas Zeit investieren und keine Allerweltsnamen nehmen. Denn solche lassen sich nicht schützen. Diesen Fehler hat das „Team Management System" gemacht. Einen derart einfallslosen Namen kann man sich eben nicht trademarken lassen. Die sogenannte Schöpfungshöhe ist zu niedrig. So mussten sich TMS und TMP damit behelfen, die Grafik des Team Management Rades urheberrechtlich als Wort-Bild-Marke zu schützen, um wenigstens irgendwo im Modell mit einem ® aufwarten zu können.[612] Beim Keirsey Temperament Sorter und bei Friedmanns Prozessorientierter Persönlichkeitstypologie hat man gerade noch rechtzeitig die Kurve gekriegt durch eine Umbenennung in KTSII® und „ILP® - Integrierte Lösungsorientierte Psychologie".[613]

Eine Trademark ist aber nicht nur ein vorzügliches Blendwerkzeug der Verwissenschaftlichung. Sie ist auch ein effektiver Burgwächter des Offiziellen. Sie hilft effektiv, Konkurrenz abzuwehren, sobald das Modell einen großen Bekanntheitsgrad erreicht hat. Das ist bei DISG® der Fall. DISG® ist seit Jahrzehnten Synonym für die vier Typen in der Management-Diagnostik. In Deutschland hat Friedbert Gay viele Jahre seines Lebens damit verbracht, DISG® populär zu machen. Sicherlich hat er damit lange gut verdient. Das weckt Begehrlichkeiten. Das amerikanische Unternehmen Inscape Publishing Inc. leitete einen Rechtsstreit in die Wege. 2010 bekam Inscape die Rechte am Markennamen DISG® in Deutschland zugesprochen und damit auch die Ernteerlaubnis für die Markenarbeit von Gay. Dieser muss seither seinen DISG®-Test als „persolog® Modell" verkaufen und kann die bekannte Marke, an deren Aufbau er im deutschen Markt maßgeblich beteiligt war, nun nicht mehr nutzen.[614] An solchen Extrembeispielen sieht man, wie teuer es werden kann, wenn man das Thema Markenrecht vernachlässigt und mit dem Trademark-Trick nicht versiert umzugehen weiß.

Den Ehrenpreis für das konsequenteste Blendwerkzeug der Verwissenschaftlichung erhält aber Ned Herrmann für sein Narrativ der Gehirnforschung. Im weißen Labormantel naturwissenschaftlicher Objektivität erzählt er von EEG-Messungen und Gehirnwellenmustern, von Forschungsarbeiten bekannter Nobelpreisträger und neuesten Erkenntnissen aus Biologie und Medizin. Er suggeriert damit, dass die Persönlichkeit mit seinem Instrument so einfach und objektiv messbar sei wir die Blutgruppe eines Menschen. Doch bei näherer Betrachtung bleibt von dieser Illusion nur ein „metaphorisches Modell" mit „anekdotenhafter Validierung", also ein symbolisches Analogon auf das Gehirn, welches im subjektiven Empfinden einiger Kunden gut ist. Und das Diagnoseinstrument ist nicht die Elektroenzephalografie, sondern wie bei all den anderen Konkurrenten ein banaler Fragebogen. So hat er mit nur einem Zauberkunststück, nämlich der Berufung auf die Neurowissenschaften, gleich eine ganze Palette verschiedener Blendwerkzeuge der Verwissenschaftlichung abgedeckt.

Verwendung naturwissenschaftlicher Stilelemente

- Verweis auf Statistiken und Prozentzahlen
- Studien zu Validität – Reliabilität – Objektivität (notfalls „Face Validity")
- empirische Untersuchungen und Forschungsarbeiten
- komplexe Grafiken (Kästchen, Kurven und Pfeile; Diagramme mit exakten Messskalen)

Andocken an etablierte Wissensinstitutionen

- Kooperationen mit Universitäten und Professoren
- Berufung auf die Theorien bekannter Wissenschaftler
- spezieller oder allgemeiner Verweis auf die gesicherten Erkenntnisse der Nachbarwissenschaften (z.B. Psychologie, Gehirnforschung)
- Zertifizierung durch renommierte Institutionen (z.B. DIN)
- Gründung eines eigenen Forschungsinstitutes mit offiziell klingendem Namen
- Nutzung von Zitaten und Sinnsprüchen berühmter Denker und Philosophen zur geistigen Aufwertung des Modells
- Entwickeln einer eigenen Fachsprache und wissenschaftlich klingender Terminologie, sowie eines seriös klingenden Namens für das Modell (z.B. Buchstabenkombinationen wie DISG®, LIFO® oder MBTI®)
- Nutzung von Trademarks®

Kommerzieller Erfolg als Seriositätsindikator

- die große Zahl zufriedener Kunden und verkaufter Tests seit vielen Jahrzehnten
- Referenz auf renommierte Firmen, Großkonzerne und staatliche Institutionen als Kunden
- Anzahl der Sprachen und Länder, in welchen der Test bislang schon durchgeführt wurde

Beliebte Blendwerkzeuge der Verwissenschaftlichung zur Konstruktion eines seriösen Images

Das Maskenspiel der Zeitgeister

All diese Blendwerkzeuge der Verwissenschaftlichung sind es auch, welche wesentlicher Bestandteil der Zeitgeistmasken sind. Jeder Zeitgeist verlangt eine neue Einkleidung der Primodelle, damit er diese wieder für eine Weile spannend und neuartig finden kann und im Wandel der Zeit ihre Sprache wieder versteht. Wie ich bereits in „Prognostik 01: Zukunftsvisionen" erläutert habe: „Jede Generation will die vorige überwinden, indem sie Namen und Begriffe, Oberflächen und Kulissen austauscht. Sie ist der alten Formen überdrüssig und will die Welt neu erfinden. Sie will ihre eigenen Götter und Götzen erschaffen, die Fehler der Alten überwinden indem sie neue Fehler macht."[615] Dabei müssen die Begrifflichkeiten regelmäßig ausgetauscht werden, weil jeder Zeitgeist irgendwann erkennt, dass die Masken nur ein spekulatives Zerrbild der Welt zeigen. So müssen sich die alten Träume und Wissensmodelle neue Masken suchen, um ein weiteres Weilchen Gegenwart sein zu dürfen und eine neue Generation zu begaukeln.

Die Zeitgeistmasken codieren die Primodelle entsprechend der Oberflächenerfordernisse des herrschenden Wissensparadigmas. Sie kleiden die Primodelle neu ein, geben ihnen die modischen Kleidchen und Mäntelchen, die trendigen Buzzwords, die modernen Namen, Logos, Marken, Hooklines und Phrasen. In der Pausenbüchse haben sie die gerade angemessenen Blendwerkzeuge der Verwissenschaftlichung dabei, in der Renaissance die Autorität griechischer Philosophen und magischer Analogien, im 21. Jahrhundert Statistiken, Studien, Fragebögen und Trademarks. Sie spielen versiert mit dem Neusprech des jeweils aktuellen Zeitgeistes. Sie verwenden die gerade angesagten Techniken und Methoden: in den 1960er Jahren den Durchschlagbogen, in den 1970er Jahren das Fax, in den 1980er Jahren den Computer, in den 2000er Jahren das Internet, in den 2010er Jahren die App. Und stets hat derjenige einen kleinen Vorsprung, der mit dem Buzzword der Gegenwart am meisten kokettiert, der die Hoffnungstechnologien des Zeitgeistes als erster in sein Viertypen-Instrument integriert. So beruht der Erfolg von Insights® stark auf dem frühen, konsequenten Einsatz der Computertechnologie in den 1980ern.[616] Das HBDI® reitet auf der Hoffnungswelle der Gehirnforschung. Das Team Management System ersetzt den Führerkult der ersten Hälfte durch den Teamkult der zweiten Hälfte des 20. Jahrhunderts.

Für diese unentwegte Veränderung der Zeitgeistmasken gibt es drei Gründe: Erstens muss das Primodell jeder Generation erneut verkauft werden in jener Sprache, welche diese versteht und hot findet. Niemand will etwas in der Sprache seiner Eltern oder Großeltern erklärt bekommen. Es soll so klingen, als ob die Idee gerade aus dem Ei geschlüpft wäre und alle famosen, duften, sahnigen, bärigen, tipptoppen, oberaffengeilen, knorken, hippen, coolomaten, phatten, swagtastischen, chilligen, korallen oder litten[617] Zeitgenossen dazu „Oho! Das ist ja spannend!" sagen können. Das Modell muss Teil der eigenen Identität werden können, Sprachrohr der eigenen Kohorte. Es muss zum eigenen jungen Lebensgefühl passen. Es muss Worte und Ausdrucksformen wählen, welche dem Zeitgeist vertraut und verständlich sind.
Das zweite Motiv ist somit die Langeweile. Jede Generation will neu bespaßt, neu unterhalten und entertaint werden. Die Sprüche, Witze und Motivationskarotten der Altvorderen sind dafür nicht angemessen. Auf etwas derart Altbackenes lässt sich die Jugend gar nicht erst ein. Das Primodell soll sich gefälligst etwas Neues einfallen lassen, um den neuesten Zeitgeist in seinem Bespaßungsbedürfnis zu befriedigen. Er will daliegen wie ein römischer Gutsherr und eine gefällige Aufführung geboten bekommen. Die Zeitgeistmaske muss Spaß machen, unterhaltsam sein, das Selbstverständnis der Generationskohorte spiegeln und sich Mühe als Inspirator geben. Sie soll Sinn sein, geben, machen. Sie soll die Generation spiegeln, hofieren, sie beweihräuchern und ihr Gutes tun. Die Zeitgeistmaske soll ihr Ausreden bieten für ihre Bequemlichkeiten, Motivation geben für ihre Herausforderungen und Bestätigung für ihre Weltsicht. Die Zeitgeistmaske soll die neue Generation bespaßen wie ein blinkender Gegenstand das Baby, wie ein kurzweiliges Spiel das ADHS-Kind.
Der dritte Grund für die unentwegte Mutation der Zeitgeistmaske ist die Differenzierung von der Konkurrenz. Das haben wir bereits im Abschnitt über die Trademark als Blendwerkzeug der Verwissenschaftlichung gesehen. Sie bildet eine Eintrittsbarriere gegenüber dem Wettbewerb. Die Neueinkleidung in die gefällige Sprache des aktuellen Zeitgeistes ist auch rechtlichen Gründen geschuldet. Denn nur wenn man sich einen neuen Namen für die Viertypen ausdenkt, ist man rechtlich auf der sicheren Seite. Nur wenn man so tut als hätte man gerade das Rad ein weiteres Mal erfunden, darf man auch die Ernte für diesen Akt einfahren. Nur wenn man vorgibt, aufgrund einer wie immer gearteten Eigenleistung die Vierteilung der Menschheit auf ein Neues entdeckt zu haben, darf man diese

auch vermarkten und den Sold dafür in die eigene Tasche stecken. Und so ist das Maskenspiel der Zeitgeister auch ein formeller Akt, um das Revier abzustecken. Nur wenn man all das Altbekannte neu benennt, gehört es einem, darf man es sich einverleiben und monetär davon profitieren. Und so ist am Ende auch der juristische Rahmen verantwortlich für all die bunten und vielfältigen Zeitgeistmasken der alteingestammten Primodelle.

Aus diesen drei Gründen werden über die gesamte Menschheitsgeschichte hinweg unentwegt neue Zeitgeistmasken produziert. Wie ein kleines Mädchen sich fortlaufend neue Kleider anzieht, um schön für die anderen zu sein, wie ein kleiner Junge sich in modische Klamotten gewandet, um cool zu wirken, so ziehen sich die Primodelle unentwegt neue Masken über, um relevant und attraktiv für die Zeitgenossen zu bleiben. Man will gefallen. Und man muss gefallen. Denn die Zeitgeistmasken stellen auch eine Eintrittsbarriere in die heiligen Hallen des jeweiligen Denkkollektivs dar, indem ihre Terminologien und Theorien, die schwere Bürde ihrer Paradigmenbüchertürme, internalisiert werden müssen, um nach vielen Prüfungen und Riten schließlich als denkberechtigt im jeweiligen Fachgebiet gelten zu dürfen. Sie erfüllen somit auch eine normierende und diskriminierende Funktion.[618]

Diese permanente Renovierung der Zeitgeistmaske betrifft übrigens nicht nur das Viertypen-Primodell selbst. Auch viele seiner einzelnen Vertreter modernisieren sich laufend, um weiterhin attraktiv für die Kunden zu bleiben. Das sieht man deutlich am Managementdiagnostik-Urvater DISG®, welcher bereits über fünfzig Jahre der kommerziellen Vermarktung auf dem Buckel hat. Die Urversion in seiner damaligen Darstellung wirkt heute reichlich altbacken. Doch die DISG®-Vertreter waren schlau. Über die Jahrzehnte haben sie das Modell immer wieder an den Zeitgeist angepasst. Auch sie verwenden heute Computer, Internet und Videotutorials, Online-Kurse und automatische Fragebogenauswertungen, haben schicke Websites und Zertifizierungsprogramme. Auch sie betonen die individuellen Mischungsverhältnisse, indem sie mittlerweile zur grafischen Darstellung ein Präzisionsfadenkreuz mit Punkteskala verwenden, welches jenem von LIFO® zum Verwechseln ähnlich sieht.[619] Auch sie benennen heute die Dimensionen ihres Achsenkreuzes schicker. Anstelle des stressig oder angenehm wahrgenommenen Umfeldes treten die modernen Pole „aufgabenorientiert-menschenorientiert". Die „bestimmen-

den Reaktion auf das Umfeld" wird heute knackiger als „offensiv" bzw. „extravertiert" bezeichnet, die „zurückhaltende Reaktion" als „defensiv" bzw. „introvertiert.
Und seit DISG® eine „Wiley Brand" ist und sich offiziell „Everything DiSC®" nennt, wurde auch hier das viereckige Flächendiagramm durch die gefälligere Kreisform ersetzt. Die Dimensionen des Achsenkreuzes heißen nun „Aktion-Stabilität" und „Herausforderung-Zusammenarbeit". Und – wie innovativ – auch hier wurden nun im Kreisdiagramm Zwischentypen eingezogen, sodass sich nun acht Begriffe um das Koordinatensystem gruppieren.[620] So wurde DISG® vom einstigen Trendsetter der Management-Diagnostik zum austauschbaren Konkurrenzklon. Lediglich der starke Markenname wurde beibehalten.

Und so umschlingen die vielfältigen Zeitgeistmasken einander in nahezu fraktaler Manier. Die Zeitgeistmasken sind selbstähnliche Varianten der zeitlosen Primodelle. Jeder Zeitgeist gewandet die Primodelle in die jeweils gefälligen, opportunen, modischen Masken, in die verständlichen Ausdrucksformen seiner Epoche. Dadurch werden die Primodelle vielfältiger, bunter, variantenreicher. Betrachtet man die verschiedenen Zeitgeistmasken eines Primodells, so lernt man dadurch einerseits das Primodell umfassender kennen. Aus vielen verschiedenen Blickwinkeln kann man die Facetten seines Wesens erkunden. Andererseits lernt man aber auch viel über die unterschiedlichen Zeitgeister, über ihre Denkweisen und Weltsichten. Und man lernt etwas über den unentwegten Fluss der Moden, Trends und Modernesken, ihr Aufkommen, ihr Verschwinden, ihre Mutation und ihr Wiedererscheinen.

Die Zeitgeistmaske muss

- jeder Generation erneut vertraut und **verständlich** gemacht werden und ihre Sprache sprechen.
- jede Generation erneut gut **unterhalten** und bespaßen. Sie darf nicht langweilig sein.
- das Modell deutlich von der Konkurrenz **differenzieren**, damit es Kunden anlockt, rechtssicher ist und sich insofern monetarisieren lässt.

Die drei Arten der Reaszendenz

Betrachtet man das unentwegte Maskenspiel der Zeitgeister, so ist insbesondere die Frage spannend, auf welche Art und Weise die Primodelle in die offizielle Welt drängen, mit welcher Taktik sie nach Wiederauftauchen im Zeitgeist streben. Hier gibt es im Wesentlichen drei verschiedene Arten der Reaszendenz:

0. **Reinventatorische Reaszendenz**
   Das Primodell wird ohne Wissen um die Vorgänger wiederentdeckt

1. **Plagiatorische Reaszendenz**
   Die Vorgänger des eigenen Modells werden verschwiegen

2. **Referenzierende Reaszendenz**
   Man beruft sich auf die Vorgänger des eigenen Modells als Inspiration

Bei der reinventatorischen Reaszendenz ist dem Trägersubjekt des Primodells, dem vermeintlichen Modellerfinder gar nicht bewusst, dass bereits sehr ähnliche Ansätze existieren. Vielmehr glaubt er, aufgrund von eigenen Überlegungen und Forschungen etwas völlig Neues und Innovatives entdeckt zu haben. Das kann beispielsweise dann passieren, wenn es sich bei den Vorgängern um sehr exotische oder fachfremde Ansätze handelt, deren Kenntnis man im akademischen Kontext nicht unbedingt voraussetzen muss. So stellte Dietmar Friedmann bei seiner „Integrierten Lösungsorientierten Psychologie ILP®" erst im Nachhinein die großen Parallelen seines Modells mit den homöopathischen Konstitutionstypen und den neun Charaktertypen des Enneagramms fest: „Ich bin mit diesem homöopathischen Wissen erst spät bekannt geworden, als mein Modell der Persönlichkeitstypen schon weitgehend abgeschlossen und veröffentlicht war. So empfand ich es, wie später beim Enneagramm, als mich begeisternde Bestätigung und Bereicherung meiner Erkenntnisse."[621] Sicherlich gehören esoterische Grenzgebiete wie Homöopathie oder Enneagramm nicht zur Allgemeinbildung eines Psychologen. Insofern kann es durchaus passieren, dass man die Ähnlichkeit der eigenen Findung mit solchen magischen Konzepten erst spät oder gar nicht bemerkt.

Etwas zweifelhafter ist die Angelegenheit bei den vier Temperamenten. Zwar gelten diese heute als veraltet, doch sollten sie zumindest in Grundzügen jedem modernen Psychologen bekannt sein, insbesondere dann, wenn der Schwerpunkt seiner Tätigkeit das Entwickeln von Persönlichkeitstypologien ist. Und so ist es mehr als erstaunlich, dass der Psychologe William Marston in seinem über 400-seitigen Buch „Emotions of Normal People" die klassischen Temperamente kein einziges Mal erwähnt. Stattdessen beruft er sich auf physiologische Theorien und Studien an verhaltensauffälligen Kindern und Gefängnisinsassen als Basis seiner DISG-Typen. Die Sozialpsychologen Atkins und Katcher verweisen auf Theorien von bekannten Psychologen und Ökonomen als Basis von LIFO®. Auch hier fehlt ein Bezug auf die klassischen Temperamente völlig. Ähnliches gilt für die Typen der Herrschaft von Max Weber, Scheins BWL-Menschenbilder, die Managertypen von Maccoby, das 3-D-Programm von Reddin und die Verhandlungsstile von Mastenbroek. Den Modellen aus Soziologie und Betriebswirtschaftslehre kann man hierbei vielleicht noch zugestehen, dass sie von den Temperamenten nichts wussten. Bei den Psychologen hingegen scheint das sehr unwahrscheinlich. Hier liegt die zweite Form der Reaszendenz nahe: die plagiatorische Reaszendenz.

Bei der plagiatorischen Reaszendenz weiß der scheinbare Erfinder des Modells durchaus über die Theorien seiner Vorgänger Bescheid. Er verheimlicht diese aber ganz im Sinne von „Magie als Machtinstrument".[622] Um davon abzulenken, führt er stattdessen andere Inspirationsquellen an: eigene Forschungsarbeiten und Beobachtungen, Theorien anderer Wissenschaftler oder Erkenntnisse aus den Nachbardisziplinen. Die eigentliche Inspirationsquelle hingegen bleibt unerwähnt. Für eine plagiatorische Reaszendenz kann es mehrere Gründe geben. Der Modellschöpfer möchte Ruhm und Ehre für sich allein in Anspruch nehmen und sich mit fremden Federn schmücken. Das Original muss deshalb verschwinden. Stattdessen werden Konzepte und Theorien von Forschern außerhalb des eigenen Reviers als Inspiration erwähnt. Diese haben nur in der Peripherie mit der eigenen Findung zu tun, sodass die Lorbeeren für den Schöpfungskern selbst geerntet werden können. Oder man beruft sich überhaupt nur auf eigene empirische Untersuchungen. Oft findet dabei auch ein Prozess der Einverleibung statt. Zwar wurde man durch einen Vorgänger inspiriert und überhaupt erst auf die Idee für das eigene Mo-

dell gebracht. Doch je mehr man damit arbeitet, es versteht und weiterentwickelt, desto mehr hat man das Gefühl, es doch schon immer gewusst zu haben. Sicher wäre man früher oder später auch ohne den Inspirator auf diese Idee gekommen. Die gefühlte Fremdleistung an der Eigenleistung wird im Lauf der Zeit immer kleiner bis sie im eigenen Bewusstsein irgendwann überhaupt verschwindet und man sich selbst als Schöpfer der Idee wähnt.
Die plagiatorische Reaszendenz kann aber, wie bereits erläutert, auch urheberrechtliche Gründe haben. Der Modellschöpfer hätte vielleicht gar kein Problem damit, seine Inspiration zu nennen. Doch wäre er dann von der Konkurrenz rechtlich angreifbar.[623] So wird die Inspiration zur Sicherheit nicht erwähnt. Und schließlich kann auch die wissenschaftliche Stigmatisierung eine Nennung der Inspirationsquelle verhindern. Wie wir bereits im Kapitel über „Magie & Wissenschaft" gesehen haben, sind die Burgwächter des Offiziellen sehr streng beim Kampf um den Paradigmenthron. Wer sich in den Dunstkreis magischen Denkens begibt, wird sehr schnell ausgesperrt aus dem Kreis der wissenschaftlich Denkberechtigten. Man setzt seine öffentliche Reputation aufs Spiel.[624] Und so mögen zwar Astrologie, Alchemie und Magie bei vielen Managementmodellen Inspiration gewesen sein. Dies öffentlich zu gestehen, wäre aber ein akademisches Todesurteil. Deshalb wird das Original verschleiert. Die Begrifflichkeiten werden großflächig ausgetauscht und durch neue Maskeraden ersetzt.

Eine plagiatorische Reaszendenz lässt sich nur sehr selten nachweisen.[625] Zwar ist es unwahrscheinlich, dass Psychologen wie Marston oder Atkins/Katcher sich der großen Parallelen ihrer Modelle mit den vier Temperamenten nicht bewusst waren. Aber es gibt auch keine Beweise für das Gegenteil. Auch ist es sehr unwahrscheinlich, dass Margerison und McCann noch nie in ihrem Leben etwas von DISG® oder LIFO® gehört hatten, als sie sich in den 1980er Jahren selbst ans Werk machten, ein Persönlichkeitstool für die Managementberatung zu entwickeln. Dennoch beruft man sich in den Veröffentlichungen des Team Management Systems nur auf Inspirationsquellen außerhalb des eigenen Marktreviers, nämlich auf C.G. Jung und den Myers-Briggs-Typenindikator. Ned Herrmann sollte als „Head of Management Education" bei General Electric Anfang der 1980er Jahre ebenfalls DISG® und LIFO® gekannt haben. Dennoch erwähnt er diese in seinen Büchern mit keinem Wort, sondern beruft sich ausschließlich auf die Neurowissenschaften. Bei all diesen Fällen lässt sich eine plagiatorische Reaszendenz nicht beweisen, auch wenn diese noch so nahe liegt. Jedenfalls ist es immer einfacher, sich auf Forscher außerhalb des eigenen Reviers zu berufen als auf die direkte Konkurrenz, welche um denselben Markt rittert.

Die dritte Art ist schließlich die referenzierende Reaszendenz. Man legt seine Inspirationsquellen offen und beruft sich direkt auf diese. Bei den Modellen reinventatorischer und plagiatorischer Reaszendenz übernehmen diese Aufgabe manchmal deren Jünger. So wird in neueren DISG®-Veröffentlichungen immer wieder auf die frappierenden Ähnlichkeiten von Marstons Modell mit den vier Temperamenten hingewiesen.[626] Auch das Buch eines LIFO®-Mastertrainers weist ausführlich auf die großen Parallelen zwischen LIFO®, DISG®, der Temperamentenlehre und Dutzender anderer Theorien hin.[627] Hier hat die Referenz auf die Vorgänger des eigenen Modells allerdings meist die Funktion, diese in einer chronologischen Verdrehung als Bestätigung der eigenen Thesen heranzuziehen. „Bereits die alten Griechen haben erkannt, dass es vier Arten von Mensch gibt. Und diese Gesetzmäßigkeit ist so stark, dass der Schöpfer des von mir vertretenen Modells (Marston, Atkins/Katcher etc.) sie mit seinem Scharfsinn erneut entdeckt hat."

Es gibt aber auch aufrichtige Beispiele für eine referenzierende Reaszendenz. So beruft sich C.G. Jung in seinen psychologischen Theorien auf die uralten Weisheiten von Astrologie und Alchemie. Myers-Briggs berufen sich beim MBTI® auf C.G. Jung. Keirsey mit seinem KTSII® und Margerison/McCann mit ihrem TMS berufen sich auf Myers-Briggs und C.G. Jung. Besonders löblich ist die Vorgehensweise von Insights MDI®. Hier werden nicht nur die antiken Elemente und Temperamente als Inspiration erwähnt, sondern auch das DISG®-Modell von Marston. Insights® zählt somit zu den seltenen Fällen, welche auch die direkte Konkurrenz zu Ehren kommen lassen und sehr transparent mit den eigenen Quellen umgehen. Müsste man ein Managementdiagnostik-Instrument auswählen, welches besonders nah an den ursprünglichen Temperamenten ist, einen repräsentativen Mittelwert des Marktes bietet und gleichzeitig sehr einfach und verständlich die Sprache des modernen Managements spricht, so wäre Insights® ein heißer Anwärter.

Die drei Gründe der Reaszendenz

Weiters stellt sich die Frage, warum manche Primodelle Jahrhunderte oder gar Jahrtausende überdauern und immer wieder unter neuen Masken im Zeitgeist erscheinen. Was macht sie so besonders, dass sie sich derart hartnäckig im menschlichen Denken festbeißen konnten? Hierfür gibt es im Wesentlichen folgende drei Erklärungen:

1. **Primodelle als Fakten der Wirklichkeit**
   Primodelle kehren immer wieder, weil sie Realität sind

1. **Primodelle als Grundkategorien menschlichen Denkens**
   Primodelle kehren immer wieder, weil sie grundlegende Muster der menschlichen Wahrnehmung sind

2. **Primodelle als praktische Konstrukte**
   Primodelle kehren immer wieder, weil sie komfortable Fantasien sind

Die einfachste Erklärung ist jene, dass die Primodelle schlichtweg Fakten der Wirklichkeit sind. Es gibt die vier Typen wie Hunde und Katzen. Sie sind eine Tatsache, weshalb sie auch über so viele Jahrhunderte hinweg immer wieder von intelligenten Forschern wiederentdeckt werden. Das ist auch der Grund, warum jedes Jahr Millionen von Menschen diese Tests machen und so viele renommierte Firmen sie im Personalmanagement einsetzen. Und so wie der Mensch im Lauf der Geschichte gelernt hat, was man Hunden zu Fressen gibt und wie man sie dressiert, so zeigen die Viertypen-Instrumente, wie ein Mitarbeiter tickt, welche Arbeit er gut macht und wie man ihn motiviert. Das Geschäftsmodell all dieser Diagnostik-Tools gründet auf der Annahme, dass die vier Typen real sind und entsprechend der Typologie beeinflusst werden können. Und deshalb müssen sowohl die Anbieter, als auch die Kunden dieser Instrumente an „Primodelle als Fakten der Wirklichkeit" glauben.

Allerdings spricht einiges dagegen, dass die Menschheit in verschiedene Persönlichkeitstypen gegliedert werden kann. Dazu werden wir im Detail im nächsten Kapitel kommen. Die Frage allerdings bleibt, warum Primodelle selbst dann wiederkehren, wenn sie gar keine Fakten der Wirklichkeit sind. Eine andere Erklärung könnte sein, dass sie Grundkategorien des menschlichen Denkens repräsentieren. Die menschliche Wahrnehmung ist, aus welchem Grund auch immer, dazu geneigt, in den Mitmenschen eine feste Anzahl verschiedener Typen zu sehen. Vielleicht ist das menschliche Gehirn einfach darauf getrimmt, Themen in maximal so viele Teile zu zergliedern wie es Finger an einer Hand hat:

Eins
Jeder Mensch ist im Grunde gleich.[628]

Zwei
Es gibt zwei Typen von Mensch: aktiv und passiv, außengerichtet und innengerichtet, gesprächig und schweigsam, offensiv und defensiv, dominant und unterwürfig, entweder oder, Schwarz und Weiß, Sonne und Mond, Yin und Yang, Introversion und Extraversion[629]

Drei
Es gibt drei Menschentypen: einen gutmütigen Dicken, einen empfindsamen Dünnen und einen geradlinigen Muskulösen – einen Herzmenschen, einen Kopfmenschen und einen Bauchmenschen – einen Beziehungstypen, einen Sachtypen und einen Handlungstypen – Vater, Held und Heilsbringer – Artists, Craftsmen und Technocrats[630]

Vier
Es gibt 2x2=4 Typen: den stürmischen Hitzkopf, den bodenständigen Grübler, den geistreichen Charmeur und den sensiblen Romantiker - Feuer, Erde, Luft und Wasser – Dominanz, Gewissenhaftigkeit, Initiative und Stetigkeit - Organisatoren, Controller, Entdecker und Berater – Direktoren, Beobachter, Inspiratoren und Unterstützer etc.[631]

Fünf
Zu den vier Elementen kommt in der Antike als fünftes Element die Quintessenz – die Lehre von den fünf Elementen in China: Feuer, Erde, Wasser, Holz und Metall als Basis der dortigen Persönlichkeitstypen[632]

Die wenigen Modelle, welche mit noch mehr Typen arbeiten, werden durch die fortlaufende Kombination dieser Vielheiten konstruiert, beispielsweise die acht Typen von Insights® oder TMS (2x4), die neun Typen des Enneagramms (3x3) oder die sechszehn Typen des MBTI® (4x4). Offenbar zerlegt das menschliche Gehirn Themen bevorzugt in zwei, drei oder vier, sehr selten auch in fünf Aspekte. Und so ist es auch nicht erstaunlich, dass gerade diese Ansätze immer wiederkommen. Entsprechend dieser Erklärung sind die Viertypen keine Realität wie sie ist, sondern eine universelle Wahrnehmungsschablone, wie wir sie in die Welt hineininterpretieren. Deshalb kehren diese Primodelle auch so hartnäckig wieder. Sie kommen unserem reduktionistischen Denken entgegen.

Aus der dritten Sichtweise kommt diesen Primodellen keinerlei Realität zu, weder eine tatsächliche noch eine wahrgenommene. Vielmehr sind sie reine Konstrukte. Für die Reaszendenz dieser Konstrukte ist es somit notwendig, dass diese praktisch und bequem sind. Nur dann werden sie wieder und wieder aufgegriffen. Dazu müssen sie mehrere Basisvoraussetzungen erfüllen: Sie müssen sich gegen eine Falsifikation immunisieren. Das tun sie dann, wenn ihre Aussagen allgemein genug sind, um im Rahmen einer wohlwollenden Beurteilung als durchaus treffend empfunden zu werden. Ihr Erfolg darf nicht beweisbar sein, denn dann ist er auch nicht widerlegbar, sondern der subjektiven Interpretation überlassen. So wird ein Personaler, der seit Jahren mit einem bestimmten Testverfahren arbeitet, erfolgreiche Entscheidungen gerne dem Diagnostikinstrument zuschreiben. Falsche Entscheidungen hingegen lassen sich immer irgendwie auf externe Faktoren schieben. Dass man trotz Test die Stelle fehlbesetzt hat, liegt daran, dass einige Monate später die Abteilung umstrukturiert werden musste, die Auftragslage ungewöhnlich mau war, der Mitarbeiter unvorhergesehen im Werk in Asien Feuerwehr spielen musste oder aufgrund eines Schicksalsschlages dem Alkohol verfallen ist.

Der Test selbst muss nie in Zweifel gezogen werden, weil sich in unserer komplexen Arbeitswelt immer auch zahllose andere Gründe finden lassen. Und so ist es auch nicht erstaunlich, dass die bekannten Modelle wie DISG® oder Insights® bislang noch nie auf die Frage hin evaluiert worden sind, ob Personalselektion mit Test langfristig bessere Ergebnisse bringt als ohne Test.[633] Nicht nur dass es für eine solche Evaluation unmöglich wäre, die notwendige „Ceteris Paribus" Klausel zu erfüllen, also bei den Stichproben den Einfluss des Tests von anderen Einflüssen zu isolieren. Es hat auch keiner der Beteiligten ein Interesse an einer solchen Evaluation. Die Anbieter verkaufen auch so ihre Tests. Und die Kunden brauchen die Tests zur Legitimierung ihrer Entscheidungen. So sind alle zufrieden auch ohne empirischen Erfolgsnachweis. Und das ist auch besser so. Denn ein solcher würde vermutlich nicht gelingen, wenn man den gängigen Diskurs in der Psychologie betrachtet.

Nomothetisch versus Idiographisch

Lange Zeit galten Astrologie, Physiognomik und Chirologie als herrschende Paradigmen zur Entschlüsselung der menschlichen Psyche. Auch in der Philosophie nahm die Charakter- und Seelenkunde einen wichtigen Stellenwert ein. Erst in der zweiten Hälfte des 19. Jahrhunderts emanzipierte sich aus derartigen Ansätzen die moderne Psychologie als eigenständige akademische Disziplin. In der Anfangszeit versuchte man noch, ganz im Zeitgeist des damals vorherrschenden Materialismus, diese als eine Art Naturwissenschaft zu etablieren. Pioniere wie Wilhelm Wundt (1832 – 1920) betrachteten die Psyche vor allem als physiologisches Phänomen, welches man mit Messungen und Experimenten fassen und in mathematische Formeln packen könne. Damals übliche Begrifflichkeiten wie „Psychophysik" oder „Psychophysiologie" zeugen davon.
Ab dem 20. Jahrhundert begannen Psychologen wie Sigmund Freud, Alfred Adler oder C.G. Jung, diese Außenperspektive zunehmend durch eine Innenperspektive zu ergänzen. Anstelle der Messung trat die seelische Beobachtung. Doch auch diese Forscher glaubten nach wie vor an Naturgesetze der Psyche, welche man entdecken könne. Und so machte man sich auf die Suche nach der richtigen Taxonomie der Psyche. Die Differentielle Psychologie und die Persönlichkeitspsychologie entstanden. Gerade in den 1920er Jahren wurde eine Vielzahl entsprechender Theorien veröffentlicht, welche den menschlichen Charakter als individuelle Mischform verschiedener Grundeigenschaften definierten. Die Persönlichkeitstheorien von C.G. Jung und William Marston, auf welchen viele der Managementinstrumente basieren, stammen aus dieser Zeit.

Diese Ansätze nennt man „nomothetisch" (griech. „nomos": Gesetz und „thesis": aufbauen). Man versucht, die Komplexität der Psyche aus allgemeingültigen Gesetzen abzuleiten. Dazu muss man zuerst die grundlegenden Eigenschaftsdimensionen definieren: Introversion-Extraversion? Denken-Fühlen? Aktivität-Passivität? Optimismus-Pessimismus? Ängstlichkeit-Mut? Herzlichkeit-Steifheit? Originalität-Konformität? Intelligenz? Kreativität? Logik? Einfühlungsvermögen? Welches sind denn nun die Parameter, welche den Charakter maßgeblich bestimmen? So drehte man sich einige Jahrzehnte im Kreis und brachte immer neue Dimensionen der Persönlichkeit ins Spiel. Doch stets hatte man dieselben Probleme: Welche Eigenschaften sind denn nun wirklich Gegenpole zueinander?

Denken-Fühlen oder Denken-Handeln?[634] Welche Dimensionen sind voneinander abhängig und welche nicht? Mut und Aktivität? Logik und Intelligenz? Intelligenz und Kreativität? Selbst einfache Begriffe, die anfangs noch klar schienen, zerfielen im Diskurs immer mehr ins Undefinierbare. Diese Begriffsverwirrung haben wir bereits bei den verschiedenen Polaritätskonzepten im Kapitel über Introversion und Extraversion gesehen. Hier schien es am Anfang ganz klar, welche Eigenschaften den Innentyp und welche den Außentyp ausmachen. Doch je mehr von diesen man zusammentrug, desto fraglicher wurde es, ob Eigenschaftspaare wie religiös-irreligiös, dogmatisch-skeptisch oder optimistisch-pessimistisch tatsächlich den beiden Polen zugeordnet werden können oder ob diese unabhängige Charakterdimensionen sind.[635] Und selbst wenn man sich irgendwann auf die bestimmenden Parameter hätte einigen können - wovon man sich mit zunehmender Anstrengung immer weiter entfernte - wie wollte man diese eigentlich quantifizieren und vergleichbar machen? Das Messen von Blutdruck, Reaktionszeiten oder biochemischen Werten hatten sich im Lauf der Jahrzehnte als nutzlos herausgestellt als Charakterindikator. Und so blieb am Ende nur der Fragenbogen als Feigenblatt übrig für die notdürftige Operationalisierung von Persönlichkeitskonstrukten, auf deren Definition man sich bis heute nicht einigen kann.

In der zweiten Hälfte des 20. Jahrhunderts wurden schließlich Zweifel laut, ob man überhaupt jemals eine allgemeingültige Taxonomie der Persönlichkeit entwickeln könne. Ist es nicht eine Illusion, die Vielfalt und Komplexität der menschlichen Psyche auf wenige allgemeine Eigenschaftskategorien zurückführen zu wollen? Nach und nach begann sich die „idiographische" Perspektive durchzusetzen (griech. „idios": eigen und „graphein": beschreiben), welche nicht mehr an Gesetzmäßigkeiten der Persönlichkeit glaubt. „Jedes Individuum ist ein einmaliges Zusammentreffen unzähliger, unentwirrbarer, nicht voneinander abgrenzbarer Anlagen, aus welchem einzigartige Menschen entstehen. Das Eigentümliche, Singuläre kann insofern nicht als Summe allgemeiner Kategorien beschrieben werden, auch nicht als „Mischungsverhältnis" oder „Kombination" von Temperamenten, Naturellen oder Typen."[636] Persönlichkeitstypologien und Eigenschaftstheorien sind nur Konstrukte des interpretativen Bewusstseins, wie beispielsweise Gertraude Krell und Richard Weiskopf in ihrer Arbeit über „Die Anordnung der Leidenschaften" zeigen, u.a. anhand des Konstrukts der „Emotionalen Intelligenz" von Daniel Goleman oder des Geschlechterdiskurses in der Führungsforschung.[637] Deshalb gibt es auch so viele verschiedene Persönlichkeitsmodelle, welche miteinander konkurrieren ohne auf einen gemeinsamen Nenner zu kommen. Peter Wimmer und Oswald Neuberger schreiben dazu in ihrem Lehrbuch über Personalwesen:

> „Das Problem ist, dass sich in der zuständigen Spezialdisziplin (der Differentiellen Psychologie) bislang kein taxonomisches System durchgesetzt hat, das eine solche Kartographie der menschlichen Eigenschaften bietet. Eigenschaften sind keine Entdeckungen, sondern soziale Erfindungen (Konstrukte), die aus Verhaltensregelmäßigkeiten (die wiederum auch situationsabhängig sind) erschlossen, besser: konstruiert werden, um einfache Erklärungen zu liefern."[638]

Wie wachsweich die grundlegenden Eigenschaftskategorien der Management-Diagnostik sind, haben wir an zahlreichen Beispielen gesehen. Eigentlich sollten ähnliche Achsenkreuze ähnliche Typen ergeben und verschiedene Achsenkreuze verschiedene Typen. Das ist aber nur beim HBDI® der Fall.[639] Beim „Grundmodell der Situativen Führung" von Hersey & Blanchard ist das Achsenkreuz identisch mit der 3-D-Theorie von Reddin. Dennoch ergeben sich ganz verschiedene Typen. So entspricht eine hohe Aufgabenorientierung mit niedriger Beziehungsorientierung bei Reddin dem feurigen Macher, bei Hersey & Blanchard hingegen dem trägen Erdtypus. Beide leiten somit aus derselben Achsenkombination ganz verschiedene Charaktere und ganz verschiedenen Handlungsempfehlungen ab.[640]
Die meisten anderen Tools weisen das gegenteilige Phänomen auf. Sie verwenden verschiedene Achsendimensionen, kommen damit aber stets auf dieselben Viertypen. So hat DISG® das Achsenkreuz mit den beiden Basisdimensionen „Wahrnehmung des Umfeldes: stressig-angenehm" und „Reaktion auf dieses Umfeld: bestimmend-zurückhaltend" im Lauf der Zeit immer wieder umbenannt. Ende der 1990er Jahre sprach man stattdessen von „aufgabenorientiert-menschenorientiert" und „extravertiert-introvertiert".[641] Ende der 2010er Jahre hat man die Achsen abermals umbenannt in „Herausforderung-Zusammenarbeit" und „Aktion-Stabilität".[642] Dabei ist ein als stressig wahrgenommenes Umfeld wohl nur bedingt mit einer „Aufgabenorientierung" gleichzusetzen oder mit einer „Herausforderung". Dennoch ergeben diese deutlich verschiedenen Achsenkreuze genau dieselben vier Typen.

Ähnliches zeigte sich beim Vergleich der beiden Tools, welche sich direkt auf die Typologie von C.G. Jung berufen. Sowohl Insights® als auch das Team Management System konstruieren Räder mit acht Typen, welche nahezu identisch sind. Nur merkwürdigerweise verwenden sie dazu jeweils ganz andere Eigenschaftsdimensionen aus Jungs Theorie. Insights® konstruiert sein Achsenkreuz aus Introversion-Extraversion und Denken-Fühlen. Beim TMS entstehen die Typen aus zwei Achsenkreuzen mit allen vier Jungschen Dimensionen, wobei diese ganz anders in den Kreis gelegt werden. So entsteht der Feuertyp „Direktor" in Insights® durch die Kombination Extraversion und Denken. Der Feuertyp „Organisator" im TMS hingegen wird aus der Kombination Denken und Urteilen gebildet. Zudem benennen beide ihre Typen teilweise sehr ähnlich. Doch die Begriffe umwabern großflächig die gemeinsamen Achsen. So kennen beide einen „Berater" oder einen „Unterstützer", welche aber jeweils andere Positionen in den Rädern belegen.[643]

Noch verwirrender wird es, wenn man den MBTI® und den Keirsey Temperament Sorter in den Vergleich mit einbezieht. Alle vier Modelle basieren auf denselben vier Eigenschaftsdimensionen. Und jeder Ansatz baut daraus seine vier Grundtypen völlig verschieden zusammen. So entspricht das Lufttemperament bei Insights® dem extravertierten Fühlen (EF), im TMS dem extravertierten Intuieren (EN), im MBTI® dem fühlenden Intuieren (NF) und im KTSII® dem empfindenden Wahrnehmen (SP). Für ein und dasselbe Temperament werden also gleich fünf der acht angeblich grundlegenden Funktionen der Psyche abwechselnd herangezogen.[644] Sie sind somit offenbar nahezu beliebig untereinander austauschbar und nicht – wie von ihren Anhängern postuliert – voneinander unabhängige Dimensionen. Und so ist es auch nicht verwunderlich, dass gerade jene Modelle, welche diese acht Dimensionen am rigorosesten anwenden, der Myers-Briggs-Typenindikator und der Keirsey Temperament Sorter, am Ende den undurchschaubarsten Charakterbrei als Ergebnis erhalten. Wie austauschbar all die verschiedenen Eigenschaftsdimensionen sind, sieht man deutlich an der Grafik „Fadenkreuz zur Konstruktion der vier Typen in Magie und Moderne" auf Seite 217. Diese gibt einen Überblick über die zahlreichen Eigenschaftsdimensionen, welche zur Konstruktion der vier Typen in den diversen Modellen herangezogen werden. All diese teils sehr unterschiedlichen Wortpaare ergeben in Kombination stets dieselben vier Charaktere. An diesen vielen Beispielen wird offensichtlich, dass weder das Menschliche etwas exakt Messbares, noch die Sprache etwas exakt Definierbares ist. Und wenn dies bereits die Grundbegriffe der Viertypen betrifft, wie sieht es dann erst bei den Fragebögen, den ellenlangen Auswertungstexten und den scheinbar präzisen Messskalen aus?

An diesem grundlegenden Problem nomothetischer Persönlichkeitsmodelle ändert auch das Hilfskonzept der Stilmischungen nichts. Was für vier Grundtypen gilt, das gilt noch viel mehr für acht, sechszehn, zweiundsiebzig oder gar Millionen von Mischtypen. Zwar ist die Einführung dieses Konzepts durchaus verständlich. Wie wollte man den Kunden sonst erklären, dass es auf der Welt ganz offensichtlich doch mehr als nur vier Arten von Mensch gibt? Dass diese individuelle Vielfalt der menschlichen Persönlichkeit durch unterschiedliche Mischungsverhältnisse der vier Idealtypen zustande kommt, das war bereits bei den alten Griechen ein beliebtes Argument. Doch dadurch kommt das Nomothetische erst recht in die Krise.

Wenn wir die Übersicht der verschiedenen gebräuchlichen Achsenkreuze betrachten,[645] so sehen wir zwischen den Begriffen durchaus eine gewisse Ähnlichkeit. Die horizontale Achse scheint irgendwie das Verhältnis zu den Mitmenschen zu erfassen: Man fühlt sich in Gesellschaft entweder spröde und angespannt oder locker und gelöst: trocken - feucht, Umfeld stressig – Umfeld angenehm, aufgabenorientiert – menschenorientiert, Denken – Fühlen, Kämpfen – Kooperieren. Die vertikale Achse zeigt, ob man mit dieser Situation aktiv oder passiv umgeht: warm – kalt, bestimmend – zurückhaltend, extravertiert – introvertiert, offensiv – defensiv. Man kann also durchaus feststellen, dass die Achsenkreuze all dieser verschiedenen Modelle um einen gemeinsamen Bedeutungskern kreisen. Ebenso kreisen die daraus konstruierten vier Typen um einen gemeinsamen Bedeutungskern. Pflegt man einen offenen, spielerischen Umgang mit Sprache und dem Menschlichen, so kann man unschwer all diese Typologien als verschiedene Zeitgeistmasken desselben Primodells erkennen. In der Praxis fällt es leicht, je nach Anforderung die passende Verbalisierung zu wählen. Das Viertypen-Primodell wird zum inspirierenden Denkwerkzeug.

Versucht man jedoch, die Begriffe auf eine eindeutige Bedeutung festzunageln, diese präzise voneinander abzugrenzen, sie exakt zu definieren, ihre Parameter mechanisch festzulegen, so fällt das Primodell wie ein Kartenhaus in sich zusammen. Man läuft Definition um Definition um Definition hinterher ohne diese jemals eingefangen zu bekommen. Man sucht nach den grundlegenden Begriffen und erhält stets nur austauschbares Gewäsch. Man versucht, Eigenschaften voneinander zu isolieren als unabhängige Dimensionen und kreiert damit nur Charakterchaos. Und je detaillierter und komplexer man glaubt, das System konstruieren zu können, desto mehr verschwimmt es zu einem weißen Rauschen, desto weniger ist es noch imstande, die Wirklichkeit zu tragen, geschweige denn zu lenken und zu orientieren.

Diesen Fehler machen heute die meisten der Vierermodelle. Denn keiner will der Konkurrenz in Sachen Komplexitätskompetenz nachstehen. Jeder will imstande sein, die Abermillionen verschiedenen Menschentypen, welche uns in der Außenwelt begegnen, im Modell abbilden zu können. Und so gibt es nicht nur die zahllosen Mischvarianten der vier Typen. In manchen Modellen hat jeder Mensch noch dazu mehrere Stile. So verdoppelt sich die Komplexität bei Insights MDI®, indem es sowohl einen natürlichen Basis-Stil gibt, als auch einen adaptierten Stil, welchen wir in unserer öffentlichen Rolle leben. LIFO® treibt dieses Zersplitterungsspiel auf den Gipfel mit gleich fünf Persönlichkeiten pro Mensch: jeder hat einen Stil unter günstigen und unter ungünstigen Bedingungen. Und zudem hat jeder einen Absichtsstil, einen Verhaltensstil und einen Wirkungsstil. Dadurch verfünffacht sich mit einem Schlag die durch die Mischtypen ohnedies schon hohe Komplexität. Diese Tendenz der Modelle, sich im Lauf der Zeit in einem immer dichteren Urwald der Differenzierung zu verlaufen, nenne ich „die Komplexitätsfalle".

Wie absurd diese Zersplitterung der altehrwürdigen vier Typen in Millionen von Mischtypen und zahlreiche verschiedene Stile ist, wird bei einem Blick auf die diagnostische Grundlage offensichtlich. Das Resultat wirkt, als wäre es mit einem hochexakten Elektronenmikroskop der menschlichen Psyche erstellt worden. Doch die Messung all dieser Mischtypen, Stile und Unterstile erfolgt nicht über wochenlange Assessment Centers, biographische Datenstromanalysen oder komplexe Testanordnungen. Sie erfolgt über einen banalen Multiple Choice Fragebogen. Der Proband macht 15 – 25 Minuten lang Kreuzchen, wie beispielsweise in folgendem „DiSG® Klassisch – Persönlichkeits Profil 2800" Rubbelbogen von Wiley:[646]

		AM EHESTEN	AM WENIGSTEN
26	ich stimme anderen immer wieder zu		
	ich zeige meine Gefühle		x
	ich achte auf Details	x	
	ich stelle gerne die Regeln auf		
27	ich will bei der Arbeit Spaß haben		
	ich möchte mich wohl fühlen		x
	Ich mache gerne alles richtig	x	
	ich fühle mich stark		

Man beantwortet je nach Testanbieter etwa 30 - 50 derartige Fragesets und schon ist die Vielschichtigkeit der eigenen Persönlichkeit, der individuelle Mischtypus samt den verschiedenen Stilen offenbart. Wie am Beispiel von LIFO® ausgeführt, führt dieser magische Akt der Zeichenkultivierung zu einem erheblichen Transformationsproblem.[647] Selbst wenn es einen nach konstanten Parametern definierbaren Charakter gäbe, warum sollten die Kreuzchen auf dem Fragebogen diesen offenbaren? Bewirbt sich jemand für eine Führungsposition, so wird er sicher nicht ankreuzen, dass er in erster Linie seine Gefühle zeigt. Er wird vorgeben, vor allem die Regeln gerne aufzustellen. Die Testfragen sind in dieser Beziehung selbst für Psychologiedilettanten zu durchschaubar. Gerade in Testsituationen tendieren die meisten Menschen schon fast reflexartig zu den für die jeweilige Situation sozial erwünschten Antworten. Daran ändern auch die gerne beworbenen Kontrollfragen nichts. Denn diese stellen lediglich dieselbe durchschaubare Frage nochmals in anderen Worten. Versucht der Test, die Stoßrichtung durch indirekte, getarnte Fragen etwas zu verschleiern, so wird die Zuordnung der Antworten schnell sehr subjektiv und willkürlich, um nicht zu sagen beliebig.

Oft hat der Proband das Gefühl, alles sei irgendwie richtig: „Natürlich will ich Spaß bei der Arbeit haben und mich wohl fühlen. Aber dabei mache ich auch alles richtig und fühle mich stark. Was soll ich jetzt ankreuzen? Ich nehme einfach irgendwas." Hat er gerade die Steuererklärung hinter sich, so wird er eher auf Details achten. Hatte er vor der Arbeit endlich mal wieder guten Sex, so wird er sich stark fühlen. Und musste er in der Früh mit den Kindern schimpfen, so stellt er gerne die Regeln auf. Und selbst wenn dies einige Zeit später ganz anders ist, weil man beispielsweise mittlerweile befördert worden ist oder einen bescheuerten Bürokollegen bekommen hat, für die Personalabteilung wird man dann immer der diagnostizierte Blaue, Gelbe, Rote oder Grüne sein und durch diese Brille gesehen werden.

Das ganze Procedere bleibt am Ende eine zirkuläre Tautologie. Das diagnostizierte Persönlichkeitsprofil macht nichts anderes, als das Angekreuzte nochmals in anderen Worten zu wiederholen.[648] Im gerade erwähnten DiSG®-Beispiel wurde angekreuzt, dass man am ehesten auf Details achtet und gerne alles richtig macht. Am wenigsten zeigt man seine Gefühle und will sich wohlfühlen. Das daraus diagnostizierte Persönlichkeitsprofil würde dann in etwa folgende Sätze beinhalten: „Bei Ihnen dominiert der gewissenhafte G-Typus. Sie können sehr akkurat arbeiten und haben hohe Ansprüche an sich selbst. Überall, wo Genauigkeit gefragt ist, können Sie im Berufsleben Ihre Stärken einbringen, beispielsweise in der Buchhaltung und im Controlling, aber auch in der Forschung. Sie gelten als sehr zuverlässig. Nur manchmal sollten Sie achtgeben, dass Ihre Gefühle nicht zu kurz kommen." Und so wird das Angekreuzte lediglich umformuliert und wortreich ausgeschmückt. Kein Mensch mit einem Minimum an Selbstreflexion wird von einem solchen Ergebnis überrascht sein, sondern sich bestenfalls in seiner Selbsteinschätzung bestätigt und geschmeichelt fühlen.
Diese Probleme betreffen alle Diagnostik-Tools, welche mit wie auch immer konzipierten Fragebögen arbeiten. Und manchmal ragt die Zirkulärtautologie noch viel weiter in das Modell hinein, wie wir beim Team Management System gesehen haben. Hier gibt es einerseits das Team Management Rad mit den acht Persönlichkeiten. Und dann gibt es ein zweites Rad namens „Modell der Arbeitsfunktionen". Das TMS ist sehr stolz darauf, dass beide Räder ineinandergreifen, dass man die Relationen zwischen der menschlichen Persönlichkeit einerseits und den Anfordernissen der Arbeitswelt andererseits entdeckt hätte. Dabei sind beide Räder zueinander lediglich eine Tautologie. Was das Team Management Rad als „er/sie mag gern" formuliert, das wird im „Modell der Arbeitsfunktionen" als „man muss" verpackt: „Der kreative Innovator hat Freude daran, neue Ideen zu entwickeln." – „Die Arbeitsfunktion des Innovierens erfordert, dass man in der Lage ist, neue Ideen zu entwickeln". Und wie durch ein Wunder passt beides zusammen.

Vom Persönlichkeitsmodell zum Geschäftsmodell

Wie wir gesehen haben, stehen die Instrumente der Management-Diagnostik auf tönernen Beinen. Sie können sich auf keine allgemein anerkannte Taxonomie der Persönlichkeit berufen, welche wissenschaftlich fundiert wäre. Und selbst wenn es eine solche gäbe, wäre die Operationalisierung mit einem Fragebogen als Messmethode äußerst fragwürdig. Dennoch wird ein erheblicher Aufwand in die Verbreitung dieser Tools investiert. Das liegt vor allem daran, dass sich die Persönlichkeitsmodelle über die Jahrzehnte zu lukrativen Geschäftsmodellen gemausert haben. Eine ganze Branche verdient ihr Geld mit den vier Typen.
Das Geschäftsmodell basiert dabei auf zwei Säulen. Im Zentrum steht vordergründig der Verkauf der Persönlichkeitstests, wobei die Computer-Auswertung meist von einem Beratungsgespräch durch einen zertifizierten Consultant flankiert wird. Einzelberatungen sind hierbei eher die Ausnahme, weil allein der Organisationsaufwand für Terminabstimmung, Rechnungslegung etc. die Arbeit mit Einzelkunden wenig profitabel macht. Im Einzelcoaching werden die Tests deshalb meist im Verbund mit anderen Methoden verwendet, als ein Element in mehrstufigen Coachingprozessen. Finanziell interessanter sind die Firmenkunden, weil dort pro Auftrag mehr Masse zusammenkommt. Hier werden im Rahmen der Organisationsentwicklung oft gleich ganze Abteilungen analysiert. Oder der Test wird als fixer Baustein im Recruitingprocedere etabliert. Solche Aufträge lohnen sich weitaus mehr als Einzelberatungen. Auch hier sind die Tests meist ein Werkzeug von vielen, um am Ende zu einer Entscheidung zu kommen. So kann der Persönlichkeitstest bei der Einstellung neuer Mitarbeiter als Gesprächsbasis für das Job-Interview verwendet werden, gemeinsam mit der Analyse des Lebenslaufs und anderen üblichen Ansätzen des Personalmanagements. Nur selten wird der Test isoliert als Einzelmaßnahme eingesetzt. Das macht auch die Evaluation des Erfolgs so schwierig, weil der Einfluss des Tests gar nicht von anderen Grundlagen der Entscheidungsfindung getrennt werden kann.[649]

Der kommerzielle Erfolg der Viertypen ist beeindruckend. Der Boom begann in den 1970er Jahren und erreichte um die Jahrtausendwende seinen Höhepunkt. So soll allein der Myers-Briggs Typenindikator Mitte der 1990er pro Jahr über drei Millionen Tests verkauft und damit etwa 20 Millionen US$ p.a. verdient haben.[650] Folgende Tabelle zeigt die All-Time-

Hitparade der Viertypen. Sie gibt einen Überblick der Erfolgskennzahlen, welche die Anbieter im Jahr 2018 auf ihren offiziellen Websites für sich proklamieren. Dabei wird nicht nur auf die beeindruckende Anzahl bislang durchgeführter Tests verwiesen. Es wird meist auch stolz angegeben, in wie vielen Sprachen und Ländern der Test bislang eingesetzt wurde. Man sieht hier nicht nur, in welch stattlichen Dimensionen sich die Viertypen im frühen 21. Jahrhundert bewegen. Auch die Popularität der verschiedenen Zeitgeistmasken ist daraus deutlich ersichtlich:

	MODELL	ANZAHL TESTS	SPRACHEN	LÄNDER
1	**MBTI®**[651]	3 Mio. p.a.	?	170
2	**KTS®-II**[652]	100 Mio.	20	170
3	**DISG®**[653]	50 Mio.	30	?
4	**LIFO®**[654]	9 Mio.	24	66
5	**INSIGHTS MDI®**[655]	6,5 Mio.	16	35
6	**HBDI®**[656]	2 Mio.	20	?
7	**TMP**[657]	1,5 Mio.	20	80

Hitparade der modernen Viertypen (2018)

An der Spitze der Charts stehen der Myers-Briggs Typenindikator und der darauf beruhende Keirsey Temperament Sorter. Hierbei ist zu beachten, dass sich beide an ein allgemeines Publikum richten. Sie bedienen einen viel größeren Markt als die auf Managementberatung spezialisierten Modelle, wodurch sich auch die größere Verbreitung erklärt. Die größte Anzahl von durchgeführten Tests reklamiert Keirsey für sich. Auf der Startseite der offiziellen Website steht 2018 geschrieben: „Over 100 million people from 170+ countries have experienced Keirsey".[658] Das wären sogar deutlich mehr als beim MBTI®, was eher unwahrscheinlich ist. Schließlich gibt es Keirseys Test in der endgültigen Version erst seit 1988. Hier liegt die Vermutung nahe, dass Keirsey auch die MBTI®-Zahlen bei sich eingerechnet haben, weil ja Keirsey darauf basiert und die Formulierung „have experienced" einen weiten Interpretationsspielraum zulässt. Dasselbe gilt für die 170+ Länder, in welchen der Test bislang durchgeführt wurde. In Anbetracht der Tatsache, dass es aktuell 193 Staaten auf der Welt gibt, scheint auch diese Zahl sehr hoch. Und so ist davon auszugehen, dass die Hitliste vom MBTI® angeführt wird.
Auffällig ist des Weiteren, dass die beiden Zeitgeistmasken, welche sich mit einem sehr technischen bis naturwissenschaftlichen Image positionieren, nämlich das Herrmann Brain Dominance Instrument und das Team

Management Profil, mit nur 2 bzw. 1,5 Millionen durchgeführten Tests das Schlusslicht bilden. Da beide ihren Fokus auf komplexe Bereiche von Organisationsentwicklung bis hin zur Unternehmensstrategie richten und vor allem für Firmen tätig sind, sagt die Anzahl der Tests jedoch nur bedingt etwas über den kommerziellen Erfolg aus. Diese Kennzahl ist bei Anbietern wie MBTI® oder DISG®, welche für wenig Geld Auswertungen im Internet anbieten, naturgemäß höher. So besteht bei der DISG®-Variante von persolog® die Möglichkeit, den Test online durchzuführen und dann einen computergenerierten Auswertungstext zu erhalten. Da dieser Prozess vollautomatisiert ist und es in der Basisvariante auch kein flankierendes Beratungsgespräch gibt, können diese Auswertungen sehr günstig angeboten werden. Der Endkunde zahlt nur 16 bis 35 € pro Test.[659] Die hohen Auflagen der Spitzenreiter erklären sich auch aus solchen automatisierten Massenangeboten. Durch den niedrigeren Preis haben die Tests aber auch weniger Einfluss auf den Umsatz als bei der Konkurrenz mit Premium-Positionierung.

Der Verkauf von Persönlichkeitstests ist aber nur eine Säule des Profits. Die zweite Säule sind Seminare, Ausbildungen und Zertifizierungen. Gerade die Lizenzgeber der Diagnostik-Tools verdienen damit in der Regel weit mehr als mit den Persönlichkeitstests selbst. Will ein Personaler, Coach oder sonstiger Berater das Persönlichkeitsmodell in seiner täglichen Arbeit einsetzen, so darf er dies nur nach erfolgreicher Zertifizierung. Dazu muss er ein Seminar besuchen, welches in der Regel zwischen zwei und vier Tage dauert und mehrere tausend Euro kostet. Besonders exklusiv positioniert sich hierbei das Herrmann Brain Dominance Instrument. Dort bezahlt man für die dreitägige HBDI®-Zertifizierung 3.800 € zuzüglich gesetzlicher MwSt. und Tagungspauschale.[660] Sehr günstig hingegen gibt es das „MBTI® Certification Program", welches vier Tage dauert und nur 2.095 US$ kostet. Zwischen diesen beiden Extremen positionieren sich die restlichen Wettbewerber.
Hinzu kommen für die zertifizierten Trainer teils freiwillige, teils obligatorische Spezialseminare, Auffrischungsworkshops und Trainer-Days, welche einerseits der Kundenbindung dienen, andererseits eine weitere Einnahmequelle sind. Als zertifizierter Trainer erhält man Zugang zur Auswertungs-Software, damit man die Tests mit seinen eigenen Kunden durchführen und Auswertungstexte ausdrucken kann. Hierbei wird in der Regel für jede Anwendung ebenfalls eine Nutzungs- oder Lizenzgebühr

fällig. Beispielsweise das Team Management Profil gibt den Wert von drei derart erstellten Profilen mit 414,35 € an.[661] Bei jeder Beratung verdient der Lizenzgeber mit. So sind die zertifizierten Trainer nicht nur eine stattliche Einnahmequelle über Seminare und Akkreditierungen. Sie sind zudem kostenlose Markenbotschafter und ein kostenloses Vertriebsnetz für die Persönlichkeitstests.

ZERTIFIZIERUNG	KOSTEN	DAUER
MBTI®[662]	2.095 US$	4 Tage
KTS®-II[663]	4.995 US$ (Gruppe)	2 Tage
DISG®[664]	2.614 €	1 Tag
LIFO®[665]	2.950 €	3 Tage
INSIGHTS MDI®[666]	2.950 €	3 Tage
HBDI®[667]	3.800 €	3 Tage
TMP[668]	2.450 €	3 Tage
ILP®[669]	2.887 €	160 Stunden

Eckdaten der Zertifizierungsprogramme (2018)

Offiziell begründen die Anbieter der Diagnostik-Tools die Zertifizierungsprogramme damit, dass sie einen hohen Qualitätsstandard der Beratung mit ihrer Methode sicherstellen wollen. Nur durch die Seminare sei es gewährleistet, dass die Tests seriös und sinnvoll eingesetzt werden. Oder wie es ein Anbieter formuliert: „Der LIFO®-Fragebogen ist kein „Illustrierten-Fragebogen". Wir wollen uns nicht auf die Psycho-Pfusch-Ebene begeben."[670] Das ist zweifelsohne ein gewichtiges Argument. Jeder professionelle Psychologe wird sich jedoch fragen, wie ein zweitägiges Seminar eine seriöse Persönlichkeitsdiagnostik und profunde Beratung für wichtige Lebensentscheidungen garantieren soll. Die zwei bis vier Tage reichen gerade aus, um ein Grundwissen über die vier Typen zu vermitteln. Vermutlich haben Sie in meinem Buch weit mehr über diese Typen gelernt als in einem solchen Seminar, und das für weit weniger als 1 % der Seminarkosten. Ginge es tatsächlich um die Sicherung eines Qualitätsstandards in der Anwendung des Persönlichkeitsmodells, so müssten sich die Platzhirschen der Management-Diagnostik eher am Seminarkonzept von Friedmanns „ILP® - Integrierte Lösungsorientierte Psychologie" orientieren. Dieser positioniert sich mit 2.887 € für die Grundausbildung preislich ebenfalls im üblichen Bereich. Dafür gibt es aber tatsächlich eine fundierte Ausbildung mit 120 Stunden Unterricht, 29 Stunden Arbeits- und Supervisionsgruppen und 11 Stunden Einzelcoaching.[671] Und so sind die Akkreditierungsprogramme der Management-Diagnostik in erster Linie

- eine lukrative Einnahmequelle
- ein kostengünstiges Marketing- und Vertriebssystem
- eine wirkungsvolle Markteintrittsbarriere

Der letzte Punkt wird offensichtlich, wenn man sich nicht nur für die Typologie, sondern auch für das Testdesign interessiert. Denn dieses wird in der Regel unter Verschluss gehalten. Nicht nur die Auswertungsalgorithmen sind dabei ein Geschäftsgeheimnis. Selbst die Fragebögen werden bei den meisten Anbietern gut gehütet. Wie wir bereits im Kapitel über „Magie als aktives Realitätskonstruktionsinstrument" gesehen haben, verrät ein guter Zauberer seine Tricks nicht. Vielmehr nutzt er die Macht des Wissenden zu seinem eigenen Vorteil.[672] In den seltenen Fällen, wo die Fragebögen publiziert werden, stehen eindringliche Warnhinweise. So schreibt Friedbert Gay in seinem DISG-Bestseller:

> „Der Kauf dieses Buches berechtigt den Käufer ausschließlich zur persönlichen Nutzung. Das DISG® Persönlichkeitsprofil darf in einem Seminar, in der Beratung oder im Coaching nur von Trainern eingesetzt werden, die dazu von der persolog GmbH autorisiert (...) wurden."[673]

Eine weitere, wenn auch deutlich kleinere Einnahmequelle neben dem Verkauf der Persönlichkeitstests und Akkreditierungsprogramme sind Bücher und Publikationen. Meist sind diese in erster Linie Markenbotschafter. Sie sollen vor allem Menschen auf das Modell aufmerksam machen und zum Kauf eines Tests oder zur Absolvierung einer Trainerausbildung animieren. Hin und wieder werden diese aber auch zu Bestsellern und Umsatzbringern. So wurde das DISG®-Buch von Friedbert Gay laut eigenen Aussagen bis 2007 über 200.000 Mal verkauft.[674] Die Buchserie „Please Understand Me" von David Keirsey ging über vier Millionen Mal über den Ladentisch.[675] In diesen seltenen Fällen werden Bücher auch finanziell relevant. Ansonsten spielen sie vor allem als Marketinginstrument eine Rolle.

Ein letztes wichtiges Element der meisten Geschäftsmodelle ist die Modelldehnung. Man bietet nicht nur die Grundvariante des Persönlichkeitstests an, sondern auch Spezialvarianten für verschiedene Themen. Das

Persönlichkeitsmodell wird in seiner Anwendung ausgedehnt. So wird 2018 die „neueste Generation der DiSG®-Profile" beworben, in der neben dem erneuerten Grundprofil „Classic 2.0" auch ein Arbeitsplatz-Profil, ein Leadership-Profil, ein Sales-Profil und ein Vergleichsbericht angeboten werden.[676] Das DISG von persolog® gibt es gleich in siebzehn verschiedenen Varianten, darunter so findige Angebote wie das Zeitmanagement-Profil, das Gesprächsdynamik-Profil, das Selbstführungs-Profil, das Teenager-Profil, das Lehrstil-Profil, das Lernstil-Profil, das Lernstil-Profil für Jugendliche oder das EnergyFactors-Profil.[677] Das HBDI® stellt sich im Angebot ähnlich breit auf, wobei neben den verschiedensten Anwendungen im Coachingbereich auch die Teamentwicklung einen großen Raum einnimmt. Zudem wird die Methode als Kreativitätstechnik, zur Marktpositionierung, für die Produktentwicklung und sogar für Trendanalysen angepriesen.[678]

Die Modelldehnung ist ein wichtiges Instrument zur Umsatzmaximierung. Indem das Grundmodell durch leichte Umformulierungen auf weitere Anwendungsbereiche ausgedehnt wird, kann es gleich mehrfach verkauft werden. Der Firmenkunde, der bereits die Einzelprofile seiner Mitarbeiter in Auftrag gegeben hat, bekommt als nächstes eine Premium-Teamanalyse, eine Vertriebsanalyse, eine Wettbewerbsanalyse und so fort. Der mit dem Grundprofil zufriedene Einzelkunde will als nächstes genauer Bescheid wissen über sein Lernverhalten, sein Selbstführungspotential oder die Persönlichkeit seiner Kinder.
Dabei kann die Modelldehnung nicht nur auf die Persönlichkeitsanalysen angewendet werden, sondern auch auf die Akkreditierungsangebote. So gibt es bei ILP® nicht nur die Basic-Ausbildung, sondern auch weiterführende Spezialausbildungen wie den ILP®-Business Coach, den ILP®-Gesundheitscoach, den „Systemischen ILP® Power Coach" oder die ILP®-Ausbildung „Paartherapie".[679] Bei persolog® gibt es neben der Zertifizierung für das Persönlichkeitsmodell auch Zertifizierungen für Selbstführung, Zeitmanagement, Lernen und Lehren und viele weitere Themen. Und stets sind es dieselben Viertypen, welche neu eingekleidet werden. So fungiert die Modelldehnung als Turboboost in der Entwicklung neuer Mikro-Zeitgeistmasken. Sie treibt die Primodelle regelrecht hinein in neue sprachliche Auskleidungen.

Kochrezept für Diagnostik-Tools

Dabei ist der kommerzielle Erfolg der Mikro-Zeitgeistmasken für ihre Erfinder stets ein zweischneidiges Schwert. Zwar ist ihr Ansinnen die Umsatzmaximierung. Doch wenn sie zu erfolgreich sind, locken sie die Nachahmer an. Die Konkurrenz lässt sich inspirieren und kommt alsbald mit einem ähnlichen Angebot. Das führt im Lauf der Jahrzehnte dazu, dass die verschiedenen Anbieter immer austauschbarer werden. Es erfolgt eine Annäherung an das Medianmodell. Sie verwenden ähnliche Darstellungen, ähnliche Argumente, ähnliche Blendwerkzeuge der Verwissenschaftlichung, ähnliche Verkaufstricks und ähnliche Geschäftsmodelle. Das geht schon beim Logo los. Meist sind darin die vier Farben Rot, Gelb, Grün und Blau enthalten, bei Keirsey® und LIFO® im Kreis, beim HBDI® im stilisierten Kreis, bei Insights MDI® im Viereck. Das TMS verwendet den Kreis mit den acht Farben. Nur Everything DiSC® führt als Logo einen einfarbigen blauen Kreis, stopft aber die Außendarstellung ebenfalls mit zahlreichen Vierfarbkreisen voll.
Es wäre müßig zu eruieren, wer hier wann von wem abgeschrieben hat, zumal ja auch die vordergründigen Originale nur Kopien von Hippokrates, Galen und Co. sind. Deshalb möchte ich stattdessen die wichtigsten Eckpfeiler all dieser aktuellen Anbieter in einem Kochrezept zusammenfassen und so das Medianmodell der Viertypen im frühen 21. Jahrhundert herausarbeiten:

1. Man berufe sich auf eine scheinbar renommierte **Theorie aus den Nachbardisziplinen** (z.B. Psychologie, Soziologie, Medizin, Gehirnforschung).

2. Man konstruiere daraus zwei psychologische Grunddimensionen, welche man zu einem **Achsenkreuz** kombiniere und bilde aus den vier Extremkombinationen vier Typen mit gefälligen Namen.

3. Man betone die **Wertneutralität** der Viertypen, dass jeder gute und schlechte Seiten hätte und keiner dem anderen überlegen sei. Je nach Geschmack kann man aber indirekt einen davon zum Star machen.

4. Man betone, dass die Typen niemals rein vorkämen, sondern jeder Mensch eine individuelle **Typenmischung** sei.

5. Man entwickle eine **Messskala**, welche diese Typenmischung scheinbar objektiviert (Fadenkreuz, Balkendiagramm, Rad mit Zielscheibe etc.).

6. Optional kann man die Messskala erweitern, indem man beispielsweise zwischen die Haupttypen **Zwischentypen** schiebt, und diesen ebenfalls gefällige Namen gibt oder indem man verschiedene Verhaltensstile konstruiert (offizieller Stil – privater Stil etc.). Durch 4., 5. und 6. suggeriert man Individualität.

7. Um dem Modell ein seriöses Image zu verpassen, bediene man sich einer Reihe von **Blendwerkzeugen der Verwissenschaftlichung** (Zusammenfassung siehe S. 236)

8. Als Diagnose-Tool entwickle man einen **Fragebogen**, welcher möglichst einfach in der Anwendung ist und dessen Bearbeitung maximal 20 Minuten dauert.

9. Für Anwendung und Auswertung ist der Einsatz von Computer und Internet Pflicht. Darüber hinaus sollten die **neuesten Buzzwords** verwendet werden (in den 2010er Jahren z.B. App, Virtual Reality, Smart Data Algorithmen etc.)

10. Als **Logo** verwende man einen Kreis mit den vier Farben Rot, Gelb, Blau und Grün, notfalls auch ein Viereck mit diesen Farben.

11. Obligatorisch sind zudem eine **Trademark** des Modellnamens, sowie möglichst prägnante Fachbegriffe und Typenbezeichnungen, um damit sein Revier abzustecken.

12. Das Geschäftsmodell sollte nicht nur auf Persönlichkeitsanalysen und Beratungen basieren, sondern auch auf Ausbildungsprogrammen mit **Zertifizierungen** und Akkreditierungen. Das ist nicht nur eine wichtige Einnahmequelle, sondern zudem ein effektiver Vertriebskanal und ein günstiges Marketinginstrument.

13. Ist das Grundmodell etabliert, sollte es möglichst rasch durch eine **Modelldehnung** auf weitere Anwendungsbereiche erweitert werden.

14. Dabei ist insbesondere eine Erweiterung auf den Bereich Gruppen und **Teams** angeraten.

15. Um sich schließlich von der **Konkurrenz** scheinbar zu differenzieren, anonymisiere man diese, um ihr dann Mängel und Defizite zu unterstellen, welche das eigene Modell überwunden hat („Im Gegensatz zu anderen werten wir nicht." „Bei uns gibt es nicht nur vier Typen." etc.)

Alle kommerziellen Management-Diagnostikinstrumente aus diesem Buch folgen diesem Strickmuster. Dieses Kochrezept beschreibt somit die Zeitgeistmaske des Viertypen-Primodells in den 2010er Jahren, wobei viele der Punkte schon deutlich länger zu ihrer Morphologie gehören, im Fall der Mischtypen und des Achsenkreuzes bis zurück ins antike Griechenland.

Vom Nutzen magischer Praktiken im Management

Wenn derart viele Anbieter lange Jahrzehnte mit derselben Masche erfolgreich sind, dann ist die große Verbreitung der Viertypenmodelle – trotz aller methodologischen Kritikpunkte – wohl nicht nur auf Geschäftemacherei zurückzuführen. Erstens scheint ein großer Teil der Berater durchaus mit bestem Wissen und Gewissen bestrebt zu sein, mit dem Modell den Kunden etwas Gutes zu tun und sich für ein besseres Verständnis des Menschlichen zu engagieren. Geschäftemacherei ist auch in diesem Fall vornehmlich etwas, was zwar oft aus der Außensicht unterstellt wird, aber in der Innensicht nur selten die Hauptmotivation ist. Zweitens kann ein solches Angebot auf Dauer nur bestehen, wenn es auf eine entsprechende Nachfrage trifft, wenn es ein dringendes Bedürfnis befriedigt. Auch wenn das Primodell der Viertypen nur deshalb so oft wiederkehrt, weil es ein praktisches Konstrukt, eine komfortable Fantasie ist,[680] muss es darüber hinaus weitere Funktionen erfüllen und dadurch dem Management von Nutzen sein.

Zunächst bedienen die Diagnostik-Tools die Wunschvorstellung von der Berechenbarkeit des Menschlichen. Im Recruiting beispielsweise lassen sich die quantitativen Eckdaten wie Ausbildung, Berufserfahrung, Fachkompetenzen oder Gehaltsvorstellungen recht gut aus den Bewerbungsunterlagen recherchieren. Ob es aber auch menschlich passt, das kann man nur erahnen, wenn man sich mit der Individualität des jeweiligen Kandidaten beschäftigt. Das ist zeitaufwändig und fehleranfällig. Ein erstes Gespür erhält man in den Bewerbungsgesprächen, welche inklusive Vorbereitungen und Organisation mehrere Stunden in Anspruch nehmen. Doch dieser erste Eindruck kann trügen. Denn für die Dauer der Bewerbungsgespräche kann sich ein versierter Kandidat sehr gut verstellen. Einen etwas besseren Eindruck erhält man beim mehrtägigen Assessment Center, wo die Bewerber anhand verschiedener Aufgaben auch im sozialen Kontext beobachtet werden. Doch das ist sehr teuer, aufwändig und am Ende ebenso fehleranfällig. Selbst wenn man anhand der quantitativen Basisfaktoren von den hunderten Bewerbern einen Großteil aussortiert, bleiben immer noch mehrere Handvoll Kandidaten in der engeren Auswahl. Sich mit dem individuellen Charakter jedes einzelnen hinreichend zu beschäftigen, wäre zeitlich kaum zu bewältigen. Ähnlich verhält es sich in allen anderen Feldern des Personalwesens, von der Personal- und Organisationsentwicklung bis hin zum Thema Führung. Stets ist das Menschliche ein Zeitfresser, der uns von der produktiven Arbeit abhält. Zudem ist es oft undurchschaubar, unberechenbar, verworren, ambivalent.

Hier knüpft das Produktversprechen der Viertypen an, den menschlichen Faktor zu operationalisieren. Man muss sich nicht mehr mühsam auf die individuellen Eigenheiten all dieser Bewerber und Mitarbeiter einlassen, unentwegt psychologische Handarbeit und Maßarbeit betreiben. Diese Aufgabe übernimmt der Algorithmus. Im Extremfall kann man tausende Bewerber vor den Bildschirm setzen, sie alle den Fragebogen ausfüllen lassen und hat kurze Zeit später in einer automatischen Auswertung die enge Auswahl an passenden Charakteren. Die Diagnostik-Tools bedienen somit den uralten Menschheitstraum von Entscheidungsmaschinen.[681] Die Entscheidungsmaschine sagt uns, was wir tun sollen: Einstellen oder ablehnen? Befördern oder nicht befördern? Dreinreden oder machen lassen? Ist es gut oder ist es schlecht? Soll ich oder soll ich nicht? Am Ende lautet die ultimative Antwort der Entscheidungsmaschine immer Ja oder Nein. „Weniger Komplexität – mehr Objektivität!"[682] Das Menschliche berechenbar und somit dem logischen Kalkül zugänglich zu machen, das ist das Produktversprechen, mit welchem man bei jedem Personalverantwortlichen offene Türen einrennt. „Weniger Arbeit – mehr Erfolg!" Die Diagnostik-Tools leben von der Illusion der Objektivität, der Kontrolle und der Sicherheit, aber auch von der Illusion, dass man dem Menschlichen mit Automatismen Herr werden kann, dass es einer Maschine gleich steuerbar wäre.

Dabei ist der Nutzen für das Management gar nicht davon abhängig, ob die Methode nach wissenschaftlichen Kriterien überhaupt funktioniert. Denn wenn nur genügend Menschen daran glauben, setzt ein magischer Prozess ein, der solche Modelle viele Jahre oder gar Jahrhunderte lang im Offiziellen etablieren kann und sie hypnotisch in der kollektiven Vorstellung einpanzert. Dafür müssen laut dem Altorientalisten und Divinationsexperten Stefan Maul (*1958) lediglich zwei Voraussetzungen vorliegen: Die Methode darf keinen offensichtlichen Schaden anrichten, indem sie beispielsweise sinnvolle Entscheidungen kategorisch verhindert. Und es muss möglich sein, ihr plausibel erfolgreiche Entscheidungen zuschreiben zu können.[683] Dergestalt lenkten magische Praktiken wie die Eingeweideschau oder Astrologie die Kulturen des Zweistromlandes über fast zwei Jahrtausende.[684] Das Orakel von Delphi wurde tausend Jahre lang von den Mächtigen der antiken Welt konsultiert.[685] Römische Senatoren richteten ihre Entscheidungen für viele Jahrhunderte nach dem Flug der Vögel und den Prophezeiungen der Sibyllinischen Bücher.[686] Afrikanische Kulturen trafen Gerichtsentscheide seit Urzeiten mit Wasser- oder Feuerordalen.[687] Nur weil eine Methode uns absurd erscheint, heißt das noch lange nicht, dass sie nicht über lange Zeiträume höchst erfolgreich funktionieren kann. Das betrifft magische Orakeltechniken ebenso wie die modernen Methoden des Managements. Sie sind kultische Handlungen, welche folgende wichtige Funktionen erfüllen:

- Ritualisierung von Entscheidungsprozessen
- Delegation von Verantwortung
- Legitimierung von Entscheidungen
- Macht- und Herrschaftsinstrument
- Sinnstiftung und Motivation
- Unterhaltung
- Inspiration

Zunächst dienen magische Praktiken wie die Viertypen der Ritualisierung von Entscheidungsprozessen. Sie helfen dabei, dass alle relevanten Parameter einer Stellenbesetzung oder einer Personalentwicklungsmaßnahme systematisch berücksichtigt werden. Dabei sind die Diagnostik-Tools meist Teil eines mehrstufigen Procederes. Sie sollen sicherstellen, dass neben all den quantitativen Grundlagen der Entscheidung wie Fachkompetenzen, Berufsjahren, Zeugnissen, Referenzen usw. auch der menschliche Faktor beachtet wird. Im modernen Wirtschaftsleben der Taylorschen Ideologie war das Menschliche lange Jahrzehnte ein externer Störfaktor des Arbeitserfolges, welchen es mit Belohnungen und Bestrafungen, sowie einer strengen Regelung der Arbeitsprozesse zu neutralisieren galt. Erst nach dem Zweiten Weltkrieg begann sich im Management die Erkenntnis durchzusetzen, dass die Psychologie der Mitarbeiter selbst erfolgsentscheidend ist.[688] Dennoch wird bis heute in vielen Firmen

die Führungskraft mit dem Menschlichen alleingelassen. Es wird als Privatangelegenheit betrachtet, mit der die Angestellten sich eben durchimprovisieren müssen. Auch im Recruiting wird der menschliche Faktor in vielen Fällen dem subjektiven Geschmack und dem Sympathieempfinden des Personalers und des Abteilungsleiters überlassen. Er wird zu einer Art Schönheitswettbewerb der persönlichen Empfindungen.
Hier bilden die Diagnostik-Tools eine Diskussionsgrundlage, um sich systematisch über den menschlichen Faktor austauschen zu können und so das Thema nicht allein den unbewussten Prozessen zu überlassen. Die Entscheidung selbst bleibt dabei freilich immer noch in der Verantwortung der Entscheider. Denn die Testergebnisse müssen trotz Messskalen und Computertexten stets interpretiert und auf den speziellen Einzelfall angewendet werden. So wie Cicero und seine Augurenkollegen im Alten Rom am freien Feld gestanden sind und diskutiert haben, ob das fliegende Sperlingspaar im „Templum Anticum Sinistrum" eine kommende Allianz oder eine Entzweiung mit dem neuen Volkstribun bedeutet, so können dank der Diagnostik-Tools Geschäftsführer, Personaler und Abteilungsleiter darüber diskutieren, ob die hohen Dominanzwerte des Vertriebskandidaten im Team für mehr Antrieb und Dynamik oder doch für mehr Disharmonie sorgen würde. Wie so viele Orakeltechniken dienen also auch die Persönlichkeitstests als Projektionsfläche, um sich systematisch über das Psychologische im Unternehmen Gedanken zu machen.

Zudem erlauben sie eine Delegation der Verantwortung an höhere Mächte. Nicht mehr das falsche Einschätzungsvermögen und die mangelnde Menschenkenntnis des Personalreferenten sind verantwortlich bei einer Fehlbesetzung. Dieser Bereich wurde auf Basis der neuesten und exaktesten Persönlichkeitstests der modernen Psychologie analysiert. Der Algorithmus hat eine neutrale und objektive Entscheidung getroffen. Mit allen anderen Kandidaten wäre es sicherlich noch schlechter gelaufen. Und dass es menschlich gekippt ist, das war zum Zeitpunkt der Entscheidung noch gar nicht absehbar und ist auf andere externe Faktoren zurückzuführen. Die Götter haben richtig entschieden. Doch sie wurden hernach erzürnt oder gar durch böse Dämonen oder Hexerei von ihrem richtigen Urteil wieder abgebracht.
So dienen die Diagnostik-Tools auch der Legitimierung von Entscheidungen. Nicht der Personalleiter mit seinen persönlichen Sympathien und Antipathien hat einmal wieder einen seiner Rotary-Kumpanen eingestellt.

Dieser Kandidat war nach den neutralen und objektiven Testergebnissen einfach der beste und passendste für den Job. Die Entscheidung wurde seriös und professionell getroffen. Nicht der Medizinmann hat seinen eigenen Bruder zum neuen Stammeshäuptling gemacht. Er wurde von den Göttern auserwählt und durch das unfehlbare Orakel bestimmt.

Derart werden die Eignungstests auch zu einem Macht- und Herrschaftsinstrument. Was auch immer der Entscheider für persönliche Motive, Beweggründe oder Eigeninteressen hat, er ist im Recht. Er vollstreckt lediglich die logische Alternativlosigkeit. Wie bei einer Berufung auf göttlichen Willen oder höhere Mächte werden dadurch die Entscheidungen gegen Kritik immunisiert, die eigene Autorität unangreifbar gemacht. Nicht der König will sich die Reichtümer der Nachbarländer einverleiben. Die Götter wollen, dass die Heerscharen des wahren Glaubens die Heiden vernichten. So wird das Denkmodell zum kollektiven Leitbanner.[689] Und es wird zur selbsterfüllenden Prophezeiung. So wie positive Konjunkturprognosen ein optimistisches Investitionsverhalten begünstigen und dieses dann wiederum eine positive Konjunkturentwicklung in Gang setzen kann, so sorgt die Autorität von exzellenten Testergebnissen dafür, dass diese Exzellenz auch im Mitarbeiter wahrgenommen wird. Und ein derart hofierter Mitarbeiter wird dann auch das entsprechende Selbstvertrauen entwickeln, um diese Exzellenzrolle auszufüllen. So setzt der Glaube an die Autorität der Diagnostik-Tools einen selbststabilisierenden, hypnotischen Prozess in Gang, welchen man durchaus als Magie bezeichnen kann.
Dieser „Pygmalion-Effekt"" ist durch zahlreiche Experimente bestätigt. So wurden in den legendären Oak-School-Experimenten des deutschamerikanischen Psychologen Robert Rosenthal (*1933) an Grundschülern Intelligenztests durchgeführt. Noch bevor die Lehrer mit den Schülern erstmals zusammentrafen, wurden ihnen die Ergebnisse der Intelligenztests mitgeteilt samt einer Liste jener 20% der Schüler, für welche im kommenden Schuljahr besonders rasche und überdurchschnittliche Leistungsfortschritte zu erwarten seien. Tatsächlich entwickelten sich die Leistungen genau dieser Schüler exzellent. Ihre Noten verbesserten sich deutlich. Am Ende des Schuljahres wurden sie von den Lehrkräften als besonders positiv und begabt beschrieben. Ein neuerlicher Intelligenztest ergab tatsächlich einen erheblich höheren IQ. Doch was vor allem erstaunlich war: die Namen auf der Liste der 20% High Potentials waren vollkommen zufällig ausgewählt worden. Lediglich der Glaube an die

prognostische Kraft eines Intelligenztests hatte die Wirklichkeit erheblich beeinflusst und verändert, hatte aus normalen Kindern Hochbegabte gemacht.[690]

Der Pygmalion-Effekt ist Teil des Erfolgsgeheimnisses der Diagnostik-Tools. Ist eine Führungskraft der Überzeugung, einen besonders begabten neuen Mitarbeiter gewonnen zu haben, so wird er ihn unterschwellig auch anders behandeln, ihm die entsprechenden Aufgaben und Freiräume geben, welche auch bei einem durchschnittlichen Mitarbeiter die erwartete Leistung entfesseln. So führt das positive Testergebnis zur Selbsterfüllung der eigenen Prognose.
Dasselbe gilt selbstverständlich auch umgekehrt. Will der Abteilungsleiter aufgrund persönlicher Animositäten einen Mitarbeiter loswerden, so kann auch hier ein entsprechend negatives Testergebnis magische Kräfte entfachen. Einmal mit dem Fluch des Low Potentials, des Versagers, des rücksichtslosen Egoisten oder des durchsetzungsschwachen Weicheis belegt, ist dieser kaum noch loszuwerden. Der Bann des Fluches zieht dabei immer weitere Kreise, zuerst in der Führungsetage, dann unter den Kollegen, und schließlich rücken auch die langjährigen Freunde und Verbündeten von einem ab. Natürlich gehören noch mehr Elemente zur erfolgreichen Initiierung eines solchen Fluches. Die Diagnostik-Tools können hier aber mächtiges Herrschaftsinstrument sein gerade wenn es darum geht, mikropolitische Ränke und Mobbing mit scheinbar objektivierten Leistungsdefiziten zu tarnen.

Der Effekt kann auch zur Selbsthypnose verwendet werden. Glaubt man erst einmal selbst daran, dass man der Wassertyp Berater ist, es die große eigene Stärke sei, mit viel Einfühlungsvermögen für andere da zu sein, so wird man unweigerlich dieses Verhalten verstärken und tatsächlich alsbald perfekt in diese Rolle passen. Dasselbe gilt für das eigene Verhalten dem getesteten Mitarbeiter gegenüber. Glaube ich, er sei ein ausgeprägter Vertreter des Wassertyps Berater und kommuniziere ich deshalb betont gefühlvoll und einfühlsam mit ihm, so wird sich dieser in der Regel auf diesen Umgangston einschwingen und im Sinne sozial erwünschten Verhaltens auf einer ähnlichen Ebene agieren, besonders dann, wenn ich sein Vorgesetzter bin. Dass dieser Mitarbeiter im Umgang mit anderen Menschen vielleicht sehr gefühlskalt und distanziert ist, wird im toten

Winkel meiner Wahrnehmung verschwinden. So schafft das Modell Wirklichkeit und formt unsere Realität.
Besonders bizarr kann dies werden, wenn man aufgrund solcher Denkschablonen massiv Einfluss auf andere nehmen will im Sinne von „Magie als Macht": Mitarbeiter zu Höchstleistungen motivieren, Kunden zu Geschäften überreden, mit Geschäftspartnern Verträge verhandeln. Oder wie es ein beliebter Motivationsredner zur Bewerbung seiner Viertypenvariante formuliert: „Würde es Ihnen gefallen, wenn andere genau das tun, was Sie möchten?"[691] Ist man davon überzeugt, dass die Typologie funktioniert und Zauberstab zur eigenen Machterweiterung ist, so wird das überbordende Selbstvertrauen eine Zeitlang Erfolge bringen. Früher oder später bricht die Diskrepanz zwischen Vorstellung und Wirklichkeit aber zusammen. Erstaunlicherweise führt das selten dazu, dass das Modell hinterfragt wird. Meist wird es dann angepasst und umso fanatischer angewendet. Dergestalt können sich Modelle auch über Jahrhunderte im Kollektivdenken festsetzen.

Die Macht der Modelle ist aber auch im Positiven nicht zu unterschätzen als Quelle der Motivation. Glauben alle uneingeschränkt an ihre Wirkung, so entfesselt dies ungeahnte Kräfte. Lähmende Selbstzweifel und Richtungsdiskussionen sind wie weggeblasen. Alle ziehen mit vollem Engagement vereint am selben Strang. Alle folgen demselben Plan, teilen dasselbe Mindset, huldigen demselben Götzen. Alle sind von der Richtigkeit des gemeinsamen Tuns, der gemeinsamen Ziele überzeugt. Es gibt nichts Mächtigeres als gemeinsame Leitvisionen, welche Sinn stiften und Orientierung geben. Je besser ihre Autorität abgesichert ist, desto mächtiger sind sie. Früher waren es Götter und Naturkräfte. Heute ist es die Wissenschaft, welche diese Autorität verleiht. Solche Leitvisionen beschwören regelrecht das Glück und den Geist des Erfolges.
In der Managementliteratur gibt es die Geschichte vom Spähtrupp, welcher sich in der rauen Wildnis verlaufen hat. Als die Verzweiflung übermächtig wird, findet plötzlich einer in seinem Rucksack eine Landkarte. Die Hoffnung erwacht. Systematisch erkunden sie prägnante Orte in der Landschaft und finden Schritt für Schritt heraus, wo auf der Landkarte sich diese befinden. Schließlich können sie ihren Aufenthaltsort lokalisieren und finden nach langen Mühen endlich zurück zu einem Außenposten. Dort angelangt erzählen sie die Geschichte von der rettenden Landkarte. Der Postenkommandant betrachtet diese und erkennt sie alsbald

wieder. Sie kartographiert gar nicht das besagte Gelände, sondern eine weit entfernte Gegend. Wenn man orientierungslos ist, dann ist oft eine falsche Landkarte besser als gar keine. Sie verleiht die Illusion der Kontrolle und hilft, die letzten Energiereserven zu mobilisieren.[692] In Anlehnung an Aldous Huxley ist das Modell der Versuch, uns vor dem Wahnsinn zu bewahren durch den Irrsinn.[693] Besser der Illusion eines irrigen Weges folgen als gar keinen zu haben.[694]

Und wem gefällt es nicht, ein paar vergnügliche Stunden mit einer falschen Landkarte zu verbringen, wenn diese so attraktiv aufgemacht ist wie viele der Viertypenmodelle? Ist die Karte von Mittelerde weniger interessant nur weil es dieses Land nur in der Phantasie gibt? Die Viertypenmodelle sind auch gute Unterhaltung. „Welcher Typ mag ich wohl sein? Und welcher Typ bist Du? Wie passen die zueinander?" Die Viertypen sind auch ein kurzweiliges Gesellschaftsspiel, mit dem wir über unser Inneres ins Gespräch kommen können. „Das hier stimmt schon. Aber jenes dort trifft gar nicht auf mich zu. Echt jetzt? Ich hätte das bei Dir aber schon ein bisschen gesehen." So werden die Viertypen zur unverbindlichen Projektionsfläche, mit der wir uns spielerisch über unser Seelenleben austauschen können, ein Bereich, der bei den meisten Menschen immer noch zu kurz kommt insbesondere im beruflichen Kontext. Endlich interessiert sich einmal jemand für den kleinen Mitarbeiter, und wenn es auch nur dieser Fragebogen ist und das kurze Gespräch beim Psychologen.

Schließlich können die Diagnostik-Tools Inspiration sein, um sich über das Menschliche Gedanken zu machen und dabei auch einmal neue Wege zu gehen. Wenn prähistorische Gruppen von Jägern und Sammlern durch die Wildnis streiften, dann entschieden sie über die Richtung, in der sie das Jagdglück suchen sollten, häufig über Orakel wie das Drehen eines Stockes oder über Lose. Das mag wenig wissenschaftlich sein, erfüllt aber eine essentielle Funktion: es holt uns unweigerlich aus festgefahrenen Denkbahnen und Routinen heraus. Der Mensch ist ein Gewohnheitstier. Und er hat wohl schon in grauer Vorzeit dazu tendiert, Erfolgsmuster der Vergangenheit unreflektiert zu wiederholen bis sie nicht mehr funktionieren. Er wäre wieder und wieder in dasselbe Waldstück gelaufen, um dort Hirsche zu jagen so lange bis es dort keine Hirsche mehr gibt. Durch den Zufallsgenerator des Orakels musste er aber vorgestern ins karge Gebirge und gestern raus in die Steppe. Das diversifizierte seine Jagdstrategie und ließ ihn immer wieder neue Nahrungsquellen entdecken.

Ähnlich verhält es sich mit den Persönlichkeitstests. Sie zwingen uns, gewohnte Vorurteile zu verlassen, unseren Blick auf den Charakter zu überdenken, zu prüfen und zu erweitern. Sie fungieren als Disruptoren, welche festgefahrene Beziehungsmuster wieder aus der Sackgasse führen können. Wichtig dabei ist lediglich, dass man sich nicht sklavisch an die Schemen hält wie an mathematische Naturgesetze. Sie sind Denkanregungen. Wenn man sie kreativ und flexibel verwendet, dann können sie durchaus eine wertvolle Inspiration sein, um neue Facetten des Menschlichen zu entdecken.

Ausblick auf weitere Untersuchungsfelder

Wir haben im ersten Teil der Arbeit einen breiten Analyserahmen aufgebaut und dann auf das spezielle Gebiet der Persönlichkeitsmodelle angewendet. Dabei sollte der Theorierahmen bereits über das Untersuchungsfeld hinausgehen und ausblickend weitere Gebiete aufzeigen, in welchen die Wirtschaftswissenschaften und Managementlehren mit prämodernen Modellen der Magie Gemeinsamkeiten haben.

So ist es interessant, verschiedene Ansätze der „Psychophysik" zu vergleichen, welche Korrespondenzen zwischen psychischen Vorgängen und körperlichen Erscheinungsformen postulieren. Am Beispiel der Graphologie haben wir diesen Bereich kurz angerissen.[695] Von den ersten Vertretern der Physiognomik und Handlesekunst in Griechenland, Indien und China bis zur heutigen „Neo-Physiognomik", welche unter anderem mittels Genetik oder Gehirnforschung wissenschaftliche Zusammenhänge zwischen körperlichen und psychischen Merkmalen festzustellen versucht, liegt ein umfassendes Feld von Modellen zur komparativen Untersuchung bereit. Unter anderem so weit verbreitete Modeerscheinungen wie das Konstrukt der Emotionalen Intelligenz von Daniel Goleman oder die Techniken der NLP-Glaubensgemeinschaft lauern dort auf Analyse, von den diversen halbseidenen Zauberformeln der Menschenkenntnis aus wohlgebuchten populärwissenschaftlichen Managementseminaren gar nicht zu sprechen. Im zweiten Prognostik-Band „Zeichendeutung" habe ich diesen Impuls aufgegriffen und den verschiedenen Zeitgeistmasken der Physiognomik einen 60-seitigen Abschnitt gewidmet.[696]

Dabei habe ich auch die Techniken der Persönlichkeitsmanipulation untersucht. Man diagnostiziert eine „Persönlichkeit" ja meist nicht zum Vergnügen, sondern weil man damit bestimmte Ziele verfolgt, die in der Regel darauf hinauslaufen, Reibungen mit Mitmenschen zu minimieren und insofern Eigeninteressen besser durchsetzen zu können. Man will den anderen durchschauen und dies gewiss nicht zum eigenen Nachteil. Bereits bei Agrippa zu Beginn des 16. Jahrhunderts existieren derartige Ansätze der „Bezauberung" von Mitmenschen,[697] welche als Vorstufe zum neurolinguistischen Programmieren und anderen manipulativen Praktiken der Moderne gesehen werden können.

Von der Persönlichkeitsmanipulation zur gezielten Beeinflussung von Wirklichkeit ist es ebenso kein weiter Schritt. Einst wie heute gab es hierfür Rituale zum Treffen der richtigen Entscheidung, welche allesamt nach ähnlichen Mustern funktionieren. Wie Oswald Neuberger analysiert hat, beruht etwa das Beobachtungslernen als Grundlage von Benchmarking

> „auf assoziativem Denken, das analogisch und nicht analytisch vorgeht. (...) Das Kopieren einzelner Praktiken eines erfolgreichen Unternehmens soll auf sympathetische Weise das Ganze (gemeint: den Erfolg) garantieren und so quasi als Glücksbringer wirken. Ein neues Logo, ein schriftliches Leitbild, die Einführung eines strategischen Konzepts (Outsourcing, lean management) oder bestimmter Methoden (AC, 360°-Beurteilung, TQM...) können Elemente eines solchen „zwingenden Handelns" sein, das eine magische Praxis ist, sich vor Misserfolg zu feien und Erfolg herbeizuzwingen."[698]

Derartige Managementmethoden reihen sich somit in jene magische Tradition, welche auf Analogismen und Sympathiezauber beruht und ebenso wie etwa Controlling-Systeme „die Illusion der Kontrolle verleihen soll",[699] um dadurch die handlungslähmenden Auswirkungen von Angst und Ungewissheit zu vertreiben.

Die modernen Techniken zur Planung und Prognose stellen überhaupt ein enormes Sammelsurium magischer Praktiken dar. Dieses erstreckt sich von den Bereichen Personalplanung und Controlling[700] über Marktprognosen für Produktentwicklung oder Marketing[701] und die dem Prinzip der Analogie von Mikrokosmos und Makrokosmos folgende demographische Wahlforschung[702] bis hin zu hochkomplexen volkswirtschaftlichen Rechenmodellen für wirtschaftspolitische Entscheidungen und Konjunkturvorhersagen.[703] Auch ein Vergleich der historisch und interkulturell weitverbreiteten Zyklentheorien ist lohnend, reichen sie doch von antiken Wahrsagekalendern bis hin zu den modernen Elliott Waves.[704] Dabei ist der Materialverbrauch immens. Der amerikanische Unternehmensberater William A. Sherden schreibt in seinem Buch über „Fortune Sellers“:

> „Jedes Jahr überschüttet uns die Prognostik-Industrie mit (meist fehlerhafter) Information im Wert von 200 Milliarden Dollar. Die Erfolgsgeschichten aller Arten von Vorhersage-Experten sind durchgehend mager, egal ob wir wissenschaftlich orientierte Professionelle wie Ökonomen, Demographen, Meteorologien und Seismologen betrachten oder spiritistische und astrologische Wahrsager.“[705]

Das zweitälteste Gewerbe der Menschheitsgeschichte,[706] das Vorhersagen von künftigen Entwicklungen, hat dabei eine sehr lange Tradition. So wurde bereits um 1700 v. Chr. in der chinesischen Shang-Dynastie ein beträchtlicher Teil des Staatshaushaltes dafür verwendet, ein Orakel aus aufwendig gefertigten Schildkrötenpanzern zu allen Entscheidungen der Reichsgeschäfte zu befragen, wobei der Kaiser selbst täglich mehrere Stunden mit diesem kolossalen Divinationsritus zubrachte. Trotz ihrer scheinbaren Irrationalität funktionierte diese Methode offensichtlich mehrere hundert Jahre ausgezeichnet und stand in hoher Achtung, womit sie sich wahrscheinlich um einiges länger im Offiziellen eines Zeitgeistes halten konnte als die meisten derzeit gebräuchlichen Techniken der Vorhersage.[707] In nahezu allen Kulturen lassen sich solche Kulte der Naturbeherrschung finden. Und es stellt sich die Frage, inwieweit sich unsere Methoden der Prognose und Planung trotz ihres teilweise bombastischen Technologieeinsatzes überhaupt von denen anderer Zeitgeister unterscheiden. Diesem Bereich habe ich direkt im Anschluss an die Erstauflage dieses Buches 2002 – 2006 eine 800-seitige Dissertation gewidmet, welche aktuell überarbeitet und als mehrbändige Buchreihe veröffentlicht wird.[708]

Vom Internationalen zum Globalen Management

Schließlich möchte ich auf einen wichtigen Bereich hinweisen, welcher bislang wenig Beachtung fand, aber durchaus fruchtbringend für künftige Denkansätze im Internationalen Management sein könnte. Wie wir bereits an der Geschichte der Elementenlehre gesehen haben ist dieses

Primodell kulturübergreifend in verschiedenen Teilen der Welt verwurzelt. Magische Denksysteme bilden insofern eine transkulturelle gemeinsame Basis der Menschheit. So stellte C.G. Jung aufgrund seiner umfassenden kulturübergreifenden Forschungen fest:

> „Nur auf dem Niveau der Astrologie, der Alchemie und der mantischen Prozeduren gibt es zwischen unserer und der chinesischen Einstellung keine prinzipiellen Unterschiede. Deshalb verlief auch die Entwicklung der Alchemie im Westen wie im Osten auf parallelen Bahnen und zu demselben Ziel mit zum Teil identischen Begriffsbildungen."[709]

Aus diesen gemeinsamen Denkwurzeln der verschiedenen Weltkulturen könnten im Internationalen Management neue Modelle entwickelt werden, welche dem Konfliktpotential des Multinationalen eine einigende Kraft entgegensetzen. Der im Internationalen Management vertretene komparative Ansatz könnte somit durch kulturhistorische und anthropologische Studien bereichert und ergänzt werden. Im Sinne eines „Globalen Managements" brächte das Wiederaufgreifen solcher universeller Denkmodelle aus den Schatzkammern der prämodernen Magie sicher eine bunte Vielfalt neuer Lösungsansätze. Kulturübergreifende Brücken, welche lange Zeit in den toten Winkeln der kollektiven Wahrnehmung verborgen waren, könnten wieder begehbar gemacht und auf aktuelle Problemstellungen angewendet werden. Diese Ausführungen über die magischen Praktiken des Managements sollen insofern nicht nur Anregung zur Kritik, sondern auch zur konstruktiven Bereicherung bestehender Modelle und Denkansätze sein.

Anhang

In der Urbildwelt			הזא Er Selbst	ברוש Der Gebenedeite	הקדו Der Heilige	
	יהוה	יההו	יוהה	הוהי	הויה	ההוי
In der geistigen Welt	Seraphim	Cherubim	Thron	Herrschaften	Gewalten	Tugenden
	Malchidiel	Aemodel	Ambriel	Muriel	Verchiel	Hamaliel
	Dau	Ruben	Juda	Manasse	Asser	Simeon
	Maleachi	Haggai	Sacharja	Amos	Hofea	Micha
	Matthias	Thaddäus	Simon	Johannes	Petrus	Andreas
In der himm-lischen Welt	Widder	Stier	Zwillinge	Krebs	Löwe	Jungfrau
	März	April	Mai	Juni	Juli	August
In der element-arischen Welt	Elelis-phakos	Aufrecht-stehendes Taubenkraut	Abwärts-gebogenes Taubenkraut	Beinheil	Schweine-brot	Wilde Münze
	Sardonyt	Carneol	Topas	Chalcedon	Jaspis	Smaragd
In der kleinen Welt	Haupt	Hals	Arme	Brust	Herz	Bauch
In der Unterwelt	Falsche Götter	Lügengeister	Gefässe der Ungerecht-igkeit	Rächer der Verbrechen	Zauberer	Gewalten der Luft

<table>
<tr><td></td><td></td><td colspan="3">אב בז ורוה הקרש
Vater, Sohn und heiliger Geist</td><td></td><td>Namen Gottes in zwölf Buchstaben</td></tr>
<tr><td>וההי</td><td>יוהה</td><td>היהו</td><td>יוהי</td><td>היוה</td><td>ההיו</td><td>Zwölf Kombinationen des großen Namens</td></tr>
<tr><td>Fürsten-tümer</td><td>Erzengel</td><td>Engel</td><td>Unschuld-ige</td><td>Märtyrer</td><td>Bekenner</td><td>Zwölf Ordnungen der seligen Geister</td></tr>
<tr><td>Zuriel</td><td>Barbiel</td><td>Adnachiel</td><td>Harael</td><td>Gabriel</td><td>Barchiel</td><td>Zwölf den Himmelszeichen vorgesetzte Engel</td></tr>
<tr><td>Isaschar</td><td>Benjamin</td><td>Nephtaiim</td><td>Gad</td><td>Zabulon</td><td>Ephraim</td><td>Zwölf Stämme</td></tr>
<tr><td>Jona</td><td>Obadja</td><td>Zephanja</td><td>Nahum</td><td>Habakuk</td><td>Joel</td><td>Zwölf Propheten</td></tr>
<tr><td>Bartholo-mäus</td><td>Philippus</td><td>Jakobus der Ältere</td><td>Thomas</td><td>Matthäus</td><td>Jakobus der Jüngere</td><td>Zwölf Apostel</td></tr>
<tr><td>Waage</td><td>Skorpion</td><td>Schütze</td><td>Steinbock</td><td>Wasser-mann</td><td>Fische</td><td>Zwölf Himmelszei-chen</td></tr>
<tr><td>Septemb.</td><td>Oktober</td><td>Novemb.</td><td>Dezemb.</td><td>Januar</td><td>Februar</td><td>Zwölf Monate</td></tr>
<tr><td>Skorpion-schwanz</td><td>Beifuß</td><td>Gauchheil</td><td>Sauer-ampfer</td><td>Schlangen-zehrwurz</td><td>Osterluzei</td><td>Zwölf Pflanzen</td></tr>
<tr><td>Beryll</td><td>Amethyst</td><td>Hyazinth</td><td>Chryso-pras</td><td>Kristall</td><td>Saphir</td><td>Zwölf Steine</td></tr>
<tr><td>Nieren</td><td>Zeugungs gungs-glieder</td><td>Hüften</td><td>Knie</td><td>Schienbein</td><td>Füße</td><td>Zwölf Hauptglieder</td></tr>
<tr><td>Furien, des Unheils Stifter-innen</td><td>Lästerer und Spione</td><td>Versucher und Nach-steller</td><td>Übeltäter</td><td>Abtrünnige</td><td>Un-gläubige</td><td>Zwölf Grade der Verdammten und bösen Geister</td></tr>
</table>

Analogieketten bei Agrippa, kabbalistische Leiter der Zahl Zwölf[710]

In der Urbildwelt, woher das Gesetz der Vorsehung stammt	יהוה				Namen Gottes in vier Buchstaben
In der geistigen Welt, woher das Gesetz des Schicksals	Seraphim, Cherubim, Throne	Herrschaften, Gewalten, Kräfte	Fürstentümer, Erzengel, Engel	Unschuldige, Märtyrer, Bekenner	Vier geistige Triplizitäten oder Verstandeshierarchien
	מיכאל Michael	רפאל Raphael	גבריאל Gabriel	אוריאל Uriel	Vier Engel, Vorsteher d. 4 Himmelsgegenden
	Seraph	Cherub	Tharsis	Ariel	Vier Vorsteher der Elemente
	Löwe	Adler	Mensch	Kalb	Vier geheiligte Tiere
	Dan, Asser, Naphtali	Juda, Isaschar, Zabulon	Manasse, Benjamin, Ephraim	Ruben, Simeon, Gad	Vier Triplizitäten der Stämme Israels
	Matthias, Petrus, Jakobus d. Ä.	Simon, Bartholomäus Matthäus	Johannes, Philippus, Jakobus d. J.	Thaddäus, Andreas, Thomas	Vier Triplizitäten der Apostel
	Markus	Johannes	Matthäus	Lukas	Vier Evangelisten
In der himmlischen Welt, woher das Gesetz der Natur	Widder, Löwe, Schütze	Zwillinge, Waage, Wassermann	Krebs, Skorpion, Fische	Stier, Jungfrau, Steinbock	Vier Triplizitäten der Himmelszeichen
	Mars und Sonne	Jupiter und Venus	Saturn und Merkur	Fixsterne und Mond	Sterne und Planeten in Bezug auf die Elemente
	Licht	Durchsichtigkeit	Beweglichkeit	Festigkeit	Vier Eigenschaften der himmlischen Elemente
In der elementarischen Welt, woher das Gesetz der Erzeugung und Verwesung	Feuer	Luft	Wasser	Erde	Vier Elemente
	Wärme	Feuchtigkeit	Kälte	Trockenheit	Vier Eigenschaften
	Sommer	Frühling	Winter	Herbst	Vier Jahreszeiten
	Morgen	Abend	Mitternacht	Mittag	Vier Weltgegenden
	Tiere	Pflanzen	Metalle	Steine	Vier Gattungen von gemischten Körpern
	Gehende	Fliegende	Schwimmende	Kriechende	Vier Tiergattungen
	Samen	Blüten	Blätter	Wurzeln	Vier den Elementen entsprechende Teile der Pflanzen
	Gold und Eisen	Kupfer und Zinn	Quecksilber	Blei und Silber	Den Elementen entsprechende Metalle
	Leuchtende und brennende	Leichte und durchsichtige	Helle und harte	Schwere und undurchsichtige	Den Elementen entsprechende Steine

<table>
<tr><td rowspan="9">In der kleinen Welt, dem Menschen, woher das Gesetz der Klugheit</td><td>Vernunft</td><td>Geist</td><td>Seele</td><td>Leib</td><td>Vier Elemente des Menschen</td></tr>
<tr><td>Verstand</td><td>Denk-vermögen</td><td>Phantasie</td><td>Gefühl</td><td>Vier Vermögen der Seele</td></tr>
<tr><td>Glaube</td><td>Wissenschaft</td><td>Meinung</td><td>Erfahrung</td><td>Vier Grundlagen der Beurteilung</td></tr>
<tr><td>Gerechtig-keit</td><td>Mäßigkeit</td><td>Klugheit</td><td>Tapferkeit</td><td>Vier moralische Tugenden</td></tr>
<tr><td>Gesicht</td><td>Gehör</td><td>Geschmack und Geruch</td><td>Gefühl</td><td>Den Elementen entsprechende Sinne</td></tr>
<tr><td>Geist</td><td>Fleisch</td><td>Säfte</td><td>Gebein</td><td>Vier Elemente des menschlichen Körpers</td></tr>
<tr><td>Tierischer Geist</td><td>Lebensgeist</td><td>Erzeugender Geist</td><td>Natürlicher Geist</td><td>Vierfache geistige Kräfte desselben</td></tr>
<tr><td>Choler-isches</td><td>Sanguinisches</td><td>Phlegma-tisches</td><td>Melan-cholisches</td><td>Vier Temperamente des Menschen</td></tr>
<tr><td>Heftigkeit</td><td>Munterkeit</td><td>Trägheit</td><td>Langsamkeit</td><td>Vier Temperamente-Beschaffenheit</td></tr>
<tr><td rowspan="3">In der Unterwelt, wo das Gesetz des Zorns und der Strafe</td><td>חמאל
Samael</td><td>עזאזל
Azazel</td><td>עזאזל
Azazel</td><td>מהזאל
Mehazael</td><td>Vier Fürsten der bösen Geister, in den Elementen verderblich</td></tr>
<tr><td>Phlegethon</td><td>Kokytus</td><td>Styr</td><td>Acheron</td><td>Vier Flüsse der Unterwelt</td></tr>
<tr><td>Oriens</td><td>Paymon</td><td>Egyn</td><td>Amaymon</td><td>Vier Fürsten der bösen Geister über die vier Weltgegenden</td></tr>
</table>

Analogieketten bei Agrippa: Die Leiter der Zahl Vier[711]

Agrippas Leiter der Zahl Vier ist vor allem in Zusammenhang mit dem Kapitel über die vier Temperamente im Management[712] interessant, da sie die Analogieketten der magischen Vierheit zusammenfasst. Aus den vier hebräischen Buchstaben des Namen Gottes (Tetragrammaton: Jod, He, Vau, He) in der tiefsten Primärmusterschicht an den Pforten zur Einzeit (bei Agrippa genannt Urbildwelt) differenzieren sich diese vier Archetypen immer weiter aus, je materieller die Erscheinungsebenen werden. In der geistigen Welt sind es bereits konturhaftere Archetypen oder Ideen wie Engel, geheiligte Tiere, Apostel oder Stämme Israels, welche diese unnambaren vier Buchstaben des Herrn repräsentieren. In der himmlischen Welt als erste sichtbare Ebene an den Fenstergläsern zur Scheinzeit stehen Planeten und Tierkreiszeichen mit diesen Urkräften in Analogie und bilden somit das Ziffernblatt der Zeitqualitätenuhr.

In der elementarischen Welt sind es in der Folge alle konkreten Erscheinungen der Tier- und Pflanzenwelt, welche ausgehend von den vier Elementen Feuer, Luft, Wasser und Erde die vier Grundenergien im Materiellen symbolisieren. In diese Erscheinungswelt eingebettet befindet sich auch die kleine Welt des Menschen, welche schlussendlich für unseren Vergleich magischer und wissenschaftlicher Persönlichkeitsmodelle die wichtigste Schicht darstellt. So wird hier analog zu den modernen Managementansätzen etwa dem erdigen Melancholiker als Grundlage der Beurteilung die Erfahrung zugeschrieben oder dem geistreichen Sanguiniker das Denkvermögen.

Die Unterwelt schließlich zeigt die Gesichter der vier Wurzelkräfte, wenn sie im Triebhaften entarten und ihre Schattenseiten offenbaren. Dämonen und böse Geister als magische Metaphern für psychische Krankheiten und Charakterschwächen zeigen hier die Gestalt der Grundprinzipien an, wenn sie sich am weitesten von ihrem reinen und unschuldigen Ausgangspunkt entfernt haben, ähnlich wie das beispielsweise die 3-D-Theorie von Reddin oder das LIFO®-Modell auch heute noch tun.[713]

10 Gebote	Glieder des irdischen Menschen	Mystisch. Glieder d. himml. Menschen	Myst. Glieder d. M. als Idee Gottes	Myst. Gl. i. d. Bezeichn. d. Orthod.	Namen Gottes	Entsprechende Sephiroth
1	Gehirn	Caelum Empyreum (Feuer-Himmel)	Haroth	Seraphim	אהיה Sum qui sum	Krone
2	Lunge	Primum Mobile	Ophanim	Cherubim	יה Wesen verleihendes Wesen	Weisheit
3	Herz	Fixsternhimmel	Aralim	Throne	יהוה Gott-Götter	Intelligenz
4	Magen	Saturn	Haschemalim	Herrschaften	אל Gott Schöpfer	Grösse
5	Leber	Jupiter	Seraphim	Kräfte	אלוה Gott der Mächtige	Stärke
6	Galle	Mars	Melachim	Mächte	אלהים Gott der Stärke	Schönheit
7	Milz	Sonne	Elohim	Fürstentümer	יהוה–באות Gott der Heerscharen	Sieg
8	Nieren	Venus	Ben Elohim	Erzengel	אלצים Herr der Heerscharen	Ruhm
9	Zeugungsorgane	Merkur	Cherubim	Engel	שדי Der Allmächtige	Fundament
10	Gebärmutter	Mond	Ischim	Seelen	אדני Der Herr	Reich

Kabbalistische Analogieketten der 10 Sephiroth[714]

Buchstaben		Universum	Jahr	Mensch	Moralische Welt
א	Aleph Luft	Atmosphäre	Gemässigt (Frühling Herbst)	Brust	Prinzipien des Gleichgewichts
מ	Mem Wasser	Erde	Winter (kalt)	Bauch (Unterleib)	Ebene der Schuld
ש	Schin Erde	Himmel (Feuer)	Sommer (heiss)	Kopf	Ebene des Verdienstes
ב	Bet	Saturn	Samstag *Samstag*	Mund	Leben und Tod
ג	Ghimel	Jupiter	Sonntag *Donnerstag*	rechtes Auge	Friede und Unglück
ד	Daleth	Mars	Montag *Dienstag*	linkes Auge	Weisheit und Torheit
כ	Kaf	Sonne	Dienstag *Sonntag*	rechtes Nasenloch	Reichtum und Armut
פ	Pe	Venus	Mittwoch *Freitag*	linkes Nasenloch	Bebauung und Wüste
ר	Resch	Merkur	Donnerstag *Mittwoch*	rechtes Ohr	Anmut und Häßlichkeit
ת	Thau	Mond	Freitag *Montag*	linkes Ohr	Herrschaft und Knechtschaft
ה	He	Widder	März	Leber	Gesicht und Blindheit
ו	Vau	Stier	April	Galle	Gehör und Taubheit
ז	Zain	Zwillinge	Mai	Milz	Geruch und Fehlen des Geruchs
ח	Het	Krebs	Juni	Magen	Wort und Stummheit
ט	Teth	Löwe	Juli	rechte Niere	Verschlucken und Hunger
י	Jod	Jungfrau	August	linke Niere	Beischlaf und Verschneidung
ל	Lamed	Waage	September	Darm	Zeugungsfähigkeit und Impotenz
נ	Nun	Skorpion	Oktober	Blinddarm	Gang und Hinken
ס	Samech	Schütze	November	rechte Hand	Zorn, Herausnahme der Leber
ע	(H)ain	Steinbock	Dezember	linke Hand	Lachen, Herausnahme der Milz
צ	Tsad	Wassermann	Januar	rechter Fuss	Gedanke, Herausnahme des Herzens
ק	Koph	Fische	Februar	linker Fuss	Schlaf und Erschlaffung

Kabbalistische Analogieketten der 22 hebräischen Buchstaben[715]

Das Standardmodell der Teilchenphysik

Leptonen			
	Elektron Masse 0,0005 GeV	**Myon** Masse 0,1 GeV	**Tau** Masse 1,8 GeV
	Elektron-Neutrino Masse < 3 eV	**Myon-Neutrino** Masse < 0,0002 GeV	**Tau-Neutrino** Masse < 0,018 GeV
Quarks			
	Up Masse ~0,004 GeV	**Charm** Masse ~1,3 GeV	**Top** Masse ~174 GeV
	Down Masse ~0,007 GeV	**Strange** Masse ~0,15 GeV	**Bottom** Masse ~4,2 GeV

Heute kennt man zwölf fundamentale Materieteilchen – je sechs Quarks und Leptonen. Alle Atome bestehen aus Elektronen in der Hülle sowie aus zwei Sorten von Quarks (*up* und *down*) in den Kernen. Die Kräfte werden durch Botenteilchen übertragen, die für jede Kraftart spezifisch sind: die elektromagnetische Kraft durch Photonen; die zwischen Quarks wirkende starke Kraft durch Gluonen; die schwache Kraft durch W- und Z-Bosonen; die Gravitation durch masselose Gravitonen.

	Gluon	Photon	W- und Z-Boson	Graviton
Träger der...	...starken Kraft	...elektromagnetischen Kraft	...schwachen Kraft	...Gravitation
Wirkt auf...	...Quarks und Gluonen	...Quarks, geladene Leptonen und W-Bosonen	...Quarks und Leptonen	...alle Teilchen
Verantwortlich für...	...Zusammenhalt des Protons, des Neutrons und der Atomkerne	...Chemie, Elektrizität und Magnetismus	...Radioaktivität und Prozesse in der Sonne	Zusammenhalt der Erde,der Sonne und des Planetensystems

Moderne Primärmuster I - Die Elemente der modernen Physik[716]

Perioden Orbitale	**Gruppen**																		**Energieniveaus Hauptquantenzahlen n**
	s-Elemente **(Hauptgruppen)**		d-Elemente **(Nebengruppen)**										p-Elemente **(Hauptgruppen)**						
	1	2	3	4	5	6	7	8	9	10	11	12	13	14	15	16	17	18	
1 1s	$_{1}$H																	$_{2}$He	K n=1
2 2s2p	$_{3}$Li	$_{4}$Be											$_{5}$B	$_{6}$C	$_{7}$N	$_{8}$O	$_{9}$F	$_{10}$Ne	L n=2
3 3s3p	$_{11}$Na	$_{12}$Mg											$_{13}$Al	$_{14}$Si	$_{15}$P	$_{16}$S	$_{17}$Cl	$_{18}$Ar	M n=3
4 4s3d4p	$_{19}$K	$_{20}$Ca	$_{21}$Sc	$_{22}$Ti	$_{23}$V	$_{24}$Cr	$_{25}$Mn	$_{26}$Fe	$_{27}$Co	$_{28}$Ni	$_{29}$Cu	$_{30}$Zn	$_{31}$Ga	$_{32}$Ge	$_{33}$As	$_{34}$Se	$_{35}$Br	$_{36}$Kr	N n=4
5 5s4d5p	$_{37}$Rb	$_{38}$Sr	$_{39}$Y	$_{40}$Zr	$_{41}$Nb	$_{42}$Mo	$_{43}$Tc*	$_{44}$Ru	$_{45}$Rh	$_{46}$Pd	$_{47}$Ag	$_{48}$Cd	$_{49}$In	$_{50}$Sn	$_{51}$Sb	$_{52}$Te	$_{53}$I	$_{54}$Xe	O n=5
6 6s(4f)5d6p	$_{55}$Cs	$_{56}$Ba	57-71 La-Lu	$_{72}$Hf	$_{73}$Ta	$_{74}$W	$_{75}$Re	$_{76}$Os	$_{77}$Ir	$_{78}$Pt	$_{79}$Au	$_{80}$Hg	$_{81}$Tl	$_{82}$Pb	$_{83}$Bi	$_{84}$Po*	$_{85}$At*	$_{86}$Rn*	P n=6
7 7s(5f)6d	$_{87}$Fr*	$_{88}$Ra*	89-103* Ac-Lr	$_{104}$Rf*	$_{105}$Db*	$_{106}$Sg*	$_{107}$Bh*	$_{108}$Hs*	$_{109}$Mt*	$_{110}$Uun*	$_{111}$Uuu*	$_{112}$Uub*	(113)	(114)	(115)	(116)	(117)	(118)	Q n=7
	s^1	s^2	d^1	d^2	d^3	d^4	d^5	d^6	d^7	d^8	d^9	d^{10}	p^1	p^2	p^3	p^4	p^5	p^6	

→ Transactinoide

f-Elemente **(innere Nebengruppen)**

Lanthanoide	$_{58}$Ce	$_{59}$Pr	$_{60}$Nd	$_{61}$Pm*	$_{62}$Sm	$_{63}$Eu	$_{64}$Gd	$_{65}$Tb	$_{66}$Dy	$_{67}$Ho	$_{68}$Er	$_{69}$Tm	$_{70}$Yb	$_{71}$Lu
Actinoide	$_{90}$Th*	$_{91}$Pa*	$_{92}$U*	$_{93}$Np*	$_{94}$Pu*	$_{95}$Am*	$_{96}$Cm*	$_{97}$Bk*	$_{98}$Cf*	$_{99}$Es*	$_{100}$Fm*	$_{101}$Md*	$_{102}$No*	$_{103}$Lr*
	f^1	f^2	f^3	f^4	f^5	f^6	f^7	f^8	f^9	f^{10}	f^{11}	f^{12}	f^{13}	f^{14}

→ Transurane → Transfermium-Elemente

Moderne Primärmuster II – Periodensystem der chemischen Elemente[717]

Zutaten für ein Universum

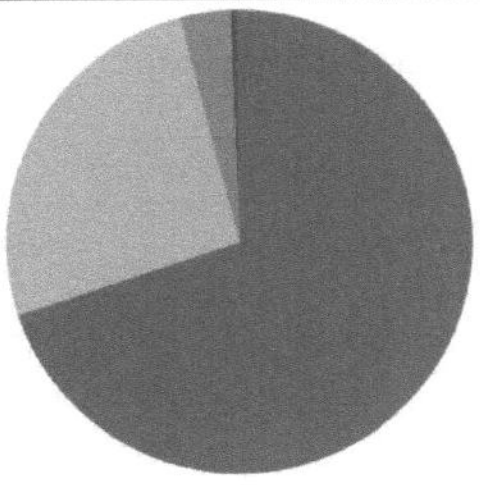

70,0% dunkle Energie
26,0% exotische dunkle Materie
3,5% gewöhnliche nichtleuchtende Materie
0,5% gewöhnliche sichtbare Materie
0,005% Strahlung

Das Universum besteht hauptsächlich aus dunkler Energie, die entweder von der kosmologischen Konstante herrührt oder von einem Quantenfeld namens Quintessenz. Weitere Zutaten sind die aus exotischen Elementarteilchen bestehende dunkle Materie, gewöhnliche Materie – nichtleuchtende und sichtbare – und ein wenig Strahlung. Auf Grund von Rundungsfehlern ergeben die Anteile nicht exakt 100 Prozent.

Die Quintessenz als allumfassende Bindesubstanz der sichtbaren Materie heute[718]

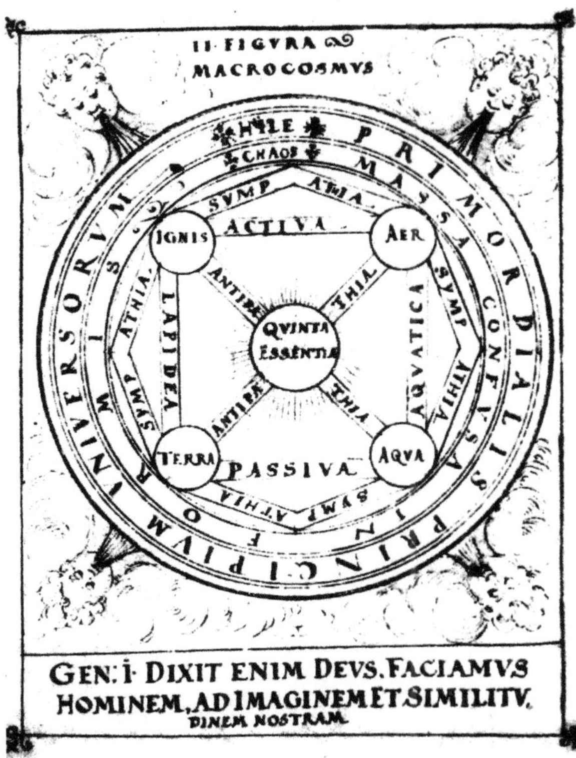

Der Makrokosmos: Das Chaos der Hyle wird geordnet durch die vier Elemente; die vier Elemente werden verbunden durch die Quintessenz[719]

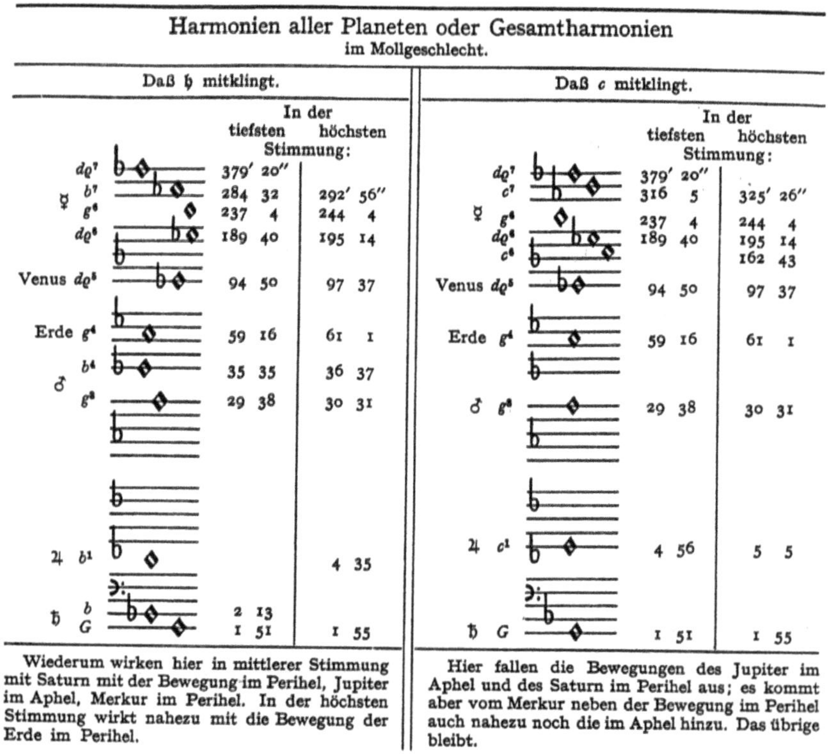

Harmonien aller Planeten oder Gesamtharmonien

im Mollgeschlecht.

Daß ♮ mitklingt.

Planet	Ton	In der tiefsten Stimmung:	In der höchsten Stimmung:
	$d\varrho^{7}$	379′ 20″	
☿	b^{7}	284 32	292′ 56″
	g^{6}	237 4	244 4
	$d\varrho^{6}$	189 40	195 14
Venus	$d\varrho^{5}$	94 50	97 37
Erde	g^{4}	59 16	61 1
♂	b^{4}	35 35	36 37
	g^{3}	29 38	30 31
♃	b^{1}		4 35
♄	b	2 13	
	G	1 51	1 55

Wiederum wirken hier in mittlerer Stimmung mit Saturn mit der Bewegung im Perihel, Jupiter im Aphel, Merkur im Perihel. In der höchsten Stimmung wirkt nahezu mit die Bewegung der Erde im Perihel.

Daß *c* mitklingt.

Planet	Ton	In der tiefsten Stimmung:	In der höchsten Stimmung:
	$d\varrho^{7}$	379′ 20″	
	c^{7}	316 5	325′ 26″
☿	g^{6}	237 4	244 4
	$d\varrho^{6}$	189 40	195 14
	c^{6}		162 43
Venus	$d\varrho^{5}$	94 50	97 37
Erde	g^{4}	59 16	61 1
♂	g^{3}	29 38	30 31
♃	c^{1}	4 56	5 5
♄	G	1 51	1 55

Hier fallen die Bewegungen des Jupiter im Aphel und des Saturn im Perihel aus; es kommt aber vom Merkur neben der Bewegung im Perihel auch nahezu noch die im Aphel hinzu. Das übrige bleibt.

Analogien zwischen den Umlaufbahnen der Planeten und musikalischen Harmonien in Johannes Keplers „Weltharmonik" (1619)[720]

Die Entstehung der Syphilis aus dem Syphilisblatt des Arztes Ulsenius (1496)[721]

Wie im Kapitel über die vier Temperamente beschrieben[722] wurde das Entstehen der Syphilis im Jahre 1484 vom damaligen offiziellen Zeitgeist vorrangig mittels astrologischer Gestirnspositionen erklärt. Der Tierkreis in diesem Holzschnitt von Albrecht Dürer zeigt Sonne, Mond und vier Planeten im Skorpion, sowie Mars im Widder, was den Gelehrten des 15. Jahrhunderts durchaus als plausible Erklärung für das Auftauchen der Lustseuche genügte.

Der Tierkreiszeichenmann
aus dem Stundenbuch des Herzogs von Berry, 16. Jahrhundert

Nach dem Prinzip der Entsprechung von Makrokosmos und Mikrokosmos werden die zwölf Tierkreiszeichen den Teilen des menschlichen Körpers zugeordnet. Folgender Auszug aus dem „Corpus Hermeticum", entstanden zwischen dem 1. und dem 3. Jhdt. n. Chr., verdeutlicht dies:

> „Wie unten, so oben, wie oben, so unten; so vollendet sich das Wunder des ganzheitlichen Universums."[723]

Umberto Eco beschreibt dieses Prinzip anschaulich in seinem Werk „Die Suche nach der vollkommenen Sprache":

> „Unter den Anregungen, die das Corpus Hermeticum zu bieten hatte, war auch eine magisch-astrologische Sicht des Kosmos. Die Himmelskörper üben Kräfte und Einflüsse auf die irdischen Dinge aus, und wer die planetarischen Gesetze kennt, kann diese Einflüsse nicht nur voraussehen, sondern auch lenken. Es gibt ein Sympathieverhältnis zwischen dem Makrokosmos des Universums und dem Menschen als Mikrokosmos, und man kann durch astrale Magie auf das Kraftfeld dieses Verhältnisses einwirken."[724]

Die Planeten mit ihren Kindern,
Holzschnitt von Hans Sebald Beham, um 1530[725]

Mars kinder machen manchen haß
Wissen nit wie / warumb / vnd waß

In Siben hundert acht vnd zweintzig tagen
Mag ich mich durch die wolcken tragen.

Die Sunn über aller Planeten schein
Recht freündtlich sein die kinder mein

Inn .3 6 5. tagen behent
Durch lauffe ich die firmament.

Luna Kind man nicht zemen kan
Ihre kind seind nyemandt vnterthan.

In Acht vnd zwentzig tag vnd nacht
Wirt auch mein gantzer lauff verbracht

Venus kind sind frölich geren
Bůlschafft liebt yhn für als auff eren.

Inn .3 6 5. tagen gering
Ich meinen gantzen lauff verbring

Jupiter tugenthafft vnd gůt
Meine kind weyß/zuchtig wolgemůt

Ich kan in zwelff Jaren
Des gantzen himels lauff vmbfaren.

Quellen

Vorwort & Einleitung

[1] Niederwieser (2002)
[2] siehe S. 63f
[3] S. 166ff
[4] S. 33ff und S. 237ff
[5] S. 74f und S. 241ff
[6] in der Auflage von Neuberger (1995); in der 6. Auflage „Führen und führen lassen" wurde „Über die magischen Praktiken des Managements" dann erstmals zitiert: Neuberger (2002), S. 670f
[7] siehe u.a. Neuberger (1992) oder Kieser (1997)
[8] vgl. u.a. Legge (1995)
[9] siehe S. 270f
[10] vgl. Wimmer (1998), S. 47f und S. 598ff
[11] vgl. Riedl in Watzlawick (1985), S. 76f
[12] zahlreiche weitere Beispiele für die magischen Praktiken des Managements in Bereichen wie Planung, Marktforschung oder Börsenprognostik finden sich in meiner Prognostik-Buchreihe
[13] vgl. Laske / Weiskopf (1996), v.a. S. 303ff
[14] vgl. Kieser (1997)
[15] Über den Begriff der „Denkkollektive" siehe Fleck (1935)

01. Theorien des Fortschritts

[16] Goldmann (1998), S. 8747
[17] vgl. Gorbach / Weiskopf (1993), S. 173
[18] Goldmann (1998), S. 2707
[19] Comte (1824), S. 2
[20] Rousseau in Störig (1992), S. 377
[21] einen guten Überblick über die Vielfalt zyklischer Geschichtskonzepte gibt der Sammelband von Engels (2015)
[22] siehe Niederwieser (2019) im zweiten Teil „Zyklische Zeitmodelle"
[23] laut Fenske (1996), S. 507
[24] Nietzsche (1885), S. 163
[25] Nietzsche (1885), S. 164
[26] Nietzsche (1980), S. 374
[27] Schopenhauer (1819), S. 162
[28] Schopenhauer (1819), S. 41
[29] Zusammenfassungen u.a. Neuberger (1995), S. 238ff und Wimmer (1998), S. 23ff
[30] vgl. u.a. Briggs/ Peat (1990)
[31] Meldung ORF, ZiB 1 vom 27.3.2001
[32] Schopenhauer (1819), S. 72
[33] vgl. Watzlawick (1985), S. 218ff
[34] Kuhn (1967), S. 210
[35] Kuhn (1967), S. 211
[36] Pauli (1961), S. 102, Aufsatz „Die Wissenschaft und das abendländische Denken" (1956)
[37] Hegel (1961), S. 108
[38] Hegel (1961), S. 118
[39] Hegel (1961), S. 48
[40] Hegel (1961), S. 61
[41] Hegel (1961), S. 61
[42] Hegel (1961), S. 105
[43] Hegel (1961), S. 168
[44] Ganz im Gegensatz dazu positioniert sich Schopenhauer mit seinem sehr kritischen Blick auf die Überlegenheitsphantasien seiner deutschen Landsleute, siehe Fried (2018), S. 163f
[45] Hegel (1961), S. 158
[46] Schopenhauer (1819), S. 69
[47] Schopenhauer (1819), S. 71
[48] Schopenhauer (1819), S. 46
[49] Schopenhauer (1819), S. 85
[50] Schopenhauer (1819), S. 125
[51] Schopenhauer (1819), S. 120
[52] Schopenhauer (1819), S. 191
[53] Schopenhauer (1819), S. 267
[54] Schopenhauer (1819), S. 262
[55] Schopenhauer (1819), S. 263
[56] Schopenhauer (1819), S. 234
[57] Schopenhauer (1819), S. 249
[58] Schopenhauer (1819), S. 249
[59] Schopenhauer (1819), S. 214
[60] Schopenhauer (1819), S. 242
[61] das Wort „Mein-ung" ist ungemein bezeichnend. Es steht für das „Mein-machen" einer fremden Vorstellung, eines fremden Modells.
[62] mehr zur Archetypentheorie von C.G. Jung siehe S. 83ff
[63] siehe Ausführungen über das Phänomen der Reaszendenz, S. 74f und S. 241ff
[64] siehe auch „Das Maskenspiel der Zeitgeister", S. 237ff, sowie S. 34f
[65] Offiziell gibt es das Wort „Zeitgeist" nur im Singular, als Summe der Denkweisen und geistigen Leitthemen einer Generation oder einer Epoche. Da es jedoch so viele verschiedene Generationen und Epochen gibt, ist die

Verwendung des Plurals legitim, um die „Zeitgeister" in ihrer Abfolge, in ihrem Wechselspiel und in ihrer gegenseitigen Durchdringung zu bezeichnen. Schließlich sind es tatsächlich Geister, Gespenster die als Trends und Moden durch unsere Gehirne spuken.

[66] Die verschiedenen Arten und Gründe der Reaszendenz erläutere ich auf S. 241ff

02. Magie & Wissenschaft

[67] eine der umfassendsten Arbeiten zur Vielfältigkeit des Magiebegriffs ist das 700-seitige Werk „Magie: Rezeptions- und diskursgeschichtliche Analysen von der Antike bis zur Neuzeit" von Bernd-Christian Otto (2011)

[68] Mauss (1974), S. 53

[69] Braune (1939), S. 189

[70] Harmening (1991), S. 9

[71] Goldmann (1998), S. 6250

[72] selbst Albert Einstein, Synonym für den genialsten Physiker der Moderne, sprach oft über seinen Glauben an Gott, siehe u.a. Fischer in Balsiger (2007), S. 169ff

[73] vgl. Mauss (1974), S. 45

[74] Lehmann (1908), S. 6

[75] Lehmann (1908), S. 1

[76] vgl. Gould (1983) und Niederwieser (2016), S. 92f

[77] vgl. Lehmann (1908) im Vorwort

[78] Lehmann (1908), insb. S. 380ff

[79] übersetzt aus Bok / Jerome / Kurtz (1975) im Namen von 186 führenden Wissenschaftlern in „The Humanist" (Sept./Okt. 1975)

[80] vgl. Feyerabend (1980), S. 181ff

[81] Feyerabend (1980), S. 183

[82] Feyerabend (1980), S. 97

[83] Feyerabend (1980), S. 189

[84] Mittlerweile ist Feyerabends Vision der pluralistischen Gesellschaft Wirklichkeit geworden, allerdings anders als er es sich vorgestellt hat. So haben im Lauf der 2010er Jahre das Internet und die Suchmaschine Google den etablierten Schulen und Universitäten schleichend den Rang abgelaufen als Erkenntnisquelle No. 1. Daran kann auch die Fake News Diskussion der späten 2010er Jahre nichts ändern. Es bleibt abzuwarten, wohin diese neue anarchistische Erkenntnispraxis die Menschheit führen wird.

[85] Feyerabend (1980), S. 123

[86] vgl. Abbildung auf S. 30

[87] siehe S. 22f und 40f

[88] Agrippa (1510), S. 179 im Kapitel „Von der Notwendigkeit der mathematischen Wissenschaften und von den vielen wunderbaren Wirkungen, welche allein durch dieselben erzielt werden"

[89] Agrippa (1510), S. 179 im Kapitel „Von der Notwendigkeit der mathematischen Wissenschaften und von den vielen wunderbaren Wirkungen, welche allein durch dieselben erzielt werden"

[90] Mauss (1974), S. 57

[91] Lévi in Miers (1993), S. 583

[92] Agrippa (1510), S. 354 im Kapitel „Vom Stillschweigen und der Verbergung religiöser Geheimnisse"

[93] vgl. Arnold (1971), S. 187ff; Silbernagel (1868), S. 96ff, 120ff; auch Eco (1994), S. 135ff

[94] der Begriff der „Vorstellung" kommt hier auch in seiner zweiten Bedeutung als „Aufführung" zum tragen

[95] „Wissen ist Macht" - Francis Bacon (1561 – 1626), Rosenkreuzer und Begründer des Empirismus

[96] in Anlehnung an die „Motipulation" von Sprenger (1991)

[97] Mauss (1974), S. 173

[98] Grimm in Mauss (1974), S. 56

[99] vgl. Fleck (1935), S. 135

[100] Kuhn (1967), S. 25

[101] vgl. S. 37

[102] siehe S. 12f

[103] Neuberger (1992), S. 4ff

[104] siehe S. 225ff

[105] Mauss (1975), S. 175

[106] Lehmann (1908), S. 1

[107] Lehmann (1908), S. 2

[108] Lehmann (1908), S. 2

[109] Kuhn (1967), S. 16

[110] eine historische Analyse der wissenschaftlichen Paradigmenwandlungen wäre im Rahmen dieser Arbeit zu umfassend, weshalb ich diesbezüglich auf das Buch „Die Ordnung der Dinge" von Foucault (1971) verweisen möchte. Darin werden die Hintergründe der Diskontinuitäten offizieller Denksysteme vom Mittelalter über die Klassik (ab etwa 1650) bis hin zur Moderne (ab etwa 1800) detailliert dargelegt.

[111] Kepler (1619), S. 175ff, vgl. auch S. 65ff

[112] Kepler (1619), S. 269

[113] Guicciardini (1999), S. 43

[114] Anm.: Das dritte Planetengesetz, aufgrund dessen das „Buch der Weltharmonik" in Phy-

sikbüchern als eines der Grundwerke moderner Physik bezeichnet wird, ist in diesem Werk tatsächlich lediglich in einem Unterkapitel des „magischen" Grundgedankens einer großen Analogie aller Erscheinungsebenen erwähnt.

[115] vgl. Wimmer/Neuberger (1998), S. 85ff; auch Neuberger (1994), S. 63ff und S. 169

[116] Theorie und Praxis sogenannter „idiosyncratic jobs", welche zum Stellenwert durch Eigenwert zurückfinden wollen, stecken noch in den Kinderschuhen, siehe Wimmer/Neuberger (1998), S.94ff

[117] Für Leser späterer Jahrzehnte: Zumindest war das so als ich im Jahr 2001 diesen Text schrieb und im Jahr 2018 erneuerte.

[118] vgl. Foucault in Laske, Weiskopf (1996), S. 319; weitere spannende Machtmechanismen des Human Resources Managements aus der Perspektive von Foucaults Philosophie in Weiskopf (2012)

[119] Für eine ausführliche Analyse dieser Thematik siehe Kapitel „Big Data und Smart Data" in Niederwieser (2016), S. 291ff

[120] vgl. Abbildung auf S. 30

[121] vgl. Abbildung auf S. 30

[122] Schmölders (1995), S. 99

[123] vgl. Schmölders (1995), S. 99f

[124] Heinze in Sarges (1995), S. 471

[125] vgl. Meier (1978) in Sarges (1995), S. 474

[126] vgl. Sarges (1995), S. 472ff

[127] Heinze in Sarges (1995), S. 472f

[128] Heinze in Sarges (1995), S. 473

[129] Heinze in Sarges (1995), S. 474

[130] Schmölders (1995), S. 104

[131] Heinze in Sarges (1995), S. 471

[132] siehe Niederwieser (2016), S. 143ff

[133] Überhaupt ist es bemerkenswert, dass sich gerade Pseudowissenschaften wie die „Management-Diagnostik" besonders vehement von esoterischen Methoden abgrenzen und gleich mit der Keule der Geldmacherei um sich schlagen, so als ob sie ihre eigenen wachsweichen Methoden und Studien kostenlos anbieten würden.

[134] Sarges (2013), S. 767

[135] Kepler (1619), S. 176ff

[136] Kepler (1619), S. 178

[137] Kepler (1619), S. 179

[138] vgl. Ausführungen zu Feyerabend auf S. 40f

[139] ausführlich zur Diskussion „Nomothetisch versus Idiographisch" siehe S. 248ff

[140] Stiglitz (1989), S. 62

[141] nach Varian (1995), S. 476

[142] Varian (1995), S. 482ff

[143] Stiglitz (1989), S. 64ff

[144] vgl. Abbildung auf S. 30

[145] siehe S. 44ff

[146] Foucault (1971), S. 19

[147] in Anlehnung an Huxley (1946), S. 10

[148] über Primodelle siehe S. 33ff

[149] Niederwieser (2016), S. 111f

[150] „Die drei Arten der Reaszendenz" auf S. 241ff

03. Das magische Weltbild

[151] Brockhaus (1986), S. 527

[152] Goldmann (1998), S. 380

[153] Goldmann (1998), S. 380

[154] Brockhaus (1986), S. 528

[155] Keplers „Exkurs über die drei Mittel" S. 65ff

[156] Hawking (1988), S. 62

[157] Greene (2000), S. 172

[158] Smith (2001), S. 35

[159] Brockhaus (1986), S. 528

[160] Anm.: aus der verborgenen Welt hinter den toten Winkeln der kollektiven Wahrnehmung

[161] Brockhaus (1986), S. 528

[162] Foucault (1971), S. 46

[163] vgl. Foucault (1971), S. 47ff

[164] Giambattista della Porta (1680) in Foucault (1971), S. 48

[165] Kepler (1619), S. 259

[166] siehe Abbildung „Die musikalischen Harmonien der Planeten bei Kepler" im Anhang, S. 284

[167] Agrippa (1510), S. 44

[168] Agrippa (1510), S. 49

[169] Agrippa (1510), S. 51

[170] nach Agrippa (1510), S. 214, vgl. auch Abbildungen im Anhang, S. 276ff

[171] zur Analogie zwischen Makrokosmos und Mikrokosmos siehe Anhang S. 287

[172] Böhme (1996), S. 166

[173] Jung (1934) in Jung (1990), S. 7

[174] Jung (1936) in Jung (1990), S. 45

[175] vgl. Abbildung S. 30

[176] Jung (1934) in Jung (1990), S. 8

[177] Jung (1936) in Jung (1990), S. 45

[178] Jung (1936) in Jung (1990), S. 46

[179] Jung (1936) in Jung (1990), S. 46

[180] Jung in Pauli (1961), S. 119ff

[181] Pauli (1961), S. 113 im Aufsatz „Naturwissenschaftliche und erkenntnistheoretische Aspekte der Ideen vom Unbewußten"

[182] Pauli (1961), S. 125

[183] zu den Primodellen siehe S. 33ff
[184] Beispiele auf S. 62f
[185] mehr zu diesem Thema im Kapitel „Die Fleischwerdung von Analogismen", S. 223ff

04. Archetypen im Management

[186] nach Friedmann (2000), S. 18
[187] vgl. Friedmann (2000), S. 68ff
[188] vgl. Friedmann (2000), S. 81ff
[189] vgl. Friedmann (2000), S. 88ff
[190] Friedmann (2000), S. 94ff
[191] Friedmann (2000), S. 105ff
[192] Friedmann (2000), S. 23
[193] vgl. Friedmann (2000), S. 146ff
[194] Friedmann (2000), S. 183
[195] nach Friedmann (2000), S. 184
[196] Friedmann (2000), S. 178
[197] vgl. Friedmann (2000), S. 30ff
[198] Friedmann (2000), S. 30
[199] siehe Friedmann (2005, 2013, 2014)
[200] siehe auch „Der Trick mit der Trademark" auf S. 234ff und „Vom Persönlichkeitsmodell zum Geschäftsmodell" auf S. 256ff
[201] Niederwieser (2016), S. 193
[202] eigene Auskunft unter http://www.ilp-fachschulen.de/content/ilpfachschulen/ - aufgerufen am 08.09.2017
[203] http://www.ilp-fachschule-stuttgart.de/ - aufgerufen am 08.09.2017
[204] siehe http://lösungs-coaches.com/ - aufgerufen am 08.09.2017
[205] https://www.facebook.com/ILPCoaching - aufgerufen am 08.09.2017
[206] Neuberger (1995) , S. 41
[207] Neuberger (1995), S. 42
[208] Neuberger (1995), S. 42
[209] Neuberger (1995), S. 42
[210] Neuberger (1995), S. 43
[211] Neuberger (1995), S. 44
[212] Neuberger (1995), S. 45
[213] Neuberger (1995), S. 47
[214] Neuberger (1995), S. 48
[215] zur Traumsymbolik des Individuationsprozesses vgl. Jung (1944) in Jung (1997), S. 171ff
[216] Neuberger (1995), S. 54f
[217] Neuberger (1995), S. 57
[218] Kötting in Schimansky (2004), S. 727ff
[219] umfassend dargestellt in Pitcher (1997)
[220] übersetzt aus Pitcher (1993), S. 48
[221] übersetzt aus Pitcher (1993), S. 49
[222] übersetzt aus Pitcher (1993), S. 49
[223] nach Pitcher (1993), S. 52
[224] übersetzt aus Pitcher (1993), S. 50
[225] übersetzt aus Pitcher (1993), S. 52f
[226] übersetzt aus Pitcher (1993), S. 53
[227] nach Pitcher (1993), S. 53
[228] Pitcher (1997)
[229] Pitcher (2008)
[230] nach Pitcher (1993), S. 54
[231] übersetzt aus Pitcher (1993), S. 55
[232] übersetzt aus Pitcher (1993), S. 56
[233] in den Leitern Agrippas (vgl. S. 81 und S. 276ff) wird dies ausgedrückt durch die Schichtung in Urbildwelt, geistige Welt und himmlische Welt, sowie den bereits differenzierteren Welten der Elemente und des Menschen.
[234] Niederwieser (2016), v.a. S. 236ff

05. Polarität und Introversion-Extraversion

[235] Böhme (1996), S. 33
[236] vgl. Lanczkowski (1989), S. 38
[237] Wilhelm (1973), S. 28
[238] Sarges (1995), S. 353
[239] Sarges (1995), S. 353
[240] Jung (1960), S. 146f
[241] Jordan (1896) in Jung (1960), S. 156; auch Jordan (1886)
[242] Jung (1960), S. 323
[243] James (1911) in Jung (1960), S. 323f
[244] Jung (1960), S. 324
[245] nach Jung (1960), S. 323f
[246] Jung (1960), S. 467
[247] Jung (1960), S. 480
[248] Bartussek in Sarges (1995), S. 354f
[249] Bartussek in Sarges (1995), S. 359
[250] Bartussek in Sarges (1995), S. 361
[251] Bartussek in Sarges (1995), S. 363
[252] nach Sarges (1995), S. 362
[253] Sarges (1995), S. 362

06. Die klassischen vier Temperamente

[254] vgl. Abbildungen der modernen Elemente in Physik und Chemie im Anhang, S. 282
[255] Aristoteles (1970), S. 116f
[256] Böhme (1996), S. 93f
[257] vgl. Böhme (1996), S. 100ff
[258] aus Kepler (1619), S. 74f
[259] Böhme (1996), S. 112

[260] über die theoretischen Hintergründe der Herleitung der Elemente aus gerade diesen Sinnesqualitäten siehe Böhme (1996), S. 115ff und Stuckrad (2007), S. 84f
[261] siehe hierzu Anhang S. 282
[262] vgl. Abbildungen zur Quintessenz einst und heute im Anhang, S. 283
[263] Ekschmitt (1989), S. 128
[264] Ekschmitt (1989), S. 328; siehe auch Heiduk (2007), S. 88, 99
[265] Ostriker/Steinhardt (2001), S. 33, vgl. auch Abbildungen zur Quintessenz heute im Anhang, S. 283
[266] nach Crowley (1944), S. 266
[267] siehe u.a. Hayek in Lackner (2017), S. 533ff; Referenzen zu weiteren Ausführungen über die fünf Elemente im Index unter „five phases", S. 579; zahlreiche historische Texte hierzu auch in Harper / Kalinowski (2017) im Index unter „five agents", S. 506f
[268] nach Wilhelm (1973), S. 325
[269] nach Szabó (1985), S. 47f – Die Authentizität aller Darstellungen germanischer Mythologie ist mit Vorsicht zu genießen, da es zu diesem Thema keine schriftlichen Originalquellen gibt, sondern lediglich Spekulationen des Esotainments. Insofern soll dieses Beispiel vor allem der Veranschaulichung der Elementenkombinatorik dienen.
[270] Jung (1960), S. 552
[271] siehe u.a. Kant (1798), S. 212ff
[272] Böhme (1996), S. 164
[273] Hippokrates (1994), S. 63f
[274] Böhme (1996), S. 166
[275] aus Schöner (1964), Anhang – Abbildung mit freundlicher Genehmigung des Franz Steiner Verlags Stuttgart
[276] Kapitel über das Team Management System auf S. 186ff
[277] vgl. Abbildung „Analogieketten bei Agrippa: Die Leiter der Zahl Vier" im Anhang, Spalte „Vier Triplizitäten der Himmelszeichen", S. 278f
[278] Reißer (1997), S. 319
[279] Pitchers Mischtypendarstellung auf S. 101
[280] vgl. Kapitel „Analogiedenken im magischen Weltbild", S. 76ff
[281] aus Cod. Guelf. 8.7. Aug. 40 HAB, Wolfenbüttel, Anfang 16. Jahrhundert
[282] Böhme (1996), S. 169f
[283] Bloch (1901) in Fleck (1935), S. 4; siehe auch Abbildung „Die Entstehung der Syphilis aus dem Syphilisblatt des Arztes Ulsenius (1496)" im Anhang, S. 285
[284] Eine besonders schöne Darstellung des sogenannten „Tierkreis-Mannes", einer menschlichen Figur, deren Körperteilen das jeweilige Zodiakalzeichen mit Verbindungsstrichen zugewiesen wurde (meist zum Zweck des Aderlasses), findet sich im Anhang, Abbildung „Der Tierkreiszeichenmann aus dem Stundenbuch des Herzogs von Berry", S. 286
[285] Manilius (1990), S. 141
[286] Reißer (1997), S. 33
[287] alle vier Temperamentbilder aus dem Codex Schürstab: Zürich, Zentralbibliothek, Ms. C 54, f. 1v – Codex Schürstab (https://www.e-codices.ch/de/list/one/zbz/C0054)
[288] Reißer (1997), S. 216f
[289] aus dem Komplexionstext „Ordnung der Gesundheit" (1510) in Reißer (1997), S. 323
[290] Reißer (1997), S. 217
[291] aus dem Komplexionstext „Ordnung der Gesundheit" (1510) in Reißer (1997), S. 323
[292] aus dem Codex Schürstab (um 1465) in Reißer (1997), S. 320
[293] aus dem Codex Schürstab (um 1465) in Reißer (1997), S. 320
[294] aus dem Komplexionstext „Ordnung der Gesundheit" (1510) in Reißer (1997), S. 323
[295] aus „Laufenberg-Regimen" (um 1475) in Reißer (1997), S. 322
[296] aus dem Codex Schürstab (um 1465) in Reißer (1997), S. 319
[297] ein zusammenfassender Artikel der „Vier Temperamente im Management" findet sich in Niederwieser (2017)

07. Die vier Temperamente im Management

[298] sehr schöne Darstellungen der Planetenbilder von Hans Sebald Beham gibt es im Anhang, S. 288ff
[299] Agrippa (1510), S. 114f
[300] Scheelen (2009), S. 216
[301] Reißer (1997), S. 215, siehe auch Abbildungen A.12 im Anhang, S. 168ff
[302] Scheelen (2009), S. 188
[303] Weber (1922), S. 122ff
[304] Neuberger (1995), S. 25
[305] Werhahn (1989) in Matthiesen (1995), S. 41
[306] übersetzt aus Schein (1965), S. 47
[307] Neuberger (1995), S. 26

[308] Schein (1965), S. 48
[309] nach Schein (1965), S. 48
[310] übersetzt aus Schein (1965), S. 51
[311] übersetzt aus Schein (1965), S. 52
[312] nach Schein (1965), S. 57
[313] Neuberger (1995), S. 94
[314] nach Schein (1965), S. 60
[315] Neuberger (1995), S. 27f
[316] Schein (1965), S. 48
[317] aus dem Codex Schürstab (um 1465) in Reißer (1997), S. 319
[318] aus dem Komplexionstext „Ordnung der Gesundheit" (1510) in Reißer (1997), S. 323
[319] aus „Laufenberg-Regimen" (um 1475) in Reißer (1997), S. 322
[320] nach Matthiesen (1995), S. 78
[321] aus dem Komplexionstext „Ordnung der Gesundheit" (1510) in Reißer (1997), S. 323
[322] Reißer (1997), S. 216f
[323] aus dem Komplexionstext „Ordnung der Gesundheit" (1510) in Reißer (1997), S. 323
[324] Maccoby (1977), S. 35
[325] Maccoby (1977), S. 35
[326] Reißer (1997), S. 319
[327] Neuberger (1995), S. 28
[328] Maccoby (1977), S. 36
[329] Maccoby (1977), S. 39f
[330] aus „Laufenberg-Regimen" (um 1475) in Reißer (1997), S. 322
[331] Maccoby (1977), S. 41f
[332] Maccoby (1977), S. 37
[333] Neuberger (1995), S. 29
[334] aus dem Komplexionstext „Ordnung der Gesundheit" (1510) in Reißer (1997), S. 323
[335] Maccoby (1977), S. 37
[336] Maccoby (1977), S. 76
[337] Maccoby (1977), S. 77
[338] Maccoby (1977), S. 37f
[339] Maccoby (1977), S. 85
[340] aus dem Komplexionstext „Ordnung der Gesundheit" (1510) in Reißer (1997), S. 323
[341] aus dem Codex Schürstab (um 1465) in Reißer (1997), S. 320
[342] Maccoby (1977), S. 94
[343] Neuberger (1995), S. 30
[344] nach Maccoby (1977), S. 90
[345] Reddin (1977), S. 25
[346] nach Reddin (1977), S. 44
[347] Reddin (1977), S. 43
[348] Reißer (1997), S. 319
[349] Reddin (1977), S. 50
[350] Reißer (1997), S. 262
[351] Reddin (1977), S. 51
[352] Reddin (1977), S. 271
[353] Reddin (1977), S. 47
[354] Reddin (1977), S. 256
[355] Reddin (1977), S. 48
[356] Reddin (1977), S. 244
[357] nach Reddin (1977), S. 28
[358] Reddin (1977), S. 27
[359] Reddin (1977), S. 254
[360] Reddin (1977), S. 259
[361] Reddin (1977), S. 260
[362] Reddin (1977), S. 274
[363] Reddin (1977), S. 277
[364] Reddin (1977), S. 266
[365] siehe spätmittelalterliche Abbildungen des Cholerikers auf S. 125 und S. 128
[366] Reddin (1977), S. 269
[367] Reddins Grundschema auf S. 152
[368] Elementenschema von Aristoteles auf S. 117
[369] Reddin (1977), S. 35
[370] nach Blessin (2017), S. 113
[371] Reddins Grundschema auf S. 152
[372] Neuberger (1995), S. 188
[373] beide aus dem Komplexionstext „Ordnung der Gesundheit" (1510) in Reißer (1997), S. 323
[374] Hersey (1993), S. 259
[375] Hersey (1993), S. 474
[376] vgl. Hersey (1993), S. 475f
[377] nach Hersey (1993), S. 306
[378] Neuberger (1992), S. 9
[379] Berkel in Sarges (1995), S. 419
[380] Berkel in Sarges (1995), S. 421
[381] nach Sarges (1995), S. 422
[382] Berkel in Sarges (1995), S. 422
[383] Berkel in Sarges (1995), S. 422
[384] Berkel in Sarges (1995), S. 422
[385] Berkel in Sarges (1995), S. 422
[386] über den Zusammenhang der Qualitäten Warm-Kalt mit den Polaritäten Aktiv-Passiv siehe S. 117ff
[387] mehr zu den Entscheidungsmaschinen in Niederwieser (2016), S. 18ff
[388] siehe Kapitel „Magie & Wissenschaft", S. 36ff
[389] Marston (1928), S. 114ff, auch Niederwieser (2016), S. 189ff
[390] Marston (1928), S. 107ff
[391] Stock-Homburg (2010), S. 494ff; Gay (2004); Dauth (2012)
[392] Dauth (2012), S. 17
[393] siehe S. 241ff, auch Niederwieser (2016), S. 111f
[394] Websites http://www.geierlearning.com/author.html

und https://persolog-blog.de/allgemein/presse-informationprof-dr-john-g-geier-gestorben-abschied-vom-geistigen-vater-des-persolog-persoenlichkeits-modells/ - aufgerufen am 25.04.2018

395 http://www.everythingdisg.de/About.aspx - aufgerufen am 25.04.2018

396 http://www.persolog.de/ueber-uns/grundsaetze/ - aufgerufen am 25.04.2018

397 siehe S. 89ff

398 http://www.persolog-shop.com/index.php/medien/profile.html - aufgerufen am 25.04.2018

399 siehe u.a. Gay in Schimmel-Schloo (2002), S. 95

400 Gay in Schimmel-Schloo (2002), S. 95

401 Gay (2004), S. 22

402 Niederwieser (2016), S. 193

403 Film „Professor Marston & The Wonder Woman", Weltpremiere am 13.10.2017

404 Simon (2010), S. 148

405 In der Print-Literatur wird meist 1963 als Geburtsjahr der LIFO®-Methode angegeben. Im Internet findet sich jedoch häufig auch 1967 als Geburtsjahr.

406 Bergermaier / Czichos in Schimmel-Schloo (2002), S. 193

407 https://lifo.co/lifo-global/ - aufgerufen am 24.05.2018

408 u.a. Bergermaier / Czichos in Schimmel-Schloo (2002), S. 194f oder Simon (2010), S. 147

409 Bergermaier / Czichos in Schimmel-Schloo (2002), S. 202

410 Czichos (2001), S. 184

411 Czichos (2001), S. 193

412 Atkins / Katcher (1990), S. 3

413 in Auszügen übersetzt nach Atkins / Katcher (1990), S. 15

414 Atkins / Katcher (1990), S. 16ff

415 Bergermaier in Sarges / Wottawa (2004), S. 472

416 angelehnt an Atkins / Katcher (1990), S. 49

417 Reißer (1997), S. 319

418 Bergermaier in Sarges / Wottawa (2004), S. 473f

419 siehe z.B. Simon (2010), S. 157

420 nach Czichos (2001), S. 122

421 Czichos (2001), S. 123f

422 Bergermaier in Schimmel-Schloo (2002), S. 196

423 siehe u.a. Ertel in Mayer (2015), S. 322; ein ausführliches Beispiel des Barnum-Effekts im Bereich der Mentaltricks, auch bekannt als „Forers Experiment", gibt es in Brown (2007), S. 320ff

424 Bergermaier in Schimmel-Schloo (2002), S. 197

425 Niederwieser (2016), S. 145ff, 189ff und 204ff

426 detaillierte Ausführungen hierzu in Niederwieser (2016), S. 129ff, S. 123ff und S. 138ff

427 Niederwieser (2016), S. 132f

428 Czichos (2001), S. 129

429 siehe S. 248ff

430 Scheelen (2016), S. 11

431 Scheelen (2016), S. 24

432 Scheelen (2016), S. 29

433 siehe https://www.ttisuccessinsights.com/about - aufgerufen am 27.05.2018

434 Scheelen (o.A.), S. 8

435 „MDI" steht dabei für „Management Development Instruments".

436 Simon (2010), S. 85

437 Scheelen (2016), S. 41

438 Scheelen (2016), S. 34

439 in Anlehnung an Simon (2010), S. 85 und Scheelen (2016), S. 20

440 Scheelen (2009), S. 186

441 Sarges (2004), S. 414

442 Verhaltensbeschreibung aus Scheelen in Schimmel-Schloo (2002), S. 158; Zuordnung zu den Persönlichkeitstypen von C.G. Jung aus Scheelen (2016), S. 32

443 in Anlehnung an Scheelen (2016), S. 37

444 in Anlehnung an das Typenrad von Insights® Discovery in Sarges (2004), S. 415 und das Typenrad von Insights MDI® in Simon (2010), S. 89; Schimmel-Schloo (2002), S. 154 und Scheelen (2016), S. 34

445 Scheelen in Schimmel-Schloo (2002), S. 172

446 Sarges (2004), S. 417

447 Sarges (2004), S. 416

448 zum Transformationsproblem siehe S. 176

449 „Die Blendwerkzeuge der Verwissenschaftlichung" ausführlich auf S. 225ff

450 Scheelen (o.A.), S. 8

451 Scheelen (2016), S. 187

452 Scheelen (o.A.), S. 8

453 Scheelen in Schimmel-Schloo (2002), S. 156

454 nach Jäger (2004), S. 22

455 Schwertfeger (2004)

456 Hornke, Lutz / Kersting, Martin (2005), S. 2

457 siehe u.a. Scheelen (o.A.) S. 8

458 Hornke, Lutz / Kersting, Martin (2005),

[459] Jäger (2004), S. 22
[460] Schwertfeger (2013)
[461] zuletzt u.a. Scheelen (2016), S. 184ff
[462] Scheelen (o.A.), S. 10
[463] Slogan auf der Titelseite von http://www.insights.de/ - aufgerufen am 05.06.2018
[464] https://www.ttisuccessinsights.com/products - aufgerufen am 28.05.2018
[465] Wagner / Tscheuschner (2008), S. 17ff
[466] Wagner / Tscheuschner (2008), S. 22; ähnliche Ausführungen finden sich auch bei McCann (1988), S. 7
[467] mehr über den „Trick mit der Trademark" siehe S. 234f
[468] Wagner / Tscheuschner (2008), S. 75
[469] Wagner / Tscheuschner (2008), S. 22
[470] in Anlehnung an McCann (1988), S. 9; Wagner / Tscheuschner (2008), S. 62 und 227 oder Wagner in Schimmel-Schloo (2002), S. 251
[471] zum zyklischen Moment der vier Temperamente siehe S. 123f
[472] Wagner / Tscheuschner (2008), S. 31
[473] Wagner / Tscheuschner (2008), S. 30
[474] Wagner in Schimmel-Schloo (2002), S. 243ff und S. 247 – da das TMS vom Myers-Briggs Typenindikator ausgeht, ist das Frageformat dem MBTI® und dem KTSII® sehr ähnlich
[475] Wagner / Tscheuschner (2008), S. 58 – die vierte Dimension Strukturiert-Flexibel wurde der Typologie Jungs von Myers-Briggs hinzugefügt.
[476] siehe Grafik S. 188
[477] Wagner / Tscheuschner (2008), S. 29ff
[478] Wagner / Tscheuschner (2008), S. 75
[479] Tscheuschner (2018), S. 2
[480] vgl. Herrmann (1997), S. 13 und S. 19ff; Herrmann (2015), S. xi ff; Sarges (2004), S. 393ff oder Spinola in Schimmel-Schloo (2002), S. 131
[481] Ausführliches über die Geschichte der Gehirnforschung zur Eignungsprädiktion in Niederwieser (2016), S. 65ff
[482] Herrmann (1997), S. 26ff und Spinola in Schimmel-Schloo (2002), S. 133ff
[483] in Anlehnung an Herrmann (1997), S. 17, S. 32, S. 38 und S. 261; Spinola in Schimmel-Schloo (2002), S. 137 und Sarges (2004), S. 394
[484] Herrmann (1997), S. 54
[485] Herrmann (1997), S. 22
[486] Herrmann (1997), S. 28
[487] Herrmann (1997), S. 34f
[488] Sarges (2004), S. 395
[489] siehe Herrmann (2004)
[490] Spinola in Schimmel-Schloo (2002), S. 139
[491] Fausten (2014), S. 13
[492] siehe Paschen / Linde (2001), S. 18 oder Schimmel-Schloo (2002), S. 283
[493] https://www.hbdi.de/zertifizierungen-seminare/hbdi-zertifizierung-level-i-ii-2.html - aufgerufen am 28.06.2018
[494] Spinola in Schimmel-Schloo (2002), S. 149
[495] Herrmann (2015), S. xii und S. 4
[496] Spinola in Schimmel-Schloo (2002), S. 135f
[497] Sarges (2004), S. 394
[498] Herrmann (1997), S. 362
[499] Spinola in Schimmel-Schloo (2002), S. 147
[500] siehe Herrmann (1997), S. 72
[501] Herrmann (1997), S. 211ff
[502] Herrmann (1997), S. 222
[503] siehe Niederwieser (2016), S. 68ff
[504] siehe Niederwieser (2016), S. 98ff
[505] in Anlehnung an diverse Gruppenprofile und Streudiagramme in Herrmann (1997)
[506] Herrmann (1997), S. 95ff
[507] aus dem Komplexionstext „Ordnung der Gesundheit" (1510) in Reißer (1997), S. 323
[508] Herrmann (1997), S. 166
[509] Herrmann (1997), S. 165
[510] in Anlehnung an Herrmann (1997), S. 166f
[511] Herrmann (1997), S. 110
[512] Herrmann (1997), S. 116f
[513] beide aus dem Komplexionstext „Ordnung der Gesundheit" (1510) in Reißer (1997), S. 323
[514] die alchemistischen Symbole der vier Elemente auf S. 119
[515] siehe Herrmann (1997), S. 45 – so wird hier dem sozialen C-Typus die Farbe Rot zugeordnet, welche in den anderen Typologien dem Feuertypus vorbehalten ist.
[516] in parodistischer Anspielung auf die Pseudopräzision der Diagnosetools
[517] siehe Kapitel „Polarität und Introversion-Extraversion", insbesondere S. 107ff
[518] vgl. Sarges (2004), S. 525ff oder Boethius in Schimmel-Schloo (2002), S. 43ff
[519] die vier Achsen des TMS siehe S. 188
[520] Simon (2010), S. 100
[521] Bents / Blank in Schimmel-Schloo (2002), S. 217
[522] vgl. Augustinavichute (1996)
[523] Simon (2010), S. 92
[524] Stromberg (2015)

525 Essig (2014)
526 siehe Stromberg (2015) „Why the Myers-Briggs test is totally meaningless"
527 siehe Insights-Rad auf S. 179
528 siehe Team Management Rad auf S. 188
529 Wagner in Schimmel-Schloo (2002), S. 29
530 Bents / Blank in Schimmel-Schloo (2002), S. 221
531 Keirsey (1978), S. 27ff
532 Charakterbeschreibungen der vier Haupttypen siehe Keirsey (1978), S. 30ff und Keirsey (1998), S. 253
533 vgl. hierzu die klassische Beschreibung des Apollinischen und des Dionysischen auf S. 108
534 Keirsey (1988)
535 Keirsey (1978), S. 39ff
536 Keirsey (1978), S. 47ff
537 Keirsey (1988), S. 253
538 Keirsey (1978), S. 60ff
539 Keirsey (1988), S. 253
540 Zusammenfassung der verschiedenen Achsenkreuze der Management-Diagnostik siehe S. 217
541 Keirsey (1978), S. 30f
542 siehe die einzelnen Typen-Unterseiten auf https://keirsey.com/temperament-overview/ - aufgerufen am 16.07.2018
543 Startseite https://keirsey.com/ - aufgerufen am 16.07.2018
544 übersetzt aus Keirsey (1978), S. 5ff – das TMS verwendet aufgrund der gemeinsamen Anlehnung an den MBTI® ein ähnliches Frageformat, siehe S. 190
545 Riemann (1961)
546 Lüscher (1971)
547 Handy (2009)
548 siehe u.a. Kant (1798), S. 212ff
549 Danke für diesen Hinweis an meine Kolleg*innen am IKGF der Universität Erlangen, mit welchen ich das Thema im Rahmen einer „Reading Session" am 16.05.2018 diskutiert habe.
550 GEDANKENtanken-Video „Die 4 tierischen Menschentypen // Tobias Beck" unter https://www.youtube.com/watch?v=-lOp9qrjLJU&t=1086s – aufgerufen am 16.07.2018
551 Website von Tobias Beck: https://tobias-beck.com/persoenlichkeitstest/ - aufgerufen am 16.07.2018
552 GEDANKENtanken-Video „So verkaufst du besser: Die 4 Menschentypen von Kunden // Gereon Jörn" unter https://www.youtube.com/watch?v=ur32keWXBWQ – aufgerufen am 16.07.2018
553 GEDANKENtanken-Video „Motivation am Arbeitsplatz: die vier Führungsquadranten // Dr. Stefan Frädrich" unter https://www.youtube.com/watch?v=0j1Gh7W6pcE – aufgerufen am 16.07.2018
554 eine ausführliche Darstellung der psychologischen Blutgruppendeutung in Japan findet sich in Niederwieser (2016), S. 194ff
555 vgl. Kapitel „Kochrezept für Diagnostik-Tools" auf S. 262f
556 über „das Wesentliche" bei Schopenhauer siehe S. 29
557 siehe Anhang S. 278f
558 über die Zuordnung der MBTI® Typen zu den Temperamenten gibt es verschiedene Ansichten, siehe Überblickstabelle auf S. 208
559 Wie auf S. 202 ausgeführt ist der B-Typ „Organisator" des HBDI® nur bedingt mit dem Feuertypus vergleichbar. Zwar wird die organisatorische Macherkomponente auch hier betont, doch enthält der „Organisator" auch sehr viele Elemente des Erdtypus
560 siehe Ausführungen über die wandelfähigen Fadenkreuz-Dimensionen des DISG®-Modells, S. 169 und 250

08. Die magischen Praktiken des Managements

561 siehe S. 272f
562 Maccoby (1977), S. 37
563 vgl. die Ausführungen zur Fortschrittssicht in der Tradition Hegels auf S. 17f und 24ff
564 über die versteckten Hierarchien der HBDI®-Stile siehe S. 200f
565 zur „referenzierenden Reaszendenz" S. 244
566 sinngemäß angelehnt an das Zitat von Scheelen auf S. 177
567 Keirsey (1978), S. 29
568 über Keirseys diffuse Verknüpfung der klassischen Temperamente mit den Typen des MBTI® siehe S. 211
569 u.a. Scheelen (o.A.), S. 8
570 über Analogien in der Physik siehe S. 77
571 Friedmann (2000), S. 31
572 Friedmann (2000), S. 31
573 Reißer (1997), S. 319
574 Reddin (1977), S. 43
575 übersetzt aus Pitcher (1993), S. 55
576 Schein (1965), S. 60

[577] Pitcher (1993), S. 48
[578] Schein (1965), S. 52
[579] Maccoby (1977), S. 7
[580] Reddin (1977), S. 25
[581] Reddin (1977), S. 27
[582] Bartussek in Sarges (1995), S. 353f
[583] Bartussek in Sarges (1995), S. 363
[584] über die theoretischen Grundlagen von LIFO® siehe S. 170
[585] siehe S. 168
[586] siehe S. 186
[587] siehe S. 184f
[588] siehe S. 184f
[589] Keirsey (1978), S. 39
[590] https://keirsey.com/temperament/guardian-overview/ - aufgerufen am 21.07.2018
[591] https://www.disg-modell.de/disg-seminare/ - aufgerufen am 23.07.2018
[592] zu den Gütekriterien vgl. u.a. Schuler (2014), S. 45ff
[593] Scheelen (o.A.), S. 8
[594] Spinola in Schimmel-Schloo (2002), S. 135f
[595] Scheelen (2016), S. 187
[596] Sarges (2004), S. 473
[597] Sarges (2004), S. 780
[598] Sarges (2004), S. 416
[599] Scheelen (2016), S. 185
[600] Bergermaier in Schimmel-Schloo (2002), S. 197
[601] Czichos (2001), S. 74
[602] Czichos (2001), S. 83
[603] Scheelen (o.A.), S. 8
[604] Bergermaier in Schimmel-Schloo (2002), S. 196
[605] Spinola in Schimmel-Schloo (2002), S. 147
[606] über die "Face Validity" der Graphologie siehe S. 62
[607] Eco (1994), S. 133
[608] Neuberger (1992), S. 3
[609] Neuberger (1992), S. 9
[610] vgl. S. 162
[611] Gay (2004), S. 192f „Ihre Verhaltensdimensionen als Flächendiagramm"
[612] siehe S. 187
[613] siehe S. 209f und S. 93
[614] siehe S. 168
[615] Niederwieser (2015), S. 135
[616] siehe S. 180
[617] welcher Begriff dafür eben im jeweiligen Jahrzehnt angesagt ist...
[618] siehe vom Eigenwert zum Stellenwert, bzw. Objektivierung – Subjektivierung, S. 54ff
[619] siehe Gay (2004), S. 192f „Ihre Verhaltensdimensionen als Flächendiagramm"
[620] http://www.everythingdisg.de/About.aspx - aufgerufen am 23.07.2018
[621] Friedmann (2000), S. 178
[622] siehe Kapitel „Magie als die verborgene Welt hinter den toten Winkeln der kollektiven Wahrnehmung", S. 42ff und Kapitel „Magie als aktives Realitätskonstruktionsinstrument", S. 44ff
[623] siehe „Trick mit der Trademark®" auf S. 234f
[624] „Kampf um den Paradigmenthron" siehe S. 22f, 35, 42 und 59
[625] Manchmal kommt die plagiatorische Reaszendenz erst im Nachlass zum Vorschein. So weiß man heute, dass die Körperbau-Theorien von Kretschmer und Sheldon von den Lehren Carl Huters inspiriert waren. Dennoch wurde Huter von den beiden Akademikern nie als Einfluss zitiert, siehe Niederwieser (2016), S. 79, 85 und 111f
[626] siehe S. 165f
[627] Czichos (2001), S. 185ff
[628] siehe auch die Ausführungen der Herkunft allen Daseins aus einer Urkraft, S. 104
[629] siehe Kapitel „Polarität und Introversion-Extraversion", S. 104ff
[630] siehe die Dreiertypologien von Friedmann, Neuberger und Pitcher, S. 89ff
[631] siehe die zahlreichen Vierertypologien der Antike und der Moderne, S. 115ff, S. 134ff und Zusammenfassung auf S. 215ff
[632] siehe Ausführungen zu den Fünf Elementen in der Antike und in China, S. 118ff
[633] persönliche Gespräche mit deutschen Vertretern von DISG® und Insights MDI® auf der Messe „Personal Süd" am 20.05.2014 in Stuttgart
[634] Manche Menschen finden es überhaupt absurd, dass es einen Gegenpol zu „Denken" geben soll...
[635] siehe S. 108ff und 111ff
[636] Niederwieser (2016), S. 108
[637] Krell (2006), S. 45ff
[638] Wimmer (1998), S. 90f; zahlreiche erhellende Ausführungen zu diesem Thema finden sich auch bei Neuberger (1995), S. 61ff
[639] siehe S. 202f
[640] siehe S. 160f
[641] siehe S. 169
[642] siehe S. 239f
[643] siehe S. 192ff
[644] siehe S. 208ff

[645] siehe S. 217
[646] Wiley (2002), S. 2
[647] zum Transformationsproblem von Fragebögen siehe S. 176
[648] vgl. Niederwieser (2016), S. 192
[649] siehe auch Ausführungen über den mangelnden Erfolgsnachweis der Tests auf S. 247
[650] Ahmed (2016)
[651] Ahmed (2016)
[652] https://keirsey.com/ - aufgerufen am 25.07.2018
[653] http://www.geierlearning.com/author.html - aufgerufen am 27.07.2018
[654] https://lifo.co/lifo-global/ – aufgerufen am 25.07.2018
[655] https://www.insights.de/ - aufgerufen am 25.07.2018
[656] http://www.herrmannsolutions.com/ - aufgerufen am 25.07.2018
[657] http://www.tmsworldwide.com/tms.html - aufgerufen am 25.07.2018; Da die Anzahl der Länder auf der Website mit unrealistischen „more than 190 countries" angegeben werden, stammt die glaubwürdigere Zahl von „über 80" aus Wagner / Tscheuschner (2008), S. 17
[658] https://keirsey.com/ - aufgerufen am 28.07.22018
[659] http://www.persolog-shop.com/index.php/medien/profile.html - aufgerufen am 28.07.2018
[660] https://www.hbdi.de/zertifizierungen-seminare/hbdi-zertifizierung-level-i-ii-2.html - aufgerufen am 25.07.2018
[661] https://www.team.energy/ausbildung/seminar-detail/?sid=2 - aufgerufen am 28.07.2018
[662] https://mbtitraininginstitute.myersbriggs.org/mbti-training/schedule/ - aufgerufen am 25.07.2018
[663] https://keirsey.com/pdf/Temperament-Certification_Registration-Form.pdf - aufgerufen am 25.07.2018
[664] https://www.disg-modell.de/shop/seminar-disg-zertifizierung-tagesseminar/ - aufgerufen am 28.07.2018
[665] http://www.lifoproducts.de/artikel.php?rub=produkte&id=35 - aufgerufen am 28.07.2018
[666] https://www.insights.de/de/termine/aktuelle-termine/terminleser/insights-mdi-akkreditierung-370.html - aufgerufen am 25.07.2018
[667] https://www.hbdi.de/zertifizierungen-seminare/hbdi-zertifizierung-level-i-ii-2.html - aufgerufen am 25.07.2018
[668] https://www.team.energy/ausbildung/seminar-detail/?sid=2 - aufgerufen am 28.07.2018
[669] https://www.ilp-fachschule-stuttgart.de/ - aufgerufen am 28.07.2018
[670] Czichos (2001), S. 74
[671] https://www.ilp-fachschule-stuttgart.de/ - aufgerufen am 28.07.2018
[672] siehe S. 44ff
[673] Gay (2004), S. 5
[674] Gay (2004) im Impressum
[675] Startseite https://keirsey.com/ - aufgerufen am 16.07.2018
[676] https://www.disg-modell.de/disg-persoenlichkeitsprofile/ - aufgerufen am 28.07.2018
[677] http://www.persolog-shop.com/index.php/medien/profile.html - aufgerufen am 28.07.2018
[678] http://www.herrmannsolutions.com/custom-whole-brain-thinking-solutions/ - aufgerufen am 28.07.2018
[679] https://www.ilpv.org/fachspezifische-ausbildungen/index.php - aufgerufen am 28.07.2018
[680] siehe „Die drei Gründe der Reaszendenz", S. 245ff
[681] mehr zum Konzept der Entscheidungsmaschinen in Niederwieser (2016), S. 18ff und S. 262f
[682] siehe Insights MDI® Werbeslogan auf S. 185
[683] Vielen Dank für diesen Hinweis an Prof. Dr. Dr. h.c. Stefan M. Maul, der diese These am 05.06.2018 in seinem Vortrag „Political Counselling in the Ancient Near East; or, On Prognostication as Sense and Nonsense" präsentiert hat. Die Ausführung findet sich auch in Maul (2013), S. 318
[684] Maul (2013), S. 315ff
[685] Niederwieser (2015), S. 25ff
[686] Niederwieser (2015), S. 83ff und Niederwieser (2016), S. 41ff
[687] Niederwieser (2016), S. 119f
[688] vgl. u.a. die „Social Man" Theorien auf S. 140f
[689] vgl. S. 74
[690] Watzlawick (1985), S. 97f
[691] Website von Tobias Beck unter https://tobias-beck.com/persoenlichkeitstest - aufgerufen am 16.07.2018; siehe S. 213f
[692] vgl. Wimmer (1998), S. 47f

[693] in Anlehnung an Huxley (1946), S. 10
[694] vgl. S. 74
[695] zur Graphologie siehe S. 60ff
[696] Niederwieser (2016), S. 51ff
[697] u.a. Agrippa (1510), S. 109ff
[698] Wimmer/Neuberger (1998), S. 598
[699] Wimmer/Neuberger (1998), S. 600
[700] Niederwieser (2016), S. 166ff und 267ff
[701] Niederwieser (2016), S. 184f
[702] Niederwieser (2016), S. 185ff
[703] Niederwieser (2016), S. 276ff
[704] Niederwieser (2019)
[705] übersetzt aus Sherden (1998), S. 5
[706] in Anlehnung an Sherden (1998), S. 1
[707] eine ausführliche Darstellung des Schildkröten-Orakels in der Shang Dynastie finden Sie in Niederwieser (2016), S. 123ff
[708] Bereits veröffentlicht sind aktuell „Prognostik 01: Zukunftsvisionen" und „Prognostik 02: Zeichendeutung". In Vorbereitung befindet sich „Prognostik 03: Trends & Zyklen der Zeit", siehe Niederwieser (2015, 2016 und 2019)
[709] Jung (1976), S. 520
[710] nach Agrippa (1510), S. 226f
[711] nach Agrippa (1510), S. 196ff
[712] S. 115 und S. 134
[713] siehe S. 151ff und 170ff
[714] Papus (1903), S. 194
[715] Papus (1903), S. 127
[716] nach Klanner (2001), S. 68
[717] nach Binder (1999), Buchinnendeckel vorne
[718] nach Ostriker/ Steinhardt (2001), S. 34
[719] aus Cornelius Petraeus, „Sylva Philosophorum", Cod. Voss. chem. q 61, fol. 1,6; 17. Jahrhundert
[720] aus Kepler (1619), S. 313
[721] aus Strauß (1926), S. 83
[722] siehe S. 126
[723] nach Landscheidt (1994), S. 8
[724] Eco (1994), S. 127f
[725] aus Strauß (1926), Anhang

Literatur

Agrippa Cornelius von Nettesheim (1510) *De Occulta Philosophia* in der deutschen Übersetzung „Die Magischen Werke" von 1988, Wiesbaden: Fourier Verlag

Ahmed, Murad (2016) *Is Myers-Briggs up to the job? While the personality test devised in the 1960s remains popular, can it still claim to be relevant?* in Financial Times Magazine 11.02.2016 , London: The Financial Times Ltd.

Aristoteles (1970) *Metaphysik*, Stuttgart: Reclam Verlag

Arnold, Klaus (1971) *Johann Trithemius (1462 – 1516)*, Würzburg: Verlag Ferdinand Schöningh

Atkins, Stuart / Katcher, Allan (1990) *LIFO® Strength Management®, Strength Development®: A programme for better utilisation of strengths and personal styles*, Worcester: Hamilton & Associates

Augustinavichute, Aushra (1996) *Human Dualistic Nature*, Artikelserie in Zeitschrift "Socionics, Mentology and Personality Psychology" 1-3/96, Kiev: International Institute of Socionics

Balsiger, Philipp W. / Kötter, Rudolf Hrsg. (2007) *Die Kultur moderner Wissenschaft am Beispiel Albert Einstein*, München: Elsevier – Spektrum Akademischer Verlag

Binder, Harry (1999) *Lexikon der chemischen Elemente: Das Periodensystem in Fakten, Zahlen und Daten*, Stuttgart: Hirzel Verlag

Blessin, Bernd / Wick, Alexander (2017) *Führen und führen lassen*, Konstanz: UVK Verlagsgesellschaft

Bok, Bart J. / Jerome, Lawrence E. / Kurtz, Paul (1975) *Objections to Astrology – A Statement by 186 Leading Scientists* in The Humanist 5/1975, New York: The American Humanist Association

Böhme, Gernot / Böhme Hartmut (1996) *Feuer, Wasser, Erde, Luft: Eine Kulturgeschichte der Elemente*, München: Verlag C.H. Beck

Braune, Wilhelm/ Helm, Karl (1939) *Gotische Grammatik*, Halle(Saale): Max Niemeyer Verlag

Briggs, John / Peat, David (1990) *Die Entdeckung des Chaos – Eine Reise durch die Chaos-Theorie*, München: DTV, Carl Hanser Verlag

Brockhaus-Enzyklopädie (1986) *Band 1. A – Apt*, Mannheim:Brockhaus Verlag

Brown, Derren (2007) *Tricks of the Mind*, London: Channel 4 Books

Comte, Auguste (1824) *Cours de philosophie positive* in der deutschen gekürzten Ausgabe „Die Soziologie – Die positive Philosophie im Auszug" (1974), Stuttgart: Alfred Kröner Verlag

Crowley, Aleister (1944) *Das Buch Thoth*, in der Ausgabe von (1981), Neuhausen: Urania Verlag

Czichos, Reiner (2001) *Profis managen sich selbst – Die Lifo®-Methode für Ihr persönliches Stärkenmanagement*, München: Ernst Reinhardt Verlag

Dauth, Georg (2012) *Führen mit dem DISG® Persönlichkeitsprofil*, Offenbach: Gabal Verlag

Eco, Umberto (1994) *Die Suche nach der vollkommenen Sprache*, München: Verlag C.H. Beck

Ekschmitt, Werner (1989) *Weltmodelle: Griechische Weltbilder von Thales bis Ptolemäus*, Mainz am Rhein: Verlag von Zabern

Engels, David Hrsg. (2015) *Von Platon bis Fukuyama – Biologistische und zyklische Konzepte in der Geschichtsphilosophie der Antike und des Abendlandes*, Bruxelles: Éditions Latomus

Essig, Todd (2014) *The Mysterious Popularity Of The Meaningless Myers-Briggs (MBTI)* im Forbes Magazine Online, veröffentlicht am 29.09.2014 unter https://www.forbes.com/sites/toddessig/2014/09/29/the-mysterious-popularity-of-the-meaningless-myers-briggs-mbti/#3faba0461c79

Fausten, Willi (2014) *Denkstilanalyse und Denkstilmanagement* in ZWP (Zahnarzt Wirtschaft Praxis) 12/2014, Leipzig: Oemus Media AG

Fenske, Hans / Mertens, Dieter / Reinhard, Wolfgang / Rosen, Klaus (1996) *Geschichte der politischen Ideen – Von der Antike bis zur Gegenwart*, Frankfurt am Main: Fischer Taschenbuch Verlag

Feyerabend, Paul (1980) *Erkenntnis für freie Menschen – Veränderte Ausgabe*, Frankfurt am Main: Suhrkamp Verlag

Fleck, Ludwik (1935) *Entstehung und Entwicklung einer wissenschaftlichen Tatsache – Einführung in die Lehre vom Denkstil und Denkkollektiv* in der Auflage von (1980), Frankfurt am Main: Suhrkamp Verlag

Foucault, Michel (1971) *Die Ordnung der Dinge – Eine Archäologie der Humanwissenschaften*, Frankfurt am Main: Suhrkamp Verlag

Fried, Johannes (2018) *Die Deutschen: Eine Autobiographie aufgezeichnet von Dichtern und Denkern*, München: Verlag C.H. Beck

Friedmann, Dietmar (2000) *Die drei Persönlichkeitstypen und ihre Lebensstrategien*, Darmstadt: Wissenschaftliche Buchgesellschaft

Friedmann, Dietmar (2005) *Integrierte Kurztherapie: Neue Wege zu einer Psychologie des Gelingens*, Darmstadt: Wissenschaftliche Buchgesellschaft

Friedmann, Dietmar (2013) *ILP – Integrierte Lösungsorientierte Psychologie: Psychotherapie und Coaching*, Darmstadt: Wissenschaftliche Buchgesellschaft

Friedmann, Dietmar / Fritz, Klaus (2014) *Denken, Fühlen, Handeln: Mit psychographischer Menschenkenntnis besser arbeiten und leben*, Wiesbaden: Springer-Gabler

Gay, Friedbert (2004) *Das DISG® Persönlichkeitsprofil – Persönliche Stärke ist kein Zufall*, Offenbach: Gabal Verlag

Goldmann Lexikon (1998), Gütersloh: Bertelsmann Verlag

Gorbach, Stefan / Weiskopf, Richard (1993), *Personal-Entwicklung: Von der Disziplin des Handelns zur Disziplin des Seins* in Laske St./Gorbach St. (Hrsg.): „Spannungsfeld Personalentwicklung. Konzeptionen – Analysen – Perspektiven", S. 171 – 191, Wien: Manz Verlag

Gould, Stephen Jay (1983) *Der falsch vermessene Mensch*, Basel/Boston/Stuttgart: Birkhäuser Verlag

Greene, Brian (2000) *Das elegante Universum : Superstrings, verborgene Dimensionen und die Suche nach der Weltformel*, Berlin: Siedler Verlag

Guicciardini, Niccolò (1999) *Newton – Ein Naturphilosoph und das System der Welten* in Spektrum der Wissenschaft Biographie 3/2001, Heidelberg

Handy, Charles (2009) *Gods of Management – The Changing Work of Organisations*, London: Souvenir Press Ltd

Harmening, Dieter (1991) *Zauberei im Abendland*, Würzburg: Verlag Königshausen & Neumann

Harper, Donald / Kalinowski, Marc (2017) *HdO Books of Fate and Popular Culture in Early China – The Daybook Manuscripts of the Warring States, Qin, and Han*, Leiden: Brill

Hawking, Stephen W. (1988) *Eine kurze Geschichte der Zeit – Die Suche nach der Urkraft des Universums*, Reinbeck bei Hamburg: rororo Rowohlt Verlag

Hegel, Georg Wilhelm Friedrich (1961) *Philosophie der Geschichte*, Stuttgart: Reclam Verlag

Heiduk, Matthias (2007) *Offene Geheimnisse – Hermetische Texte und verborgenes Wissen in der mittelalterlichen Rezeption von Augustinus bis Albertus Magnus*, Freiburg: Dissertation an der Albert-Ludwigs-Universität

Herrmann, Ned (1997) *Das Ganzhirn-Konzept für Führungskräfte – Welcher Quadrant dominiert Sie und Ihre Organisation?*, Wien: Wirtschaftsverlag Carl Ueberreuter

Herrmann, Ned (2004) *H.D.I.(R) / HBDI™ Herrmann Dominanz Instrument - Denkstilanalyse (Fragebogen)*, Weilheim: Herrmann International Deutschland GmbH & Co KG

Herrmann, Ned / Herrmann-Nehdi, Ann (2015) *The Whole Brain Business Book - Unlocking the Power of Whole Brain Thinking in Organizations, Teams, and Individuals*, New York: McGraw Hill Education

Hersey, Paul / Blanchard, Kenneth (1993) *Management of Organizational Behaviour*, Englewood Cliffs, N.J.: Prentice-Hall International, Inc.

Hippokrates (1994) *Ausgewählte Schriften*, Stuttgart: Reclam Verlag

Hornke, Lutz / Kersting, Martin (2005) *Stellungnahme zum Gutachten von Prof. Claudia Eckstaller, Prof. Dr. Erika Spieß und Dipl. Psych. R. M. Woschée zur Beurteilung von INSIGHTS MDI Version 2 Potential Analyse* auf http://www.bdp-verband.org/bdp/politik/2005/50819_insights.pdf

Huxley, Aldous (1946), *Schöne Neue Welt* in der Auflage von (1997), Frankfurt am Main: Fischer Taschenbuch Verlag

Jäger, Reinhold (2004) *Test im Test: Insights MDI – Wissenschaftlich betrachtet* in Personalmagazin 01/2004, Freiburg: Rudolf Haufe Verlag

Jordan, Furneaux (1890) *Character as seen in Body and Parentage*, London: Kegan Paul, Trench, Trübner & Co.

Jung, Carl Gustav (1960) *Psychologische Typen*, Zürich und Stuttgart: Rascher Verlag

Jung, Carl Gustav (1990) *Archetypen*, München: dtv Deutscher Taschenbuch Verlag

Jung, Carl Gustav (1976) *Die Dynamik des Unbewußten*, Olten und Freiburg im Breisgau. Walter Verlag

Jung, Carl Gustav (1997) *Traum und Traumdeutung*, München: dtv Deutscher Taschenbuch Verlag

Kant, Immanuel (1798) *Anthropologie in pragmatischer Hinsicht* in der Ausgabe von (2000), Hamburg: Felix Meiner Verlag

Keirsey, David / Bates, Marilyn (1978) *Please Understand Me – Character & Temperament Types*, Del Mar (CA): Prometheus Nemesis Book Company

Keirsey, David (1988) *Portraits of Temperament*, Del Mar (CA): Prometheus Nemesis Book Company

Keirsey, David (1998) *Please Understand Me II – Temperament, Character, Intelligence*, Del Mar (CA): Prometheus Nemesis Book Company

Kepler, Johannes (1619) *Harmonices Mundi* in der deutschen Übersetzung von Max Caspar (1939) *Weltharmonik*, München-Berlin: Verlag R. Oldenbourg

Kieser, Alfred (1997) *Disziplinierung durch Selektion – Ein kurzer Abriß der langen Geschichte der Personalauswahl* in Klimecki / Remer (Hrsg.): „Personal als Strategie", S. 85 – 118, Neuwied: Luchterhand Verlag

Klanner, Robert (2001) *Das Innenleben des Protons* in Spektrum der Wissenschaft 3/2001, Heidelberg

Krell, Gertraude / Weiskopf, Richard (2006) *Die Anordnung der Leidenschaften*, Wien: Passagen Verlag

Kuhn, Thomas S. (1967) *Die Struktur wissenschaftlicher Revolutionen*, Frankfurt am Main: Suhrkamp Verlag

Lackner, Michael Hrsg. (2017) *Coping with the Future – Theories and Practices of Divination in East Asia*, Leiden: Brill

Lanczkowski, Günter (1989) *Die Religionen der Azteken, Maya und Inka*, Darmstadt: Wissenschaftliche Buchgesellschaft

Landscheidt, Theodor (1994) *Astrologie – Hoffnung auf eine Wissenschaft?*, Innsbruck: Resch Verlag

Laske, Stephan / Weiskopf, Richard (1996) *Personalauswahl – Was wird denn da gespielt? Ein Plädoyer für einen Perspektivenwechsel* in Zeitschrift für Personalforschung 10 (4) S.295-330, München/Mering: Rainer Hampp Verlag

Legge, Karen (1995) *Human Resource Management. Rhetorics and Realities*, Houndmills: Macmillan Business Press

Lehmann, Alfred (1908) *Aberglaube und Zauberei – von den ältesten Zeiten bis in die Gegenwart*, Stuttgart: Verlag von Ferdinand Enke

Lüscher, Max (1971) *Der Lüscher Test – Persönlichkeitsbeurteilung durch Farbwahl*, Reinbek bei Hamburg: Rowohlt

Maccoby, Michael (1977) *Gewinner um jeden Preis – Der neue Führungstyp in den Großunternehmen der Zukunftstechnologie*, Reinbek bei Hamburg: Rowohlt Verlag

Manilius, Marcus in der Neuauflage und Übersetzung von (1990) *Astronomica – Astrologie*, Stuttgart: Reclam Verlag

Marston, William Moulton (1928) *Emotions of Normal People*, London: Kegan Paul Trench, Truber & Co Ltd.

Matthiesen, Kai H. (1995) *Kritik des Menschenbildes in der Betriebswirtschaftslehre*, Bern: Verlag Paul Haupt

Maul, Stefan M. (2013) *Die Wahrsagekunst im Alten Orient – Zeichen des Himmels und der Erde*, München: Verlag C.H. Beck

Mauss, Marcel (1974) *Soziologie und Anthropologie – Theorie der Magie*, München: Carl Hanser Verlag

Mayer, Gerhard / Schetsche, Michael / Schmied-Knittel, Ina / Vaitl, Dieter Hrsg. (2015) *An den Grenzen der Erkenntnis – Handbuch der wissenschaftlichen Anomalistik*, Stuttgart: Schattauer GmbH

McCann, Dick (1988) *How to Influence Others at Work – Psychoverbal communication for managers*, Oxford: Heinemann Publishing

Miers, Horst E. (1993) *Lexikon des Geheimwissens,* München: Goldmann Verlag

Neuberger, Oswald (1992) *Gaukler, Hofnarren, Komödianten* in Sattelberger T. (Hrsg.): „Human Resource Management im Umbruch", S.157-184, Wiesbaden: Gabler Verlag

Neuberger, Oswald (1994) *Personalentwicklung,* Stuttgart: Ferdinand Enke Verlag

Neuberger, Oswald (1995) *Führen und geführt werden*, Stuttgart: Ferdinand Enke Verlag

Neuberger, Oswald (2002) *Führen und führen lassen*, Stuttgart: UTB

Niederwieser, Christof (2002) *Über die magischen Praktiken des Managements - Persönlichkeitsmodelle des modernen Managements im kulturhistorischen Vergleich*, München und Mering: Rainer Hampp Verlag

Niederwieser, Christof (2015) *Prognostik 01: Zukunftsvisionen*, Norderstedt: BoD

Niederwieser, Christof (2016) *Prognostik 02: Zeichendeutung*, Trossingen: Zukunftsverlag

Niederwieser, Christof (2017) *Die vier Temperamente im Management* in Astrologie Heute Nr. 185, Februar/März 2017, Wettswil: Astrodata AG

Niederwieser, Christof (2019) *Prognostik 03: Trends und Zyklen der Zeit*, Rottweil: Zukunftsverlag

Nietzsche, Friedrich (1885) *Also sprach Zarathustra* in der Auflage von (1994), Stuttgart: Reclam Verlag

Nietzsche, Friedrich (1980) *Sämtliche Werke – Band 13*, hrsg. von Colli G. / Montinari M, München: DTV Verlag

Ostriker, Jeremiah P. / Steinhardt, Paul J. (2001) *Die Quintessenz des Universums* in Spektrum der Wissenschaft 3/2001, Heidelberg

Otto, Bernd-Christian (2011) *Magie: Rezeptions- und diskursgeschichtliche Analysen von der Antike bis zur Neuzeit*, Berlin: Walter de Gruyter

Paschen, Michael / Linde, Boris von der (2001) *Schwerpunkt Eignungsdiagnostik: Persönlichkeitstests lassen tief blicken* in der Zeitschrift „Management & Training" (4/2001), Köln: Wolters Kluwer

Papus (1903) *Kabbala* in der Ausgabe von (1998), Wiesbaden: Fourier Verlag

Pauli, Wolfgang (1961) *Physik und Erkenntnistheorie*, Braunschweig: Verlag Friedr. Vieweg & Sohn

Pitcher, Pat (1993) *Balancing Personality Types at the Top* in Ivey Business Quarterly, Vol. 58 Issue 2, Winter 1993, London

Pitcher, Patricia (1997) *The Drama of Leadership*, New York: John Wiley & Sons Inc.

Pitcher, Patricia (2008) *Das Führungsdrama: Künstler, Handwerker und Technokraten im Management*, Stuttgart: Klett-Cotta

Reddin, William J. (1977) *Das 3-D-Programm zur Leistungssteigerung des Managements*, München: Verlag Moderne Industrie

Reißer, Ulrich (1997) *Physiognomik und Ausdruckstheorie der Renaissance*, München: scaneg Verlag

Riemann, Fritz (1961) *Grundformen der Angst und die Antinomien des Lebe*ns, München: Ernst Reinhardt Verlag

Sarges, Werner Hrsg. (1995) *Management-Diagnostik*, Göttingen: Hogrefe Verlag

Sarges, Werner / Wottawa, Heinrich Hrsg. (2004) *Handbuch wirtschaftspsychologischer Testverfahren – Band I: Personalpsychologische Instrumente*, Lengerich: Pabst Science Publishers

Sarges, Werner Hrsg. (2013) *Management-Diagnostik*, Göttingen: Hogrefe Verlag

Scheelen, Frank (o.A.) *Insights MDI® by Scheelen – Management Development Instruments (Werbebroschüre)*, Waldshut-Tiengen: Insights MDI International® Deutschland GmbH; Veröffentlichung vermutlich um 2010

Scheelen, Frank / Christiani, Alexander (2009) *Stärken stärken: Talente entdecken, entwickeln und einsetzen – Mit Begabungsanalyse und individuelle Talententwicklungsprogramm*, München: Redline Verlag

Scheelen, Frank (2016) *Menschenkenntnis auf einen Blick*, München: mvg Verlag

Schein, Edgar H. (1965) *Organizational Psychology*, Englewood Cliffs N.J.: Prentice-Hall, Inc.

Schimansky, Alexander Hrsg. (2004) *Der Wert der Marke – Markenbewertungsverfahren für ein erfolgreiches Markenmanagement*, München: Verlag Franz Vahlen

Schimmel-Schloo, Martina / Seiwert, Lothar / Wagner, Hardy Hrsg. (2002) *PersönlichkeitsModelle – Die wichtigsten Modelle für Coaches, Trainer und Personalentwickler*, Offenbach: Gabal Verlag

Schmölders, Claudia (1995) *Das Vorurteil im Leibe – Einführung in die Physiognomik*, Berlin: Akademie Verlag

Schöner, Erich (1964) *Das Viererschema in der antiken Humoralpathologie* in Sudhoffs Archiv für Geschichte der Medizin und der Naturwissenschaften, Beiheft 4, Stuttgart: Franz Steiner Verlag

Schopenhauer, Arthur (1819) *Die Welt als Wille und Vorstellung* in der Auflage von (1987), Stuttgart: Reclam Verlag

Schuler, Heinz (2014) *Psychologische Personalauswahl – Eignungsdiagnostik für Personalentscheidungen und Berufsberatung*, Göttingen: Hogrefe Verlag

Schwertfeger, Bärbel (2004) *Mit Gütesiegel – Die neue DIN 33430 soll für mehr Qualität bei der Personalauswahl sorgen und damit auch schwarze Schafe unter den Anbietern von Persönlichkeitstests entlarven* in Die Welt vom 21.02.2004 - https://www.welt.de/print-welt/article294811/Mit-Guetesiegel.html

Schwertfeger, Bärbel (2013) *Das Test-Desaster: Astrologie statt Wissenschaft? (Ärger des Monats)* in Wirtschaftspsychologie aktuell – Zeitschrift für Personal und Management 03/2013, Berlin: Deutscher Psychologenverlag

Sherden, William A. (1998) *The fortune sellers: the big business of buying and selling predictions*, New York: John Wiley & Sons, Inc.

Silbernagel, Dr. (1868) *Johannes Trithemius*, Landshut: Verlag von F.G. Wölfle

Simon, Walter (2010) *GABALS großer Methodenkoffer – Persönlichkeitsentwicklung*, Offenbach: Gabal Verlag

Smith, Chris L. (2001) *Der große Hadronen-Collider*, Spektrum der Wissenschaft Digest 1/2001 – „Vorstoß in den Mikrokosmos", Heidelberg

Sprenger, Reinhard (1991) *Mythos Motivation*, Frankfurt am Main: Campus Verlag

Stiglitz, Joseph E./ Schönfelder, Bruno (1989) *Finanzwissenschaft*, München: R. Oldenbourg Verlag

Stock-Homburg, Ruth (2010) *Personalmanagement: Theorien – Konzepte - Instrumente*, Gabler Verlag

Störig, Hans Joachim (1992) *Kleine Weltgeschichte der Philosophie*, Frankfurt am Main: Fischer Taschenbuch Verlag

Strauß, Heinz Arthur (1926) *Der astrologische Gedanke in der deutschen Vergangenheit*, München-Berlin: Verlag R. Oldenbourg

Stromberg, Joseph / Caswell, Estelle (2015) *Why the Myers-Briggs test is totally meaningless* auf https://www.vox.com/2014/7/15/5881947/myers-briggs-personality-test-meaningless - abgerufen am 18.08.2018

Stuckrad, Kocku von (2007) *Geschichte der Astrologie – Von den Anfängen bis zur Gegenwart*, München: Beck'sche Reihe

Szabó, Zoltán (1985) *Buch der Runen*, München: Droemer-Knaur Verlag

Tscheuschner, Marc (2018) *Das Team Management Profil von Margerison-McCann (Werbebroschüre)*, Freiburg: Team Management Services GmbH

Varian, Hal R. (1995) *Grundzüge der Mikroökonomik*, München: R. Oldenbourg Verlag

Wagner, Hartmut / Tscheuschner, Marc (2008) *Das Team Management System - Der Weg zum Hochleistungsteam*, Offenbach: Gabal Verlag

Watzlawick, Paul (1985) *Die erfundene Wirklichkeit – Beiträge zum Konstruktivismus*, München: Piper & Co Verlag

Weber, Max (1922) *Wirtschaft und Gesellschaft* in der 5. Auflage von 1972, Mohr Siebeck Verlag

Weiskopf, Richard / Munro, Ian (2012) *Management of Human Capital: Discipline, Security and Controlled Circulation in HRM* in Zeitschrift "Organization" Vol 19, Issue 6, pp. 685 – 702, Thousand Oaks (CA): Sage Publications

Wiley, John & Sons (2002) *DiSG® Klassisch – Persönlichkeits Profil 2800*, Rubbelbogen mit Anleitung und Auswertung des Tests, Minneapolis: Verlag John Wiley & Sons Inc.

Wilhelm, Richard (1973) *I Ging – Das Buch der Wandlungen*, München: Heyne Verlag

Wimmer, Peter / Neuberger, Oswald (1998) *Personalwesen 2*, Stuttgart: Enke Verlag

Themenregister

3-D-Programm **151ff**, 171, 205, 216, 220f, 226, 228, 242, 250, 280

Aberglaube 7f, 14, **36ff**, 47, **51ff**, 58ff, 64, 68, 72, 74, 78, 199
Achsenkreuz 209, 211, 239f, **250ff**, 262, 264 → *Elementenschema von Aristoteles*
Aemulatio 78f, 88
Afrika 13, 104, 266
Aggression 129, 153, 163f, 216
Akademisch 26, 109, 241, 243, 248 → *Universität*
Akkreditierung 231, 259ff, 263 → *Zertifizierung*
Akzeptanz 39, 43, 48, 64, 162
Alchemie **51ff**, 102, 107f, 115, 117, 119, 144, 158, 203f, 243f, 275
Algorithmus 23, 42, 222, 260, 263, 265, 267
Allokation 68ff, 72, 139
Amerika 25, 104, 107, 146, 166f, 170, 177, 183, 194, 199, 201, 204, 209, 225, 229f, 235, 268, 274 → *USA*
Analogie 12f, 15, 19, 53, 67, 72, **75ff**, **84ff**, 90, 93f, 98, 118, 123f, 126f, 150, 158, 189, 200, 208, 215f, 219, **223ff**, 227, 236f, 273, **276ff**, 284, 296 → *Metapher, Symbol*
Analytisch 56f, 87, 89, 112, 163, 172, 190f, 193f, 202, 208, 216, 226
Anarchistische Erkenntnistheorie 41, 295
Anekdotenhafte Validierung 198, 200, 232, 236
Angst, Grundformen der 213
Anonyme Autoritäten 201, 228
Anpassung 76, 112, 141, 150, 171ff
Anreizsysteme 139ff, 143ff
Anthropologie 21, 96, 146, 275
Antike 8, 18f, 43, 114, 118ff, 127f, 168, 220, 225, 264, 266, 274
Apollinisch 108, 209f
Apostel 124, 126, 156, 221, 276ff
Apple 201f
Arbeitsfunktionen 186, 188, 191f, 255
Arbeitspräferenzen 186ff, 190, 192
Arbeitswelt 54, 188, 191, 247, 255
Archetypen 74ff, **82ff**, **89ff**, 92, **94ff**, 102f, 124, 128, 132, 153, 215, 220, 225, 279 → *Idealtypen, Stereotype, Urbilder, Urmuster*
Aristokratie 25, 64, 66
Assessment Center 253, 264
Astrologie **38ff**, 51, 53, 79, 86, 106, **126ff**, 135, 148, 185, 204, 243f, 248, 266, 274f, 285, 287 → *Horoskop, Planeten, Tierkreis*
Astronomie 38, 51, 67, 79f
Äther 118
Atom 77, 87, 115, 282
Attributionseffekt 175f, 230
Aufgabenorientierung **152ff**, 157ff, 169f, 178, 187, 214, 216f, 239, 250, 252
Augenscheinvalidität 183f, 198, **231f**, 236
Auguren 38, 267
Ausbildung 46, 54ff, 93, 176, 231, **258ff**, 263f → *Seminar, Trainer*
Ausdruck 60, 62, 89, 107, 238, 240
Australian Airlines 186
Auswertung 108, 177, 197, 200, 203, 205, 222, 226, 230f, 239, 252, 256, 258, 260, 263, 265 → *Interpretation*
Autokrat 136, 155, 157, 215
Automatisch 54, 56, 177, 180, 231, 239, 258, 265
Autorisierung 169, 260

Autorität 54, 93, 109, 122, 136, 144, 151, 153, 160, 225, 227ff, 233f, 237, 268, 270 → *Anonyme Autoritäten*

Barnum-Effekt 175, 198, 232
BBC 40
Bedeutungskern 192f, 252
Begriffe 14, 16, 20ff, 27, 32, 34, **37ff**, **46ff**, 76, 78, 84ff, 110, 177, 192ff, 197, 205, 214, 219, 221, 232f, 237, 243, **248f**, **251ff**, 263 → *Fachbegriffe, Definition, Sprache*
Benchmarking 13, 218, 273
Berater 135, 181, 184, 189, 191ff, 200, 206, 216, 228, 231, 251, 258, 264, 269, 274
Beratung 185, 198, 205, 209, 226, 243, **256ff**, 263 → *Coaching*
Berechenbarkeit 8, 56f, 73, 135, 264f
Beruf 46, 54f, 62f, 113, 135, 181, 199f, 220, 226, 255, 264, 266, 271 → *Job*
Berufsverband Deutscher Psychologinnen und Psychologen BDP 63, 184, 228
Beschwörung 12, 37, 44, 86, 198, 270
Bespaßungsbedürfnis 238
Bestseller 98, 225, 260
Betriebswirtschaftslehre (BWL) 8, 13, 50, **136ff**, 146, 162, 165, 242 → *Management...*
Beweis 23, 27, 51f, 67ff, 71, 78, 88, 92, 167, 196, 221f, 225f, 232, 243f, 247 → *Empirik, Evidenz, Wahrheit*
Bewerbungsgespräch 264 → *Personalauswahl, Recruiting*
Bewusstsein 24f, 42f, 74, 78, **84ff**, 195, 234, 243, 249 → *Denk..., Kollektivdenken*
Bezauberung 273
Beziehungsorientierung **152ff**, 170, 181, 193, 217, 250 → *Menschenorientierung*
Beziehungstyp **89ff**, 102, 214
B-Griffe und A-Griffe 37, 46
Biologie 49, 76, 86, 196, 235
Blendwerkzeuge der Verwissenschaftlichung 50, 173, 183, 185, 187, 197, **225ff**, 262f
Blindschritt 14, **21f**, 32f, 36
Blutgruppendeutung 214
BMW 185, 201
Börse 20, 46, 96, 294
BP Exploration 186
Branding 98, 168, 233, 240 → *Image, Logo, Marke, Trademark*
Brockhaus 76, 78
Buchstaben 84, 102, 205f, 236, 276ff → *Sprache*
Bürger 41, 54ff
Burgmauern des Offiziellen 14, 48, 63, 72, 78, 92, 215, 225, 228 → *Burgwächter, Offizielle Welt*
Burgwächter des Offiziellen 43, 59, 234, 243 → *Burgmauern, Offizielle Welt*
Bürokrat 136, 150, 155f, 215 → *Staat*
Buzzword 237, 263
BWL → *Betriebswirtschaftslehre*

CEO 199, 226, 267
Ceteris Paribus 247
Chaos 104f, 212, 253, 283
Chaostheorie 21f
Charakterbrei 205, 208f, 211, 222, 251
Charakterkunde 60, 127, 248
Charisma **97**, 136, 215
Chemie 47, 51f, 282
Chiffrieren 45
China 21, 102, **104ff**, **119f**, 176, 274f, 246, 272 → *Shang Dynastie, Yin & Yang*
Chirologie 248 → *Physiognomik*
Choleriker 89, 122, 124f, **128f**, 134, 136, 145, 148, 157ff, 163, 165, 167, 173, 202, 208, 211, 215 → *Feuer (Element)*
Christentum 37f, 102 → *Religion*

Coaching 32, 93, 96, 185, 231, 233, 256, 258, 2260f → *Beratung*
Codex Schürstab, Nürnberg 128ff
Comic 167, 178f
Composite-Photographie 199
Computer 55f, 64, 177f, 180, 231, 237, 239, 256, 258, 263, 267
Coniunctio Solis et Lunae 106
Consulting Psychologists Press CPP 205
Controlling 189f, 218, 233, 255, 273
Convenientia 78, 88
Corpus Hermeticum 287

Dämonen 84, 267, 280 → *Geister*
Daten 163, 186, 191, 196, 226, 253 → *Algorithmus, Computer*
Defensive 169, 217, 240, 246, 252
Definition 14, 16, 24, 36ff, 48, 110f, 116, 248f, 252 → *Begriffe, Sprache*
Delphi, Orakel 266
Demokratie 25, 41, 53, 64, 66, 71
Denkberechtigung 52, 68, 239, 243
Denkkollektiv 14, 48, 74, 133, 218, 239
Denkmodell 16, 34, 75f, 268, 275 → *Primodell, Urmodell*
Denkstil 7, 14f, 48, 126, 143, 194ff, 220
Denksystem 8, 23, 42, 49, 56, 73, 76, 104, 107f, 204, 218f, 275, 295
Deutsche Graphologische Gesellschaft 60
Deutschland 8, 17, 62f, 93, 168, 178, 184, 199, 228, 235 → *Germanisch*
Diagramm 69, 199, 224, 236, 240, 262
Dialektik 14, 17f, 24f, 29ff, 210
Die drei Musketiere 213
Differentielle Psychologie 107, 248, 250
Differenzierung 78, 102f, 148, 168, 173f, 180, 206, 214, 238, 253, 279
Ding an sich 22, 27f
DIN-Norm 33430 184f, 228
Dionysisch 108, 209f, 216
Direktor 135, 179ff, 193, 208, 216, 251
Discordia 129
DISG® **166ff**, 177f, 187, 205, 213, 215, 222, 224, 227, 229, 234ff, 239f, 242ff, 247, 250, 253, 255, 257ff
Disziplinarmacht 68
Divination 265, 274 → *Wahrsagen*
Dominanz 13, 107, 129, 153, 166f, 194ff, 200f, 229, 267
Drei Mittel von Kepler 59, **65ff**, 77, 215
Dreistadiengesetz 18
Dualität 25, 75f, **104ff**, 111, 115
Durchschaubarkeit 112, 190, 254
Durchschlagbogen 180, 237
Dynamik 21, 95, 134, 138, 143, 149, 157, 162, 168, 261, 267

Edgeworth-Diagramm 68
Edles Temperament 129, 131f, 145, 149, 156, 159f, 200, 202, 226
EEG 196, 235
Effektivität 138, **154f**, 180, 185f
Eigenschaften 13, 97, 127ff, 135, 142, 153, 202, 211f, 229, **248ff** → *Kompetenzen*
Eigenschaftsdimensionen 61, 152f, 158ff, 163, 166, 169f, 178, 194, 202ff, 208, 214, 221, 239f, **248ff**, 262
Eignungsdiagnostik 112, 167, 184, 194, 203, 228 → *Management-Diagnostik*
Eignungsprädiktion 111, 199f, 268 → *Prädiktion*
Einkleidung 34, 237f → *Zeitgeistmasken*
Eintrittsbarriere 238f, 260
Einzeit **27f**, 31f, 42, 57f, 73f, **83ff**, 91, 102ff, 221, 279 → *Scheinzeit*
Eklektizismen 13, 104, 160
Element 77, 84f, 102f, 115, 282f
Elemente, fünf 106, **118ff**, 246, 283
Elemente, vier 104, **115ff**, **122ff**, 129ff, 134, 146, 157f, 163ff, 169, 177, 193, 202f, 215, 244, 278ff
Elementenschema von Aristoteles **117**, 157, 202

Elliott Waves 20, 274
Emergenz 21, 34
Emotionale Intelligenz 185, 249, 272
Emotionen 64, 89f, 98, 141, 149, 178, 195, 198, 201, 212, 216 → *Gefühl*
Empfindungen 26, 111, 145, 149, 154, 267
Empirik 23, 61, 108ff, 112, 142, 184, 186f, 197, 219, 223, **225f**, 236, 242, 247 → *Beweis*
Empirische Teamerfolgsforschung 186, 226
Engel 81f, 84, 86, 126, 277ff
Enneagramm 90, 92, 232, 241, 246
Entscheidungsmaschinen 8, 165, 180, 185, 265
Entzauberung 42, 54, 56
Erde (Element) 115ff, 132, 134, 144, 157f, 161, 163, 165, 193, 203, 211, 213ff, 278ff → *Melancholiker*
Erfindungen 17, 19, 43, 58, 147, 233, 250 → *Innovation*
Erfolg 112ff, 139, 147ff, 155, 165, 168ff, 180, 183, 185ff, 190, 205f, 212, 214, 223ff, 230 236f, 247, 256ff, 262ff, 269ff → *Trefferquote*
Erkenntnistheorie 41, 48
Erklärungsmodelle 14, 26, 29, 37, **42f**, 49f, 52f, 56, 77, 126, 133, 165, 285
Erstes Theorem der Wohlfahrtsökonomie 59, **68ff**, 72
Esotainment 175, 298
Esoterik 87, 241
Etrusker 176 → *Römisches Reich*
Etymologie 37, 48
Europa 10, 21, 25, 72, 107, 119f, 183, 206, 230
EVERYTHING DiSG® 168, 240, 262
Evidenz 41, 67 → *Beweis*
Evolutionsspirale 9, **30ff**
Evolutionstheorie 18, 49
Experiment 40, 189, 196f, 225, 248, 268 → *Empirik, Messung*
Experten 32, 150, 185, 197, 208, 214, 229, 266, 274 → *Fachmann*
Externe Faktoren 247, 266f
Extraversion **107ff**, 129, 131, 175, 178, 181, 190f, 193, 202ff, 217, 223, 225, 240, 246ff → *Introversion*

Face Validity → *Augenscheinvalidität*
Face Value Forschung 199 → *Physiognomik*
Fachbegriffe 171, 219, 232f, 263 → *Begriffe, Terminologie*
Fachmann 146f, 150f, 197, 216, 230 → *Experten*
Fadenkreuz 169f, 173, 176ff, 190, 198, 201f, 208, 217, 234, 239, 251, 262
Fakten 12, 27, 155, 163, 194, 197, 203, 222, 224, 245 → *Empirik*
Faktorenanalyse 61, 111ff, 226
Farben 124, 129, 178f, 181, 187, 192f, 203, 262f
Farbtest 213
Fehlbesetzung 200f, 229, 247, 267 → *Personalauswahl, Recruiting*
Feuchtigkeit 116f, 129, 154, 157f, 163ff, 169, 202, 217, 252, 278 → *Trocken-Feucht*
Feudalismus 18, 136
Feuer (Element) **116ff**, 124, 129, 134ff, 145f, 148, 157f, 161, 163, 165, 178f, 193, 202f, 208, 211ff, 246f, 151, 166, 178ff → *Choleriker*
Finalität 53 → *Teleologie*
Fische (Tierkreis) 127, 215, 277ff
Fleischwerdung von Analogismen 87, 93, 98, 200, **223ff**, 227 → *Analogie, Blendwerkzeuge der Verwissenschaftlichung*
Flexibilität 12, 50, 138, 141, 145, 150f, 163f, 190f
Fließende Grenzen 8, 14, 48, 52, **59ff**, 73, 87, 93, 218
Fluch 269
Forbes Magazin 206

Ford 201
Forschung 48, 53, 74, 108, 151, 155, 158, 168, 186ff, 196ff, 222ff, 235f, 241f, 275 → *Empirik, Experiment, Wissenschaft*
Fortschritt 12, **14ff**, 36, 52, 58, 143, 160, 177, **218ff**
Fortschrittsoptimismus 24ff, 52
Fortschrittspessimismus 26ff
Forttritt 22f
Fortune 100/500 197, 206, 212, 226
Fragebogen 61, 112, 167, 173, 175, 180, 183, 190f, 197, 200ff, 205, 212, 214, 230ff, 239, 253f, 256, 259, 263, 265, 271 → *Multiple Choice, Durchschaubarkeit*
Freier Markt 13, 26, 63, **68ff**, 139 → *Markt*
Freiheit 24f, 81, 96, 141
Fühlen 90, 111, 148f, 178f, 181, 193, 204f, 207ff, 216f, 248f, 251f
Führung 46, 50, **94ff**, **98ff**, 103, 113, 135ff, 140, 145f, **150ff**, **158ff**, 165ff, 171, 186, 191, 196, 201, 208, 214ff, 220, 223ff, 233f, 250, 254, 261, 265, 267, 269 → *Leadership*
Führungsdrama 98ff

Ganzheitlichkeit 194ff, 233, 287
Ganzhirn-Technologie 195ff
Gattungen82, 84, 92, 223, 278
Gaukler 28, 39, 44, 50, 162
Gebärden 44, 94, 134f → *Körpersprache*
GEDANKENtanken 213
Gefühl 62, 89, 95, 107, 129, 139, 143ff, 148f, 210f, 243, 253f, 269, 279 → *Emotionen*
Geheimnis 44ff, 73, 80, 213, 233, 260, 269 → *Verborgene Welt*
Gehirnforschung **194ff**, 203, 221, 224, 227, 235ff, 262, 272 → *Neurowissenschaften*
Geister 53, 86, 102, 276ff → *Dämonen*
Geld 64, 115, 142, 170, 214, 256, 258
General Electric 194, 196, 243
Generation 17, 39, 219, **237ff**
Geometrie 65ff, 77, 80, 116
Germanisch 25, 37, 78, 120f, 298 → *Deutschland*
Geschäftsmodell 8, 93, 168, 245, **256ff**, 262ff
Geschichte 9, 14, 17, 19, 21f, 24f, 34f, 38, 51, 55, 58, 108, 114, 129, 209, 239, 245, 270, 274, 294 → *Antike, Menschheitsgeschichte, Mittelalter, Prämoderne, Renaissance, Weltgeschichte*
Gesellschaft 18, 39, 41, 44, 51, 55f, 74, 77, 136, 150, 252, 271, 295 → *Soziologie*
Gesetze 13, 17f, 21, 25, 48, 53, 64, 77, 79, 86, 118, 136, 244, 248f, 272 → *Regeln*
Gespannt-Gelöst 132, 158, 202, 217, 252
Gesundheit 93, 124ff, 201, 261 → *Krankheit, Medizin*
Gewissenhaftigkeit 62, 90, 132, **166f**, 172, 215, 255
Gleichnis 17, 22, 83, 96, 196 → *Metapher*
Globales Management 274
Gods of Management 213
Gold 43, 51, 81, 107, 278
Goldmann 76
Google 214, 295
Gott 19, 38, 45, 54, 79, 81, 95, 97, 104ff, 108, 198, 228, 233, 276ff → *Religion*
Götter, griechische 45, 105, 209, 237, 267f, 270, 276ff
Graphologie 8f, **59ff**, 72, 232, 272
Griechenland 25, 51, 76, 104f, 115, 119, 122, 167f, 177, 209, 211, 221, 237, 244, 252, 264, 272
Gruppen 23, 32, 44ff, 140, 144f, 153, 187f, 198ff, 263 → *TMS*

Guilford-Zimmermann-Temperament-Survey 111ff
Gültigkeit 61, 183, 230 → *Validität*
Gütekriterien 229ff → *Objektivität, Reliabilität, Validität*

Hapla Somata 117 → *Elemente*
Harte Fakten 194, 203 → *Fakten*
Haruspex 176 → *Leberschau*
HBDI® 8, 15, 169, **194ff**, 212, 216, 220ff, 227f, 232, 234, 237, 250, 257ff, 262
Hebräisch 53, 102, 233, 279ff
Heilsbringer 94, **97ff**, 102f, 220, 223, 246
Held **94ff**, 102ff, 148, 167, 220, 246
Hermann Brain Dominance Instrument → *HBDI®*
Herrschaft 126ff, 266, 268f → *Macht*
Herrschaftstypen 136f, 215, 242
Hewlett Packard 186
Hexen 12, 36, 38, 40, 267
Hierarchie 115, 136, 138, 141f, 144, 147, 191, 209, 220f
Higgs-Mechanismus 77, 223
Himmel-Erde-Trennungsmythos 105
Hitparade der Viertypen 257
Höhlengleichnis 22, 83
Holz (Element) 119f
Homöopathie 91f, 102, 241
Horoskop 39, 53, 175, 232 → *Astrologie*
Human Relations Bewegung 29, 138
Human Resources (HR) 32, 165, 233 → *Personal...*
Humoraltheorie 122, 127, 177
Hyle 104, 117, 119, 158, 164, 283
Hypnose 71, 265, 268f

Iatromathematik 124, 143, 146, 173 → *Medizin*
IBM 201f
Idealisierung 102, 110, 124, 156, 202, 209ff, 216, 224f
Idealismus 14, 17
Idealtypen 87, 94, 117, 146, 148, 152, 199f, 223, 252 → *Archetypen*
Ideen 27f, 34, 72f, 79, 83, **85ff**, 99, 189f, 227, 242f, 255
Ideologie 14, 16, 25f, 33, 37, 40, 42, 48, 52ff, 68, 71f, 266
Idiographisch 176, **248ff**
Illusion 50, 74, 100, 206, 224, 231, 236, 249, 265, 271, 273 → *Irrtümer*
ILP® **93**, 168, 235, 241, 259, 261
Image 13, 236, 257, 263
Impassionated, the less/more 109
Indien 51, 272
Indifferenzkurven 68, 71
Individualismus 13, 60f, 138, 145, 263f
Indogermanisch 37, 78
Industrialisierung 53ff, 140
Informationsasymmetrie 46f, 73 → *Geheimnis*
Innenmensch 131f, 149 → *Introversion*
Innovation 16, 141, 189ff, 214, 241, 255 → *Erfindungen*
Inoffizielle Welt 35, 41, 58, 92, 177 → *Verborgene Welt*
Inquisition 40 → *Hexen*
Inscape Publishing Inc. 168, 235
Insights MDI® 8, 15, 87, 135, 169, **177f**, 186ff, 192ff, 197, 208, 213, 216, 221f, 227f, 230ff, 234, 237, 244, 256f, 251, 253, 257, 259, 262
Insights® Discovery 8, **177ff**
Inspiration 97, 179ff, 193, 221, 238, **241ff**, 266, **271f**
Instinkt 86, 94, 195, 200
Institut 38, 227f, 236
Integrierte Lösungsorientierte Psychologie → *ILP®*
Intelligenz 200, 245, 248f, 268f, 272, 280
Internet 180, 237, 239, 258, 263 → *Online*
Interpretation 17f, 21f, 34, 37, 176, 247, 249, 257, 267

Interview 140, 146, 186, 225f, 256
Introversion 62, 76, 91, **107ff**, **111ff**, 169, 175, 178, 181, 190ff, 202, 204, 207f, 217, 223, 240, 246, 248ff → *Innenmensch*
Intuition 99, 111, 181, 194, 200, 202, **204ff**, 216
Irrationalismus 13, 36, 39, 139, 143f, 185, 274 → *Rationalismus*
Irrsinn 74, 271
Irrtümer 18, 38f, 51f → *Illusion*

Job 55, 180, 200, 256, 268, 296 → *Beruf*
Johnson & Johnson 185
Jungfrau (Tierkreis) 126, 215, 276, 278, 281
Jupiter 81, 126, 129, 134f, 154, 215, 278ff, 293 → *Astrologie, Planeten*

Kabbala 45, 81, 102, 104, 276ff
Kaffeesatzlesen 176 → *Orakel*
Kapitalismus 18, 68, 201 → *Freier Markt*
Kategorien 34, 36, 82, 84f, 152, 176, 206, 217ff, 245, 249f, 266 → *Taxonomie*
Kausalität 27, 53, 67, 72, 77, 82 → *Ursache und Wirkung*
Keirsey Temperament Sorter 8, 170, 203f, **208ff**, 216, 221f, 229, 234f, 244, 251, 257, 259f, 262
Kinder 12, 26, 47, 78, 85, 88, 90, 94f, 135, 166
Klassifikation 57, 218, 224
Kochrezept für Diagnostik-Tools 262f
Kollektivdenken 14, 34, 40 53, 74, 77, 96, 265, 270, 275 → *Denkkollektiv*
Kollektive Wahrnehmung 42ff, 57f, 218 → *Offizielle Welt*
Kollektives Unbewusstes 84ff → *Inoffizielle Welt, Verborgene Welt*
Kommerz 8, 87, 165ff, 178, 184, 187, 209, 224, 228f, 236, 239, 256ff, 262f
Kommunikation 99, 134, 145, 150, 153ff, 181, 214, 218
Kompetenzen 98, 101, 137, 141f, 145, 194, 233, 264, 266 → *Eigenschaften*
Komplexer Mensch 138, 142ff, 151, 216, 219
Komplexion 124, 129ff, 146, 149, 152, 156, 173, 224 → *Mischtypen, Temperament*
Komplexitätsfalle 253
Komplexitätskompetenz 253
Kondratieffwellen 20
Konfliktmanagement 15, **162ff**
Konjunkturprognosen 268, 273
Konkurrenz 71, 90, 150, 177, 180ff, 187, 190, 197f, 203, 206, 211f, 221, 234ff, 238, 240, 243f, 250, 253, 258, 262f → *Plagiarismus, Wettbewerb*
Konservativismus 89, 99, 132, 155, 201f
Konstrukt 14, 16, **22**, 26f, **44ff**, 50, 71, **73f**, 92, 111f, 176, 192, 194, 198, 202, 223f, 247, 247f, 260, 264, 272
Konstruktvalidität 168, 231f
Konsument 54ff, 218 → *Kunden*
Kontrolle 100, 111, 139ff, 151, 154, 189, 265, 271, 273
Kooperation 135, 156, 163ff, 168, 181, 192, 217, 227, 252
Körpersäfte 126f, 222 → *Humoraltheorie*
Körpersprache 135, 181
Korrelationsanalyse 61, 183
Kosmologie 79, 81, 105, 283
Krankheit 36, 80, 122, 124ff, 197, 199ff, 280 → *Gesundheit, Medizin*
Kreativität 91, 190ff, 200ff, 217, 248f, 261, 272
Krebs (Tierkreis) 126, 215, 276, 278, 281
Kreislauf 19f, 22, 32, 189
Kreisschritt 14, **19ff**, 28, 31f, 36
Krieger 82, 96, 128, 135, 145, 157
Kriterien 61, 175, 198, 229ff, 265

KTSII® → *Keirsey Temperament Sorter*
Kult 38, 95, 266, 274
Kulturanthropologie 21, 96
Kulturzyklen 19
Kunden 18, 139, 169, 194, 203, 206, 214, 222, 224, 226, 232, 236, 239f, 245, 247, 252, 256, 258, 261, 264, 270

Laien 40f, 62, 64, 92, 173, 183, 198, 232f
Landkarte 12, 270f
Leadership 101, 161, 168, 261 → *Führung*
Leberschau 176 → *Orakel*
Leitbanner, kollektive 74, 268 → *Kollektivdenken*
Leitbilder 57, 72, 139, 273 → *Vision*
LIFO® - Life Orientations 8, 15, **169ff**, 183, 187, 198, 205, 216, 220, 224, 227, 231f, 234, 239, 242ff, 253f, 257ff, 262, 280
Lingua Sancta 233 → *Sprache*
Lizenz 176, 178f, 231, 258f → *Geschäftsmodell*
Logik 24, 82, 163, 176, 248f
Logo 237, 262f, 273 → *Branding*
Löwe (Tierkreis) 81, 126, 129, 147f, 215, 276ff
Luft (Element) 103, **115ff**, 122, 124, **129f**, 134, 145, 150f, 153f, 156ff, 163ff, 167, 173, 189, 193, 202f, 208, 210f, 213ff, 251, 278ff → *Sanguiniker*
Luftballon 77, 87, 223

Macht 14, 19, **22f**, **36f**, **45ff**, 58, 68, 72, 90, 95f, 100, 136, 143, 147, 151, 210, 242, 260, **268ff** → *Herrschaft*
Magie 12, 14, **35ff**, **72ff**, **76ff**, 103, 165, 176f, 191, 198, 215ff, 218f, 242f, 260, 268, 270, 272, 275, 287 → *Zauberei*
Magie-Wissenschaft-Hybride 60ff
Magisches Weltbild 76ff
Makrokosmos-Mikrokosmos 82, 88, 123, 126, 273, 287 → *Analogie*
Makroökonomie 20f, 69ff
Malleus Maleficarum 40 → *Hexen*
Management by Blabla 50
Management, mittleres 113, 148
Managementberatung 209, 226, 243, 257 → *Beratung*
Management-Diagnostik 8, 15, 62ff, 87, 107, 111, 165ff, 176, 187, 196, 203f, 208, 224, 226, 229, 235, 239f, 244, 250, 256, 259f, 263 → *Eignungsdiagnostik*
Managementforschung 13ff, 76, 111, 114, 142, 151, 218, 223, 233 → *Personal...*
Managementliteratur 14f, 50, 98, 135, 146, 196, 228, 270 → *Personal...*
Managerial Grid 159f, 214, 216
Manipulation 12, 46, 50, 139, 144, 273
Märchen 12, 39, 84, 88, 90, 96
Marke 168, 187, **234f**, 237, 240, 259f → *Branding*
Marketing 34, 168, 177f, 183ff, 191f, 198, 200f, 224, 228, 233, 260, 263, 273 → *Vermarktung, Werbung*
Markt 20, 54, 170f, 186, 218, 235, 243f, 257, 273 → *Freier Markt*
Mars 81f, 126ff, 134f, 145, 148, 215, 278, 280, 285, 289 → *Astrologie, Planeten*
Maskenspiel der Zeitgeister **237ff**, 241 → *Zeitgeistmasken*
Materialismus 18, 26, 53, 110, 132, 144, 147, 248 → *Empirik, Positivismus*
Mathematik 13, 23, 44, 50, 53, 64, 67f, 71, 77, 116, 194, 205, 225, 248, 272
MBTI® 87, 183, 186, **204ff**, 216, 224, 230ff, 234, 244, 246, 251, 257ff
Medianmodell 262
Meditation 41, 111

Medizin 36, 44, 47, 60, **122ff**, 133, 194, 224, 235, 262, 268 → *Gesundheit, Iatromathematik, Krankheit*
Melancholiker 91, 122 124f, 127f, **131ff**, 136, 143, 147, 155ff, 163, 165, 167, 173, 200, 202, 210, 215, 220, 280 → *Erde (Element)*
Menschenbilder der BWL 13, 15, **137ff**, 150, 216, 219, 242
Menschenorientierung 169, 178, 217, 239, 250, 252 → *Beziehungsorientierung*
Menschentypen 103, 192, 209, 213f, 218, 246, 253 → *Idealtypen*
Menschheitsgeschichte 9, 17, 19, 239, 274 → *Geschichte*
Mercedes 201
Merkur 81, 103, 278, 280f → *Astrologie, Planeten*
Mesopotamien 105, 176, 266
Messskala 224, 236, 252, 262f, 267 → *Skala*
Messung 32, 38, 57, 112, 176, 181, 183, 196f, 223ff, 235, 248, 253 → *Empirik*
Metall (Element) 119f, 246
Metaphern 92, 94, 98, 104, 196ff, 200, 223, 236, 280 → *Analogie, Gleichnis, Symbol*
Metaphorisches Modell 196, 198, 200, 224, 236
Mikro-Zeitgeistmasken 261f → *Zeitgeistmasken*
Mischformen 101f, 152, 248
Mischtypen 174, 180ff, 193, 206, **252ff**, 264 → *Komplexion, Untertypen, Zwischentypen*
Mischungsverhältnisse 102, 119ff, 124, 198, 224, 239, 249, 252
Mittelalter 143, 146, 156, 159, 200, 226, 233
Modelldehnung 93, 168, **260f**, 263
Modemasken 15, 200, 218, 221 → *Zeitgeistmasken*
Monarchie 25, 53, 64ff, 68, 72
Mond 81f, 106f, 111, 114, 119, 132, 134, 154, 215, 225, 278, 280f, 291 → *Astrologie, Planeten*
Morphologie 19, 34, 264
Motivation 137ff, 149f, 161, 180f, 193, 214, 238, 245, 264, 270
Multiple Choice 165, 173f, 176, 180, 182, 197, 234, 253 → *Fragebogen*
Musik 135, 149, 284
Myers-Briggs Typenindikator → *MBTI®*
Mythen 41, 84f, 96, 104ff, 205, 209, 227

Nachahmer 79, 168ff, 262 → *Plagiarismus*
Naturwissenschaften 23, 39, 64, 67, 86, 115, 178, 194, 197, 203, 222, 224, 233ff, 248, 257 → *Astronomie, Biologie, Chemie, Physik*
Neurowissenschaften 194, 196, 200, 222, 224, 236, 244 → *Gehirnforschung*
Neutralität 23, 33, 42, 262, 267f → *Wertfreiheit*
Neuzeit 17, 19, 56, 72, 115, 122, 133
Nichtlinearität 21
NLP 93, 233, 272f
Nobelpreisträger 23, 39, 42, 194, 196, 227, 235
Nomothetisch 68, 162, **248ff**
Nordische Mythologie 104, 121
Normierung 26, 32, 54f, 138, 140, 144, 164, 184, 191, 200f, 228, 239
Nutzen magischer Praktiken 264ff

Oak-School-Experimente 268f
Objektivierung 25, 27, 33, **57**, 194, 269
Objektivität 176f, 185, 221f, **229ff**, 235f, 265
Offensive 169, 184, 217, 240, 246, 252
Offizielle Welt 14, 35f, 40ff, 47f, 53, 56, 58f, 64, 71ff, 88, 98, 111, 126, 133, 148, 218, 225, 241, 265, 274 →

Burgmauern des Offiziellen, Burgwächter des Offiziellen
Okkultismus 39, 45
Ökonomie 20f, 59, 68ff, 139, 242, 274
Online 191, 239, 258 → *Internet*
Operationalisierung 180, 184, 249, 256, 265
Optische Tricks 162, 198, 200, 234
Orakel 102, 176, 266ff, 271, 274 → *Wahrsagen*
Ordale 266
Organisation 46, 99, 101, 103, 138ff, 148, 150, 153ff, 190, 213, 256, 265
Organisationspsychologie 137, 184, 227
Ortlosigkeit der Sprache 74

Paradigma 13, **22f**, 43, 45, 48, 53f, 60, 63, 68, 122, 128, 133, 215, 218, 237, 239, 248
Paradigmenthron 23, 35, 42, 59, 71f, 243
Pareto-Optimum 68ff
Parzen, Gleichnis der 17
Perfektionismus 151, 155, 167, 181, 210f
Performax Inc. 168
Periodensystem 207, 282
Persolog GmbH 168, 227, 235, 258, 260f
Personalauswahl 12, 46, 62, 64, 165, 168, 185, 197, 247 → *Recruiting*
Personalmanagement 12, 49, 149, 185, 206, 245, 250, 254ff, 265ff, 273 → *Human Resources*
Personalwissenschaft 16, 32, 49f → *Managementforschung*
Persönlichkeitsmodell 8, 13, 15, 32f, 75f, 93, 103, 136, 151, 163, 167ff, 175f, 187, 192, 218, 225, 230, 250, 252, 256ff, 272, 280
Persönlichkeitsprofil 168, 175, 183, 206, 255, 260
Philosophie 14, **17ff**, 32f, 45, 76, 104, 109, 115, 118, 123, 138f, 160, 195, 209, 213, 218f, 228, 236f, 248
Phlegmatiker 122ff, **131f**, 134, 145, 149, 153f, 158f, 164f, 167, 173, 202, 210, 215, 279 → *Wasser (Element)*
Phlogiston-Theorie 52
Phrasen 58, 195, 198, 226, 228, 237
Physik 23, 37, 38, 44, 51, 53, 76ff, 86f, 104, 118, 178, 223, 282f
Physiognomik 38, 53, 60, 64, 127f, 199, 248, 272
Physiologie 86, 166, 196, 223, 242, 248
Plagiarismus 75, 187, **241ff** → *Nachahmer, Reaszendenz (plagiatorische)*
Planeten 26, 79ff, 84, 86, 102f, 119, 124, 126, **128ff**, 145, 147, 155, 215, 278f, 282, 284ff → *Astrologie, Horoskop, Planetenkinder, Sonne, Mond, Merkur, Venus, Mars, Jupiter, Saturn*
Planetenkinder **128ff**, **134f**, **288ff**
Planung 13, 46, 54ff, 98, 103, 139, 143f, 189, 205, 210, 233, 270, 273f
Platonische Körper 116f
Please Understand Me 212, 260
Polarität 15, 97, **102ff**, 111, 114, 117ff, 123, 164, **217ff**,, 225, 249 → *Dualität*
Pole 14, 24, **58ff**, 107, 152, 155, 158, 170, 208f, 239, 248f
Popularität 8, 15, 170, 194, 205f, 209, 214, 235, 257, 272
Positionierung 98, 201, 225, 258, 261
Positivismus 18, 53, 56 → *Empirik*
Potentialanalyse 50, 178
Prädiktion 111ff, 200, 225, 230 → *Eignungsprädiktion, Prognostik, Vorhersage*
Präferenzen 70, 173, 193, 196 → *Arbeitspräferenzen*
Prämissen 9, 13f, 23, 33, 63, 71, 87, 109
Prämoderne 15, 75f, 115, 126, 143, 148, 151, 165, 219ff, 224ff, 272, 275
Präzisionsraster 174, 202, 234, 239, 252

Präzisionswerkzeug 173, 183, 193, 198, 234
Prima Materia 117f
Primärfaktoren 111f
Primärmuster **83f**, 103ff, 119f, 279, 282 → *Archetypen, Primodelle, Urmuster*
Primodell 9f, 14, **33ff**, **74ff**, 87, 91, 105, 114, 118, 166f, 186, 199, 215, 218, **237ff**, 241ff, **245ff**, 252, 261, 263f, 275 → *Urmodell*
Produkte 54ff, 150, 181, 189, 261, 273
Produktversprechen 185, 265
Professoren 60, 98, 135, 139, 170, 184, 227, 236 → *Akademisch, Universität*
Prognostik 10, 20, 46, 102, 198, 268f, 273f → *Prädiktion, Vorhersage*
Prognostik-Buchreihe 7, 9, 19, 33, 74f, 93, 102, 176, 237, 272
Prophezeiung, selbsterfüllende 39, **268f**
Prozentzahlen 113, 175, 183, **229**, 232, 236
Prozessorientierte Persönlichkeitstypologie PPT 9, 89ff, 98, 168, 223, 235 → *ILP®*
Psyche 60f, 83f, 86, 92, 187, 194, 203, 223, **248f**, 251, 253, 272, 280
Psychoanalyse 96, 146
Psychologie 22, 26, 39, 60ff, 78, 84f, 93, 96, 107ff, 111, 127, 133, 137, 151, 159, 161f, 176f, 184ff, 194, 199, 204ff, 209, 213, 221f, **225ff**, 230, **241ff**, **247ff**, 259, 262, 265ff, 271
Psychophysik 248, 272
Pygmalion-Effekt 268f

Q-Pool 100 184, 227f
Quadranten 124, 159, 162, 174, 176, 182, 194, **200f**, 214, 220, 234
Quintessenz 104, **117f**, 283

Rationalisierung 12, 30
Rationalismus 109f → *Irrationalismus*
Rationalität 38, 56, 100, 136, **138ff**, 146f 156, 202, **209ff**, 216, 219
Realität 22, 87, 92, 124, 167, 193, 219, **223f**, **245ff** → *Wirklichkeit*
Realitätskonstruktion 14, **44ff**, 50, 73, 260, 270 → *Fleischwerdung von Analogismen*
Reaszendenz 9f, 35, **72ff**, 114, 118, 147, **241ff**
Reaszendenz, drei Arten 241ff
Reaszendenz, drei Gründe 245ff
Reaszendenz, plagiatorische 242ff → *Plagiarismus*
Reaszendenz, referenzierende 92, 177, 186, 204, 209, 221, **244**
Reaszendenz, reinventatorische 92, 137, 145, 168, 186, **241f**
Recruiting 165, 256, 264, 267 → *Personalauswahl*
Regeln 23, 40, 49, **54ff**, 62, 136, 155, 163, 225, 254, 266 → *Gesetze*
Reifegrad 26, 95, 141, **160**, 210f, 220, 234
Relativität 15, 21, 28, 218
Reliabilität 61, 175, 183, 206, **229f**, 236
Religion **37f**, 47, **51ff**, 85, 110, 134, 211, 249 → *Christentum, Gott, Götter (griechische), Heilsbringer*
Renaissance 43, 128, 237
Renovierung der Zeitgeistmaske 169, 177, 214, 239 → *Zeitgeistmaskenkosmetik*
Rituale 12, **266f**, 273
Romantik 53, 91, 109, 213, 246
Römisches Reich 17, 25, 43, 126, 209, 238, 266f → *Etrusker*
Rückschritt **18f**, 22, 36

Sachtyp **89ff**, 98, 102
Sanguiniker 122, 124f, **129f**, 134, 136, 143, 145, 149f, 153, 158ff, 164f, 167, 173, 200, 202, 210, 215, 220, 226, 279f → *Luft (Element)*

Saturn 81f, 126f, 132, **134f**, 147, 155f, 202, 215, 278, 280f, 288 → *Astrologie, Planeten*
Scharlatanerie 38f
Scheelen AG 178, 184
Scheinschritt **20**, 28, 32, 221
Scheinzeit 31f, 42, 58, 73, 83, 85, 92, 102, 279 → *Einzeit*
Schicksal 17, 39, 56, 247, 278
Schildkrötenorakel 176, 274
Schizoid 61, 90, 213
Schmetterlingseffekt 21f
Schönheitsforschung 199
Schöpferisches 9, 55, 73, 97, 141, 157
Schöpfungshöhe 187, 234f
Schriftpsychologie 62f
Schule 38, 53f, 93, 197, 200, 268
Schütze (Tierkreis) 126f, 148, 215, 276ff
Seele 39, 60, 79, 84, 86, 94, 96, 104, 107, 126, 134, 141, 145, 149, 248, 271, 279f
Selbsterfüllende Prophezeiung 39, **268f**
Selbstverwirklichung 12, 96, 137f, 141f, 148, 153, 211
Seminare 12, 38, 46f, 92, 258ff, 272 → *Ausbildung, Trainer*
Sephiroth 102, 280
Seriosität 12f, 38f, 53, 93, 98, 170, 181, 185ff, 221, 225ff, 232f, 236, 259, 268
Shang Dynastie 176, 274
Sibyllinische Bücher 266
Sicherheit 100, 141, 148, 201, 265
Similia-similibus 123
Sinnstiftung 26, 140, 196, 228, 238, **270**
Sinologie 10, 105
Situative Führung 50, **159ff**, 220, 233, 250
Skala 173, 198, 220, 234, 239, 262f → *Messskala*
Skinner-Box 13
Sklaverei 18, 25
Skorpion (Tierkreis) 126, 129, 215, 277ff, 285
Software 178ff, 197, 258
Sonne 26, 43, 58, 77, 81, **105ff**, 111, 114, 129, 145, 157, 178, 215, 225, 278, 280ff, 285, 290 → *Astrologie, Planeten*
Sony 185
Sozial erwünschte Antworten 254, 269
Sozialdarwinismus 18, 148
Sozialisation 55
Sozialpsychologie 146, 170, 225, 242
Sozialverhalten 112, 140ff, 158, 166f, 200
Sozialwissenschaften 50, 55, 64, 68
Soziologie 44, 68, 136, 162, 228, 242, 262
Sozionik 205
Spiele 14, 20, 22, 28f, 36, 42f, 46f, 71, **90f**, 98, 135, **146ff**, 163, 219, 223, **237ff**, 271
Spiritismus 39, 274 → *Esoterik*
Sprache 24, 37, 74, 78, 89, 137, 171, 176ff, **193f**, 198, 205, 219, **233**, **237**, 252, 257, 261, 287 → *Begriffe, Definition, Fachbegriffe, Terminologie*
Staat **54ff**, **63ff**, 226, 257, 274 → *Drei Mittel von Kepler, Herrschaftstypen, Wissenschaftsstaat*
Stärken-Schwächen-Paradoxon 170
Statistik 86, 154, 183, 223, 225ff, **228ff**, 236f → *Prozentzahlen*
Steinbock (Tierkreis) 127, 215, 277ff
Stereotype 99ff, 103 → *Archetypen*
Sternzeichen → *Tierkreis*
Stier (Tierkreis) 126, 215, 276ff
Stigmatisierung 36, 58, 243
Strategie 50, 142, 220, 231, 233, 258, 272f
String-Theorie 77, 87
Studien 21, 33, 38f, 41, 51ff, 112ff, 136, 149, 151, 166ff, 175, 183, 185, 196ff, 206, 222, **226ff**, 236f, 242, 275 → *Empirik, Forschung, Wissenschaft*

Subjektivismus 30, 36, 53, 57, 110, 192, 232, 236, 247, 254, 267
Symbole 33, 81f, 84, 87, 94, 96, 103, **105ff**, 115, **119**, 145, 148ff, 158, 187, 196, 203, 205, 215, 223, 236, 280 → *Analogie, Metapher*
Sympathieprinzip 78, **80**, 124, 127, 287 → *Analogie*
Sympathiezauber 215, 273 → *Analogie*
Synthese **24ff**, 30ff
Systemtheorie 21
Szienzifesk 196, 200, 203, 229

Taoismus 104f, 119
Target Training International Ldt 178
Tarnung 12, 20f, 30f, 50, 68, 191, 196, 198, 203, 221, 254, 269 → *Geheimnis*
Tarot 38, 232 → *Orakel*
Tautologie 191f, 255 → *Zirkelschlüsse*
Taxonomie 178, 248ff, 256
Taylorismus 138f, 144, 146, 266
Team Management Profil → *TMS*
Team Management Rad → *TMS*
Team Management System → *TMS*
Technik 12, 47, 49, 54, 72, 200, 237, 272ff
Technologie 58, 143, 147, 180, 196, 210f, 237, 274
TED 213
Telekom Austria 185
Teleologie 13, 53, 72, 104 → *Finalität*
Temperament **122ff**, **134ff**, **208ff**, **215ff**, 221f, 242ff, 251 → *Edles Temperament, Komplexion*
Temperatur 117f, 158, 164
Tender-Minded / Tough-Minded 109f
Terminologie 14, 24, 29, 107, 129, 154, 164, 178, 192, 196, 204, 208, 215, 218, 221, 223, **233**, 236, 239 → *Begriffe, Fachbegriffe, Sprache*
The Humanist 39
Theory X/Y 139, 142, 161
Therapie 26, 93, 124, 127, 261 → *Medizin*
These und Antithese 24f, 30ff, 58, 72
Tierkreis 64, 84, 86, 102, 106, 117, 124, 126, 129, 148, 215, 279, 285f → *Astrologie, Horoskop, Widder, Stier, Zwillinge, Krebs, Löwe Jungfrau, Waage, Skorpion, Schütze, Steinbock, Wassermann, Fische*
Timaios 82, 116
TMS 8, 15, 124, 170, **186ff**, 197f, 205, 208, 216, 220f, 226f, 234f, 237, 243f, 246, 251, 255ff
Tote Winkel 14, **42ff**, 56ff, 73, 218, 269f, 275 → *Verborgene Welt*
Toyota 201
Trademark 93, 170, 178, 185, 187, 210, 214, **234ff**, 263
Trägersubjekt 74, 241
Trainer 135, 168, 171, 184f, 194, 227, 231, 244, **258ff** → *Ausbildung, Seminar*
Transformation 97, 117
Transformationsproblem 176, 183, 191, 254
Traum 20, 28, 42, 84, 96, 108, 237, 265
Traumschritt 28
Trefferquote 183, 230, 232 → *Erfolg*
Trends 34, 98, 237, 240, 261 → *Zukunft*
Tricks 8, 12, 46f, 50, 92, 162, 200, 203, 228, 231, 234f, 260ff → *Zauberei*
Triebe 25, 29, 34, 80 86, 108, 141f, 210f, 280 → *Emotionen*
Trocken-Feucht **116f**, 132, 154f, 157f, 163ff, 169, 202, 217, 252, 278 → *Elementenschema, Feuchtigkeit*
TTI Success Insights® 178, 185
Typenrad 178ff, 192 → *Fadenkreuz*

Überlegenheit 23, 25, 36, 51, 53, 95, 220, 222, 262 → *Neutralität, Wertfreiheit*
Übernatürliches 37, 97, 136

Universität 53, 68, 155, 183ff, 199, **226ff**, 236 → *Akademisch, Professoren*
Universität Erlangen-Nürnberg 10
Universität Innsbruck 7, 11
Universität Koblenz-Landau 168, 227
Universität München 184, 227
Universität WU Wien 185
University Harvard 159
University Michigan 159
University Minnesota 168, 227
University Ohio State 159
University Queensland 186, 227
University St. Andrews 199
University Texas 199
Universum 77, 79, 87, 119, 195, 223, 281, 283, 287
Unnambare 27, 31, 42, 47, 72, 223, 279
Unsichtbare Hand 13, 139 → *Freier Markt*
Unterhaltung 12, 96, 206, 213, **238**, **271** → *Bespaßungssbedürfnis*
Unternehmenskultur 12, 149, 201
Unternehmer 97, 135, 200, 202
Untertypen 147, 180, 208f, 212 → *Mischtypen, Zwischentypen*
Unwissenschaftlichkeit 52, 58, 225 → *Wissenschaft*
Urbilder 33, 81, 83, 87 94f, 276ff → *Archetypen*
Urenergien 103f, 107
Urgrund 72, 104f
Urmodelle 14, 32, 218 → *Primodell*
Urmuster 20, 27, 31, 83, 85, 87, 94, 111, 146ff, 221 → *Archetypen, Primodell*
Ursache und Wirkung 21, 42, 113, 126, 162, 222 → *Kausalität*
Urteilen 204ff, 210f, 251
USA 63, 109, 199, 206, 210ff, 228 → *Amerika*

Validität 113, 168, 175, 183f, **197f**, 206, 225, **229ff**, 236 → *Gültigkeit*
Validitätskoeffizienten 114, 227
Vater 85, **94f**, 98, 102f, 105, 220
Venus 81, 86, 131f, **134f**, 154, 215, 278ff, 292 → *Astrologie, Planeten*
Verborgene Welt **42ff**, 46f, 57, 72f, 78 → *Geheimnis, Inoffizielle Welt, Tote Winkel*
Verdrängung 40ff, 53, 56, 64, 72, 74, 84, 96, 122, 164, 215
Verhalten 13, 75f, 86, 89, 94f, 128f, 135, 137, 141f, 164ff, 170ff, 179ff, 188, 194, 196f, 204, 231, 242, 250, 253, 263, 268f → *Eigenschaften*
Verhaltensgitter von Blake & Mouton 159
Verkauf 92, 135, 168, 212, 214, 238, 247, **256ff**
Verkaufsargument 181, 184, 192, 198, 222, 231
Vermarktung 150, 177f, 180, 205, 239 → *Marketing, Werbung*
Verwissenschaftlichung → *Blendwerkzeuge der Verwissenschaftlichung*
Viertypen 9f, 186f, **213ff**, 231, 234, 237ff, 245f, 250, 252, 256f, 261ff, 270f
Vision 95ff, 108, 216, 237, 270 → *Inspiration, Leitbild, Traum*
Vogelschau 38, 267 → *Divination, Wahrsagen*
Volkswirtschaftslehre VWL 63, **68ff**, 273 → *Makroökonomie*
Vorhersage 13, 39, 100, 230, 274 → *Prädiktion, Prognostik, Wahrsagen*
Vorstellung **20ff**, **26ff**, 42f, 46f, 53, 56ff, 72ff, 84f, 215, 218, 265, 270 → *Bewusstsein, Denk...*
VWL → *Volkswirtschaftslehre*

Waage (Tierkreis) 126, 215, 277ff
Wahlforschung 273
Wahnsinn 74, 84, 271
Wahrheit 17, 19, 21, 24, 27, 39ff, 51f → *Realität, Wirklichkeit*

Wahrnehmung 14, **22**, 36, 39, **42ff**, 56f, 73, 166, 175, 204, 211, 218, 230, **245f**, 250, 270, 275 → *Tote Winkel, Vorstellung, Wirklichkeit*
Wahrsagen 38, 176, 274 → *Auguren, Divination, Haruspex, Kaffeesatzlesen, Leberschau, Orakel, Tarot, Vogelschau*
Wandlungszustände 119f → *Elemente, fünf*
Warm-Kalt **117f**, 129f, 150, 154, 158, 163, 165, **217**, 252 → *Elementenschema*
Wasser (Element) **115ff**, 122, 124, **131f**, **134ff**, 145, 149, 154, 157f, 163, 165, 167, 193, 203, 208, 211, **213ff**, 269, 278ff → *Phlegmatiker*
Wassermann (Tierkreis) 127, 215, 278ff
Weißes Rauschen 102f, 253
Wellen 20f, 25, 27, 74
Weltbild 12, 20, 36, 38, 55 → *Denkmodell, Paradigma, Vorstellung*
Weltbild, magisches 15, 68, **76ff**, **83ff**, 130, 202
Weltencodes 102
Weltgeschichte 21, **24ff** → *Geschichte, Menschheitsgeschichte*
Weltharmonik 53, 79ff, 117, 285
Weltwalten 22, 43, 50, 56, 58f, 72f, 85, 103f
Werbung 98, 183ff, 191f, 197f, 201, 227, 229, 270 → *Marketing, Vermarktung*
Wertfreiheit 197, 200, 220 → *Neutralität, Überlegenheit*
Wettbewerb 68, 71, 149ff, 180, 238, 258, 261, 267 → *Konkurrenz*
Wetterberechnung 53, 79
Whole Brain Model → *HBDI®*
Widder (Tierkreis) 126, 129, 148, 215, 276ff, 285
Wiederentdeckung 53, 74, 167f, 241, 245 → *Reaszendenz, reinventatorische*
Wiley Brand 168, 240, 253
Wirklichkeit 12, 22, 27, 37, 44f, 77, 80, 138, **223ff**, **245ff**, 269f, 273 → *Fleischwerdung von Analogismen, Realität, Wahrheit*
Wirtschaftspsychologie aktuell 185
Wirtschaftswissenschaften 7, 12, 32, 225, 272 → *Betriebswirtschaftslehre, Makroökonomie, Volkswirtschaftslehre*
Wissenschaft **18ff**, **36ff**, 78, 81, 84ff, 165, 183ff, 194ff, 202f, **225ff**, 242ff, 265, 270ff → *Astronomie, Biologie, Blendwerkzeuge der Verwissenschaftlichung, Chemie, Empirik, Experten, Experimente, Forschung, Logik, Magie-Wissenschaft-Hybride, Mathematik, Medizin, Naturwissenschaften, Neurowissenschaften, Nobelpreisträger, Personalwissenschaft, Professoren, Sozialwissenschaften, Studien, Szientifesk, Universität, Unwissenschaftlichkeit*
Wissenschaftsgott 198, 228
Wissenschaftsstaat 38, 42, 44, 56, 59 → *Staat, Wissenschaft*
Wissensmodell 59, 63f, 71ff, 237 → *Denkmodell, Primodell*
Wohlfahrtsökonomie 59, **69ff**
Wonder Woman 167 → *Comic*
Wurzelkräfte 115, 118, 280 → *Elemente*

Y&Rchetypes® Modell 98 → *Branding*
Yin und Yang **105ff**, 111, 114, 119, 225
Yoga 41
Young & Rubicam 98
Yuppie 177

Zahlen 12, **65ff**, 84, 99, 102, 173f, 183, 212, 230, 257
Zauberei 12, 28, 38, 44, **46f**, 50, 80, 94, 198, 215, 227, 231, 233, 236, 260, 270, 272f, 276 → *Magie*

Zeichenkultivierung 176, 254
Zeitgeist 29, 32, 36, 38, 59, 71f, 80, 92, 114, 126, 141, 146, 151, 168f, 171, 199, 205, 241, 245, 148, 285 → *Zeitgeistmasken, Zeitgeistmaskenkosmetik, Zeitgeist-Tektonik*
Zeitgeistmasken 9f, 14, 32f, **74ff**, 87, 128, 133, 135, 147, 173, 176, 186ff, 203, 206, 212f, 221, 231, 252, 257, 263, 272, 274 → *Maskenspiel der Zeitgeister, Mikro-Zeitgeistmasken, Zeitgeistmaskenkosmetik*
Zeitgeistmaskenkosmetik 178ff, 183 → *Renovierung der Zeitgeistmaske*
Zeitgeist-Tektonik 9f, 14, **33ff**, 87, 218f, 221, 225
Zeitgenossen 34, 238f
Zeittunnel 34
Zertifizierung 93, 169, 184, 197, 228, 236, 239, 256, **258ff**, 263 → *Akkreditierung*
Zirkelschlüsse 50, 71, 175, 230 255 → *Tautologie*
Zitate 195f, 225, 227, 236
Zufallsgenerator 271
Zukunft 9, 12, 17, 20, 141, 176, 237
Zwillinge (Tierkreis) 126, 215, 276ff
Zwischentypen 180f, 187, 240, 263 → *Mischtypen, Untertypen*
Zyklische Theorien 19f, 124, 189

Personenregister

Adickes, Erich 209
Adler, Alfred 209, 227, 248
Anaximenes 82
Argyris, Chris 141
Aristoteles 19, 52, 104, **115ff**, 127, 158, 163f, 169, 202, 225
Atkins, Stuart **170ff**, 227, 242ff
Augustinavičiūtė, Aušra 205

Baldi, Camillo 60
Bastian, Adolf 85
Beck, Tobias 213
Beham, Hans Sebald 288ff
Bents, Richard 208
Blake, Robert R. **158ff**, 169f, 216, 220
Blanchard, Ken **159ff**, 220, 233, 250
Blank, Reiner 208
Böhme, Gernot & Hartmut 104
Bonnstetter, Bill J. 177f
Brahe, Tycho 38
Briggs, Katharine Cook 8, 186, 188, **204ff**, 216, 227, 243f, 251, 256f

Caldwell, Robert 119
Campbell, Joseph 96
Cattell, Raymond Bernard 112
Cicero 19, 267
Comte, Auguste 18
Coulter, Catherine 91
Crepieux-Jamin, Jules 60
Crowley, Aleister 119
Czichos, Reiner 171, 231

Darwin, Charles 18, 148
Dave, Rahul 119
Drucker, Peter 170
Dumas, Alexandre 213
Dürer, Albrecht 285

Eco, Umberto 233, 287
Einstein, Albert 196, 295
Ekschmitt, Werner 118
Empedokles 115
Evans, Luke 170

Faraday, Michael 86
Feyerabend, Paul 40ff, 295
Fleck, Ludwik 48, 126
Foucault, Michel 57, 74, 78, 295f
Frädrich, Stefan 214
Freud, Sigmund 90, 96, 209, 227, 248
Friedmann, Dietmar **89ff**, 98, 102f, 124, 168, 223, 235, 241, 259
Frobenius, Leo 19
Fromm, Erich 170, 227

Galenus, Claudius **122ff**, 170, 209, 213, 262
Galton, Francis 199
Gandhi, Mahatma 196
Gay, Friedbert 168f, 235, 260
Geier, John G. 167f, 205
Goethe, Johann Wolfgang 122, 196, 213
Goleman, Daniel 249, 272
Guilford, Joy Paul 111ff, 225

Hampp, Rainer 7, 11
Handy, Charles 213
Hegel, Georg W. F. 14, 17, **24ff**, 29ff, 52, 218
Heraklit 26, 104
Herrlinger, Robert 123
Herrmann, Ned **194ff**, 220, 222f, 226ff, 230, 232, 235, 243, 257f
Hersey, Paul **159ff**, 220, 233, 250
Hippokrates 122f, 168, 177, 209, 213, 262
Hofstede, Geert 213
Huxley, Aldous 271

Jäger, Reinhold 185

James, William 109f
Jordan, Furneaux 108f
Jörn, Gereon 214
Jung, Carl Gustav 33, **84ff**, **107ff**, 170, 177f, 181, 186f, 190, 193f, 203ff, 213, 221f, 226f, 231, 243f, 248, 251, 275

Kant, Immanuel 122, 213
Katcher, Allan **170ff**, 227, 242ff
Keirsey, David 170, 203f, **208ff**, 216, 222, 229, 235, 244, 251, 257, 260, 262
Kepler, Johannes 38, 53, 59, **64ff**, 71f, 77, 79f, 85, 116f, 215, 225, 284
Kieser, Alfred 12
Klages, Ludwig 60
Konfuzius 195
Krell, Gertraude 249
Kretschmer, Ernst 90, 209, 211, 227, 303
Kuhn, Thomas S. 22f, 42, 48, 52

Lao-Zse 195
Lavater, Johann Caspar 60
Lehmann, Alfred 38f, 51
Leibniz, Gottfried Wilhelm 104
Lévi, Éliphas 45
Lévy-Bruhl, Lucien 85
Lewin, Kurt 158f
Lippitt, Ronald 158f
Lullus, Raimundus 45
Lüscher, Max 213

Maccoby, Michael **146ff**, 216, 219, 224f, 242
MacLean, Paul D. 195, 227
Manilius 126
Margerison, Charles **186ff**, 226f, 243f
Marston, William Moulton **166ff**, 177, 215, 226f, 242ff, 248
Maslow, Abraham 138, 141, 209, 227
Mastenbroek, Willem **162ff**, 216, 242
Maul, Stefan 10, 266
Mauss, Marcel 44, 47, 51, 85
Maxwell, James Clerk 86
Mayo, Elton 29, 138, **140**, 144, 158, 226
McCann, Dick **186ff**, 226f, 243f
McGregor, Douglas 30, **139**, **141f**, 144
Mouton, Jane 159, 169f, 216, 220
Myers, Isabel Briggs 8, 186, **204ff**, 212, 216, 227, 243f, 251, 256f

Nettesheim, Agrippa von 43ff, 80f, 134, 215, 273, 277ff
Neuberger, Oswald 7, 11f, 50, 92, **94ff**, 101ff, 143, 150f, 162, 220, 224, 233, 250, 273
Newton, Isaac 43, 53f
Nietzsche, Friedrich 19f, 108
Nostradamus 45

Pareto, Vinfredo 68
Pauli, Wolfgang 23, 86
Pitcher, Patricia **98ff**, 121, 124, 224, 226
Platon 19, 22, 26ff, 45, 80, 82ff, 87, 115ff, 225
Plotin 45
Polemon 127
Porta, Giambattista della 79

Reddin, William James 15, **151ff**, 167, 169ff, 205, 216, 221, 224, 226, 228, 242, 250, 280
Reißer, Ulrich 127
Riemann, Fritz 213
Rogers, Carl 158, 170, 227
Rosenthal, Robert 268
Rousseau, Jean Jacques 18

Sarges, Werner 8, **62ff**, 107, 230
Scheelen, Frank M. 178, 184
Schein, Edgar 15, 137ff, 148, 150f, 216, 219, 225, 242
Schiller, Friedrich 108
Schopenhauer, Arthur 9, 14, 20, 22, **26ff**, 84f, 104, 215, 218, 221
Schumpeter, Joseph 97

Sheldon, William 209, 303
Sherden, William A. 274
Smith, Adam 13, 139
Spencer, Herbert 18
Spengler, Oswald 19
Sperry, Roger 194, 227
Spinoza, Baruch de 104
Spranger, Eduard 209
Steinhardt, Paul 119
Stoll, François 184
Sullivan, Harry 209

Taylor, Frederick Winslow 138f, 144, 146, 266

Trismosin 106
Trithemius, Johann 45

Ulsenius, Arzt 285

Vico, Giovanni Battista 19

Wagner, Hardy 208
Weber, Max 136
Weiskopf, Richard 7, 11, 16, 249, 295
White, Ralph 159
Wilhelm, Richard 105f, 120
Wimmer, Peter 250
Wundt, Wilhelm 248

Christof Niederwieser
PROGNOSTIK 01:
Zukunftsvisionen

204 Seiten
34 Abbildungen und Tabellen

ISBN 978-3-7386-2845-6

BoD – Books On Demand
Norderstedt 2015

Der Blick in die Zukunft hat eine lange Geschichte. Orakelpriester, Propheten und Visionäre prägten mit ihren Vorhersagen die Geschicke ganzer Völker und Kulturen. Und auch heute sind Wettervorhersagen, Konjunkturprognosen, Börsenzyklen und Megatrends allgegenwärtig.

Der erste Band der PROGNOSTIK-Reihe stellt jene Arten der Zukunftsschau vor, die auf Intuition und Inspiration gründen: Trance und Besessenheit, Wahrträume, Präkognition, religiöse Zukunftsmythen, Utopien, Gesellschaftsvisionen und Science Fiction bis hin zu den qualitativen Methoden der aktuellen Trend- und Zukunftsforschung. Und nicht selten findet sich Modernes in den magischen Methoden und Magisches in den Modellen unserer Zeit.

Infos & Leseproben:
www.prognostik.com

Christof Niederwieser

PROGNOSTIK 02: Zeichendeutung

352 Seiten
70 Abbildungen und Tabellen

ISBN 978-3-9464-9506-2

ZUKUNFTSVERLAG
Trossingen 2016

Der Blick in die Zukunft hat eine lange Geschichte. Orakelpriester, Propheten und Visionäre prägten mit ihren Vorhersagen die Geschicke ganzer Völker und Kulturen. Und auch heute sind Wettervorhersagen, Konjunkturprognosen, Börsenzyklen und Megatrends allgegenwärtig.

Der zweite Band „Zeichendeutung" präsentiert jene Arten der Prognostik, die aus den Signaturen der Erscheinungswelt die Zukunft lesen: Omen und Orakel in Afrika, Leberschau in Babylon, die römischen Auspizien, Physiognomik und Typenlehren in Indien oder I-Ging in China bis hin zu den Wahlprognosen, Wirtschafts- und Börsenanalysen, Gentests, NLP Patterns und Big Data Forecastings von heute. Und nicht selten findet sich Modernes in den magischen Methoden und Magisches in den Modellen unserer Zeit.

direkt bestellen:
www.zukunftsverlag.de